EUL VERLAG

PLANUNG, ORGANISATION UND UNTERNEHMUNGSFÜHRUNG

Herausgegeben von Prof. Dr. Dr. h. c. Norbert Szyperski, Köln, Prof. Dr. Winfried Matthes †, Wuppertal, Prof. Dr. Udo Winand, Kassel, Prof. (em.) Dr. Joachim Griese, Bern, Prof. Dr. Harald F. O. von Kortzfleisch, Koblenz, Prof. Dr. Ludwig Theuvsen, Göttingen, und Prof. Dr. Andreas Al-Laham, Mannheim

Band 125
Christoffer-Martin F. Seubert
Build, Ally or Acquire – Die strategische Entscheidung über den Entwicklungsweg
Lohmar – Köln 2010 • 420 S. • € 67,- (D) • ISBN 978-3-89936-886-4

Band 126
Maren S. D. Breuer
Socio-Cognitive Dynamics in Strategic Processes
Lohmar – Köln 2010 • 360 S. • € 64,- (D) • ISBN 978-3-89936-954-0

Band 127
Shakib Manouchehri Far
Social Software in Unternehmen – Nutzenpotentiale und Adoption in der innerbetrieblichen Zusammenarbeit
Lohmar – Köln 2010 • 268 S. • € 57,- (D) • ISBN 978-3-89936-970-0

Band 128
Michaela Schaschke
Kultivierung von Kundenwissen – Ein Systematisierungsrahmen für das Customer Knowledge Management
Lohmar – Köln 2010 • 372 S. • € 65,- (D) • ISBN 978-3-89936-975-5

Band 129
Swantje Hartmann
External Embeddedness of Subsidiaries – Influences on Product Innovation in MNCs
Lohmar – Köln 2011 • 392 S. • € 66,- (D) • ISBN 978-3-8441-0037-2

Band 130
Melanie Kramp
Zukunftsperspektiven für das Prozessmanagement – Der Umgang mit Komplexität
Lohmar – Köln 2011 • 304 S. • € 59,- (D) • ISBN 978-3-8441-0069-3

JOSEF EUL VERLAG

Reihe: Planung, Organisation und Unternehmungsführung · Band 130

Herausgegeben von Prof. Dr. Dr. h. c. Norbert Szyperski, Köln, Prof. Dr. Winfried Matthes †, Wuppertal, Prof. Dr. Udo Winand, Kassel, Prof. (em.) Dr. Joachim Griese, Bern, Prof. Dr. Harald F. O. von Kortzfleisch, Koblenz, Prof. Dr. Ludwig Theuvsen, Göttingen, und Prof. Dr. Andreas Al-Laham, Mannheim

Dr. Melanie Kramp

Zukunftsperspektiven für das Prozessmanagement

Der Umgang mit Komplexität

EUL VERLAG

Bibliografische Information der Deutschen Nationalbibliothek

Die Deutsche Nationalbibliothek verzeichnet diese Publikation
in der Deutschen Nationalbibliografie; detaillierte bibliografische
Daten sind im Internet über <http://dnb.d-nb.de> abrufbar.

Dissertation, Technische Universität Kaiserslautern, 2011, unter dem Titel: Anforderungen und Gestaltungsprinzipien für das Management vernetzter Prozesssysteme in einem dynamischen Umfeld – Zukunftsperspektiven für das Prozessmanagement

D 386 (2011)

ISBN 978-3-8441-0069-3
1. Auflage August 2011

JOSEF EUL VERLAG GmbH
Brandsberg 6
53797 Lohmar
Tel.: 0 22 05 / 90 10 6-6
Fax: 0 22 05 / 90 10 6-88
E-Mail: info@eul-verlag.de
http://www.eul-verlag.de

Bei der Herstellung unserer Bücher möchten wir die Umwelt schonen. Dieses Buch ist daher auf säurefreiem, 100% chlorfrei gebleichtem, alterungsbeständigem Papier nach DIN 6738 gedruckt.

Vorwort

Das Thema Prozessmanagement nimmt in der Betriebswirtschaftslehre seit langer Zeit eine wichtige Rolle ein. Dem Managementkonzept werden erhebliche Potentiale zugesprochen, was die Sicherung von Effektivität und Effizienz in Organisationen betrifft. Damit es diese auch in Zukunft ausbauen und optimal entfalten kann, sind immer wieder auftretende Probleme zu analysieren und Wege einer Weiterentwicklung zu gehen.

Hier setzt die vorliegende Arbeit an. Im Fokus steht dabei die Schwierigkeit eines Umganges mit Komplexität in Prozesssystemen. Entstanden ist die Arbeit als Dissertation während meiner Tätigkeit für das Institut für Technologie und Arbeit e. V. an der Technischen Universität Kaiserslautern.

Zum Gelingen haben zahlreiche Personen beigetragen, denen an dieser Stelle mein Dank gebührt:

Allen voran danke ich meiner Familie, der ich diese Arbeit widme. Sie hat in jeder Hinsicht die Grundsteine für meinen erfolgreichen Weg gelegt und ist stets ein wichtiger Rückhalt für mich. Einen wichtigen Beitrag haben zudem einige enge Freunde geleistet: Schön, dass ihr für mich da seid und mir auch in arbeitsintensiven Zeiten die angenehmen Seiten des Lebens vor Augen führt!

Ein ganz besonderer Dank geht auch an meinen akademischen Lehrer, Herrn Prof. Dr. Klaus J. Zink – für sein Vertrauen, die Begleitung des gesamten Promotionsverlaufes und seine stets hilfreichen und sehr konstruktiven Hinweise. Auch den Herren Prof. Dr. Oliver Wendt, Prof. Dr. Michael von Hauff und Prof. Dr. Daniel Geiger danke ich herzlich für Ihre Mitwirkung in der Prüfungskommission.

Nicht zuletzt richte ich einen Dank an meine Kollegen und Kolleginnen, darunter auch viele studentische Mitarbeiter: Für inhaltliche Anregungen bzw. die tatkräftige Unterstützung bei der formalen Aufbereitung. Stellvertretend seien an dieser Stelle Herr Dipl.-Wirtsch.-Ing. Marcus Hörhammer, Herr Dipl. Wirtsch.-Ing. Achim Maier; Frau Dipl.-Psych. Ines Stephany, die Herren Andreas Hellwich, Björn Skoppek und Christian Bosse sowie Frau Petra Malek benannt.

Kaiserslautern, im Juli 2011 Melanie Kramp

Inhaltsverzeichnis

Abbildungsverzeichnis

Tabellenverzeichnis

Abkürzungsverzeichnis

ADL	Aggregierte, differenzierungsfähige Leistungsprozesse
ARIS	Architektur integrierter Informationssysteme
B	„Beschreiben“ als wissenschaftliches Erkenntnisziel
BMBF	Bundesministerium für Bildung und Forschung
BPM	Business Process Management
BPMN	Business Process Modeling Notation
BPMS	Business Process Management System
BPR	Business Process Reengineering
BSC	Balanced Scorecard
BSP	Business System Planning
CPO	Chief Process Officer
DIN	Deutsches Institut für Normung
DoE	Design of Experiments
E	„Erklären“ als wissenschaftliches Erkenntnisziel
EFQM	European Foundation for Quality Management
EPK	Ereignisgesteuerte Prozessketten
FAST	Fortgeschrittene Anwendungen der Software Technologie
FMEA	Fehler-Möglichkeits- und Einfluss-Analyse
G	„Gestalten“ als wissenschaftliches Erkenntnisziel
Gap-Analyse	(Gap = englisch: „Lücke“) → Lückenanalyse
GBDI	Global Business Development Industry
GPM	Geschäftsprozessmanagement
GPO	Geschäftsprozessoptimierung
HPV	Hauptprozessverantwortlicher
IA	Informationsarchitektur
IBM	International Business Machines Corp.
IDEF	Integrated System Definition Language
ISO	International Standards Organisation
IKT	Informations- und Kommunikationstechnologien
IT	Informationstechnologien
ITIL	IT Infrastructure Library
KEF	Kritische Einflussfaktoren
KMU	Kleine und mittlere Unternehmen
KVP	Kontinuierlicher Verbesserungsprozess
LAN	Local Area Network
MBO	Managememt by Objectives
MIT	Massachusetts Institute of Technology
MS	Microsoft
NG LITEF	Northrop Grumman LITEF GmbH
PAC	Pierre Audoin Consultants GmbH
PDCA	Plan-Do-Check-Act

PLZ	Produktlebenszyklus
PM	Prozessmanagement
QFD	Quality Function Deployment
SAP	Software Solutions Applications and Services
SCOR	Supply Chain Operations Reference
SWOT	Strengths, Weaknesses, Opportunities, Threats
TCT	Total Cycle Time
TPV	Teilprozessverantwortlicher
TQM	Total Quality Management
TRIZ	Theorie des erfinderischen Problemlösens
VDMA	Verband Deutscher Maschinen- und Anlagenbau
VSM	Viable System Model
WKD	Wertschöpfungskettendiagramm

1 Hintergründe, Einordnung und Ausrichtung der Arbeit

Anforderungen und Gestaltungsprinzipien für das Management vernetzter Prozesssysteme in einem dynamischen Umfeld – Zukunftsperspektiven für das Prozessmanagement.

Dieser Titel greift zwei Herausforderungen auf, denen sich das Prozessmanagement stellen muss:

- Die Koordination verschiedenster Aktivitäten, die in unterschiedlichen Abhängigkeitsverhältnissen zueinander stehen, und
- der Umgang mit einem veränderlichen Umfeld, das auch den Abläufen in der Organisation und ihrem Management Flexibilität und Anpassungsfähigkeit abverlangt.

Was sich hinter den schlagwortartig formulierten Herausforderungen im Einzelnen verbirgt und welche Lösungsansätze die vorliegende Arbeit bieten möchte, ist Gegenstand dieses einführenden Kapitels. Zunächst wird in Teilkapitel 1.1 der Betrachtungsgegenstand der Arbeit konkretisiert. 1.2 enthält eine Zusammenfassung der Ausgangslage und Problemstellung, denen sich die Arbeit in ihrem weiteren Verlauf widmen soll. Die Überlegungen führen zur Definition eines übergeordneten Forschungsziels, aus welchem durch systematische Dekomposition ein Zielsystem entsteht (siehe 1.3). Teilkapitel 1.4 umfasst die wissenschaftstheoretische Einordnung der vorliegenden Arbeit, aus der sich die Ausgestaltung des Forschungsprozesses ergibt. Dieser bestimmt die Struktur des Textes (siehe 1.5). In 1.6 wird kurz der Umgang mit Fachtermini in der vorliegenden Arbeit thematisiert.

1.1 Der Betrachtungsgegenstand

Prozessmanagement wird definiert als *Bündel gestaltender, planender, steuernder, koordinierender und kontrollierender Tätigkeiten, die sich auf Abläufe beziehen.*[1]

Prozessmanagement kommt in verschiedensten Anwendungsfeldern vor. Einsatzgebiete reichen von Industriebetrieben im produzierenden Gewerbe über Dienstleistungsunternehmen bis hin zu Non-Profit-Organisationen. Auch die Ebenen der Betrachtung variieren: von kleinsten Aktivitätenfolgen an einem einzelnen Arbeitsplatz bis hin zu überbetrieblichen Abläufen in Unternehmensnetzwerken. Einige Teilkonzepte des Prozessmanagements gelten allgemein. Andere, in denen es bspw. um Koordination von Aktivitäten und die Verteilung von Verantwortlichkeiten geht, können bei verschiedenen Bedingungen sehr unterschiedliche Formen annehmen. Vor einer konkreten Formulierung der Zielsetzung und insbesondere vor deren inhaltli-

1 Vgl. Kapitel 2.1.

cher Bearbeitung ist daher zunächst der Betrachtungsgegenstand dieser Arbeit zu spezifizieren.

Alle nachfolgenden Ausführungen beziehen sich auf Unternehmen im Sinne von Vahs Definition: „*Unter einem Unternehmen wird in der Betriebswirtschaftslehre eine wirtschaftliche, technische, soziale und rechtliche Einheit verstanden, deren Aufgabe die Erstellung und der Absatz von marktfähigen Gütern und/oder Dienstleistungen ist.*“[2] Dies gilt auch, wenn der allgemeinere Terminus „Organisation“ gebraucht wird.

Im institutionellen Sinne ist eine Organisation als „Gruppe von Personen und Einrichtungen mit einem Gefüge von Verantwortungen, Befugnissen und Beziehungen“[3] ein „Ressourcenpool“.[4] Ein *Unternehmen* ist dann eine spezielle Form einer Organisation[5], die „*durch selbstständige, risikobehaftete Entscheidungen die Aufgabe der Fremdbedarfsdeckung verfolgt*“[6].

In weiten Teilen sind die Aussagen dieser Arbeit gleichsam auf andere Organisationsformen, wie etwa Verbände, anwendbar. Da sowohl in der Empirie als auch in Teilen der verwendeten Literatur der Fokus auf Unternehmen liegt, ist vor einer breiteren Nutzung der Ergebnisse jedoch eine Prüfung der Übertragbarkeit unter Berücksichtigung der abweichenden Organisationseigenschaften notwendig. Diese ist nicht Inhalt der vorliegenden Arbeit. Ansatzpunkte werden im Ausblick in Kapitel 6 kurz thematisiert.

1.2 Ausgangssituation und Problemstellung

Prozessmanagement ist ein vor allem in der praxisnahen Literatur breit behandeltes Themenfeld. Als Managementkonzept bietet es Lösungsansätze für verschiedene aktuelle Problemstellungen, die in Zukunft voraussichtlich noch weiter anwachsen werden.

Die Grundeinstellung, dass Unternehmenserfolg „*entscheidend von der Gestaltung der Geschäftsprozesse und der Bereitschaft ab[hängt], deren Effizienz und Effektivi-*

[2] Vahs 2009, S. 16. Ähnliche Definitionen geben Ulrich & Fluri 1995, S. 31, sowie Staehle, Conrad & Sydow 1999, S. 420. Auf eine Unterscheidung des betriebswirtschaftlich institutionellen Begriffs „Unternehmung“ und des Rechtsterminus „Unternehmen“ wird heute weitgehend verzichtet. Vgl. Bellinger & Vahl 1992, S. 20.

[3] DIN EN ISO 9000:2005, S. 22. Zum institutionellen/institutionalen Organisationsverständnis siehe auch Mintzberg 1991; Staehle, Conrad & Sydow 1999 sowie Schulte-Zurhausen 2010, S. 1-2. Eine Abgrenzung zum instrumentalen Organisationsbegriff nehmen Nordsieck 1955, S. 26; Gaitanides 1983, S. 1; Grochla 1975, S. 2 und Vahs 2009, S. 16-19 vor. Laske; Meister-Scheytt & Küpers 2006, S. 15, sowie Hülsmann 2003, S. 106, unterscheiden zusätzlich einen prozessualen bzw. funktionalen Organisationsbegriff.

[4] Siehe hierzu Coleman 1979 sowie Vanberg 1982.

[5] Dieses Verständnis ist nicht gleichzusetzen mit der durch eine spezifische Zielausrichtung charakterisierten „unternehmerischen Organisation“ nach Mintzberg 1979.

[6] Güttler 2009, S. 40. Vgl. auch Schweitzer 2004, S. 29, sowie Bea, Helm & Schweitzer 2009.

tät ständig neu zu überprüfen“[7], ist weit verbreitet.[8] Leistung wird häufig als Resultat der kollektiven Fähigkeit verstanden, die Abläufe in einer Organisation so zu gestalten, dass sie den für sie definierten fundamentalen Zielen Genüge tun.[9]

Dies ist nicht neu, sondern gilt spätestens seit den Anfängen der industriellen Revolution – in Grundzügen sogar schon seit den Geburtsstunden der Marktwirtschaft. Wo die Wurzeln des Prozessmanagements liegen und wie die Entwicklung im Laufe der Zeit aussah, wird in Kapitel 1.2.1 beleuchtet. Die Auseinandersetzung mit der Historie bildet den Einstieg in eine Vorstellung erster Überlegungen, wie die Geschichte des Prozessmanagements in der Zukunft fortgeschrieben werden kann (siehe Kapitel 1.2.2). In Kapitel 1.2.3 wird die Ausgangslage und Problemstellung der vorliegenden Arbeit kurz zusammengefasst.

1.2.1 Entwicklungsgeschichte des Prozessmanagements

Bereits im Rahmen der *Industrialisierung* und des daraus hervorgegangenen *Scientific Management* gab es Überlegungen dazu, wie die Effizienz eines Unternehmens gesteigert werden kann.[10] Zunächst stand die Verteilung von Produktionsfaktoren im Vordergrund. Später wurde zunehmend die Frage nach der optimalen Gestaltung von Abläufen innerhalb der funktionalen Unternehmensbereiche gestellt. Hier tauchten indes grundlegende Probleme auf. Charakteristika der bis dato etablierten funktionalen Unternehmensgliederung schienen dem Wandel zum „Unternehmen der Zukunft“ entgegenzustehen: Moderne Technologien führten oftmals zu erheblichen Verbesserungen bereichsinterner Abläufe, zu oft gerieten dabei jedoch übergeordnete Zusammenhänge in der Organisation in den Hintergrund. Es resultierten hohe Kosten für innerbetriebliche Abstimmungen. Chancen auf einen Ausbau des unternehmerischen Erfolges wurden in der Folge mehr und mehr in der organisationsweiten Gestaltung von Abläufen gesehen.[11]

Zu Beginn des zwanzigsten Jahrhunderts entstanden Veröffentlichungen, die als Ausgangswerke für das heutige Prozessmanagement verstanden werden. Autoren waren u. a. *Meyenberg, Nordsieck, Hennig und Mooshake*.[12] In ihren Werken wurden Aufbau- und Ablaufgestaltung abgegrenzt, Charakteristika und Bedeutung funktionsübergreifender Prozesse behandelt und Grundlagen für heutige Vorgehensweisen

---

7 Emrich 2004, S. 9.

8 Zu entsprechenden empirischen Befunden siehe Kapitel 3.4.

9 Vgl. Shaw, Holland & Kawalek 2007, S. 91.

10 Vgl. Gareis & Stummer 2007, S. 73.

11 Vgl. Becker & Kahn 2008, S. 4-6. Zu den Auswirkungen der Prozessorientierung auf die Anforderungen und Arbeitsbedingungen der Mitarbeiter siehe auch Gaitanides 2007, S. 45 und 56.

12 Siehe u. a. Meyenberg 1913; Nordsieck 1934; Hennig 1934 und Mooshake 1933. Smith & Fingar 2007, S. 18, rechnen trotz der Betonung von Arbeitsteilung schon die Managementlehre von Taylor 1911 der ersten Welle in der Entstehung des Prozessmanagements zu. Mit den beschriebenen Arbeitspraktiken seien implizit Prozesse referenziert.

zur Prozessidentifikation, -abgrenzung, -dokumentation und -gestaltung gelegt.[13] Eine breitere Diskussion des Themas „Prozesse“ blieb in der Betriebswirtschaftslehre zunächst allerdings aus.[14]

Erst in den 1960er-Jahren fanden die Grundgedanken der betrieblichen Ablaufplanung wieder intensive Beachtung. Der steigende Druck auf Organisationen durch Entwicklungen wie die „Globalisierung“[15], die „Deregulierung des Wettbewerbs“ und die steigende Macht von Kunden und Mitarbeitern[16] zwangen Praxis und Organisationstheorie zum Beschreiten neuer Wege. Das Bewusstsein für die Bedeutung besserer, schnellerer und kostengünstigerer Abläufe wuchs und führte sukzessive zur Entstehung des heutigen Prozessmanagements.[17] Einige wichtige Meilensteine zeigt Abbildung 1.[18]

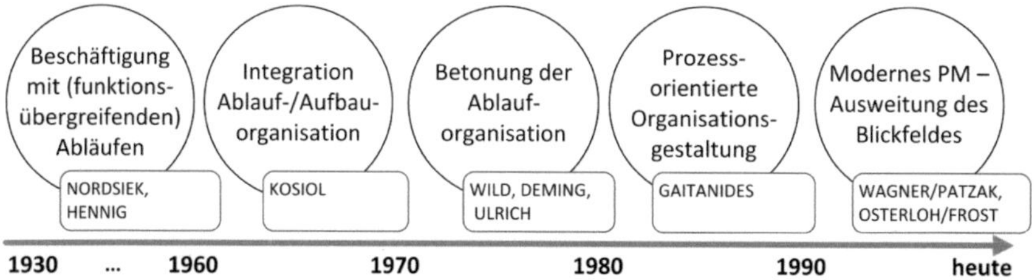

Abbildung 1: Zentrale Schritte in der Entwicklungsgeschichte des Prozessmanagements[19]

1962 erschien *Kosiols Werk „Organisation der Unternehmung“*[20]. Der Autor konzipierte eine Vorgehensweise zur Analyse und Synthese aufbauorganisatorischer und ablauforganisatorischer Aspekte der Organisation.[21] Er griff damit die Trennung von Aufbau- und Ablauforganisation auf und ging u. a. darauf ein, wie bei der Strukturierung der Ablauforganisation und damit bei Grundzügen der Prozessgestaltung systematisch vorzugehen sei. Aus Sicht des heutigen Prozessmanagements kritisch zu sehen ist, dass Kosiol die Aufbauorganisation deutlich stärker gewichtete und dass zudem sein Fokus auf der Produktion und damit einem speziellen Ausschnitt der

13 Vgl. Gaitanides 2007, S. 6-12.

14 Eine Differenzierung von Ablauf- und Aufbauorganisation findet sich in der Folgezeit u. a. bei Schramm 1936 und Ulrich 1949. Eine breite Rezeption blieb zunächst aus. Vgl. Gaitanides 2007, S. 13-18; Corsten 1997, S. 12, sowie Fischermanns & Liebelt 1997, S. 8.

15 Vgl. Gaida 2008, S. 228.

16 Siehe hierzu Osterloh & Frost 2006, S. 17.

17 Siehe hierzu bspw. Gaitanides 2007, S. 18-22; Becker & Kahn 2008, S. 3, sowie Schmelzer & Sesselmann 2010, S. 2.

18 Für weitere Ausführungen zur Historie des Prozessmanagements siehe Schober 2002.

19 Eigene Abbildung. Es werden beispielhafte Vertreter zentraler Denkrichtungen benannt. Zur Entwicklungsgeschichte des Prozessmanagements siehe auch Gaitanides 2007, S. 4-45, sowie Schober 2002.

20 Siehe Kosiol 1962.

21 Siehe hierzu auch Gaitanides 2007, S. 18-19.

Prozesslandschaft lag.[22] Zahlreiche weitere Organisationstheoretiker bauten auf den Ausführungen Kosiols auf, gingen ebenfalls von der Prämisse aus, dass der Ablaufgestaltung eine vollständige Stellenbildung vorangeht, und sehen sich damit mit ähnlichen Kritikpunkten konfrontiert.[23]

Einen anderen Weg beschritt Wild. Er plädierte für eine *Kopplung anstelle einer Trennung von Aufbau- und Ablauforganisation* und bezeichnete die entstehenden Konstrukte als „Aktionsgefüge". Innerhalb der Aktionsgefüge hat die Gestaltung der Abläufe gegenüber den organisationalen Strukturen Priorität.[24] Die Grundidee wurde vor allem im Rahmen der Qualitätsbewegung weiterverfolgt. Deming, Crosby, Juran und Gryna befassten sich im Zusammenhang mit ihren Ansätzen zum Total Quality Management (TQM) zunehmend mit funktionsübergreifenden Unternehmensprozessen.[25] Parallel zur Qualitätsbewegung griff auch die systemtheoretische Organisationsforschung[26] verstärkt das Thema „Prozesse" auf. Sie konzentrierte sich indes zunächst auf Input-Output-Betrachtungen, ohne im Einzelnen auf die Transformation selbst einzugehen.[27]

Ein flächendeckender Einzug der frühen Überlegungen zum Management von Abläufen in die Praxis fand trotz erster anwendungsorientierter Veröffentlichungen in den 1970er-Jahren lange nicht statt. Erst gegen Ende der 1980er-Jahre erfuhren die Grundideen des Prozessmanagements nach dem heutigen Verständnis in der Unternehmenspraxis breite Anerkennung.[28]

Anstöße kamen aus der zunehmenden Bedeutung der *Qualitätsbewegung*[29], dem Aufkommen des *Lean Managements*, den praxisorientierten Veröffentlichungen zum *Business Process Reengineering*[30] sowie vielen (weiteren) *Arbeiten amerikanischer und deutscher Unternehmensberatungen*.[31]

Ein Wissenschaftler, der bis heute geltende Sichtweisen zum Management funktionsübergreifender Unternehmensprozesse ausführlich schildert, war *Gaitanides*. In seinem Werk „*Prozessorganisation: Entwicklung, Ansätze und Programme prozessorientierter Organisationsgestaltung*" von 1983 thematisiert er u. a., wie eine der aufbauorganisatorischen Gestaltungen vorgelagerte Prozessidentifikation und Prozess-

22 Vgl. Fischermanns & Liebelt 1997, S. 8 u. 15.
23 Vgl. Gaitanides 1983, S. 19 und 43. Er verweist insbesondere auf Schweitzer 1964.
24 Vgl. Wild 1966. Relevante Vorarbeiten stammen von Schweitzer 1964.
25 Vgl. Deming 2000; Crosby 1986; Gryna & Juran 2001 sowie Davenport & Short 1990, S. 13.
26 Vgl. Luhmann 1999.
27 Vgl. Gaitanides 1983, S. 20.
28 Vgl. Becker & Kahn 2008, S. 5. Davenport & Short 1990, S. 13, weisen auf folgende Formulierung im unveröffentlichten Manuskript von Kane o. J. hin: „*process management will be the principal IBM quality focus in the coming years.*"
29 Zollondz 2006 versteht das Prozessmanagement sogar als Basis des Qualitätsmanagements.
30 Unter anderem von Hammer, Champy & Künzel 2003.
31 Siehe hierzu Fischermanns & Liebelt 1997, S. 9-10; Corsten 1997, S. 14-15, sowie Grover, Kettinger & Teng 2000, S. 15.

gestaltung ausgeführt werden kann, welche internen und externen Einflüsse zu beachten sind sowie welche Rolle die inter- und intraprozessuale Kooperation in der Prozesslandschaft spielt.[32]

Bis Mitte der 1990er-Jahre avancierte der Begriff „Prozess" zu einem *„der meistverwendeten Begriffe in der Betriebswirtschaftslehre und der Wirtschaftspraxis"*[33]. Es entstand eine große Zahl vor allem praxisorientierter Veröffentlichungen. Beispiele sind die weiteren Arbeiten von Gaitanides sowie Publikationen von Wagner und Patzak, Osterloh und Frost, Schmelzer und Sesselmann, Becker, Kugeler und Rosemann sowie Fischermanns.[34] Mehr und mehr Vertreter aus Wissenschaft und Praxis befassten sich neben dem Kernbereich des Prozessmanagements mit den Einflüssen der Prozessorientierung auf andere Bereiche der Unternehmensführung, wie bspw. die Kostenrechnung.[35]

Doch hat die Entwicklung des Prozessmanagements ihren Höhepunkt, vielleicht sogar schon ihr Ende erreicht? Es gibt eine ganze Reihe von Anzeichen dafür, dass dies noch lange nicht der Fall ist.

1.2.2 Entwicklungsperspektiven des Prozessmanagements

Zahlreiche aktuelle Entwicklungen im Umfeld von Unternehmen verschärfen deren Wettbewerbssituation, erhöhen die Bedeutung des Aufbaus neuer Wettbewerbsvorteile und stärken damit die Bedeutung des Prozessmanagements.

An erster Stelle werden in solchen Kontexten oftmals *Internationalisierung* und *Globalisierung* genannt. Diese Effekte als aktuelle Entwicklungen zu bezeichnen, ist in gewissem Maße angreifbar, denn: Die Entwicklungen lassen sich bis in die Kolonialzeit zurückverfolgen. Die ersten Schritte sind wohl sogar in den Handelsverbindungen antiker Völker zu sehen.[36] Dennoch sind die Auswirkungen weiterer Steigerungen internationaler Wirtschaftsverflechtungen auch heute nicht zu vernachlässigen. Unter anderem führen Deregulierung und Handelsliberalisierung zu einem sich stetig verschärfenden internationalen Wettbewerb.[37] Der damit einhergehende Wandel in

32 Vgl. Gaitanides 1983. Für eine weitere frühe Veröffentlichung zum Prozessmanagement siehe Striening 1988.

33 Bea & Schnaitmann 1995, S. 278.

34 Siehe u. a. Wagner & Patzak 2007; Osterloh & Frost 2006; Schmelzer & Sesselmann 2010; Becker, Rosemann & Schütte 1995 sowie Fischermanns 2006.

35 Vgl. bspw. Kunesch 1993 sowie Witt 1991. Zum Einfluss verschiedener Managementkonzepte auf Inhalte und Verbreitung des Prozessmanagements siehe Bea & Schnaitmann 1995, S. 278, sowie Helbig 2003, S. 13-15.

36 Die Begriffe „Internationalisierung" und „Globalisierung" sind nicht synonym. Internationale Unternehmen sind auf weltweiten Märkten aktiv, globalisierte sind weltweit verteilt. Vgl. Macharzina & Fisch 2004, Sp. 360 und 362.

37 Vgl. Hamel & Breen 2007, S. 48.

den Marktstrukturen geht mit einem höheren Kosten- und Qualitätsdruck sowie kürzeren Produktlebenszyklen[38] einher.

Auch der den wachsenden internationalen Wettbewerb begleitende Trend einer Zunahme von regionalen und überregionalen *Kooperationen* wirft Fragen auf, auf die das Prozessmanagement Antworten liefern kann. In strategischen Partnerschaften nehmen externe Grenzen völlig neue Formen an.[39] Die prozessuale Verknüpfung und die Koordination der verteilten Aktivitäten im Spannungsfeld von „Collaboration" und „Coopetition" erweist sich als eine äußerst schwierige Aufgabe.

Interne Verflechtungen gewinnen an Bedeutung, wenn aufgrund eines steigenden Wettbewerbdrucks der Bedarf nach einer optimalen Abstimmung der Aktivitäten aller relevanten Akteure und Prozesse zunimmt.[40] Individuelle Anforderungen können – insbesondere in einem dynamischen Umfeld – lediglich dann befriedigt werden, wenn die erforderlichen Abläufe schnell und koordiniert abgewandelt werden können. Durch rasante Entwicklungen im Bereich von Informations- und Kommunikationstechnologien wird das Management von unternehmensübergreifenden Prozessen etwas erleichtert.[41] Die zunehmende Verfügbarkeit von Marktinformationen und die Verbesserung der Zugänglichkeit von Produkten aus der ganzen Welt führen aber andererseits zu einem *Anstieg der Kundenmacht*, verbunden mit neuen Herausforderungen.[42] Der Bedarf nach einer starken Kundenorientierung steigt, welche einen Grundpfeiler des Prozessmanagements repräsentiert.[43] Veränderungen von Werthaltungen bedingen, dass der traditionelle Kundenbegriff dabei in Richtung eines Stakeholderbegriffs[44] auszuweiten ist.

Neben den Schnittstellen zu den Abnehmern von Produkten und Dienstleistungen spielt zunehmend auch die *Interaktion mit Mitarbeitern* eine Rolle im Prozessmanagement. Das steigende Bewusstsein einer Einbindung des Unternehmens in übergeordnete Systeme, wie bspw. Ökosysteme, welche die Organisation nur in begrenztem Maße beeinflussen kann, bewirkt eine Ausweitung des Prozessmanagements auf neue Arten externer Schnittstellen.[45]

Aus den beschriebenen Entwicklungen ergibt sich eine gesteigerte Relevanz bestehender Konzepte des Prozessmanagements.[46] Dabei bleibt es allerdings nicht. Mit

---

38 Es gilt nicht mehr „der Große frisst den Kleinen", sondern vielmehr „der Schnelle den Langsamen". Vgl. Rüegg-Stürm 2003, S. 65.

39 Vgl. Macharzina & Fisch 2004, Sp. 367.

40 Siehe hierzu auch Smith & Fingar 2007, S. 42-47, sowie Hamel & Breen 2007, S. 9-10.

41 Siehe Kapitel 2.5.

42 Vgl. Hamel & Breen 2007, S. 49; Allweyer 2007 S. 5, und Hammer, Champy & Künzel 2003, S. 20-25.

43 Siehe Kapitel 2 sowie Hammer, Champy & Künzel 2003, S. 20-24.

44 Freeman 1984, S. 25, definiert Stakeholder als „any group or individual who can affect or is affected by the achievement of the firm's objective".

45 Vgl. Hamel & Breen 2007, S. 10. Zu den Entwicklungen siehe auch Schwaninger 1994, S. 37-38.

46 Siehe hierzu auch Schmalenbach 1912, S. 16.

den geschilderten Veränderungen im Umfeld nehmen die Anforderungen hinsichtlich Qualität, Geschwindigkeit und Flexibilität der internen Abläufe erheblich zu. Trotz umfangreicher Bemühungen im Prozessmanagement gibt es in der Unternehmensrealität oftmals große Probleme bezüglich Ineffizienzen und mangelnder Effektivität von Abläufen. Das Ziel gut abgestimmter und reibungsloser Prozesse wird selten gänzlich erreicht.[47] In der Folge kommen auch Unternehmen, die Prozessmanagement bereits erfolgreich umgesetzt haben, nicht ohne eine systematische Weiterentwicklung aus.

Insgesamt ergibt sich das Bild, dass das Konzept „Prozessmanagement" zwar weit entwickelt, indes lange nicht allen Herausforderungen in der Unternehmensrealität gewachsen ist.

Doch welche Hindernisse existieren? Was determiniert die Wirkung des Prozessmanagements? Diese Frage zu beantworten, gehört zu den zentralen Schritten auf dem Weg zu optimalen Unternehmensabläufen. Ist sie beantwortet, können Entwicklungsansätze für das Prozessmanagement definiert und seine Leistungsfähigkeit ausgebaut werden. Hier setzt die vorliegende Arbeit an. Im Fokus stehen die skizzierten Entwicklungen, die den Einsatzbereich des Prozessmanagements in der Zukunft prägen werden: eine Zunahme der Verflechtungen und der Dynamik im Unternehmensumfeld und in nächster Konsequenz auch im Inneren der Organisationen. Auf einer aggregierten Ebene lassen sich die Veränderungen unter die Überschrift *„Komplexitätssteigerung"*[48] stellen. Entscheidungen sind zunehmend durch Unsicherheit geprägt. Ein Management, das auf völliger Kontrolle basiert, ist kaum noch realisierbar.[49]

Die Unternehmensführung im Allgemeinen und das Prozessmanagement im Speziellen müssen sich den Entwicklungen in ihrem Umfeld stellen. Ein Ausbau der Fähigkeiten im Umgang mit den neuen Herausforderungen ist für die langfristige Überlebenssicherung von Organisationen essenziell.

Es ergeben sich zwei Handlungsempfehlungen:

1. Das Konzept „Prozessmanagement" gemäß des State of the Art sollte in der Praxis konsequent umgesetzt werden.
2. Es sollte eine theoretisch-konzeptionelle Weiterentwicklung des Prozessmanagements vorgenommen werden.[50]

---

[47] Siehe Kapitel 3.

[48] Für eine Erläuterung des Begriffs „Komplexität" siehe Kapitel 4.1.

[49] Vgl. Hamel & Breen 2007, S. 60.

[50] Unterstützende Hinweise auf die Notwendigkeit weiterer theoretisch-konzeptioneller Arbeiten finden sich in der Literatur: Gaitanides 2007, S. V-VI, weist auf Lücken in der theoretischen Herleitung des Konzepts „Prozessmanagement" hin und kann mit einer Schließung der Lücken nur beginnen. Smith & Fingar 2007, S. 18-19, beschreiben eine aktuelle dritte Welle der Entwicklung

In dieser Arbeit werden beide Empfehlungen aufgegriffen.

Umsetzung des State of the Art

„Im Gegensatz zu Produkten sind Leistungen wie eine gute Prozessorganisation [...] schwer oder nur nach vielen Jahren kopierbar.“[51] Zahlreiche Wettbewerbsvorteile, wie ein innovatives Angebotsportfolio, sichern bei hoher Dynamik im Unternehmensumfeld die Position des Unternehmens nur kurz- bis mittelfristig ab. Prozessmanagement greift an der Basis an und fördert die Effektivität und Effizienz der zugrunde liegenden Innovationsprozesse, die dann immer wieder zu Produktinnovationen führen.

Die Umsetzung des State of the Art ist zwar eine Aufgabe der Praxis, Voraussetzung ist allerdings, dass die bestehenden Konzepte transparent und verständlich sind. Hierzu wird im Folgenden ein Beitrag geleistet. Zusätzlich werden Empfehlungen ausgesprochen, wie der Umsetzungsgrad und die Wirksamkeit des Prozessmanagements verbessert werden können.

Der Fokus dieser Arbeit liegt gleichwohl auf einem Beitrag zur Umsetzung der zweiten Empfehlung: der Weiterentwicklung des Konzepts „Prozessmanagement“ selbst.

Weiterentwicklung des Prozessmanagements – eine Managementinnovation

Erfolgreiche Neuerungen im Prozessmanagement versprechen besonders hohe und langfristige Effekte auf die Existenz- und Erfolgssicherung der Organisation: Grundlegende Veränderungen der Art und Weise, wie Prozesse geführt werden, können eine dramatische Steigerung der Fähigkeit bewirken, stets neue Wettbewerbsvorteile zu generieren. Zudem sind sie schwer zu kopieren.

Die Potenziale solcher Managementinnovationen werden ausführlich von Hamel beleuchtet. Er formuliert auch drei zentrale Anforderungen an Managementinnovationen: Sie sollen

- auf neuartigen, traditionellen Sichtweisen herausfordernder Managementprinzipien beruhen,
- systemisch und
- in ein fortlaufendes Programm von Veränderungen eingebettet sein.[52]

Ziel ist ein Paradigmenwechsel im Management, mithin ein generelles Umdenken.[53] Diese Forderungen werden für die Weiterentwicklung des Prozessmanagements an späterer Stelle dieser Arbeit übernommen.

im Themenfeld und zeigen auch Zusammenhänge mit dem strategischen Management auf. Osterloh & Frost 2006 machen Bezüge zum Change Management deutlich. Ein umfassender Ansatz, der das Prozessmanagement systematisch mit diesen Feldern verknüpft, steht bislang aus.

51 Löbel, Schröger & Closhen 2001, S. 25-26.

52 Vgl. Hamel & Breen 2007, S. 27 und 34.

1.2.3 Zusammenfassung der Ausgangslage und Problemstellung

Was ist das „Problem von morgen“, das bewältigt werden soll?

Wegfall bzw. fehlende Zukunftsfähigkeit bisheriger Wettbewerbsvorteile aufgrund gegenwärtiger und zukünftiger Entwicklungen im unternehmerischen Umfeld

Was ist das „Entweder... oder...“, das in ein „Und“ umgewandelt werden soll?

Hohe Komplexität im Unternehmensumfeld und Unternehmensinneren vs. fundierte und zielgerichtete Entscheidungen im Prozessmanagement

Was ist das Ideale, dem in der Praxis nahegekommen werden soll?

Förderung des langfristigen Unternehmenserfolgs durch ein innovatives Prozessmanagementkonzept

Was ist das „Can't do“, das zu einem „Can do“ werden soll?

Aktiver statt reaktiver Umgang mit den Herausforderungen von heute und morgen. Konsequente Umsetzung theoretischer Konzepte zum Umgang mit aktuellen Problemstellungen

Abbildung 2: Inhaltliche Ausrichtung der Arbeit nach der Vier-Fragen-Struktur von Hamel & Breen[54]

Gemäß einer von Hamel & Breen verwendeten Vier-Fragen-Struktur lässt sich die Ausgangslage und Problemstellung dieser Arbeit wie in Abbildung 2 gezeigt zusammenfassen.

1.3 Zielsetzung und Forschungsfragen

Aus der Ausgangslage und Problemstellung aus Kapitel 1.2 resultiert folgende Gesamtzielsetzung:

Ziel der Arbeit ist die Unterstützung des Aufbaus eines zukunftsfähigen Prozessmanagements durch Bereitstellung eines entsprechenden Referenzmodells[55].

[53] In einem ähnlichen Zusammenhang siehe Zink 1994, S. 16. In Bezug auf den Umgang mit Komplexität fordert dies Hub 1994, S. 22-25. Nach Sanford 1992 ist es für einen grundlegenden Systemwandel wichtig, sich die bisherigen Paradigmen und ihre Defizite bewusst zu machen. Der Begriff „Paradigma“ erfuhr in diesem Kontext eine Konkretisierung von einer allgemeinen Weltsicht hin zur Zusammensetzung von Gruppen-Commitments.

[54] Vgl. Hamel & Breen 2007, S. 39-40.

[55] Shaw, Holland & Kawalek 2007, S. 95, definieren hierzu „*A Model is a planned abstraction of reality represented in a form that is usable by a human*“.

Sie wird in 1.3.1 in ein differenziertes Zielsystem überführt. Dieses bildet den Ausgangspunkt für die Formulierung von Forschungsfragen in 1.3.2.

1.3.1 Zielsystem der Arbeit

Das Zielsystem dieser Arbeit ist in seiner Struktur an das von Bandte angelehnt.[56] Durch die Differenzierung verschiedener Zielarten und Zielebenen entsteht ein strukturierter Überblick über die Intensionen der Arbeit (siehe Abbildung 3).

I) Als *übergeordnetes theoretisches Ziel* ergibt sich aus der Gesamtzielsetzung die konzeptionelle Erarbeitung eines Gestaltungs- und eines Umsetzungsmodells für ein Prozessmanagement, das den neuen und wachsenden zukünftigen Herausforderungen gewachsen ist.

Dieses Ziel zu erfüllen, bedeutet konkret,

- den State of the Art strukturiert aufzubereiten,
- Hypothesen zu Entwicklungspotenzialen im Prozessmanagement zu formulieren,
- konzeptionelle Empfehlungen zur Ausgestaltung des Prozessmanagements auszusprechen und
- einen konzeptionellen Bezugsrahmen für die Integration und Einbettung der Empfehlungen zu entwerfen.

II) *Übergeordnetes praxisorientiertes Ziel* ist es, Empfehlungen zur praktischen Realisierung des theoretisch-konzeptionellen Entwurfs für ein zukunftsfähiges Prozessmanagement bereitzustellen.

Wiederum konkretisiert ergeben sich die Forderungen,

- zentrale Hemmnisse und Entwicklungsperspektiven im Prozessmanagement zu identifizieren,
- Empfehlungen zur organisationalen Einbettung des zukunftsfähigen Prozessmanagements auszusprechen und
- eine Anleitung zur praktischen Umsetzung eines zukunftsfähigen Prozessmanagements zu formulieren.

III*) Pragmatisches Wissenschaftsziel* ist die verknüpfte Betrachtung von Theorie und Praxis. Sie wird detailliert in Kapitel 1.4 thematisiert.

---

56 Vgl. Bandte 2007, S. 11-15.

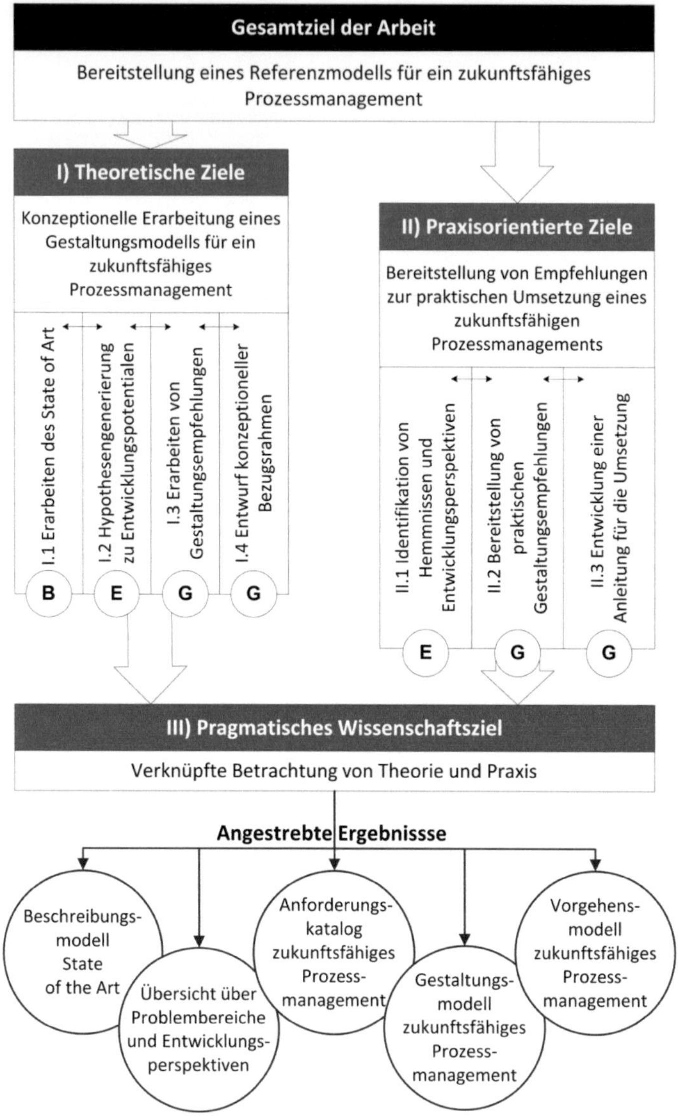

Abbildung 3: Zielsystem der Arbeit[57]

[57] Eigene Abbildung, in Anlehnung an die Zielsystemstruktur bei Bandte 2007, S. 11-15.

Insgesamt werden folgende *Ergebnisse* angestrebt:

- Beschreibungsmodell für den State of the Art im Themenfeld „Prozessmanagement",
- strukturierte und empirisch hergeleitete Übersicht über Problembereiche und Entwicklungsperspektiven in der Praxis des Prozessmanagements,
- Anforderungskatalog für ein zukunftsfähiges Prozessmanagement,
- Gestaltungsmodell für ein zukunftsfähiges Prozessmanagement,
- Vorgehensmodell zur Umsetzung eines zukunftsfähigen Prozessmanagements.

1.3.2 Forschungsleitende Fragestellungen

Um die gesetzten Ziele zu erreichen, ist im Verlauf der Arbeit eine ganze Reihe von Fragen zu beantworten. Zunächst führt die Gesamtzielsetzung zu folgender übergeordneten Forschungsfrage:

Wie sieht ein Konzept für das Management von Unternehmensprozessen aus, welches optimal auf die Herausforderungen der Gegenwart und Zukunft ausgerichtet ist?

Aus den Elementen der nächsten Ebene im Zielsystem und ihrer Verknüpfung ergibt sich nachstehendes Fragebündel:

1. Was ist unter Prozessmanagement im Sinne des State of the Art zu verstehen? (I.1)
2. Worin bestehen Hemmnisse und mögliche Entwicklungspotenziale des Prozessmanagements im Hinblick auf eine Steigerung der Zukunftsfähigkeit? (I.2, II.1)
3. Welche Anforderungen muss ein Prozessmanagement der Zukunft erfüllen? (I.3)
4. Welche theoretisch-konzeptionellen Ansätze unterstützen die Erfüllung dieser Anforderungen? (I.3, I.4)
5. Welche Gestaltungsempfehlungen ergeben sich aus den theoretisch-konzeptionellen Überlegungen für das praktische Prozessmanagement? (II.3)
6. Welche Bezüge bestehen zwischen den Anforderungen und Gestaltungsempfehlungen, und wie lassen sich diese zusammenfassen? (I.4)
7. Wie kann ein zukunftsfähiges Prozessmanagement in der Praxis realisiert werden? (II.2, II.3)

In Klammern sind die Nummern der Forschungsziele aus Abbildung 3 angegeben, auf welche die Fragestellungen fokussieren.

1.4 Wissenschaftstheoretische Einordnung und Forschungsprozess

Das in Kapitel 1.3.1 formulierte pragmatische Wissenschaftsziel einer ausgewogenen Theorie-Praxis-Kombination begründet sich im Verständnis der Betriebswirtschaftslehre als angewandte Wissenschaft. Welche wissenschaftstheoretische Grundpositionierung der Arbeit im Einzelnen zugrunde liegt, wird im Folgenden veranschaulicht (vgl. 1.4.1). Aus ihr leitet sich die Grobstruktur des Forschungsprozesses ab (vgl. 1.4.2).

1.4.1 Wissenschaftsdisziplinäre Position der Arbeit

Ein wesentliches Ziel der Wissenschaft bildet ein *Erkenntnisfortschritt* im behandelten Themenfeld.[58] Darüber indes, was in der Betriebswirtschaftslehre (BWL) als Erkenntnisfortschritt gewertet werden kann, sind in deren Geschichte immer wieder Diskussionen entbrannt.

Der Ursprung der Unstimmigkeiten wird in einer methodologischen Grundsatzdebatte zu Beginn des 20. Jahrhunderts gesehen – ausgelöst durch ein Buch der Nationalökonomen Weyermann und Schönitz.[59] Sie erkannten das damals als „Privatwirtschaftslehre" bezeichnete und gelehrte Fachgebiet, aus der die heutige BWL entstand, nicht als Wissenschaft an. Die anschließende Diskussion drehte sich um die Frage, ob eine Wissenschaft rein deskriptiven Charakter haben muss oder ob auch präskriptive Zielsetzungen als wissenschaftlich anzuerkennen sind.[60]

Schmalenbach war ein Vertreter eines eher breiten Wissenschaftsverständnisses. Er bezeichnete die Betriebswirtschaftslehre als (auf empirisch-induktiver Forschung basierende) anwendungsorientierte Wissenschaft. Zu ihren Grundeigenschaften gehöre eine Ausrichtung auf verwertbare Ergebnisse.[61] Aus dieser Perspektive wird ein besonders Augenmerk auf präskriptive Ergebnisse gelegt. Solche fundiert herzuleiten, setzt allerdings Grundwissen über die Eigenschaften des Betrachtungsgegenstandes voraus. Aus Sicht einer anwendungsorientierten Betriebswirtschaftslehre sind daher die drei wissenschaftlichen Erkenntnisziele Beschreiben, Erklären und Gestalten eng miteinander zu kombinieren.[62]

Ein solches Wissenschaftsverständnis liegt auch der vorliegenden Arbeit zugrunde. Das Zielsystem aus Kapitel 1.3.1 kombiniert eine Ausrichtung auf handlungsleitende Aussagen zur Führung realer Unternehmen einerseits, mit der Forderung einer sys-

---

58 Vgl. Kornmeier 2007, S. 29.

59 Vgl. Weyermann & Schönitz 1912.

60 Vgl. Franz 1998, S. 82-84.

61 Nach Schmalenbach 1912, S. 304-316, kann die BWL dann auch als „Kunstlehre" bezeichnet werden. Er sieht darin keine Ab-, sondern eher eine Aufwertung des Themenfeldes. Er befürwortet allerdings eine parallele Pflege einer Wissenschaft der Privatwirtschaftlehre. Vgl. auch Franz 1998, S. 83.

62 Vgl. Heinen 1992, S. 25, sowie Peters, Brühl & Stelling 2010, S. 9.

tematischen und fokussierten Beschreibung des State of the Art andererseits. Über Analysen von Problemfeldern werden zudem eine Erklärung von Abhängigkeiten und eine Identifikation zugrunde liegender Defizite angestrebt. Eine diesbezügliche Einordnung der Teilziele der Arbeit ist in Abbildung durch die Buchstaben „B", „E" und „G" vorgenommen.

Damit ist transparent gemacht, welcher wissenschaftliche Erkenntnisfortschritt angestrebt wird. Auch über die Art und Weise, wie beschreibende, erklärende und gestaltende Ergebnisse erarbeitet werden sollen, besteht jedoch kein wissenschaftstheoretischer Konsens. Ursache sind unterschiedliche erkenntnistheoretische Sichtweisen. Durch Kombination bzw. Abgrenzung entsprechender Grundpositionen entstanden in der Betriebswirtschaftslehre zwei dominierende Ansätze: der „Erlanger Konstruktivismus" und der „kritische Rationalismus":[63]

Nach dem *Erlanger Konstruktivismus* bedeutet Wissenschaft, auf Basis theoretischer Überlegungen und Argumentationen einen unvoreingenommenen, nichtpersuasiven, zwanglosen Diskurs zu führen. Wissenschaftliches Arbeiten heißt demnach, durch Interaktion sachkundiger und aufrichtiger Personen deduktiv Schlussfolgerungen und Tendenz(-aussagen) zu formulieren.[64] Die Ergebnisse zeichnen sich dadurch aus, dass ihnen jeder, der sachkundig ist und die gleiche Sprache spricht, bei geeigneter Nachprüfung zustimmen würde.[65] Das Ergebnis soll lebensweltlich begründbar, an der Realität überprüfbar und in diesem Sinne „vernünftig"[66] sein.[67] Bezüglich der Theorie-Praxis-Frage ist zu konstatieren, dass theoretische Wissensbildung einerseits sowie Erwerb und Aufbau praktischer Orientierung andererseits nicht zu trennen sind. Theoretische Arbeiten werden zeitlich vor Praxisbetrachtungen angesiedelt und nehmen einen besonders hohen Stellenwert ein.

Der *kritische Rationalismus* sieht menschliche Vernunft als fehlbar an und betont, dass die Ergebnisse aus Argumentationen und Begründungen nicht unumstößlich sind.[68] Zu den Grundgedanken gehört der Glaube daran, dass es eine reale Welt gibt, von der sich der Mensch kein vollständig korrektes Bild machen kann – der kritische Realismus.[69] Wissen ist nur vorläufig und kann sich als falsch erweisen. Eine Aussage kann niemals sicher bestätigt, sondern allenfalls sicher widerlegt werden.

---

63 Vgl. Kornmeier 2007, S. 38-39. Zu wissenschaftstheoretischen Ansätzen in der Betriebswirtschaftslehre siehe zudem Fülbier 2004, S. 268-270.

64 Vgl. Abel 1983, S. 15-25.

65 Vgl. Kamlah & Lorenzen 1996, S. 119-121.

66 Das Vernunftverständnis in der BWL behandeln ausführlich Braun & Schreyögg, S. 196-199.

67 Zu den Grundsätzen und Wurzeln des Erlanger Konstruktivismus siehe Lorenzen & Schwemmer 1973; Kamlah & Lorenzen 1996 sowie Mittelstrass 2008.

68 Vgl. Kornmeier 2007, S. 41-42. Der kritische Rationalismus geht in erster Linie auf Popper und Albert zurück. Siehe hierzu Popper 2007 und Albert 1991.

69 Siehe hierzu ausführlich Albert 1987. Der kritische Realismus wird nicht von allen Autoren als Komponente des kritischen Rationalismus angesehen. Für eine Diskussion dazu siehe Porstmann 1986, S. 232-339.

Sie ist so zu formulieren, dass sie einer logischen Prüfung der Widerspruchsfreiheit standhalten kann und empirisch falsifizierbar, d. h. ggf. widerlegbar ist.[70] Wissenschaft wird im kritischen Rationalismus zu einer sukzessiven Annäherung an die Wahrheit. Empirische Forschungsschritte nehmen eine zentrale Rolle im Aufbau von Erkenntnisfortschritten ein. Aus der Praxis werden Aussagen abgeleitet, deren Konsistenz dann anhand theoretischer Vorarbeiten prüfbar ist. Umgekehrt ist auch eine Formulierung auf Basis theoretischer Überlegungen möglich, zu denen in nachgelagerten empirischen Untersuchungen[71] „Gegenbeweise" gesucht werden.

Die Forschungsansätze des Erlanger Konstruktivismus und des kritischen Rationalismus (kritischer Realismus) gehen aus erkenntnistheoretischer Sicht jeweils mit spezifischen *Vor- und Nachteilen* einher, *schließen sich gegenseitig jedoch nicht gänzlich* aus.[72] Im Forschungsprozess dieser Arbeit sind Grundanforderungen beider berücksichtigt. Zum einen werden Sichtweisen sachkundiger und aufrichtiger Personen zur Thematik erfasst und zur Formulierung nachvollziehbarer Aussagen genutzt. Zum anderen werden komplexe wissenschaftliche Erkenntnisse nicht als linear entwickelbar, sondern als Ergebnis eines iterativen Vorgehens angesehen. Innerhalb eines mehrstufigen Lernprozesses werden Theorie und Empirie eng verzahnt.

1.4.2 Forschungsprozess

Die Phasen des Forschungsprozesses

Der Forschungsprozess in dieser Dissertation basiert auf zwei Fundamenten:

1) Ein *allgemeines Modell des sozialwissenschaftlichen Forschungsprozesses* definiert das Vorgehen in seiner Grobstruktur.[73]

2) Die *wissenschaftstheoretische Einordnung* aus Kapitel 1.4.1 begründet ein Wechselspiel zwischen Theorie und Praxis im Prozess und beeinflusst die Prozessausführung. Beispielsweise wird die Bedeutung von Rückkopplungen und Rücksprungmöglichkeiten (als Voraussetzung für Iterationen) betont.

Für den Forschungsprozess ergibt sich das in Abbildung 4 visualisierte Grundmodell. Der Fokus der vorliegenden Arbeit liegt auf den vorderen Phasen des allgemeinen Forschungsprozesses. Dies wird durch horizontale Gliederung im unteren Bildteil deutlich gemacht.

---

70 Vgl. Kornmeier 2007, S. 41.

71 Der Begriff „Empirie" stammt aus dem Griechischen und bedeutet „Sinneserfahrung". „Empirische Wissenschaft ist [...] der Teil der Wissenschaft, der auf der Erfahrung durch die menschlichen Sinne (auf Beobachtung in allerweitester Bedeutung) beruht"; empirisches Vorgehen ist „Ausgehen von Erfahrungstatsachen". (Kromrey 1986, S. 24 u. 37).

72 Vgl. Fülbier 2004, S. 269.

73 Vgl. Schnell, Hill & Esser 2008, S. 8.

Zunächst wird ein Forschungsproblem ausgewählt. Ausgangspunkt bildet eine argumentative (theoretische) Herleitung von aktuellen Problemstellungen im Prozessmanagement, die an einigen Punkten durch Ergebnisse aus verfügbaren Untersuchungen untermauert wird. An die Definition des Forschungsproblems schließt sich eine Analyse des Forschungsbereichs im Sinne einer systematischen Aufarbeitung des State of the Art an. Ausgehend vom erarbeiteten Grundmodell wird das Forschungsproblem empirisch konkretisiert. Dieser Schritt geht fließend in die Theoriebildung über, indem aus der empirischen Untersuchung heraus erste Ansatzpunkte für Problemlösungen erarbeitet werden. Sie dienen als Ausgangspunkt für eine deduktive/ argumentative Theoriebildung unter Einbezug bestehender Konzepte aus angrenzenden Themenfeldern. Es folgt die Operationalisierung der Theorie. Diese kann jedoch im Rahmen der vorliegenden Arbeit aus Gründen des Umfanges nur zum Teil geleistet werden, sodass in diesem Punkt weiterer Forschungsbedarf bleibt (siehe Kapitel 6). Eine Theorieprüfung ist in ersten Ansätzen vorgesehen. Zum einen wird die Theorie teilweise durch bereits verfügbare empirische Untersuchungsergebnisse gestützt.[74] Zum anderen werden die Einzelaspekte in einen übergeordneten Zusammenhang gebracht, wodurch die Gefahr von Inkonsistenzen und Widersprüchen verringert wird. Eine weitere Theorieprüfung, bspw. durch zusätzliche empirische Untersuchungen, wird empfohlen.

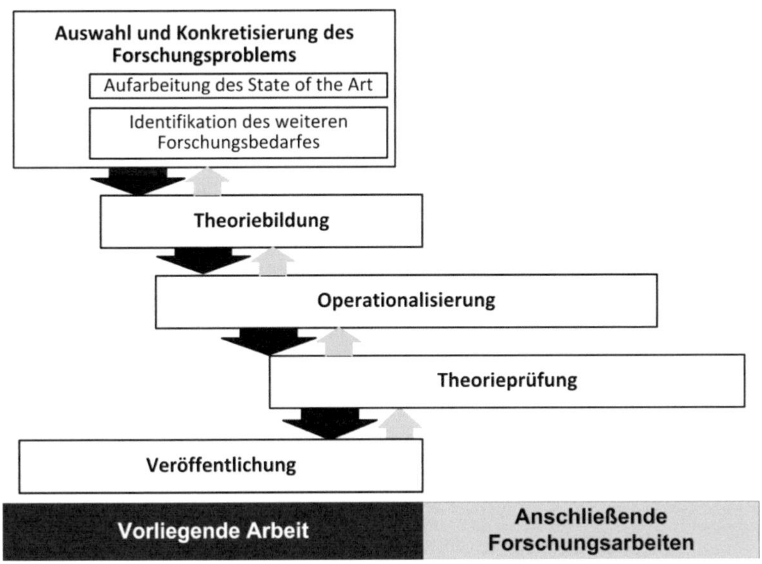

Abbildung 4: Forschungsprozess der vorliegenden Arbeit[75]

[74] Zu Ansätzen der Theoriebildung siehe Schnell, Hill & Esser 2008, S. 9.
[75] Eigene Abbildung.

Methodische Umsetzung

Was die Ausgestaltung der einzelnen Phasen im Forschungsprozess betrifft, stellt sich in erster Linie die Frage nach der methodischen Umsetzung. Die theoretisch-konzeptionellen Anteile werden durch Analyse, Auswahl und Integration von Inhalten aus einschlägigen Publikationen zum Themenfeld Prozessmanagement bzw. durch Übertragung entsprechender Ansätze aus anderen Themenfeldern ausgeführt. Was die Einbettung der Praxissicht betrifft, existieren breitere Gestaltungsmöglichkeiten. Diesbezüglich ist zu klären, welche empirischen Methoden zum Einsatz kommen sollen und wie diese mit den theoretisch-konzeptionellen Arbeiten zu verknüpfen sind.

Vielseitige Ansätze zur systematischen Auswertung praktischer Erfahrungen und Beobachtungen sowie deren Umsetzung in wissenschaftliche Erkenntnisse liefert die *empirische Sozialforschung.*[76] In Abhängigkeit von der Art des verwendeten Datenmaterials spaltet sich diese in eine *qualitative und eine quantitative Forschungsrichtung* auf. „*Während in der qualitativen Forschung die Erfahrungsrealität zunächst verbalisiert wird (qualitative, verbale Daten), wird sie im quantitativen Ansatz numerisch beschrieben [...].*“[77]

Die Eignung quantitativer und qualitativer Forschungsansätze zur Schaffung eines Erkenntnisfortschrittes wird in der Fachliteratur kontrovers diskutiert.

Kritiker der qualitativen Forschung monieren das Methodenportfolio zur Datenauswahl und -auswertung als nicht replizierbar, nicht intersubjektiv überprüfbar und damit nicht reliabel. Zusätzlich wird die fehlende Verallgemeinerbarkeit der Ergebnisse bemängelt. Die untersuchten Ausschnitte aus dem Betrachtungsbereich sind häufig nicht „repräsentativ“ oder „typisch“.

Befürworter hingegen heben den direkteren Zugang zur sozialen Realität, die bessere Integration von Sichtweisen, Wissensbeständen und Interpretationsmustern der Akteure hervor und betonen, dass die qualitative Forschung im Vergleich zur quantitativen Forschung in der Lage sei, die „relevanteren“ Ergebnisse zu erbringen. Der quantitativen Forschung werfen sie hingegen einen mangelhaften Gegenstandsbezug vor.[78]

Die Argumente der beiden Seiten zeigen: Die wissenschaftliche Diskussion um die Forschungsansätze geht zu einem erheblichen Anteil auf unterschiedliche Wissenschaftsverständnisse[79] und damit verbunden verschiedenartige Forschungsziele zurück. Welche Richtung im Einzelfall besonders geeignet ist, hängt von der Verfügbarkeit entsprechender Daten sowie der spezifischen Zielsetzung ab.

---

76 Siehe hierzu Atteslander 2010; Kromrey 2006; Bortz & Döring 2006; Schnell, Hill & Esser 2008 sowie Diekmann 2007.

77 Bortz & Döring 2006, S. 296.

78 Vgl. Kelle 2007, S. 25-56. Er gibt einen Überblick über die Diskussion in der Fachliteratur.

79 Vgl. Bortz & Döring 2006, S. 296.

Quantitative Ansätze dienen dem Zweck, Daten auf Basis repräsentativer Stichproben statistisch valide zu messen. Die Verallgemeinerbarkeit der Erkenntnisse hängt wesentlich von der Größe und Verteilung der untersuchten Stichprobe ab. Die meist komplexen untersuchten Zusammenhänge mit stark heterogenen Grundgesamtheiten führen in Kombination mit einer Grenze an handhabbaren Datenmengen dazu, dass einige der zu untersuchenden Eigenschaften und Zusammenhänge bereits im Vorfeld der Stichprobenfestlegung zu spezifizieren sind. Es ist eine Vorab-Eingrenzung des Forschungsgegenstandes erforderlich. Diese Notwendigkeit wird durch die Problematik von Scheinkorrelationen zusätzlich verstärkt, sodass quantitative Untersuchungen oft auf Basis vorab entwickelter Theorien durchgeführt werden und dann zum Test von Hypothesen als Bestandteile der Theorien dienen.[80]

Qualitative Forschung zielt auf eine breite und vielseitige Betrachtung eines Gegenstandes in seinem spezifischen Kontext ab.[81] Qualitative Forschungsmethoden werden vor allem eingesetzt, wenn der Forschungszweck in einer offenen, eher explorativen Gewinnung von Erkenntnissen über bisher unbekannte (komplexe) Sinnzusammenhänge besteht.[82] Sie eignen sich bspw. insbesondere, wenn weiche Faktoren wie Verhalten, Erfahrungen, persönliche Handlungen, Motive, Einstellungen und Werte untersucht werden.[83] Ziel ist oftmals, Hypothesen zu generieren, die dann durch weitere Bearbeitung zu Theorien integriert und weiterentwickelt werden.[84]

Die empirischen Anteile dieser Arbeit dienen in erster Linie einer Konkretisierung des Forschungsproblems sowie der Bereitstellung einer Orientierungshilfe für die theoretisch-konzeptionelle Theoriebildung und -operationalisierung. Sie sollen die Relevanz der Arbeitsinhalte demonstrieren und haben in Bezug auf die Theoriebildung explorativen Charakter. Eine Verallgemeinerung oder intersubjektive Überprüfbarkeit ist nicht unbedingt erforderlich. Es soll gezeigt werden, dass die behandelten Problemstellungen in realen Unternehmen zum Tragen kommen. Ein Anspruch auf Allgemeingültigkeit wird zunächst nicht erhoben.

Hier erscheint der Einsatz qualitativer Methoden adäquat. Der Gefahr, dass die Arbeit in der Folge eine nur in Einzelfällen beobachtbare Problemstellung adressiert, wird durch Einsatz theoretisch-konzeptioneller Vorüberlegungen sowie Abgleich der Ergebnisse mit Ergebnissen bestehender quantitativer Studien begegnet. Zusätzlich werden die explorativ erarbeiteten Richtungen der Weiterentwicklung des Prozessmanagements bei der Bearbeitung systematisch zu theoretischen Vorarbeiten in Bezug gesetzt und in einem Rahmenmodell zu einem konsistenten System zusammen-

80 Vgl. Riesenhuber 2007, S. 7-8.
81 Vgl. Mayring 2002, S. 26-27, sowie Hopf 1993, S. 13-16.
82 Vgl. Kelle 2007, S. 35 u. S. 52-53.
83 Vgl. Foddy 1994, S. 1-2, im Zusammenhang mit (qualitativen) Interviews.
84 Vgl. Riesenhuber 2007, S. 6-7, dort spezifisch bezogen auf Fallstudien.

gebracht. Punktuell werden in das hauptsächlich qualitativ angelegte Forschungsdesign[85] quantitative Anteile integriert.[86]

Konkretisierung des Forschungsprozesses – das Forschungsdesign

Nach der Entscheidung für qualitative Untersuchungen sind die betroffenen Phasen des Forschungsprozesses entsprechend zu konkretisieren. Es wird ein *Forschungsdesign* ausgewählt. Nach Flick besteht ein solches aus folgenden sieben Komponenten:

1. Definition der konkreten Zielsetzung der Studie[87],
2. Formulierung einer klaren und eindeutigen Forschungsfrage, die später weiter konkretisiert, fokussiert, eingegrenzt oder ggf. revidiert werden kann,
3. Festlegung der Untersuchungsziele in Bezug auf Verallgemeinerbarkeit und Ergebnisdarstellung,
4. Benennung des angestrebten Grads an Standardisierung und Kontrolle von Kontextbedingungen,
5. Auswahl der zu betrachteten/einzubeziehenden Personen oder Situationen,
6. Definition von Materialausschnitten für tiefer gehende Interpretationen sowie
7. Analyse der notwendigen sowie der bestehenden Ressourcen.

Ein Forschungsdesign kann neu entwickelt oder durch Anpassung, Konkretisierung oder Kombination von Basisdesigns erarbeitet werden.[88] Für die vorliegende Studie wird aufgrund des reduzierten Aufwands und der geringeren Fehlerwahrscheinlichkeit die zweite Variante gewählt.

Eine Übersicht über Basisdesigns und eine Anleitung zur Auswahl stammt von Yin.[89] Er unterscheidet fünf Grundtypen und schlägt eine Auswahlsystematik anhand von drei Fragen vor (siehe Tabelle 1).

Auf Basis der Auswahlsystematik Yins und des in Kapitel 1.3.1 vorgestellten Zielsystems ergibt sich für die qualitative Untersuchung im Rahmen dieser Arbeit die Fallstudie als geeignetes Forschungsdesign, denn:

- Teile der forschungsleitenden Fragen lassen sich überführen in die Frage danach, „warum" trotz umfangreicher Bemühungen im Prozessmanagement

85 Zu Zweck und Eigenschaften eines Forschungsdesigns siehe Yin 2009; im Zusammenhang mit Einzelfallstudien auch Lamnek 2005, S. 298-300, sowie Flick 2010, S. 172-176. Zum Teil werden andere Begrifflichkeiten wie „Forschungsmethode" oder „-strategie" verwendet.

86 Vgl. Kühl, Strodtholz & Taffertshofer 2005, S. 24, sowie Bortz & Döring 2006, S. 296. Zur Kombination qualitativer und quantitativer Forschungsmethoden/Daten siehe auch Kelle 2007 sowie Punch 2010, S. 58.

87 Hierzu sind sowohl wissenschaftliche Erkenntnisziele als auch persönliche Ziele wie bspw. die Schaffung der Grundlagen einer Dissertation zu zählen.

88 Vgl. Flick 2010, S. 172-177.

89 Vgl. Yin 2009, S. 8-14.

Probleme in Form von Ineffizienz und Ineffektivität auftreten. Zudem sollen erste Ansatzpunkte dafür gefunden werden, „wie“ die Probleme zu lösen sind.

- der komplexe Untersuchungsgegenstand Unternehmen lässt sich nicht oder nur mit sehr großem Aufwand experimentell kontrollieren.
- Zweck der Untersuchung ist die Analyse aktueller Sachverhalte/ Problemstellungen und die Identifikation bestehender Ideen zur Optimierung.[90]

Die Fallstudie ist allerdings ein hinsichtlich der Datenerhebungsmethoden offener Forschungsansatz, innerhalb dessen wiederum auch Befragungen durchgeführt oder in Historienanalysen Vergangenheitsdaten aufbereitet werden können.[91] Die detaillierte Umsetzung der Fallstudie der vorliegenden Arbeit ist Gegenstand von Kapitel 3.1.3.

Forschungsdesign	**Art der Forschungsfrage?**	**Kontrollmöglichkeit durch Forscher?**	**Analyse aktueller Sachverhalte?**
Befragung	Wer, was, wo, wie viel?	Nein	Ja
Archivanalyse	Wer, was, wo, wie viel?	Nein	Ja/Nein
Historie	Wie, warum?	Nein	Nein
Fallstudie	Wie, warum?	Nein	Ja
Experiment	Wie, warum?	Ja	Ja

Tabelle 1: Auswahltabelle für Forschungsdesigns[92]

1.5 Struktur der Arbeit

Aus dem in Kapitel 1.4.2 skizzierten Forschungsprozess leitet sich der Aufbau der vorliegenden Arbeit ab (siehe Abbildung 5):

An die einführenden Passagen zum Gegenstand und Vorgehen in Kapitel 1 schließt sich in Kapitel 2 eine Betrachtung des State of the Art im Themenfeld Prozessmanagement an. Damit wird transparent veranschaulicht, welche Aufgaben im Prozessmanagement auszuführen und welche Rahmenbedingungen zu schaffen sind. Es entsteht ein Modell des Integrierten Prozessmanagements mit einem ersten Anforderungskatalog, der die zentralen Inhalte „checklistenartig“ zusammenfasst. Des Weiteren werden mit dem Kapitel Grundlagen für eine tiefer gehende Auseinandersetzung mit dem Prozessmanagement im weiteren Verlauf gelegt.

90 Eine weitere Systematik zur kriteriengeleiteten Auswahl eines Basisdesigns beschreibt Flick 2010, S. 186-187. Eine Anwendung auf den spezifischen Fall dieser Arbeit liefert weniger eindeutige Ergebnisse als die Systematik von Yin; die Resultate stehen jedoch zur Entscheidung für eine Fallstudie nicht im Widerspruch.

91 Vgl. Borchardt & Göthlich 2009, S. 33, 37 und 42. Siehe auch Kapitel 3.1.

92 In Anlehnung an Yin 2009, S. 8.

Der Hauptteil der Arbeit besteht aus zwei Komponenten:

Kapitel 3 gibt einen Überblick über die zur Problemkonkretisierung und Ausrichtung der Theoriebildung durchgeführte *Fallstudie*. Diese liefert Hinweise auf Entwicklungsperspektiven zur Zukunftssicherung des Prozessmanagements, deren überbetriebliche Relevanz durch Abgleich mit anderen empirischen Untersuchungen geprüft wird.

Eine *zentrale Entwicklungsrichtung* wird in Kapitel 4 *verfolgt*. Unter Verwendung theoretischer Konzepte aus verschiedenen Wissenschaftsbereichen, insbesondere aus dem ganzheitlichen Denken und der Komplexitätswissenschaft, werden Hinweise darauf erarbeitet, wie das Prozessmanagement weiterentwickelt werden kann. Modell und Anforderungskatalog aus Kapitel 2 werden erweitert. Das anschließende Kapitel 5 ordnet das entstehende Grundkonzept des Integrativen Prozessmanagements in den übergeordneten Kontext des Managements ein und skizziert, wie eine Umsetzung in der Unternehmensrealität erreicht werden kann. Eine kritische Auseinandersetzung mit dem Forschungsprozess, den Ergebnissen und den Grenzen der Arbeit in Kapitel 6 rundet die Ausführungen ab.

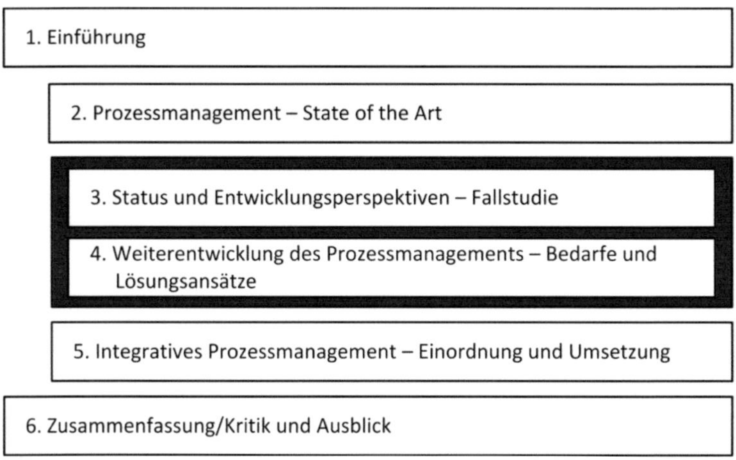

Abbildung 5: Struktur der Arbeit[93]

1.6 Umgang mit Fachtermini

Es liegt in der Natur einer wissenschaftlichen Arbeit, dass zahlreiche einschlägige *Fachtermini* Verwendung finden und zu definieren sind. Dies gilt auch für die vorliegende Dissertation. Einige Begrifflichkeiten, die hier zu klären sind, ergeben sich bereits aus der Überschrift: „Prozess“, „Prozessmanagement“ und „integrativ“. Weitere tauchen bei der Bearbeitung der formulierten Zielsetzung auf.

93 Eigene Abbildung.

Für viele Begriffe in der Betriebswirtschaftslehre und in angrenzenden Wissenschaftsbereichen haben sich trotz zum Teil jahrzehntelanger Verwendung und Diskussion bisher keine einheitlichen Definitionen durchgesetzt. Im Zusammenhang mit dem Terminus „Komplexität" verweist Gell-Mann auf eine „alte Weisheit": „*A scientist would rather use someone else's toothbrush than another scientist's nomenclature*"[94] – eine provokante Aussage, die allerdings eine wichtige Herausforderung im Umgang mit Begrifflichkeiten zum Ausdruck bringt. Wer sich fundiert und auf eine breite Literaturbasis gestützt mit einem Themenfeld befassen will, muss mit der Fülle unterschiedlicher Begriffsdefinitionen und -verwendungen umgehen. Innerhalb des oftmals breiten definitorischen Feldes gilt es, für die eigene Arbeit geeignete Verwendung auszuwählen und zu fixieren. Für Grundbegriffe wird hierzu in der vorliegenden Arbeit der State of the Art in Bezug auf Gemeinsamkeiten und Unterschiede skizziert und zur Festlegung von Arbeitsdefinitionen genutzt. Bei Begrifflichkeiten, die für die Arbeit zwar relevant sind, jedoch nicht im Zentrum der Betrachtung stehen, wird auf eine ausführliche Diskussion verzichtet. Die Ausführungen beschränken sich hier auf die Wiedergabe von Arbeitsdefinitionen für den nachfolgenden Text. Bei starken Unterschieden der Begriffsverwendung in der einschlägigen Literatur werden entsprechende Hinweise in Fußnoten platziert.

94 Gell-Mann 1995, S. 18.

2 Prozessmanagement – State of the Art

Das Thema „*Prozessmanagement*" hat in Praxis und Wissenschaft eine große Verbreitung gefunden. Einfache Rechercheansätze vermitteln einen ersten Eindruck der Situation:

- In einer 2007 durchgeführten Studie gaben 77% der Befragten aus Unternehmen im deutschsprachigen Raum an, dass bei ihnen ein hohes Interesse am Geschäftsprozessmanagement bestehe. 83% gingen von einer Steigerung der Bedeutung in der Zukunft aus.[95]
- Eine weltweite Studie zeigte, dass viele Organisationen jährlich Hunderttausende, teilweise sogar mehrere Millionen Dollar investieren um Prozesse zu erneuern, zu optimieren, zu automatisieren und durch Software zu unterstützen.[96]
- Eine Büchersuche beim Onlinebuchhandel „Amazon" liefert zum Stichwort „Prozessmanagement" mehrere Hundert Ergebnisse. Viele weitere Treffer ergeben sich bei Ausweitung auf andere Sprachen oder eng verwandte Suchbegriffe.[97]

Der hierdurch angedeuteten umfangreichen Auseinandersetzung mit dem Thema zum Trotz, besteht allerdings nur in wenigen Unternehmen volle Zufriedenheit mit dem gelebten Prozessmanagement. Zahlreiche Unternehmen haben sich für die Zukunft in diesem Punkt noch viel vorgenommen.[98]

Ein Teil der Unzufriedenheit ist sicher auf Defizite in der praktischen Anwendung des theoretischen Konzepts „Prozessmanagement" zu sehen. An anderen Punkten zeichnet sich ein Bedarf zur Weiterentwicklung ab. In jedem Fall ist für einen Beitrag zur Verbesserung der zukünftigen Lage zunächst zu klären, was unter Prozessmanagement im Einzelnen zu verstehen ist, wozu es dient und wie der Status quo aussieht. Diese Grundfragen sind Gegenstand von Kapitel 2. Dieses beginnt mit einer Klärung zentraler Begrifflichkeiten (2.1). Im Anschluss (2.2) werden die zentralen Ziele und Messgrößen des Prozessmanagements zusammengefasst. Es schließt sich eine Vorstellung der Aufgaben des Prozessmanagements anhand des Prozesslebenszyklus an (2.3). In 2.4 werden Elemente präsentiert, die den Prozesslebenszyklus begleiten und unterstützen. 2.5 enthält eine Definition zentraler Rollen. Davon ausgehend werden in 2.6 prozess- und funktionsorientierte Unternehmensführung gegenübergestellt und Formen der Prozessorganisation diskutiert. Kapitel 2.7 gibt

95 Vgl. Knuppertz & Schnägelberger 2008. Trotz der unklaren Repräsentativität der zugrunde liegenden Befragung geben die Ergebnisse Hinweise auf die praktische Bedeutung des Themas.

96 Vgl. Wolf & Harmon 2006, S. 24-25; Harmon und Wolf 2008, S. 27, sowie Wolf & Harmon 2010.

97 Ergebnis einer Büchersuche zum Begriff „Prozessmanagement" am 06.04.2011 unter http://www.amazon.de. Die mehr als 4000 Treffer umfassen Mehrfachnennungen; auch nach deren Ausschluss bleiben jedoch mehrere hundert Buchveröffentlichungen bestehen.

98 Siehe hierzu bspw. Knuppertz, Schnägelberger & Clauberg 2010.

schließlich einen Überblick über das Gesamtmodell eines Integrierten Prozessmanagements.

2.1 Prozesse und Prozessmanagement – begriffliche Grundlagen

Eine Diskussion von Begrifflichkeiten in dieser Arbeit muss bei dem beginnen, was hier im Zentrum des Interesses steht: dem *„Prozess“*.

Prozesse

Die langjährige Auseinandersetzung mit Prozessen in der Literatur hat sehr viele Definitionen hervorgebracht.[99] Bezüglich Umfang und Konkretisierung weisen sie teils große Unterschiede auf. Inhaltlich zeigen sich indes viele Gemeinsamkeiten, die ein ähnliches Grundverständnis der Autoren andeuten.[100] Die gemeinsame Begriffsbasis geht auf den Ursprung des Terminus, das lateinische Wort „processus“ (dt. Fortgang, Fortschreiten) zurück, das wiederum aus dem Verb „procedere“ für „vorwärtsgehen, vorrücken, vortreten“ entstand.[101] Über das spätmittelhochdeutsche Wort „process“ für „Erlass, gerichtliche Entscheidung“ entstand durch Verallgemeinerung im Laufe der Zeit die Bedeutung „Verlauf, Ablauf, Hergang“ oder „Entwicklung“.[102] Sie fand Eingang in verschiedene Wissenschaftsdisziplinen wie die Biologie, die Chemie, die Medizin und auch die Wirtschafts- und Ingenieurwissenschaften.[103] Nach dem gängigen Begriffsverständnis der Wirtschafts- und Ingenieurwissenschaften ist ein Prozess *„ein Satz von in Wechselbeziehung oder Wechselwirkung stehenden Tätigkeiten, der Eingaben in Ergebnisse umwandelt“*[104].

Neben der weitgehend übereinstimmenden begrifflichen Grundlage heben einige Definitionen zusätzlich die zeitliche, sachlogische (und zum Teil auch räumliche[105]) Folge der Aktivitäten[106], die Abgrenzbarkeit der Prozesse vom Umfeld[107], ihre Zielausrichtung[108], die Schaffung eines Wertes für den Kunden[109] bzw. die Umwandlung von definierten Inputs in definierte Outputs[110] hervor.[111]

99 Vgl. Bea & Schnaitmann 1995, S. 278, sowie Pritchard & Armistead 1999, S. 10.

100 Siehe auch Corsten 1996, S. 6.

101 Siehe auch Gareis & Stummer 2007, S. 53.

102 Siehe hierzu Kunesch 1993, S. 13, und Kluge & Seebold 2002, S. 726. Letzterer benennt die verwandte Bedeutung „Verfahrensweise“, die auf eine aktive Steuerung des Ablaufs hinweist.

103 Vgl. Bea & Schnaitmann 1995, S. 278.

104 DIN EN ISO 9000:2005, S. 23. Für weitere Erläuterungen siehe u. a. Striening 1988, S. 190; Davenport 1993, S. 5; Hammer 1996, S. 5; Schmelzer & Sesselmann 2010; Vahs 2009, S. 226, sowie Becker & Kahn 2008, S. 6. Die von den Autoren verwendeten Begriffe „Tätigkeiten“ und „Aktivitäten“ werden im Rahmen der vorliegenden Arbeit gleichgesetzt.

105 Vgl. Davenport 1993, S. 5.

106 Vgl. Becker & Kahn 2008, S. 6; Mayer, R. 2005, S. 3, und Vahs 2009, S. 226.

107 Vgl. Gareis & Stummer 2007, S. 53

108 Vgl. Striening 1988, S. 190; Reinhart & Lindemann 1996, S. 17; Hammer 1996, S. 5, sowie Gareis & Stummer 2007, S. 54.

109 Vgl. Hammer, Champy & Künzel 2003, S. 38.

110 Vgl. Schmelzer & Sesselmann 2010, S. 62, und Davenport 1993, S. 5.

Für die vorliegende Arbeit wird aus einer Querbetrachtung gängiger Begriffsverständnisse heraus folgende Definition gewählt:

Ein Prozess ist eine repetitive, zeitliche oder sachlogische Folge zielgerichtet miteinander verknüpfter Aktivitäten, die einen oder mehrere definierte Inputs in einen oder mehrere definierte Outputs überführen.

Das Adjektiv „repetitiv“ weist auf den Wiederholungscharakter von Prozessen hin[112] und dient der Abgrenzung zum Begriff „Projekt“, der einmalig durchgeführte Abläufe beschreibt.[113] Zu den Grundeigenschaften eines Prozesses gehört die zielorientierte Umwandlung von Inputs in Outputs. Nicht zielgerichtete Aktivitätenfolgen sind nicht Gegenstand des Prozessmanagements [114]

Gaitanides weist darauf hin, dass viele Definitionen des Begriffs „Prozess“ große Unschärfen aufweisen – eine Kritik, der sich auch die obige Arbeitsdefinition nicht entziehen kann.[115] Was einen Prozess im Einzelnen ausmacht, wird daher nun detailliert behandelt.

Die *Grundstruktur eines Prozesses* ist in Abbildung 6 visualisiert.

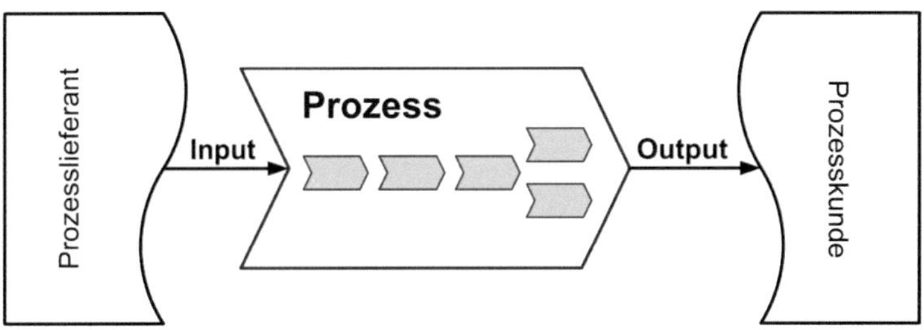

Abbildung 6: Aufbau eines Prozesses[116]

Jeder Prozess besteht aus Aktivitäten, die über logische – und nicht zwangsläufig sequenzielle[117] - Beziehungen miteinander verbunden sind.[118] Im Prozess findet eine zielgerichtete Transformation von Inputs in Outputs statt, die auf spezifischen Regeln

---

111 Einen Überblick über zahlreiche Prozessdefinitionen geben Gareis & Stummer 2007, S. 54.

112 Vgl. Striening 1988, S. 158.

113 Auf den Zusatz „räumliche Folgen“ wird verzichtet, denn: Die Aktivitäten müssen nicht an unterschiedlichen Orten stattfinden. Ein Gegenbeispiel ist der Prozess einer Datenauswertung.

114 Siehe hierzu auch Meise 2001, S. 86.

115 Vgl. Gaitanides 2007, S. 54.

116 Eigene Abbildung. Für vergleichbare Strukturbeschreibungen bzw. -abbildungen siehe Striening 1988, S. 205; Corsten 1996, S. 7 und 8; Schmidt 1997, S. 3; Fink 2003, S. 18; Geiger & Kotte 2005, S. 103, sowie Vahs 2009, S. 230.

117 Vgl. Hammer, Champy & Künzel 2003, S. 57; Bea & Schnaitmann 1995, S. 280, Abbildung 1; Fuhrmann 1998, S. 47, sowie Schmelzer & Sesselmann 2010, S. 135.

118 Vgl. Fischermanns 2006, S. 17; Becker & Kahn 2008, S. 6, sowie Vahs 2009, S. 226. Implizit ist die Bedingung auch Bestandteil weiterer Definitionen wie der von Hammer, Champy & Künzel 2003, S. 38.

sowie dem Einsatz von Ressourcen beruht.[119] Jeder Prozess verfügt über Schnittstellen nach außen, an denen er Inputs von „Prozesslieferanten“ übernimmt bzw. Outputs an „Prozesskunden“ übergibt. Inputs und Outputs können materieller oder auch immaterieller Natur sein.[120]

Bei Unternehmensprozessen, wie sie im Fokus dieser Arbeit stehen, ist zusätzlich Folgendes zu beachten:

Prozesslieferanten und Prozesskunden stimmen nicht generell mit den Kunden und Lieferanten des Unternehmens überein.[121] Die Quellen der Inputs und Abnehmer für die Outputs können innerhalb oder außerhalb des betrachteten Unternehmens angesiedelt sein.[122] Die Bezeichnungen Kunde und Lieferant implizieren auch nicht zwangsläufig, dass für die bereitgestellte Leistung eine Gegenleistung[123] erbracht wird.

Die Grenzen eines Prozesses werden durch Start- und Endpunkte festgelegt. Der Start eines Durchlaufs wird durch ein Startereignis, einen sogenannten Anstoß oder Trigger, ausgelöst.[124] Abgeschlossen ist ein Durchlauf entweder dann, wenn ein Endereignis wie die Erfüllung aller definierten Aufgaben und Ziele oder ein Abbruchkriterium eingetreten ist.[125]

Die allgemeine Bezeichnung „Prozess“ trifft keine Einschränkungen bezüglich Inhalt, Struktur oder Reichweite des Ablaufs.[126] Bereits eine sehr kurze Folge aus Aktivitäten mit einem definierten Ziel verkörpert einen Prozess. In einem Unternehmen laufen Hunderte oder Tausende von Prozessen ab.[127] Als Ausgangspunkt für ein unternehmensweites Prozessmanagement mit gezielten und abgestimmten Eingriffen müssen die Abläufe zunächst zu einer überschaubaren Anzahl von Prozessen gebündelt werden.

---

[119] Vgl. Schmidt 1997, S. 1, sowie Schmelzer & Sesselmann 2010, S. 62-63.

[120] Vgl. Fischermanns 2006, S. 12-15, sowie Schmelzer & Sesselmann 2010, S. 62. Die Austauschbeziehungen an Schnittstellen werden häufig als Kunden-Lieferanten-Beziehungen bezeichnet. Vgl. bspw. Corsten 1997, S. 16-17. Beispiele für materielle Inputs und Outputs sind Vorprodukte, Roh- oder Hilfsstoffe; Beispiele für immaterielle Inputs und Outputs sind elektronische Daten. Für Produktionsprozesse siehe hierzu Corsten & Gössinger 2009, S. 4 und 8.

[121] Zum Begriff „Prozesskunde“ siehe Fink 2003, S. 167, sowie Schneider, Geiger & Scheuring 2008, S. 186. Vahs 2009, S. 229, verwendet die Bezeichnungen „Quellen der Inputs“ und „Senken der Outputs“. Fischermanns 2006 und Schantin 2004 nutzen „Prozesskunden“ als Oberbegriff.

[122] Vgl. Fischermanns 2006, S. 15, sowie Schmelzer & Sesselmann 2010, S. 69.

[123] Bspw. eine Bezahlung.

[124] Bspw. den Eingang eines Inputs oder einen Stichtag. Vgl. Fischermanns 2006, S. 14. Zur Prozessabgrenzung u. a. durch Auslöseereignisse und Abbruchgrenzen siehe Becker & Meise 2008, S. 125-131.

[125] Vgl. Rosenkranz, F. 2006, S. 23.

[126] Vgl. Kramer & Kramer 1997, S. 50.

[127] Vgl. Schmelzer & Sesselmann 2010, S. 62.

Geschäftsprozesse

Für Bündel von Aktivitäten in größeren Einheiten wird in der betriebswirtschaftlichen Literatur der Begriff „*Geschäftsprozesse*" geprägt. Davenport und Short beschreiben diese als „*set of logically related tasks performed to achieve a defined business outcome*"[128]. Smith und Fingar kritisieren die Definition mit dem Hinweis, dass wichtige Aspekte, wie der kollaborative und der transaktionale Charakter sowie die Notwendigkeit einer Koordination in Geschäftsprozessen, nicht zum Ausdruck kommen. Sie konkretisieren die Beschreibung wie folgt: „*A business process is the complete and dynamically coordinated set of collaborative and transactional activities that deliver value to customers.*"[129] Dabei heben sie gegenüber der allgemeinen Prozessdefinition auch den großen Umfang und die Komplexität von Geschäftsprozessen hervor.

Für die vorliegende Arbeit wird der Begriff „Geschäftsprozesse" in Anlehnung an das allgemeine Prozessverständnis wie folgt definiert:

Geschäftsprozesse sind ziel- und kundenorientierte funktionsübergreifende Prozesse eines hohen Abstraktionsniveaus, die direkt oder indirekt den Erfolg einer Organisation beeinflussen.[130]

In der Arbeitsdefinition werden bewusst die Ziel- und Kundenorientierung sowie die funktionsübergreifende Ausdehnung der Geschäftsprozesse herausgestellt. Ersteres bringt zum Ausdruck, dass die Geschäftsprozesse auf die Erfüllung übergeordneter Zielsetzungen und Anforderungen ausgerichtet sind.[131] Aus der funktionsübergreifenden Ausdehnung[132] leiten sich erste Hinweise auf das geeignete Abstraktionsniveau[133] und die Abgrenzung von Geschäftsprozessen ab. Als zusätzliche Orientierungshilfe kann hier die Empfehlung von Kaplan und Murdock dienen, nach der die Aktivitäten eines Unternehmens in etwa sechs bis zwanzig Geschäftsprozessen zusammenzufassen sind.[134]

Auf einer weiteren Detaillierungsebene lassen sich innerhalb eines Geschäftsprozesses unterschiedliche Strukturelemente differenzieren. Durch vertikale Aufspaltung

---

128 Davenport & Short 1990, S. 12.

129 Smith & Fingar 2007, S. 47.

130 Ähnlich verwenden Wagner & Patzak 2007, S. 385, den Begriff „Schlüsselprozesse". Zum Abstraktionsniveau bei der Betrachtung von Geschäftsprozessen siehe Fuhrmann 1998, S. 48-49.

131 Siehe auch Schmelzer & Sesselmann 2010, S. 64; Meise 2001, S. 88-89; Davenport 1993, S. 5; Hammer, Champy & Künzel 2003, S. 38, und Picot & Franck 1996, S. 14. Rüegg-Stürm 2003, S. 69, sowie Becker & Kahn 2008, S. 7, weisen auf eine direkte Verknüpfung mit externen Partnern hin. Dem liegt jedoch ein engeres Verständnis des Begriffs „Geschäftsprozesse" zugrunde, als es in dieser Arbeit vertreten und an späterer Stelle dieses Kapitels diskutiert wird.

132 Vgl. Smith & Fingar 2007, S. 47-48.

133 Zum Abstraktionsniveau von Geschäftsprozessen siehe Fuhrmann 1998, S. 48-49.

134 Vgl. Kaplan & Murdock 1991, S. 27-43. Untersuchungen zufolge kann sich eine zu starke Aufspaltung negativ auf den Prozessmanagementerfolg auswirken. Vgl. Hall, Rosenthal & Wade 1993, S. 111-113.

ergeben sich zunächst Prozessphasen[135]. Jede Phase setzt sich aus einer Reihe miteinander verknüpfter Prozessschritte zusammen, die wiederum aus mehreren (beliebig detailliert ausdifferenzierbaren) Einzelaktivitäten bestehen.[136] Einen Überblick gibt Abbildung 7)

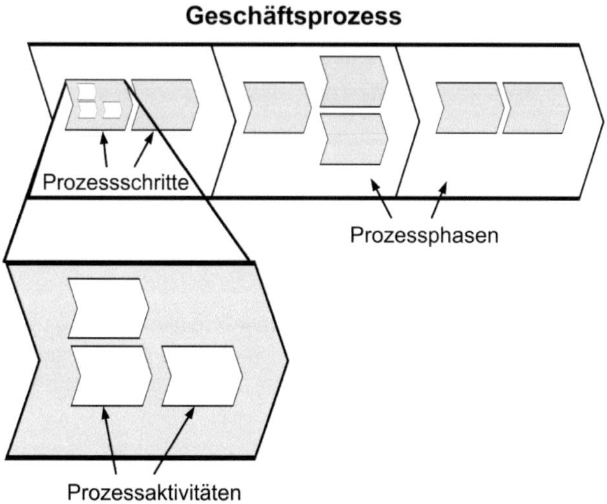

Abbildung 7: Hierarchischer Aufbau eines Geschäftsprozesses[137]

Horizontal können Geschäftsprozesse in parallele Teilprozesse aufgespalten werden.[138] Ein Beispiel ist der in Abbildung 8 skizzierte „Produktionsprozess", der nach Produktgruppen und nach Prozessaufgaben in parallele Stränge zerlegt wird.

Prozesslandschaft

Eine Organisation ist kein „Nebeneinander", sondern *„ein Geflecht von miteinander verbundenen [Geschäfts-]Prozessen"*[139], die auf eine gemeinsame Zielsetzung – eine Maximierung des Unternehmenserfolges – ausgerichtet sind. Wenn das Prozessmanagement durch gezielte Eingriffe positiv auf die Zielerreichung wirken soll, darf es

---

135 Vgl. Nordsieck 1934, S. 76-77; Bea & Schnaitmann 1995, S. 280 und Deming 2000. Hirzel 2008b, S. 30, verwendet die Bezeichnung „Prozessabschnitte".

136 Vgl. Becker & Kahn 2008, S. 6, sowie Schmelzer & Sesselmann 2010, S. 132; im Zusammenhang mit der grafischen Darstellung auch Schwab 2006, S. 256. Zur hierarchischen Strukturierung bei teilweise anderer Begriffsverwendung siehe auch Vahs 2009, S. 251-252; Scholz & Vrohlings 1994 d, S. 45; Corsten 1997, S. 33, sowie Schantin 2004.

137 Eigene Abbildung, in Anlehnung an oben benannte Vorarbeiten zur Prozessstrukturierung.

138 Siehe hierzu Pfitzinger 2003 sowie Fuhrmann 1998, S. 48-49 und 105-123. Teilprozesse werden auch als „Subprozesse" bezeichnet, während der Begriff „Teilprozess" auch im Sinne vertikal getrennter Prozessbereiche verwendet wird. Vgl. Niemöckl, Pillasch & Probst 2008, S. 530-531, sowie Gadatsch & Mayer 2006, S. 417.

139 Corsten 1997, S. 22, im Original mit Hervorhebungen. Auf die Verflechtung der Prozesse in der Organisation weisen auch Gaitanides, Raster & Rießelmann 1994, S. 210, hin.

nicht auf eine isolierte Betrachtung einzelner Abläufe reduziert sein. Fundierte Entscheidungen setzen die Berücksichtigung von Wechselwirkungen an den interprozessualen Schnittstellen[140] zwischen den Geschäftsprozessen in der Organisation sowie zu den Abläufen bei externen Partnern voraus.[141]

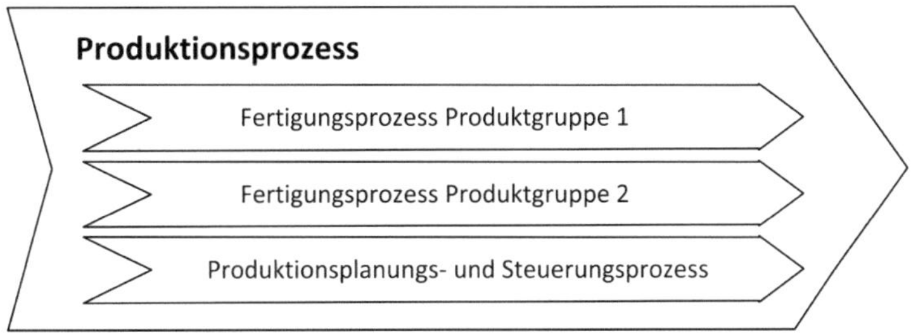

Abbildung 8: Aufspaltung eines Prozesses in parallele Teilprozesse[142]

Im Mittelpunkt des unternehmensweiten Prozessmanagements steht die *Prozesslandschaft* als System aller Geschäftsprozesse.[143]

Strukturierung der Prozesslandschaft

Prozesslandkarten sind meist durch *Typisierung und Clusterbildung* in Teilbereiche untergliedert.

Ursprung vieler Typisierungen ist die prozessorientierte Interpretation des Unternehmens nach dem Wertketten-Modell von Porter[144]. Dieses sieht eine Aufspaltung der Aktivitäten einer Organisation in strategisch bedeutsame Handlungsfolgen vor, welche als Geschäftsprozesse bzw. Ausschnitte derselben aufgefasst werden können.[145] Jede der Handlungsfolgen wird entweder den primären oder den sekundären Wertaktivitäten zugeordnet.

Die primären Wertaktivitäten dienen unmittelbar dem Hauptziel der Wertkette, in Unternehmen üblicherweise der Herstellung und dem Vertrieb eines Produkts oder einer Dienstleistung. Die sekundären Wertaktivitäten nehmen eine Unterstützungsfunktion

[140] Der Begriff bezeichnet Schnittstellen zwischen Prozessen und wird zur Abgrenzung von Schnittstellen innerhalb eines Geschäftsprozesses, sogenannten intraprozessualen Schnittstellen, verwendet. Frühe Überlegungen zur intraprozessualen Koordination finden sich bei Gaitanides 1983. Arten prozessualer Schnittstellen beleuchten auch Urban 1991, S. 81; Kunesch 1993, S. 44, sowie Elgass & Krcmar 1993, S. 44.

[141] Zur Bedeutung einer vernetzten Betrachtung siehe Bellmann 1991, S. 110; Corsten 1997, S. 22 und 28; Fuhrmann 1998, S. 119, sowie Schmelzer & Sesselmann 2010, S. 81.

[142] Eigene Abbildung.

[143] Siehe hierzu Wagner & Patzak 2007, S. 61-77; Schmelzer & Sesselmann 2010, S. 78-83, sowie Vahs 2009, S. 253.

[144] Vgl. Porter 1999, S. 62.

[145] Vgl. Corsten 1997, S. 13, und Fuhrmann 1998, S. 53-54.

für die primären ein. Sie sind erforderlich, damit diese optimal ausgeführt werden können.[146]

Für das Prozessmanagement entstand hieraus zunächst die Unterscheidung (i) primärer und (ii) sekundärer Geschäftsprozesse.[147]

(i) *Primäre Geschäftsprozesse* sind diejenigen, die über die Wertschöpfung einen direkten Beitrag zum wirtschaftlichen Ergebnis des Unternehmens leisten.[148] Nach einer Formel von Bea, Dichtl und Schweitzer ist dabei „Wertschöpfung = Umsatz – Vorleistungen“[149], also gleich der Differenz zwischen dem Wert des Outputs und dem Betrag, der für den Prozessinput gezahlt werden musste.

(ii) *Sekundäre Geschäftsprozesse* sind dadurch charakterisiert, dass sie die Ausführung der primären Geschäftsprozesse ermöglichen.

Eine Abgrenzung von Prozesstypen allein anhand ihres wertschöpfenden Charakters ist in der Praxis oft nicht eindeutig. Auch unterstützende Aktivitäten beeinflussen die Gesamtwertschöpfung der Organisation.[150]

Die Typisierung von Geschäftsprozessen wurde in der Folge von vielen Autoren weiterentwickelt und angepasst.

Das Kriterium der Wertschöpfung aus dem Modell Porters ersetzen oder erweitern andere bspw. durch Art und Grad der Standardisierung, strategische Relevanz, Art der ausgeführten Tätigkeiten, Kundennähe oder Organisationsbezug.[151] Durch Kombination von Kriterien entsteht eine sehr hohe Zahl von Typisierungsansätzen. Anstelle des Terminus „primärer Geschäftsprozess“ kommt dann häufig der Begriff „Kernprozess“ zur Anwendung.[152]

Sekundäre Prozesse werden meist durch eine Negativdefinition von den primären Geschäftsprozessen abgegrenzt.[153] Wegen ihrer Rolle in der Prozesslandschaft[154]

[146] Vgl. Porter 1999, S. 63-96.

[147] Vgl. Schmelzer & Sesselmann 2010, S. 78-81. Bezeichnungen und Abgrenzungskriterien variieren in der Literatur, sind in Grundzügen jedoch vergleichbar.

[148] Vgl. Becker & Kahn 2008, S. 7.

[149] Bea, Friedl & Schweitzer 2006, S. 2. Zu weiteren Begriffsdefinitionen siehe Hennig 2007, S. 84-92.

[150] Vgl. Meise 2001, S. 88-89. Die Beteiligung verschiedenster Prozesse an der Wertschöpfung für den Kunden räumen auch Schmelzer & Sesselmann 2010, S. 62-63 ein. Zur Abgrenzung von Geschäftsprozessarten ist ein stärkerer Fokus auf den externen Kunden notwendig, wie ihn die pragmatische Definition von Best & Weth 2009, S. 98, wiedergibt: „*Wertschöpfung ist alles, für das der Kunde zu zahlen bereit ist.*“ Zum Wertschöpfungsbeitrag von Prozessen siehe Bokranz & Kasten 1999, S. 304-312.

[151] Zu diesen und weiteren Definitionskriterien siehe Kaplan & Murdock 1991; Bea & Schnaitmann 1995, S. 281-282; Rüegg-Stürm 2003, S. 69; Osterloh & Frost 2006, S. 36; Vahs 2009, S. 231-233; Gareis & Stummer 2007, S. 56, sowie Tinnilä 1995, S. 53-54. Zum Teil wird anstelle des Terminus „primärer Geschäftsprozess“ die hier übergeordnete Bezeichnung „Geschäftsprozess“ verwendet.

[152] Vgl. bspw. Osterloh & Frost 2006.

[153] So bspw. bei Osterloh & Frost 2006.

finden für sie vielfach die Bezeichnungen „Supportprozesse"[155] oder „Unterstützungsprozesse"[156] Anwendung.

Einer speziellen Art von Prozessen wird diese Einteilung in zwei Typen nicht vollständig gerecht: denjenigen, die planende, steuernde und kontrollierende Funktionen für die gesamte Prozesslandschaft und deren Elemente übernehmen. Zwar tragen sie nicht direkt zur Wertschöpfung bei, ihre Rolle ist jedoch weniger die einer Unterstützung als vielmehr einer Anleitung. Um dieser Funktion gerecht zu werden, wird in vielen Modellen zusätzlich die Gruppe der *Managementprozesse*[157] eingerichtet.[158]

Ihre Aufgabe besteht in der Koordination der Aktivitäten und des Ressourceneinsatzes in der Prozesslandschaft mit dem Ziel einer möglichst hohen Gesamtleistung.[159] Sie beeinflussen aktiv Inhalte, Struktur und Ausführung der übrigen Prozesse und sind damit nicht nur passiver Gegenstand des Prozessmanagements, sondern aktiver Teil desselben.[160]

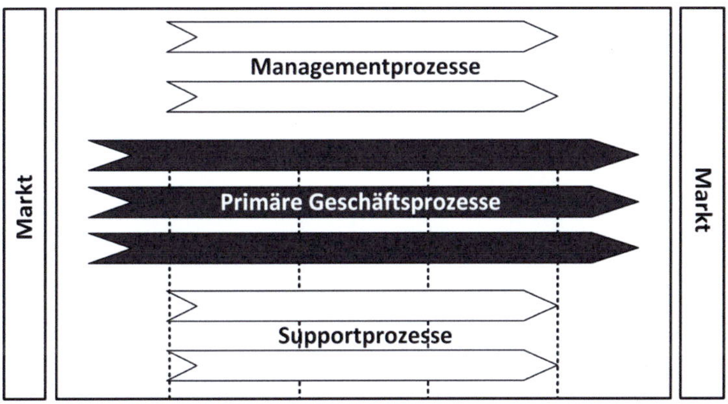

Abbildung 9: Struktur der Prozesslandschaft[161]

Eine Gliederung der Prozesslandschaft dient der Übersichtlichkeit und bietet zudem eine Grundlage für den differenzierten Umgang mit Geschäftsprozessen, die in wichtigen Eigenschaften verschieden sind.[162] Während die primären Prozesse einer Organisation im Allgemeinen unternehmensindividuell zu gestalten sind, können zahl-

154 Siehe hierzu auch Pfitzinger 2003, S. 10.

155 Siehe bspw. Osterloh & Frost 2006.

156 Siehe bspw. Rüegg-Stürm 2003, S. 69. Grönke, Höhner & Sima 2005 verwenden den Begriff „Internal-Services-Prozesse".

157 Der Begriff „Management" wird an späterer Stelle dieses Kapitels definiert.

158 Siehe bspw. Schulte-Zurhausen 2010; Rüegg-Stürm 2003 sowie Ahlrichs & Knuppertz 2006. Mit sehr ähnlichem Verständnis auch bezeichnet als Koordinationsprozesse bei Meise 2001, S. 185, und als „Führungsprozesse" bei Fischermanns 2006.

159 Vgl. Meise 2001, S. 185.

160 Siehe hierzu ausführlich Kapitel 5.

161 Eigene Abbildung.

162 Vgl. Gareis & Stummer 2007, S. 55.

reiche sekundäre Prozesse einem Benchmarking[163] mit den Prozessen anderer Organisationen unterzogen und von den Ergebnissen des Vergleichs ausgehend verbessert werden.[164] Einen Überblick über eine dreigeteilte Prozesslandschaft gibt Abbildung 9.

Beispiele für andere Gliederungsmöglichkeiten sind in Tabelle 2 zusammengefasst.

Schmelzer & Sesselmann[165]	EFQM166
• Primäre Prozesse • Sekundäre Prozesse	• Management Processes • Operating Processes • Support Processes
Schulte-Zurhausen[167]	**Rüegg-Sturm[168]**
Zwei Abgrenzungsdimensionen: • Managementprozesse / Operative Prozesse • Primärprozesse/Sekundärprozesse/ Innovationsprozesse	• Managementprozesse • Geschäftsprozesse • Unterstützungsprozesse
Meise[169]	**Fischermanns[170]**
• Kernprozesse • Supportprozesse • Koordinationsprozesse • Sonstige Geschäftsprozesse	• Führungsprozesse • Ausführungsprozesse • Unterstützungsprozesse
Wagner & Patzak[171]	**Vorliegende Arbeit**
• Geschäftsprozesse • Unterstützende Prozesse • Managementprozesse • Mess-, Analyse- und Verbesserungsprozesse	• Managementprozesse • Primäre Geschäftsprozesse • Supportprozesse

Tabelle 2: Ansätze zur Strukturierung der Prozesslandschaft[172]

[163] „Kern des Benchmarking-Gedankens ist ein Vergleich der unternehmenseigenen Leistungen mit den Leistungen von anderen (Spitzen-)Unternehmen." (Vahs 2009, S. 260). Einen Überblick über verschiedene Arten von Benchmarking gibt Zdrowomyslaw 2002, S. 146.

[164] Vgl. Osterloh & Frost 2006, S. 36-39. Sie und auch Schmelzer & Sesselmann 2010, S. 105-110, weisen darauf hin, dass die Identifikation von Supportprozessen Ausgangspunkt für Outsourcingentscheidungen ist.

[165] Vgl. Schmelzer & Sesselmann 2010, S. 78-80.

[166] Vgl. Hakes & Wilkinson 2007.

[167] Vgl. Schulte-Zurhausen 2010, S. 55.

[168] Vgl. Rüegg-Stürm 2003, S. 68.

[169] Vgl. Meise 2001.

[170] Vgl. Fischermanns 2006, S. 99.

[171] Vgl. Wagner & Patzak 2007, S. 72-75.

[172] Vergleichbare Übersichten geben Schmelzer & Sesselmann 2010, S. 787; Gareis & Stummer 2007, S. 55, sowie Fischermanns 2006, S. 99.

Zur Gesamtzahl der Geschäftsprozesse und zur Zahl der „primären" Geschäftsprozesse einer Organisation werden in der Literatur unterschiedliche Angaben gemacht. Sie bewegen sich meist im einstelligen Bereich.[173] Unterschiede resultieren aus verschiedenen Sichtweisen der Autoren zum Abstraktionsniveau sowie aus Abweichungen in der Komplexität der Organisation, der Anzahl und Varianz der Kunden(-gruppen), der erzeugten Leistungen sowie der Anzahl der Mitarbeiter in der Organisation[174]. Auch die Zuordnung der Prozesse zu den Prozessarten, bspw. den primären Geschäftsprozessen, ist teilweise organisations- und situationsspezifisch.[175]

Prozessmanagement

In den bisherigen Passagen dieser Arbeit wurde wiederholt der Terminus „*Prozessmanagement*" gebraucht. Er ist weit verbreitet und in Grundzügen seiner Bedeutung in Praxis und Theorie der BWL sehr bekannt. Den Ausgangspunkt für seine Definition bildet im Folgenden der allgemeine Managementbegriff:

„*Management*"[176] stammt vom englischen „to manage" (dt. lenken, steuern, handhaben) ab, was wiederum auf lateinisch „manus agere" (dt. „an der Hand führen") zurückgeht.[177] Über die verschiedenen Denkschulen der Managementforschung kam es zu vielseitigen Definitionen.[178] Dabei haben sich zwei Grundperspektiven herauskristallisiert:

1. die institutionelle und
2. die funktionelle Perspektive.

1. *Management im Sinne einer Institution* (Definition nach dem „managerial roles approach") umfasst alle Personen, die in einer Organisation mit leitenden Aufgaben betraut sind und deren Interessensvertretung übernehmen.[179]

2. *Im Sinne einer Organisationsfunktion* bezeichnet Management (Definition nach dem „managerial functions approach") aufeinander abgestimmte gestaltende, planende, steuernde, koordinierende und kontrollierende Tätigkeiten, die in der Organi-

---

173 Vgl. Schmelzer & Sesselmann 2010, S. 81-82. Osterloh & Frost 2006, S. 36, empfehlen max. fünf bis acht Geschäftsprozesse.

174 Vgl. Schmelzer & Sesselmann 2010, S. 82.

175 Vgl. Becker & Kahn 2008, S. 7, sowie Gareis & Stummer 2007, S. 55. „Situationsspezifisch" bedeutet, dass sich die Zuordnung bspw. nach einer strategischen Neuausrichtung des Unternehmens verändern kann. Trotz des Aufwands und der Schwierigkeiten einer Strukturierung ist diese wichtig, da sie die Prozessmanagementausführung erleichtert. Vgl. Vahs 2009, S. 228.

176 Im deutschen Sprachgebrauch werden die Begriffe „Führung" bzw. „Unternehmensführung" weitgehend synonym dazu verwendet.

177 Vgl. Staehle, Conrad & Sydow 1999, S. 71. Ein weiterer Weg der Wortherleitung führt über ital. „maneggiare" mit vergleichbarer Bedeutung. Vgl. Kluge & Seebold 2002, S. 594.

178 Einen Überblick geben Wagner & Patzak 2007, S. 1 und 25-30.

179 Vgl. Staehle, Conrad & Sydow 1999, S. 71, sowie Ulrich & Fluri 1995, S. 13-14. Der institutionelle Managementbegriff wird vor allem im angelsächsischen Sprachraum verwendet. Vgl. Drucker 2001, S. 14. Dort dient er als Oberbegriff für alle Führungskräfte. Im deutschen Sprachraum wird der Begriff „Manager" hingegen oft auf die oberen Führungsebenen einer Organisation begrenzt. Vgl. Steinmann, Schreyögg & Koch 2005, S. 6.

sation zum Aufgabenbereich einer Führungskraft gehören.[180] Das funktionale Management spaltet sich nach Ulrich und Fluri weiter in zwei Teilaspekte auf:

- *Im sachbezogenen Management* werden an den obersten Zielen der Organisation orientiert Aufgaben und Ressourcen aufgeteilt.
- *Das personenbezogene Management* ist auf den richtigen Umgang mit allen Beteiligten ausgerichtet, deren Mitarbeit und Kooperation angestrebt wird.[181]

Terry und Franklin bringen die Inhalte des funktionalen Managements in eine sachlogische Folge und beschreiben einen Managementprozess (siehe Abbildung 10).[182]

Abbildung 10: Management als Prozess[183]

Management kann sich auf sehr unterschiedliche Betrachtungsgegenstände beziehen. Zu den zentralen Facetten einer Organisation gehört das Management von Abläufen – das Prozessmanagement.

Viele gängige Prozessmanagementdefinitionen bauen auf dem funktionalen Managementbegriff auf:

- Für Gaitanides, Scholz und Vrohlings umfasst Prozessmanagement „*planerische, organisatorische und kontrollierende Maßnahmen zur zielorientierten Steuerung der Wertschöpfungskette eines Unternehmens hinsichtlich Qualität, Zeit, Kosten und Kundenzufriedenheit*“[184]. Corsten lehnt sich daran an und ergänzt, dass das Prozessmanagement „*letztlich einer kundenorientierten Unternehmensführung*“ dient.[185]
- Davenport fasst unter dem Begriff Prozessmanagement Konzepte und Methoden zusammen, die auf einen besseren Umgang mit Prozessen ausgerichtet sind.[186]

[180] Vgl. Staehle, Conrad & Sydow 1999, S. 71 und 81-82; Ulrich & Fluri 1995; Vahs 2009 sowie DIN EN ISO 9000:2005, S. 20.

[181] Vgl. Ulrich & Fluri 1995, S. 13. Siehe hierzu auch Staehle, Conrad & Sydow 1999, S. 71-73. Böckmann 1987, S. 24-25, differenziert nach ähnlichen Kriterien „Leitung“ und „Führung“.

[182] Vgl. Terry & Franklin 1982, S. 38.

[183] Abbildung in Anlehnung an Terry & Franklin 1982, S. 38, Abbildung 2-8 sowie Conrad & Sydow 1999, S. 81.

[184] Gaitanides, Scholz & Vrohlings 1994a, S. 3.

[185] Corsten 1997, S. 19.

[186] Guha et al.1997, S. 126, sowie Grover & Kettinger 2000, S. 121 schreiben: „*Process Management (PM) has been defined as a set of concepts and practices aimed at better stewardship of*

- Auch viele andere Autoren, wie Schmelzer & Sesselmann, Mayer und Bartsch legen ihren Ausführungen funktionale Definitionen zugrunde.[187] Oftmals wird darauf verwiesen, dass Prozessmanagement einen umfassenden Ansatz repräsentiert. Neben Methoden und Werkzeugen schließt er gleichsam eine spezielle Denk- und Verhaltensweise ein.[188]
- Hammer begrenzt den Begriff „Prozessmanagement" auf die Optimierung bestehender Prozesse und grenzt diesen von der Identifikation und Benennung neuer Prozesse, der Prozesskommunikation sowie dem „process measurement" ab.[189]

Davenport bleibt in der Beschreibung der Prozessmanagement-Inhalte sehr abstrakt. Bei Gaitanides, Scholz und Vrohlings klingt eine Einschränkung des Begriffs „Prozessmanagement" auf das Management primärer Geschäftsprozesse an. Andere Definitionen schließen unter dem Begriff „Prozessmanagement" Aspekte der Organisationskultur ein, die einem funktionalen Management nicht direkt zuzuordnen sind. Für die vorliegende Arbeit wird ein Begriffsverständnis festgelegt, welches direkt aus einer Fokussierung der allgemeinen Managementdefinition hervorgeht:

Der Begriff „Prozessmanagement" im Sinne einer Organisationsfunktion bezeichnet aufeinander abgestimmte gestaltende, planende, steuernde, koordinierende und kontrollierende Tätigkeiten, die sich auf zielgerichtete Abläufe in der Organisation beziehen.[190]

Eine Verwendung des Begriffs „Prozessmanagement" im Sinne einer Institution ist in Wissenschaft und Praxis nicht geläufig[191], so dass auf eine entsprechende Definition hier verzichtet werden kann. In der Bearbeitung des Themas werden jedoch auch das Prozessmanagement in einem funktionalen Sinne begleitende Aspekte berücksichtigt. Beispiele sind Rollendefinitionen sowie die prozessorientierte Ausgestaltung der Aufbauorganisation.

---

business processes" und verweisen auf Davenport 1995. Dort findet sich keine entsprechende explizite Formulierung, die Erläuterungen gehen jedoch mit dem Begriffsverständnis überein.

187 Vgl. u. a. Schmelzer & Sesselmann 2010, S. 5-6; Mayer 2005, S. 4, sowie Bartsch 2002.

188 Vgl. Hirzel 2008a, S. 16. Allweyer 2007, S. 12, benennt zahlreiche Komponenten.

189 Vgl. Hammer 1996, S. 14-17.

190 In Anlehnung an die Arbeitsdefinition zum Begriff „Management" und indirekt an die dabei benannten Quellen.

191 Bei Hirzel 2008a, S. 16, klingt eine derartige Verwendung an: „Prozessmanagement heißt Denk- und Verhaltensweise, […] Organisation und Management für ein effektives Angebot und eine effiziente, organisationsübergreifende Leistungserstellung zur Erfüllung dauerhafter Kundenwünsche."

2.2 Ziele und Messgrößen im Prozessmanagement

Ziel des Prozessmanagements ist es, die Leistung der Prozesslandschaft zu optimieren. Hohe Leistung meint dabei einen hohen Beitrag zum Organisationserfolg.[192]

Effektivität und Effizienz in Organisationen

Die Leistung einer Organisation kann durch eine Kombination zweier Leistungsbegriffe beschrieben werden: „Effizienz" und „Effektivität".[193] Beide haben im wirtschaftswissenschaftlichen Bereich eine lange Tradition.[194] Zur Erläuterung der Begriffe wird häufig ein Zitat des amerikanischen Managementwissenschaftlers Drucker herangezogen:

„[…] the executive is, first of all, expected to get the right things done. And this is simply saying that he is expected to be effective […]. For manual work, we need only efficiency; that is, the ability to do things right rather than the ability to get the right things done."[195]

Nach dem daraus abgeleiteten Verständnis ist eine Organisation dann effektiv, *„wenn sie die richtigen Ziele anstrebt und erreicht"*[196]. Effektive Maßnahmen bringen die angestrebten Ergebnisse hervor und leisten den größtmöglichen Beitrag zur Zielerreichung der Gesamtorganisation.[197]

Als effizient wird eine Organisation dann bezeichnet, *„wenn sie die richtigen Mittel einsetzt, um die angestrebten Ziele zu erreichen"*[198]. Organisatorische Maßnahmen sind dann effizient, wenn sie fehlerfrei und schnell sind und vorhandene Mittel und Kräfte optimal eingesetzt werden.[199]

Ausgehend von der auf Drucker zurückgehenden Grunddefinition, wird für das Prozessmanagement nachstehend das spezifische Effektivitäts- und Effizienzverständnis zugrunde gelegt:

Prozesseffizienz ist ein Maß für die Zielfokussierung und Zielgerichtetheit eines Prozesses. Ineffiziente Prozesse können zwar ihre Ziele erfüllen und auf die Gesamtzielerreichung der Organisation positiv wirken, sie gehen hierzu jedoch nicht den günstigsten und schnellsten Weg (vgl. Abbildung 11).

---

192 Vgl. Vahs 2009, S. 236.

193 Vgl. bspw. Schulte-Zurhausen 2010, S. 5.

194 In der Begriffsverwendung sind vor allem zwischen deutschsprachiger und anglo-amerikanischer Literatur große Unterschiede festzustellen. Hinsichtlich Effizienz siehe hierzu Meise 2001, S. 21.

195 Drucker 2007a, S. 1-2, im Original ohne Hervorhebungen.

196 Vahs 2009, S. 15. Siehe ähnlich auch Schulte-Zurhausen 2010, S. 5.

197 Zu Bedeutung und Kriterien organisationaler Effektivität siehe Scherm & Pietsch 2008, S. 129-135.

198 Vahs 2009, S. 15, im Original ohne Hervorhebungen. Siehe ähnlich auch Schulte-Zurhausen 2010, S. 5, sowie DIN EN ISO 9000:2005, S. 22.

199 Vgl. Vahs 2009, S. 15, sowie Schulte-Zurhausen 2010, S. 5. Für frühe Einordnungen der Begriffe „Effektivität" und „Effizienz" siehe Barnard 1956, S. 19; Wild 1967, S. 83; Gzuk 1975, S. 12-15, und Fessmann 1980, S. 30-31.

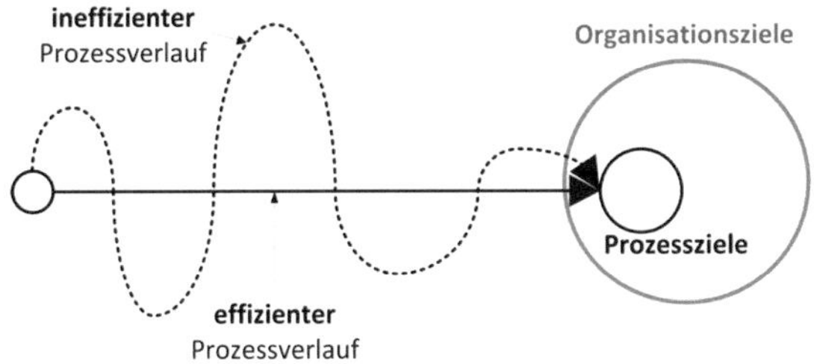

Abbildung 11: Effizienz und Ineffizienz von Prozessen[200]

Die *Prozesseffektivität* trifft eine Aussage darüber, inwiefern die Wirkung eines Prozesses mit den inhaltlichen Zielen übereinstimmt.[201] Dabei zählt nicht nur, dass der Prozess geeignet definiert ist, um die für ihn gesetzten Prozessziele zu erfüllen.[202] Eine hohe Prozesseffektivität bedeutet ferner, dass durch ihre Zielerfüllung ein hoher Beitrag zur Gesamtzielerreichung der Prozesslandschaft und der Organisation entsteht[203] (vgl. Abbildung 12).

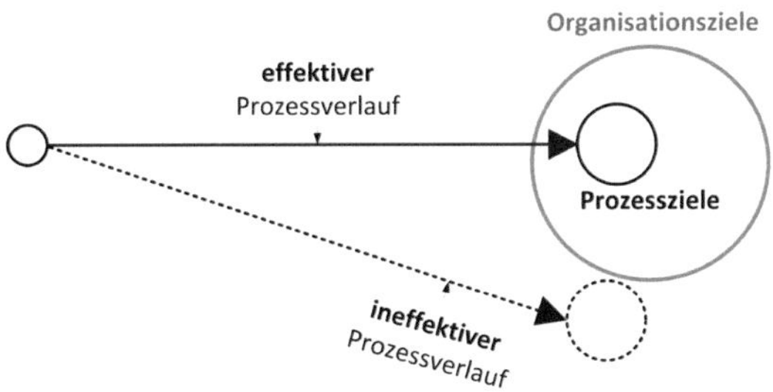

Abbildung 12: Effektivität und Ineffektivität von Prozessen[204]

Im Prozessmanagement steht häufig die Optimierung der Effizienz im Vordergrund.[205] Ziel ist es dann (durch Vorgaben, Dimensionierung und Parametrierung[206]), Prozessverläufe vor dem Hintergrund definierter Zielsetzungen hinsichtlich der Input-Output-Verhältnisse und Zeitbedarfe zu optimieren.[207]

In der vorliegenden Arbeit werden beide Leistungsaspekte gleichermaßen gewichtet und angenommen dass Effizienz und Effektivität lediglich gemeinsam zum Erfolg füh-

200 Eigene Abbildung.
201 Vgl. Budäus & Buchholtz 1997, S. 332.
202 Es liegt die Annahme inhaltlicher Prozessziele zugrunde. Zeit- oder Kostenziele werden ausgeblendet, da sie zu begrifflichen Unschärfen zwischen den Begriffen „Effektivität" und „Effizienz" führen.
203 Siehe hierzu Vahs 2009, S. 149-151.
204 Eigene Abbildung.
205 Vgl. bspw. Meise 2001.
206 Siehe auch Nyhuis et al. 2006, S. 13.
207 Siehe hierzu Budäus & Buchholtz 1997.

ren.[208] Abhängig von der Ausgangslage können verstärkt Maßnahmen zur Effizienzsteigerung oder zur Effektivitätssteigerung erforderlich sein.

Leistungsparameter von Geschäftsprozessen

Die Definitionen von Prozesseffektivität und Prozesseffizienz geben eine Orientierung für die Ausrichtung des Prozessmanagements vor. Zur Bestimmung und Überwachung der Prozessleistung sind sie über *kritische Leistungsparameter* (engl. *Key Performance Indicators*) zu operationalisieren. Diese entstammen den *Formalzielen* Qualität, Kosten und Zeit.[209]

Qualität: Die Leistung eines Prozesses drückt sich in zwei Qualitätsgrößen aus: in der Qualität des Prozesse selbst und der Qualität seiner Ergebnisse.[210]

- Die Prozessqualität bezeichnet die Eignung des Prozesses zur Zielerreichung. Qualität bedeutet hier „Verlässlichkeit“ und heißt auch „Prozesssicherheit“.[211] Die Prozessqualität dient in erster Linie als Indikator für die Prozesseffizienz.[212]
- Die Ergebnisqualität bezeichnet den Grad der Erfüllung von Kundenanforderungen und die Kundenzufriedenheit.[213] Die Ergebnisqualität hängt von der Prozessqualität ab, ist mit dieser jedoch nicht gleichzusetzen.[214] Die Qualität der Ergebnisse ist in erster Linie der Prozesseffektivität zuzurechnen.[215]

Zeit: Die Leistungskategorie Zeit umfasst vor allem die Größen „Durchlaufzeit“ und „Termintreue“.

- Die Durchlaufzeit *„bildet die durchschnittliche Zeit ab, die benötigt wird, um die Vorgaben für einen Prozess in dessen Ergebnisse zu überführen“*[216]. Sie setzt sich zusammen aus Bearbeitungs-/Durchführungszeiten, Transport-/Transferzeiten sowie Liegezeiten und liefert Hinweise auf zeitliche Verschwendung im Prozess.[217]

---

208 Siehe hierzu Gaitanides 2008, S. 45-65, der auch verschiedene empirische Untersuchungen referenziert.

209 Vgl. Gaitanides 2007, S. 207-208.

210 Siehe hierzu die Qualitätsdefinition von Zink 2004, S. 44. Die Differenzierung geht auf Donabedian 1982 zurück.

211 Vgl. Vahs 2009, S. 240, sowie Gaitanides 2007, S. 207. In anderen Veröffentlichungen, darunter Schmelzer & Sesselmann 2010, S. 260-261 u. 287-288, wird eine breitere Definition von Prozessqualität verwendet, welche die Erfüllung der Kundenanforderungen mit einbezieht.

212 Prozesse mit geringer Prozesssicherheit erfordern bspw. Schleifen zur Nachbearbeitung oder einen erhöhten Aufwand zur Qualitätskontrolle – das Input-Output-Verhältnis verschlechtert sich.

213 Siehe hierzu Schmelzer & Sesselmann 2010, S. 244.

214 Ein Prozess mit geringer Prozesssicherheit kann gute Ergebnisse erbringen. Fraglich bleibt die Wiederholbarkeit.

215 Gareis & Stummer 2007, S. 74, rechnen auch die Ergebnisqualität der Effizienz zu. Bei diesen tritt jedoch die Effektivitätsbetrachtung generell in den Hintergrund.

216 Wilhelm 2007, S. 80.

217 Siehe hierzu auch Vahs 2009, S. 238.

- Die Termintreue misst den Anteil der termingerecht fertig gestellten Prozessergebnisse an deren Gesamtzahl. Sie wird von der Durchlaufzeit stark beeinflusst und hängt zusätzlich von den Kundenanforderungen ab.[218]

Kosten: Das Kriterium „Kosten" bewertet monetär den Ressourcenverbrauch in der Prozessausführung.[219] Prozesskosten sollen transparent und beeinflussbar sein und werden minimiert. Sie spalten sich in Unterkategorien wie Personalkosten, Materialkosten und Infrastrukturkosten auf.[220]

Die *Zusammenhänge der Formalziele Qualität, Zeit* und Kosten bringt das *„Magische Dreieck"* zum Ausdruck.[221] In einer traditionellen Sichtweise galt es als Visualisierung von Zielkonflikten (siehe Abbildung 13 links). Die Idee bestand darin, *„dass eine Steigerung der Qualität nur mit hohen Kosten zu erkaufen [sei], oder eine kürzere Durchlaufzeit schlechtere Qualität bedeuten muss"*[222].

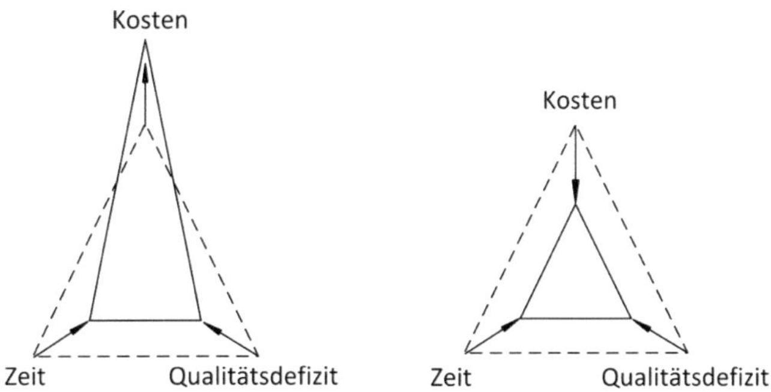

Abbildung 13: Traditionelle und neue Sichtweise des „Magischen Dreiecks"[223]

Im Laufe der Zeit veränderte sich das Bild. Gestützt durch die Null-Fehler-Theorie von Crosby setzte sich die Sichtweise durch, dass eine Qualitätssteigerung eine Kostenreduzierung bewirken kann. Proaktives Qualitätsmanagement führt zu einer Reduzierung der Kosten für Nacharbeiten und Reklamationen, sodass insgesamt eine Verbesserung in allen Punkten des Magischen Dreiecks gesichert wird.[224]

---

218 Vgl. Wilhelm 2007, S. 80.
219 Vgl. Wilhelm 2007, S. 81.
220 Vgl. Vahs 2009, S. 242.
221 Vgl. bspw. Kamiske & Brauer 2008, S. 198-199; Gaitanides 2007, S. 206, sowie Mayer 2005, S. 5.
222 Kamiske & Brauer 2008, S. 198-199. Siehe ähnlich auch Crosby 1979.
223 Abbildung in Anlehnung an Kamiske & Brauer 2008, S. 199.
224 Siehe hierzu Crosby 1979. Das Verständnis teilt auch Vahs 2009, S. 242.

Weiter gestützt wird die Vereinbarkeit von Qualitäts-, Kosten- und Zeitzielen durch:

- das Verständnis, dass Qualität keine Maximierung oder Minimierung, sondern eine optimale Ausrichtung auf geltende Anforderungen und Toleranzen bedeutet.[225]
- einen Wandel im Zeithorizont der Betrachtung: Maßnahmen zur Optimierung von Durchlaufzeiten und Termintreue verursachen Kosten, langfristig werden diese jedoch ggf. durch eine Verringerung der Kapazitätsbindungskosten kompensiert.[226]

Einzelne Autoren weiteten die Diskussion aus und ergänzten zusätzliche Formalziele wie Quantität,[227] Innovationsfähigkeit,[228] Flexibilität[229] sowie Kunden- und Mitarbeiterzufriedenheit[230]. Diese werden im weiteren Verlauf der Arbeit berücksichtigt. Auf eine explizite Auseinandersetzung mit ihren Wechselwirkungen untereinander und mit anderen Formalzielen auf einem allgemeinen Niveau wird aufgrund der hohen Komplexität der Wirkbeziehungen verzichtet. Sie sind bei der Entwicklung konkreter Zielsysteme für Prozesse und Prozesslandschaften zu analysieren.

2.3 Das Modell „Integriertes Prozessmanagement“

Ziel des Prozessmanagements ist es, wie in Kapitel 0 erläutert, die Effizienz und Effektivität der Prozesslandschaft zu maximieren. Um dies zu erreichen, sind verschiedene Aufgaben miteinander zu kombinieren. Zum Teil gehen sie bereits aus der funktionalen Definition aus Kapitel 2.1 hervor: Prozessmanagement umfasst planende, steuernde, koordinierende und kontrollierende Tätigkeiten.

Ein Ansatz, der die wichtigen Aufgaben des Prozessmanagements anschaulich zusammenführt, ist der Process-Lifecycle von Wagner und Patzak. Er zeigt die Stationen im „Lebensweg“ eines Prozesses und visualisiert damit gleichzeitig die logische Verknüpfung der prozessbezogenen Aktivitäten.[231] Der Process-Lifecycle dient in der vorliegenden Arbeit als Rahmen für die Aufbereitung des State of the Art. Aus der einschlägigen Literatur zum Prozessmanagement ergeben sich weitreichende Ergänzungen und andere Sichtweisen zu den Ausführungen von Wagner und Patzak. Sie werden bei der Analyse des State of the Art ebenfalls aufgearbeitet und mit den

---

225 Vgl. Gaitanides 2007, S. 205. Beachte hierzu auch das Modell der Kundenzufriedenheit nach Kano et al. 1984.

226 Vgl. Vahs 2009, S. 243.

227 Vgl. u. a. Fahrni, Herrmann & Seghezzi 2007, S. 29, sowie Lücke 2003.

228 Vgl. Vahs 2009, S. 236.

229 Vgl. Schmidt 1997, S. 4-5; Bogaschewsky & Pollberg 2008, S. 18; Goldstein 1999, S. 95. Siehe hierzu auch Kaluza & Blecker 2005, S. 1-25.

230 Vgl. Fischermanns 2006, S. 115.

231 Vgl. Wagner & Patzak 2007, S. 36-37. Zu weiteren Phasenmodellen für das Prozessmanagement siehe Allweyer 2007; Schmelzer & Sesselmann 2010 sowie Helbig 2003.

Inhalten des Process-Lifecycle zusammengeführt. Zur Abgrenzung vom Ursprungsmodell wird der deutsche Begriff „*Prozesslebenszyklus*" (PLZ) verwendet.

2.3.1 Der Prozesslebenszyklus

Der *Prozesslebenszyklus* setzt sich aus vier Phasen zusammen, die als Kreislauf hintereinander geschaltet sind. Ihm vorangestellt ist eine Vorphase 0 zur Anbindung der Aktivitäten an das normative und das strategische Management der Organisation.[232] Die Inhalte der Phasen werden nachfolgend skizziert. Ihre Abgrenzung sowie die sequenzielle Phasenanordnung sind Vereinfachungen der Realität, in der es zwischen den Aktivitätenbündeln auch zu Iterationen kommen kann.[233]

Der Prozesslebenszyklus ist in Abbildung 14 visualisiert.

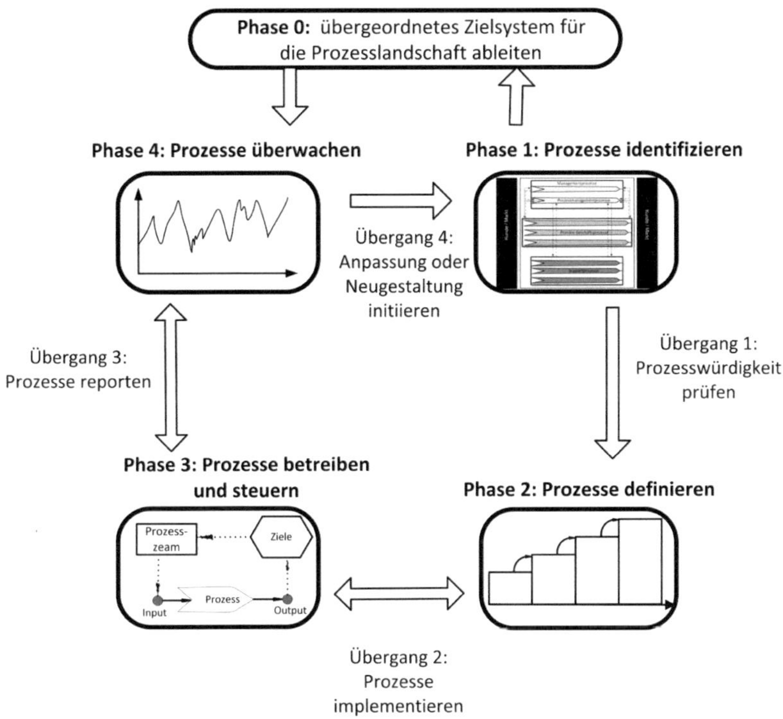

Abbildung 14: Der Prozesslebenszyklus[234]

[232] Zur Ausrichtung der Prozesse an der Unternehmensstrategie siehe Currle & Schwertner 2005.
[233] Siehe hierzu Braganza et al. 1998, S. 100.
[234] Abbildung in Anlehnung an Wagner & Patzak 2007, S. 37.

Die Inhalte der einzelnen Phasen werden im Folgenden vorgestellt.

Phase 0: Entwicklung eines prozessbezogenen Zielsystems

Geschäftsprozesse wurden in Kapitel 2.1 definiert als *„ziel- und kundenorientierte funktionsübergreifende Prozesse eines hohen Abstraktionsniveaus, die direkt oder indirekt den Erfolg einer Organisation beeinflussen“.* Sie und die daraus zusammengesetzten Prozesslandschaften optimal zu managen, setzt daher voraus, dass die zugrunde liegenden Ziele und Anforderungen bekannt sind.[235]

Die Inhalte des *prozessbezogenen Zielsystems* auf der obersten Ebene ergeben sich aus dem strategischen Management.[236] Dort werden Organisationsziele – *„angestrebte zukünftige Zustände“*[237] – formuliert und damit „Leitplanken“ für das Prozessmanagement gesetzt. Ausgangspunkte sind Anforderungen der Stakeholder sowie Leitlinien aus dem normativen Management.[238]

Die für die Prozesslandschaft und – im weiteren Verlauf des Prozesslebenszyklus – auch für die einzelnen Prozesse abgeleiteten Ziele sind möglichst konkret zu erfassen und um Zusatzinformationen zu ergänzen, die für die Gesamtausrichtung wichtig sind: Zielhierarchien, Zielgewichtungen und horizontale Zielbeziehungen.[239]

- *Zielhierarchien* zeigen Abstraktionsebenen von Zielen sowie deren Verknüpfungen auf.[240]
- *Zielgewichtungen* geben Aufschluss über die Bedeutung von Zielen in Relation zu anderen.[241]
- *Horizontale Zielbeziehungen* beschreiben Abhängigkeiten und Wechselwirkungen von Zielen gleicher Ebene.[242] Sie können negativ (konkurrierend)[243], positiv (komplementär)[244] oder indifferent (unabhängig voneinander)[245] sein.

Für Phase 0 ergeben sich damit die in Tabelle 3 erfassten Anforderungen.

---

235 Vgl. Bea & Schnaitmann 1995, S. 278.
236 Siehe hierzu auch Helbig 2003, S. 44.
237 Hahn 1997, S. 303. Vgl. auch Bleicher 1992, S. 28.
238 Vgl. Grant 2001, S. 33.
239 Zu Bedeutung und Gestaltung von Zielsystemen siehe Witte 2007, S. 49-54, sowie Adam 1997, S. 113-114.
240 Adam 1997, S. 113, unterscheidet drei Varianten zum Aufbau: „Nach der Fristigkeit und Bedeutung der Entscheidung für den Unternehmenserfolg“, „Nach der Unternehmensstruktur“ und „Nach den hierarchischen Ebenen innerhalb eines formalen Zielsystems“. Im prozessorientierten Zielsystem folgt die Zielhierarchie vor allem der hierarchischen Struktur des Prozesssystems (Prozesslandschaft, Prozesse, Teilprozesse, Prozessphasen). Vgl. Allweyer 2007, S. 113.
241 Vgl. Saliger 2003, S. 34, sowie Allweyer 2007, S. 110.
242 Vgl. Allweyer 2007, S. 111. Dort wird auch ein Beispiel vorgestellt.
243 Vgl. Brecht 2005, S. 42, sowie Bitz 1994, S. 2443.
244 Vgl. Bitz 1994, S. 2443.
245 Siehe hierzu Jung 2007, S. 299.

Anforderungen an Phase 0: „Entwicklung eines prozessbezogenen Zielsystems“
1. Definition von Zielen für die Prozesslandschaft 2. Ableitung der Gesamtziele der Prozesslandschaft aus den strategischen Zielen des Unternehmens 3. Identifikation von Zielbeziehungen 4. Nutzung des Zielsystems als Orientierungsrahmen für alle Aktivitäten im Prozesslebenszyklus

Tabelle 3: Anforderungsübersicht Phase 0

Phase 1: Aufnahme und Integration eines Prozesses in das Prozessmanagementsystem

Startpunkt des Prozesslebenszyklus ist die Aufnahme und Integration eines Prozesses in das Prozessmanagementsystem[246].

Die Suche nach relevanten Prozessen kann dem Top-down- oder dem (ii) Bottom-up-Prinzip folgen:

- Nach dem *Top-down-Prinzip* werden aus einer organisationsweiten Sicht heraus Abläufe identifiziert, die als Betrachtungsgegenstände eines unternehmensweiten Prozessmanagements infrage kommen. Die Auswahl basiert auf vordefinierten Kriterien, wie etwa den Inhalten des prozessorientierten Zielsystems.
- Das *Bottom-up-Prinzip* sieht ein Vorgehen „von unten nach oben“ vor. Die Identifikation startet bei den Aktivitäten auf einer detaillierten Ebene. Durch Zusammenfassung entstehen erst Teilprozesse, dann Geschäftsprozesse.[247]

Beide Varianten der Prozessidentifikation haben spezifische Vor- und Nachteile. Für den Einsatz im organisationsweiten Prozessmanagement dominieren allerdings die Vorzüge des Top-down-Vorgehens, sodass dieses hier empfohlen wird[248]:

- Der Blick „von oben“ fördert die strategische Ausrichtung der Prozesslandschaft.
- Der Gesamtzusammenhang der Prozesse, ihre Stellung in der Prozesslandschaft sowie nicht wertschöpfende Aktivitäten können früher erkannt werden.
- Die Top-down-Prozessidentifikation kann sich auf eine Soll-Betrachtung beschränken, sodass es tendenziell zu einer stärkeren Weiterentwicklung kommt.

---

246 Zum Begriff „Prozessmanagementsystem“ siehe Kapitel 5.2.
247 Vgl. Speck & Schnetgöke 2008, S. 198-199, sowie Schmelzer & Sesselmann 2010, S. 122-123.
248 Für weitere Informationen zum Bottom-up-Vorgehen siehe bspw. Kunesch 1993, S. 37-54.

- Der zeitliche und personelle Aufwand ist vergleichsweise gering.[249]

Zur konkreten Ausgestaltung beschreiben Gaitanides et al. drei Varianten: die situative, die allgemeine und die kundenorientierte Prozessidentifikation.[250]

- Die *situative*[251] *Prozessidentifikation* sieht einen individuellen Entwurf der Prozesslandschaft ausgehend von der spezifischen Problemlage der Organisation vor.[252] Mögliche Ausgangspunkte sind Erfolgsfaktoren, Kernkompetenzen der Organisation sowie angestrebte Outputs (retrograde Prozessidentifikation).[253]
- Der *allgemeinen Prozessidentifikation* liegt die These zugrunde, dass eine Struktur idealtypischer Rahmenprozesse existiert, die für alle Unternehmen gültig und nur unternehmensindividuell zu konkretisieren ist.[254]
- Die *kundenorientierte Prozessidentifikation* setzt an Geschäftsfeldern, Leistungsangeboten, Zielgruppen und Kundenanforderungen an und ergänzt diese Sicht um eine Betrachtung bestehender Prozessmodelle.[255]

Die kundenorientierte Prozessidentifikation kombiniert die Vorteile der beiden anderen Varianten: Es wird der spezifischen Ausrichtung und Problemlage der Organisation Genüge getan. Gleichzeitig bietet ein Abgleich mit anderen Prozessmodellen Chancen auf Lerneffekte durch externe Impulse.[256]

Als problematisch erweist sich der Umstand, dass die Außenperspektive der Organisation stark dominiert, während die Innensicht in den Hintergrund rückt.[257] Aus dem strategischen Management heraus hat sich die Auffassung verbreitet, dass eine optimale Nutzung interner Strukturen und Kompetenzen zur Bewältigung externer Anforderungen eine Kombination beider Sichten verlangt.[258] Eine solche Balance empfiehlt sich dann auch für die Prozessidentifikation als Schritt zur Strategieumsetzung.

Diese Forderung kann im „interdependente[n] Abstimmungsmodell“ von Corsten verankert werden (siehe Abbildung 15). Hier bilden allgemein formulierte Geschäftsprozesse „den heuristischen Rahmen“ und Ausgangspunkt für eine spezi-

---

249 Vgl. Speck & Schnetgöke 2008, S. 198-199 ; Scholz & Vrohlings 1994d, S. 43-45 sowie Gaitanides, Scholz & Vrohlings 1994a, S. 6-7.

250 Vgl. Scholz & Vrohlings 1994d, S. 43-45.

251 Auch als singuläre bzw. individuelle Prozessidentifikation bezeichnet.

252 Siehe hierzu Corsten 1997, S. 23.

253 Siehe hierzu Zink & Brandstätt 1996, S. 745, sowie Meise 2001, S. 86.

254 Siehe hierzu Corsten 1997, S. 23, sowie Helbig 2003, S. 53-56.

255 Zur Kundenorientierung in der Prozessidentifikation siehe auch Schmelzer & Sesselmann 2010, S. 123-127.

256 Vgl. Kaplan & Murdock 1991.

257 Organisationstheoretisch dominiert die „Stretch“-Theorie des strategischen Managements. Siehe hierzu Osterloh & Frost 2006, S. 30-33.

258 Vgl. Gaitanides 2007, S. 109-148 und S. 154-161, sowie Osterloh & Frost 2006, S. 169-184. Ein bekanntes Instrument, das marktorientierte und ressourcenorientierte Sicht kombiniert, ist die SWOT-Analyse, wie sie bspw. Kerth, Asum & Nührich 2007 beschreiben.

fische Prozessidentifikation,[259] bei der interne und externe Aspekte berücksichtigt werden können.

An die Grobidentifikation von Prozessen schließt sich eine Prüfung der Prozesswürdigkeit an. Die Grundfrage lautet: Inwiefern werden die erwarteten Wirkungen auf die Gesamtleistung der Prozesslandschaft den Aufwänden für ein systemati sches Management des Prozesses gerecht? Beispielhafte Kriterien sind die strategische Relevanz, die Ressourcenbindung sowie das Risikopotenzial[260] im Prozess.[261]

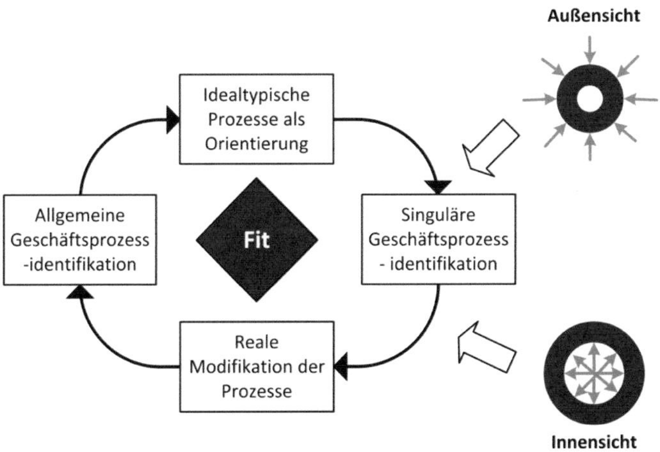

Abbildung 15: Erweitertes interdependentes Abstimmungsmodell der Prozessidentifikation[262]

Ein negatives Ergebnis führt zum Verwerfen des Prozesses oder zu einer Integration in einen bestehenden Prozess. Auf eine positive Beurteilung folgt die Entwicklung einer „Prozessvision", die seine groben Zielsetzungen und seine Einordnung in die Prozesslandschaft zeigt.[263]

Übergang 1: Prozesswürdigkeitsprüfung

Die Prozessvision geht in eine zweite, detailliertere Prozesswürdigkeitsprüfung ein. Ein positives Ergebnis initiiert die Prozessdefinition.[264]

259 Vgl. Corsten 1997, S. 27-28.
260 Im Sinne eines Potenzials zur Risikominimierung.
261 Vgl. Wagner & Patzak 2007, S. 81-83. Für eine ausführliche Darstellung von Kriterien zur Prozessauswahl bzw. Priorisierung siehe Helbig 2003, S. 57-67.
262 In Anlehnung an Corsten 1997, S. 28, Abbildung 4.
263 Vgl. Wagner & Patzak 2007, S. 85-87, sowie Helbig 2003, S. 85-87.
264 Vgl. Wagner & Patzak 2007, S. 87.

Zusammenfassend lassen sich für Phase 1 die in Tabelle 4 vorgestellten Anforderungen formulieren.

Anforderungen an Phase 1: „Aufnahme und Integration eines Prozesses in das Prozessmanagementsystem“
• Systematische Vorgehensweise bei der Prozessidentifikation o Einbezug der oberen Ebenen des prozessbezogenen Zielsystems o Kombination allgemeiner und unternehmensspezifischer Ansätze o Sicherung einer Balance von Außen- und Innenperspektive • Mehrstufige Bewertung der Prozesswürdigkeit auf Basis definierter Kriterien • Entwicklung und Dokumentation einer „Prozessvision“ Hinweis: Zur Sicherung der Balance zwischen Außen- und Innenperspektive ist eine solche auch bei der vorgelagerten Formulierung der strategischen Ziele der Organisation erforderlich.

Tabelle 4: Anforderungsübersicht Phase 1

Phase 2: Prozessdefinition

Wagner und Patzak schlagen für die *Prozessdefinition* eine Vier-Schritte-Methodik vor[265]:

I) Prozessausgrenzung,
II) Analyse der Ist-Prozesse,
III) Konzeption und Modellierung der Soll-Prozesse,
IV) Planung der Soll-Prozess-Umsetzung.

Dieser wird in den nachstehenden Ausführungen gefolgt.

Phase 2.I Prozessausgrenzung[266]

Die *Prozessausgrenzung* dient einer Präzisierung der Prozessvision und schafft Voraussetzungen für die detaillierte Prozessbeschreibung.[267] Teilziele sind:

- Weiterentwicklung des prozessorientierten Zielsystems,
- Charakterisierung der neu identifizierten Prozesse,
- Priorisierung anhand der Kritikalität der Prozesse.[268]

Bei der *Weiterentwicklung des prozessorientierten Zielsystems* werden die bisher abstrakten Inhalte in konkretisierte Ziele für die einzelnen Prozesse überführt.[269]

265 Vgl. Wagner & Patzak 2007, S. 97-102. Eine ähnliche Vorgehensweise schildern Becker, Berning & Kahn 2008.

266 Der Begriff „Prozessausgrenzung“ findet sich u. a. bei Corsten 1997, S. 27-28, und wird von Scholz 1995, S. 93, verwendet. Wagner & Patzak 2007, S. 102-107, verwenden mit ähnlicher Bedeutung „Identifikation und Abgrenzung der Prozesse“, was jedoch schwieriger von den Aktivitäten der Phase 1 abzugrenzen ist.

267 Vgl. Gaitanides 1983, S. 64-75, und Corsten 1997, S. 27.

268 Vgl. Allweyer 2007, S. 113.

269 Vgl. Allweyer 2007, S. 113.

Eine systematische Abstimmung innerhalb und zwischen den Zielebenen sichert eine optimale Ausrichtung des Gesamtsystems.[270]

Zu den zentralen *Charakteristika eines Prozesses* gehören der erste und der letzte Prozessschritt, Inputs, Outputs, erforderliche Ressourcen, Startereignisse, Abbruchkriterien, Leistungsgrößen, inter- und intraprozessuale Schnittstellen sowie die Prozessart.[271] Ein eindeutiger Name macht den Prozess referenzierbar.[272]

Erste Aussagen zur *Kritikalität der einzelnen Prozesse* ergeben sich aus einer Gegenüberstellung mit den strategischen Zielsetzungen und Erfolgsfaktoren[273] der Organisation. In einer von Treichler und Schmidt beschriebenen Kreuztabelle zwischen Strategien der erfolgskritischen Prozesse und Kernkompetenzen der Organisation werden Herausforderungen und Grenzen der Strategieumsetzung transparent.[274] Corsten schlägt eine Matrix zur Ermittlung von Prozessrangfolgen vor.[275]

Phase 2.II: Analyse der Ist-Prozesse

Eine *Ist-Prozess-Analyse* ist eine systematische Auseinandersetzung mit der aktuellen Ausprägung von Prozessen.[276] Die Ergebnisse werden in der Regel in Prozess-Modellen dokumentiert.[277] Hinweise für deren Gestaltung geben Becker, Rosemann und Schütte mit ihren „Grundsätzen ordnungsgemäßer Modellierung" (GoM).[278]

Ist-Prozess-Analysen dienen

- als Ausgangspunkt für die Identifikation von Verbesserungspotenzialen,[279]
- der Vermittlung eines Überblicks über die Prozesslandschaft,
- als Vergleichsbasis für die Planung der Soll-Prozess-Umsetzung sowie[280]
- dem Test von Modellierungsmethoden im Vorfeld einer Soll-Prozess-Modellierung.[281]

---

270 Der Abstimmungsbedarf resultiert aus Zielbeziehungen, Abhängigkeiten der Prozesse von adäquaten Inputs sowie zu erwartenden Ressourcenkonflikten und Synergieeffekten. Siehe Kapitel 4.

271 Vgl. Kunesch 1993, S. 44; Elgass & Kremar 1993, S. 44, sowie Urban 1991, S. 81.

272 Vgl. Meyer, Creux & Weber Marin 2005, S. 46-47. Zusätzlich kann zur Referenzierung und Einordnung ein hierarchisches Nummernsystem eingesetzt werden.

273 Ggf. indirekt repräsentiert durch die strategischen Ziele.

274 Vgl. Treichler & Schmidt 1996, S. 140. Die Kreuztabelle greifen auch Bokranz & Kasten 1999, S. 235-236, auf.

275 Vgl. Corsten 1996, S. 21.

276 Vgl. Allweyer 2007, S. 223; Schwegmann & Laske 2008; Hansmann & Neumann 2008, S. 358, sowie Wagner & Patzak 2007, S. 100-101. Einige Autoren wie Bogaschewsky & Pollberg 2008 nutzen den Begriff „Prozessanalyse" als Oberbegriff, der u. a. die Prozessdefinition einschließt.

277 Siehe hierzu Lehmann 2008; Grosskopf 2009; Arndt 2008; Gadatsch 2010 sowie Allweyer 2007.

278 Zu Grundsätzen ordnungsmäßiger Modellierung siehe Becker o. J.; Becker, Rosemann, Schütte 1995 sowie die Weiterentwicklung bei Schütte 1997.

279 Vgl. Gierhake 2001, S. 143, sowie Schmelzer & Sesselmann 2010, S. 274-375.

280 Vgl. Zumbach, Reimann & Mayer 2002, S. 421-433.

281 Vgl. Wagner & Patzak 2007, S. 100-101, sowie Meise 2001, S. 109.

Abhängig von der spezifischen Situation und Zielsetzung variieren Fokus und Detaillierungsgrad.[282] Zudem kann die Ist-Analyse an abweichender Stelle in den Prozesslebenszyklus eingeordnet sein. Ist die Prozessgestaltung besonders offen und kreativ angelegt, so soll der Entwurf des neuen Prozesses möglichst wenig von den bestehenden Abläufen beeinflusst sein. Eine Ist-Analyse wird dann ggf. zunächst ausgesetzt oder nur auf einer abstrakten Ebene durchgeführt.[283] Ein völliger Verzicht ist in der Regel nicht möglich, da in der Planungsphase der Soll-Prozess-Implementierung Informationen zum Ist-Zustand unverzichtbar sind.

Phase 2.III: Konzeption und Modellierung der Soll-Prozesse[284]

Im dritten Schritt der Prozessdefinition werden *Soll-Prozesse entworfen* und entsprechende Modelle erarbeitet. Diese ergeben sich aus Verbesserungen von Ist-Prozessen oder durch völlige Neugestaltung.[285]

Als Rahmen für die Soll-Prozesse stecken die Ergebnisse der Prozessidentifikation das prozessbezogene Zielsystem und die Kontextbedingungen der Prozessausführung ab.[286] Weiter gilt die Anforderung, möglichst durchgängige Prozesse mit wenigen Schnittstellen zu schaffen[287], die zudem robust, flexibel und ausfallsicher sind.[288]

Fertige Prozessmodelle werden auf ihre Konsistenz überprüft und einer übergeordneten Instanz (im Allgemeinen der Unternehmensführung) zur Freigabe vorgelegt.[289]

Phase 2.IV: Planung der Soll-Prozess-Umsetzung

Die Freigabe der Prozessmodelle gibt den „Startschuss" für die Planung des Process-Roll-Out, der *Umsetzung der Soll-Prozesse in der Unternehmensrealität.*

Aus einem Vergleich der Soll-Prozesse mit der aktuellen Situation im Unternehmen heraus wird ein Maßnahmenplan zur Implementierung erarbeitet.[290]

---

282 Vgl. Gierhake 2001, S. 143; Schwegmann & Laske 2008, S. 155-156, sowie Shaw, Holland & Kawalek 2007, S. 97.

283 Siehe hierzu Schwegmann & Laske 2008, S. 156; Meise 2001, S. 109, sowie Helbig 2003, S. 70.

284 Der Begriff ist kein Synonym zum Begriff „Ideal-Prozesse". Soll-Prozesse sind innerhalb eines festgelegten Zeitraums mit verfügbaren Ressourcen realisierbar. Ideal-Prozesse repräsentieren wünschenswerte Zustände im Sinne von Fernzielen. Vgl. Speck & Schnetgöke 2008, S. 209-210.

285 Vgl. Wagner & Patzak 2007, S. 99-100, und Gierhake 2001, S. 165, sowie die Ausführungen zu Prozessveränderungen am Ende dieses Kapitels.

286 Vgl. Speck & Schnetgöke 2008, S. 185-189, sowie Allweyer 2007, S. 114.

287 Vgl. Osterloh & Frost 2006, S. 33-35, sowie Rosenkranz 2006, S. 224.

288 Vgl. Rosenkranz 2006, S. 223.

289 Vgl. Vahs 2009, S. 255.

290 Siehe hierzu Helbig 2003, S. 187-197.

Übergang 2: Prozesse implementieren

Nach Abschluss der Planung werden die definierten Maßnahmen umgesetzt.[291] Die Umsetzung wird durch ein Controlling flankiert.[292]

Insgesamt ergeben sich für Phase 2 die in Tabelle 5 formulierten Anforderungen.

Anforderungen an Phase 2: „Prozessdefinition"
Prozessausgrenzung • Dekomposition der Prozessziele über die Ebenen der Prozesslandschaft Systematische Vorgehensweise bei der Prozessidentifikation • Integration der Ziele in das prozessbezogene Zielsystem • Identifikation von Zielbeziehungen • Mehrdimensionale Charakterisierung der Prozesse • Priorisierung der Prozesse anhand der Kritikalität
Analyse der Ist-Prozesse • Definition von Zielen für die Ist-Analyse und Einordnung in den Prozesslebenszyklus • Definition von Fokus und Detaillierungsgrad der Ist-Analyse Identifikation von Zielbeziehungen • Durchführung der Ist-Analyse gemäß ihrer spezifischen Zielsetzung • Identifikation von inter- und intraprozessualen Schnittstellen
Konzeption und Modellierung der Soll-Prozesse • Klärung von Zielen und Rahmenbedingungen • Definition von Fokus und Detaillierungsgrad der Ist-Analyse • Identifikation von Zielbeziehungen • Zusammenstellen von Basisdaten • Modellierung durchgängiger Prozesse mit angemessener Schnittstellenzahl • Explizieren von inter- und intraprozessualen Schnittstellen • Sicherung ausreichender Flexibilität, Robustness und Ausfallsicherheit • Prüfung von Konsistenz und Umsetzbarkeit • Freigabe durch übergeordnete Entscheidungsinstanz
Planung der Soll-Prozess-Umsetzung • Entwicklung eines Maßnahmenplans für den Process-Rollout • Implementierung der definierten Prozesse mit Unterstützung eines (Multi-) Projektcontrollings

Tabelle 5: Anforderungsübersicht Phase 2

Phase 3: Prozesse betreiben und steuern

Soll-Prozess-Modelle stecken einen Rahmen für effiziente und effektive Abläufe ab. Die *Prozessausführung* bewegt sich innerhalb des verbleibenden Spielraums.

291 Vgl. Wagner & Patzak 2007, S. 102.
292 Zum Projektcontrolling siehe Kapitel 5.3.

Die Sicherung einer zufriedenstellenden Leistung der ausgeführten Prozesse übernimmt die *Prozesssteuerung*.[293] Zeigt sich, dass Effizienz – und Effektivitätsdefizite aus der Festlegung des Rahmens, also der Prozessgestaltung, resultieren, so werden entsprechende Veränderungen initiiert.

Als Basis für die Prozesssteuerung fungiert die Messung der Prozessleistung.[294] Hierfür sind die Inhalte des prozessorientierten Zielsystems anhand der Leistungsmerkmale aus Kapitel 2.2 zu operationalisieren. Sie werden in eine überschaubare Zahl aussagekräftiger und miteinander verknüpfter Kennzahlen überführt, die dann gemessen werden.[295]

Übergang 3: Prozesse reporten

Ergebnisse aus Kennzahlenerhebungen sowie abgeleitete Erkenntnisse zur Prozessleistung sind auch auf höheren Ebenen (bspw. der Prozesslandschaft) verfügbar zu machen. Die Weitergabe von Informationen für übergeordnete Koordinationsaufgaben wird durch ein systematisches *Prozessreporting* sichergestellt.[296]

Für Phase 3 resultieren die in Tabelle 6 aufgelisteten Anforderungen.

Anforderungen an Phase 3: „Prozesse betreiben und steuern“
• Konkretisierung der Prozessziele anhand von Kennzahlen • Umsetzung der Prozesse gemäß Vorgaben • Regelmäßige Messung der Leistung der Einzelprozesse • Bewertung der Prozessleistung durch Soll-Ist-Abgleich • Systematische Analyse von Ursache-Wirkungszusammenhängen bei Leistungsdefiziten • Umsetzung einer systematischen Einzelprozesssteuerung • Initiierung und Ausführung von einzelprozessbezogenen Optimierungsmaßnahmen bei dauerhaften Abweichungen vom Soll • Reporting an übergeordnete Ebene

Tabelle 6: Anforderungsübersicht Phase 3

Phase 4: Prozesse überwachen

Die Phase „*Prozesse überwachen*“ repräsentiert das *kontinuierliche Management* aller Prozesse in ihrem Zusammenspiel. Die Leistung der gesamten Prozesslandschaft wird gemessen, beobachtet und zu den Zielen sowie zum Aufwand in Bezug gesetzt.[297] Kriterien und Kennzahlen für die Leistung der Prozesslandschaft

293 Siehe hierzu Hirzel 2008c, S. 57-72.
294 Vgl. Vahs 2009, S. 255.
295 Siehe hierzu Allweyer 2007, S. 113-115; Helbig 2003, S. 87-108 und 202-221, sowie Bünting 2006, S. 67.
296 Vgl. Wagner & Patzak 2007, S. 89.
297 Vgl. Gaitanides 2007, S. 119, 231-232 und 246, sowie Wagner & Patzak 2007, S. 175-176.

sind eng mit denen der Einzelprozesse verwandt. Auch hier werden sowohl Inputgrößen (u. a. Kosten/Zeit) als auch Outputgrößen (u. a. Qualität) erfasst und in Bewertungen der Effizienz und der Effektivität überführt.[298] Das Zusammenspiel der Prozesse wird vor allem über die gemeinsame Ressourcennutzung bewertet: die Ressourcenkonzentration auf Basis geteilter strategischer Ziele, Ressourcenakkumulation durch Partnerschaften, Kombination von Ressourcen (Ressourcenkomplementierung) sowie systematische Ressourcenbewahrung und -wiedergewinnung.[299] Zur Fokussierung der Betrachtung werden Prozesse anhand ihrer Verknüpfung mit Werttreibern, Erfolgsfaktoren und Kernkompetenzen der Organisation priorisiert.[300]

Eine Ergänzung kann dieses Prozessmonitoring durch Prozessaudits oder Prozessassessments erhalten.[301] Die Aktivitäten der Prozessüberwachung laufen weitestgehend parallel zur Prozessausführung (Phase 3 des Prozesslebenszyklus) ab. Die gewonnenen Erkenntnisse werden zur Ableitung prozessspezifischer und prozessübergreifender Steuerungs- und Optimierungsmaßnahmen sowie zum Anstoß grundlegender Veränderungen der Prozesslandschaft genutzt.[302]

Anforderungen an Phase 4: „Prozesse überwachen“
• Priorisierung von Prozessen anhand von Werttreibern, Erfolgsfaktoren und Kernkompetenzen • Definition von Kennzahlen für die Prozesslandschaft • Kennzahlenbasierte Überwachung der Leistung der Prozesslandschaft • Überwachung des Zusammenspiels der Prozesse • Systematische Analyse von Ursache-Wirkungszusammenhängen bei Leistungsdefiziten • Umsetzung einer übergeordneten Steuerung der Prozesslandschaft • Initiierung und Ausführung von Optimierungsmaßnahmen für die Prozesslandschaft • Initiierung der Aufnahme neuer Prozesse in die Prozesslandschaft • Optional: Durchführung von Prozessaudits und Prozessassessments

Tabelle 7: Anforderungen an Phase 4

Übergang 4: Anpassung oder Neugestaltung initiieren

Der Vorgang der Prozessgestaltung ist von Unsicherheiten und situativen Faktoren geprägt, sodass es regelmäßig einer *Anpassung und Weiterentwicklung* der

298 Vgl. Helbig 2003, S. 87-108, sowie Rosemann, Schwegmann & Delfmann 2008, S. 53-54.
299 Vgl. Gaitanides 2007, S. 205.
300 Siehe hierzu Gaitanides 2007, S. 248, sowie Vahs 2009, S. 255.
301 Siehe hierzu Masing, Pfeifer & Schmitt 2007, S. 89.
302 Vgl. Wagner & Patzak 2007, S. 175-176, und Nyhuis et al. 2006, S. 19.

Ergebnisse bedarf.[303] Erfahrungen und Beurteilungen aus der Prozessausführung und -überwachung zeigen entsprechende Ansatzpunkte.[304] Weitere Anstöße für grundlegende Veränderungen ergeben sich aus der Anpassung von Inhalten des prozessbezogenen Zielsystems, bspw. aus der Veränderung von Strategien.[305]

Die abgeleiteten Anforderungen an Phase 4 enthält Tabelle 7.

Veränderungen in der Prozesslandschaft

Die Erkenntnis, dass Leistungsdefizite bzw. Potenziale zur Leistungssteigerung existieren, kann je nach Ausmaß zu kleineren Anpassungen oder einer grundlegenden Neugestaltung der Prozesslandschaft führen.[306] Bei radikalen Neugestaltungen/Erneuerungen/Umbrüchen greift das Konzept des Business Process Reengineering. Werden Weiterentwicklungen der bestehenden Prozesslandschaft angestrebt, so wird von einer Prozessverbesserung gesprochen.[307]

Business Process Reengineering[308]

Das Grundkonzept des *Business Process Reengineering (BPR)* entstand in den 1990er-Jahren.[309] Dieses baut auf Vorarbeiten aus verschiedenen Bereichen des Managements auf[310] und wurde in Literatur und Praxis breit diskutiert.

303 Vgl. Gaitanides 2007, S. 75; Allweyer 2007, S. 386; Hirzel 2008a, S. 49, sowie Meise 2001, S. 89-90.

304 Wagner & Patzak 2007, S. 89, sehen das Monitoring als Ausgangspunkt für den Anstoß anderer Aktivitäten im Prozesslebenszyklus. Je nach initiierter Phase kann es zu verschieden starken Veränderungen kommen.

305 Siehe hierzu die Erläuterung von Phase 1; Wagner & Patzak 2007, S. 84 u. 90, sowie die Ausführungen von Ansoff & MacDonnell 1990, S. xv-xvi, dazu, dass die interne Konfiguration des Unternehmens bei diskontinuierlichen Veränderungen der Strategie angepasst werden muss.

306 Vgl. Wagner & Patzak 2007, S. 89, verweisen darauf, dass das Monitoring andere Phasen des Prozesslebenszyklus anstoßen kann.

307 Vgl. Corsten 1997, S. 35-36. Zum evolutionärem und revolutionärem bzw. Wandel 1. und 2. Ordnung siehe auch Staehle, Conrad & Sydow 1999, S. 900-901.

308 Nicht zu verwechseln mit dem Process Engineering, einer ingenieurwissenschaftlichen Herangehensweise an die Prozessgestaltung. Vgl. Gaitanides 2007, S. 2-3. Bei Kettinger, Guha & Teng 1995, S. 213, wird BPR so breit definiert, dass es auch Prozessverbesserungen umfasst. Dieser Umstand wird bei der Verwendung von Quellen im Folgenden berücksichtigt.

309 Das BPR wird auf Arbeiten unter Federführung des Massachusetts Institute of Technology (MIT) zurückgeführt. Den Begriff prägte Johansson 1993. Andere Autoren wählten mit leicht abweichender Schwerpunktsetzung ähnliche Bezeichnungen. Hammer 1990 bspw. drückt mit dem allgemeineren Terminus „(Business) Reengineering" aus, dass das Reengineering die gesamte Struktur der Organisation betrifft. Davenport & Short 1990 nutzen den Terminus „Business Process Redesign" und legen einen Schwerpunkt auf den Einsatz von Informations- und Kommunikationstechnologien. Davenport 1993, S. 2, allein schreibt über „Process Innovation" und sieht neben einem neuen Prozessdesign neue Arbeitsstrategien bei Berücksichtigung technologischer, menschlicher und organisationaler Dimensionen vor.

310 Bspw. die Wertkettenanalyse von Porter 1999 sowie „Business Transformation via Information Technology (IT)" von Gibson, Jackson & Davenport 1987.

Hammer und Champy beschreiben Reengineering als

„[...] fundamental rethinking and radical redesign of business processes to achieve dramatic improvements in critical, contemporary measures of performance, such as cost, quality, service, and speed“[311].

Aus einer Analyse dieser und weiterer Begriffserläuterungen leitet Teubner konstituierende Merkmale des BPR ab[312]:

- *Grundlegender organisatorischer Wandel:* Bisherige Strukturen, Regeln und Prämissen werden abgelegt oder grundlegend überdacht.
- *Prozesskonzept*: Unternehmen werden statt vertikal nah Funktionen, horizontal nach Prozessen strukturiert. Dabei stehen diejenigen Prozesse im Vordergrund, die direkt auf die Wertschöpfung für den Kunden ausgerichtet sind.
- *Informationstechnologie:* Moderner Informationstechnologie wird als „Enabler“ oder „Treiber“ für die radikale Neugestaltung angesehen.

Das Konzept BPR und seine Grundgedanken, wie der einer radikalen Prozessorientierung, fanden seit den 1990er-Jahren Eingang in das Management vieler Organisationen.[313] Dem Ansatz wurden Potenziale für erhebliche Leistungssteigerungen zugeschrieben.[314] Die praktischen Erfahrungen waren allerdings nicht immer positiv: BPR bindet erhebliche Personalressourcen und ist verbunden mit einem hohen Koordinationsaufwand.[315] Gleichzeitig unterliegen die Aktivitäten einem erheblichen Erfolgsrisiko. Empirische Untersuchungen zum Erfolg des (Business Process) Reengineering lieferten heterogene Ergebnisse. Während zum Teil von hohen Einsparungen und Leistungsverbesserungen berichtet wurde, offenbarten andere Untersuchungen, dass zahlreiche Initiativen scheitern, und kamen zu einer sehr viel zurückhaltenderen Bilanz.[316]

BPR sieht sich vielseitiger Kritik ausgesetzt:

- als organisatorische Mode[317], die aus Beispielen *„relativ vage und allgemeine „Erfolgsrezepte“ generiert“*[318] und nur wenig theoretische Fundierung aufweist;[319]

---

311 Hammer, Champy & Künzel 2003, S. 35, im Original ohne Hervorhebungen. Siehe vergleichbar auch Robinsons 1994, S. 53, sowie Davenport 1995, S. 1-13.

312 Vgl. Teubner 1999, S. 143-144. Das erste benannte Merkmal spaltet er in „fundamentales Überdenken“ und „radikale Neuorganisation“ auf. Zu Grundmerkmalen des BPR siehe auch Davenport & Short 1990; Hammer 1990; Hammer, Champy & Künzel 2003; Robinsons 1994, S. 56; Braganza et al. 1998; Kettinger, Guha & Teng 1995; Körmeier 1995, S. 260; Nippa 1996, S. 70-72, sowie Gaitanides 2007.

313 Siehe hierzu die empirische Studie CSC-Index 1994.

314 Nach Binder 1997, S. 54, sind Leistungssteigerungen von 30 - 80 % „die Norm“.

315 Vgl. Schmelzer & Sesselmann 2010, S. 372-374.

316 Einen Überblick gibt Emrich 2004, S. 46-47. Siehe zudem CSC-Index 1994 sowie Grover, Kettinger & Teng 2000, S. 16.

317 Vgl. Gaitanides 2007, S. 62.

- als Konzept, das die vertikale Integration in der Wertschöpfungskette sowie die Bedeutung einer Spezialisierung von Funktionsbereichen vernachlässigt;[320]
- als komplexer Ansatz, der in der Anwendung viele Unternehmen überfordert, obwohl wichtige interprozessuale Verknüpfungen in der Betrachtung meist unterrepräsentiert sind.[321]

Darüber hinaus wird die Frage diskutiert, ob die Erfolge des BPR an den richtigen Kriterien gemessen werden oder zu sehr quantitative Größen mit kurzfristiger Perspektive im Fokus stehen.[322]

Die umfangreiche Kritik und negative Erfahrungen haben im Laufe der Zeit zu einer insgesamt gemäßigteren Sichtweise des zunächst sehr radikalen BPR (bezeichnet als „Greenfield-Approach"[323]) geführt.[324] Zudem kennt die Literatur weitere Ansätze zur Prozessveränderung mit Fokus auf einen eher inkrementellen Wandel:

Geschäftsprozessoptimierung (GPO)

Der Oberbegriff „*Geschäftsprozessoptimierung*"[325] steht hier für Ansätze einer evolutionären Weiterentwicklung der Prozesslandschaft. Die Grundprämisse lautet, dass die bestehenden Abläufe nicht völlig ineffizient und ineffektiv sind und durch gezielte Maßnahmen verbessert werden können.[326]

Im Gegensatz zum BPR sieht die GPO ein partizipatives, eher bottom-up-angelegtes Vorgehen vor.[327] Werden im laufenden Prozess Schwachstellen identifiziert, so folgen eine detaillierte Analyse der Ursachen und eine Suche nach Lösungen. Auf ihre Identifikation hin entsteht ein Maßnahmenplan, der schrittweise ausgeführt und ggf. um Aktivitäten zur Nachbesserung ergänzt werden kann.[328]

Innerhalb der Geschäftsprozessoptimierung finden sich zwei Grundvarianten, die sich vor allem in Planungsintensität und organisationaler Verankerung unterschei-

318 Picot & Franck 1996, S.15.
319 Siehe hierzu auch Bea & Schnaitmann 1995, S. 282, und Kieser 1996.
320 Vgl. Picot & Franck 1996, S. 26-33.
321 Vgl. Kieser 1996; Mertens 1997, sowie Meise 2001, S. 83 und S. 152-154.
322 Vgl. Mertens 1996.
323 Triantis 1999, S. 67, definiert im Kontext von Joint Venture-Projekten: „A greenfield approach is one in which a company starts from ground zero and builts with internal resources and talent the required capabilities under conditions it considers appropriate." Diese Definition entspricht in Grundzügen auch dem Verständnis im Kontext des BPR und drückt die Wahl eines „weißen Blattes" als Ausgangspunkt der Prozessdefinition aus.
324 Siehe hierzu Akroyd & Edwards 1998, S. 28; Hammer 1996, S. 3; Chang & Powell 1998, S. 274, sowie Earl 1994.
325 Einige Autoren wie Helbig 2003 und Li 2007 verwenden „Optimierung" im Prozesskontext mit leicht abweichender Bedeutung bzw. anderer Abgrenzung von der Prozessverbesserung.
326 Vgl. Scholz & Vrohlings 1994a, S. 119-120.
327 Siehe hierzu Scholz & Vrohlings 1994a, S. 119-120; Züger 2007, S. 83, sowie Gadatsch 2002, S. 20-22.
328 Siehe hierzu Schmelzer & Sesselmann 2010, S. 368-371 und 374-403.

den: die kontinuierliche Prozessverbesserung und die („gezielte") Prozessentwicklung.

Die *kontinuierliche Verbesserung von Prozessen* gehört zu den zentralen Elementen des auf Deming zurückgehenden „kontinuierlichen Verbesserungsprozesses (KVP)". Sie ist dauerhaft angelegt und strebt eine Entwicklung der Unternehmenskultur hin zu einer größeren Aufmerksamkeit für Verbesserungspotenziale an.[329] Jedes Organisationsmitglied kann Verbesserungsvorschläge einbringen. Sie werden von definierten Stellen datenbasiert[330] geprüft und ggf. in die Umsetzung überführt.[331] Kontinuität und evolutionäre Verbesserung entstehen durch eine Vielzahl kleiner Verbesserungsschritte.[332]

In Abgrenzung zur kontinuierlichen Prozessverbesserung, die mit der operativen Ausführung der Prozesse verknüpft ist, meint *„Prozessentwicklung"* ein umfassenderes und gezielteres Eingreifen in die Prozesslandschaft. Die Ist-Situation wird regelmäßig anhand definierter Kriterien hinterfragt, um so Schwachstellen zu erkennen.[333] Zu ihrer Beseitigung werden Verbesserungsprojekte initiiert. Hinsichtlich ihrer organisationalen Verankerung und der Radikalität des Vorgehens ist die Prozessentwicklung im Kontinuum zwischen BPR und kontinuierlicher Verbesserung angesiedelt.

Business Process Reengineering und Geschäftsprozessoptimierung – ein unvereinbarer Gegensatz?

BPR und beide Varianten der Geschäftsprozessoptimierung lassen sich in den Prozesslebenszyklus einordnen (siehe Abbildung 16).

Die radikalen Eingriffe des BPR setzen an der Prozessidentifikation und Prozessdefinition an. Bei der Prozessentwicklung finden die Veränderungen innerhalb der gegebenen Grundstrukturen der Prozesslandschaft statt, sodass der Fokus auf den Phasen zwei und drei des PLZ liegt. Die kontinuierliche Prozessverbesserung entsteht aus der Ausführung und Überwachung der Prozesse und ist den Phasen 3 und 4 zuzuordnen.

Sowohl Business Process Reengineering als auch Geschäftsprozessoptimierung sind in der Praxis weit verbreitet[334] und weisen spezifische Vor- und Nachteile auf. Welches Vorgehen im Einzelfall zu präferieren ist, hängt von den jeweiligen Zielsetzungen und Rahmenbedingungen ab. Beispiele sind die Bewertung der aktuellen

329 Vgl. Deming 2000. KVP wird häufig gleichgesetzt mit dem japanischen Managementkonzept „KAIZEN", wie es Imai & Nitsch 2000 beschreiben.

330 Nach Oakland 2003, S. 52-53, gehört die datenbasierte Entscheidung zu den zentralen Vorzügen des KVP.

331 Siehe hierzu Imai & Nitsch 2000.

332 Vgl. Kamiske & Brauer 2008, S. 306.

333 Vgl. Bartsch 2002, S. 43, und Mayer & Brenner 2005, S. 20-21.

334 Vgl. Braganza et al. 1998, S. 99.

Prozesslandschaft sowie die kulturelle Bereitschaft der Organisation für radikale Veränderungen.[335]

Eine generelle Entscheidung für den einen oder den anderen Weg würde allerdings in den meisten Fällen nur zu einer Teillösung führen, die kaum alle Potenziale ausschöpft.[336]

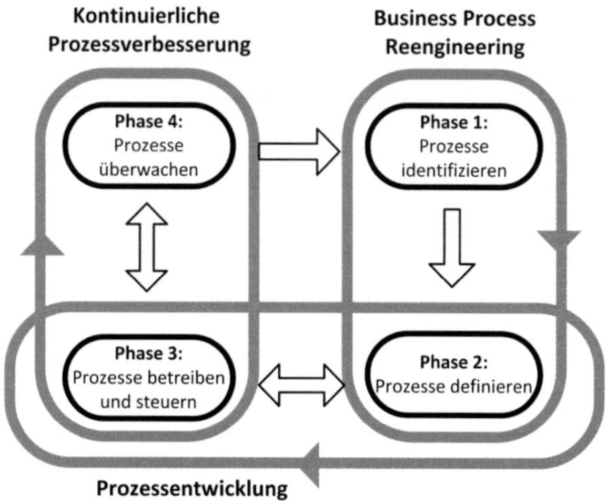

Abbildung 16: Ansatzpunkte der Prozessveränderung im Prozesslebenszyklus[337]

Ein umfassendes kontinuierliches Prozessmanagement stellt durch geeignete Kombination eine Balance von revolutionärer und evolutionärer Veränderung her.[338] Eine solche ist auf verschiedene Arten möglich:

- Verknüpfung von Aspekten der radikalen und der inkrementellen Prozessveränderung innerhalb einer Initiative – bspw. durch grundlegende Veränderung von Prozessen unter Nutzung von Erfahrungen der Vergangenheit[339],
- periodische Folge inkrementeller und radikaler Veränderungen in einem „Process Reengineering Life Cycle"[340] oder
- Differenzierung der Prozesslandschaft in Bereiche für einen radikalen und solche für einen inkrementellen Wandel, bspw. anhand der Prozesskritikalität.[341]

335 Vgl. Scholz & Vrohlings 1994a, S. 120, sowie Paper 1998.

336 Vgl. Bartsch 2002, S. 51-52.

337 Eigene Abbildung unter Rückgriff auf Abbildung 14. Zur Einordnung der Prozessveränderung in ein Phasenmodell des Prozessmanagements siehe auch Helbig 2003, S. 40.

338 Vgl. Meise 2001 und Grover, Kettinger & Teng 2000, S. 15.

339 Vgl. Kettinger, Guha & Teng 1995, S. 213. Siehe hierzu auch Davenport 1993, S. 137-138.

340 Vgl. Davenport & Short 1990, S. 23 sowie Kettinger, Guha & Teng 1995, S. 212. Auch Hammer weitete seine zunächst radikale Vorstellung des Reengineering aus und räumte in „Beyond Reengineering" die Bedeutung inkrementeller Veränderungen als Ergänzung zum revolutionären Wandel ein. Vgl. Hammer 1996.

2.3.2 Differenzierung zweier Ebenen im Prozessmanagement - Mikro- und Makroprozessmanagement

In einer abstrakten Betrachtung des Prozesslebenszyklus zeichnen sich zwei Ebenen der Aktivitäten ab: die Ebene des (i) Mikro- und die des (ii) Makroprozess-managements.[342]

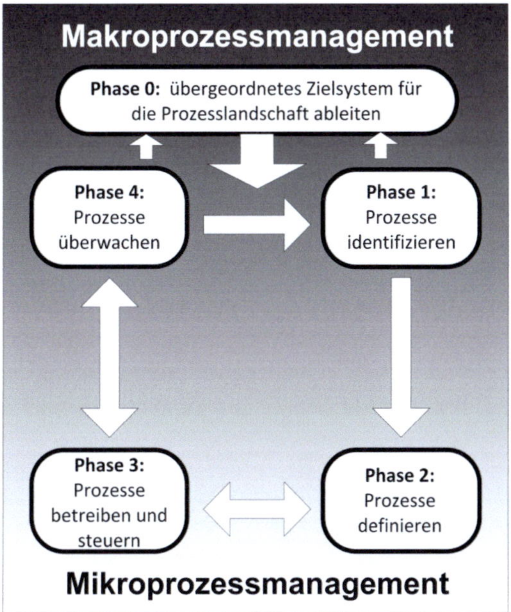

Abbildung 17: Zuordnung der Phasen im Prozesslebenszyklus zum Makro- bzw. Mikroprozessmanagement[343]

(i) Im Fokus des *Mikroprozessmanagements* stehen Einzelprozesse.[344] Ziel ist eine optimale Gestaltung und Koordination der Abläufe über die intraprozessualen Schnittstellen hinweg.[345]

(ii) Gegenstand des *Makroprozessmanagements* ist die Prozesslandschaft als Gesamtsystem. Durch systematische Auseinandersetzung mit interprozessualen Wech-

---

341 Siehe hierzu Vahs 2009, S. 258, Abbildung 6. 21. Eine gezielte Auswahl vor dem Hintergrund äußerer Veränderungen umzugestaltender Prozesse beschreiben Vakola & Rezgui 2000.

342 Zur Differenzierung einer Mikro- und einer Makroprozessebene siehe Gareis & Stummer 2007, S. 76, sowie Alt & Österle 2004. Wagner & Patzak 2007, S. 89, schreiben über eine Ebene des Einzel- und eine des Multiprozessmanagements. Hagen & Felder 2006, S. 35, unterscheiden Makro-, Meso- und Mikroprozessebene. Dabei stimmt die Mesoebene weitgehend mit der Ebene des Mikroprozessmanagements im Sinne dieser Arbeit überein. Die Mikroebene widmet sich noch detaillierter kleinen Aktivitätenpaketen innerhalb der Einzelprozesse.

343 Eigene Abbildung unter Rückgriff auf Abbildung 14.

344 Vgl. Gareis & Stummer 2007, S. 76.

345 Siehe hierzu auch Gaitanides 2007, S. 50-51, sowie Kapitel 2.

selwirkungen soll ein Gesamtoptimum erreicht werden. Beispielhafte Betrachtungsfelder des Makroprozessmanagements sind Synergieeffekte und Ressourcenkonflikte.[346]

Zusätzlich wird ein grober Rahmen für die Gestaltung der Einzelprozesse abgesteckt.[347]

Aus dem Prozesslebenszyklus sind die Phasen 2 und 3 vor allem dem Mikro-, die Phasen 0, 1 und 4 dem Makroprozessmanagement zuzuordnen[348] (siehe Abbildung 17). Wie die sequenzielle Anordnung der Phasen, ist auch die Trennung von Mikro- und Makroprozessmanagement als Vereinfachung der Realität und Schwerpunktsetzung anzusehen. In der Planung und Ausführung von Maßnahmen sind stets die Konsequenzen für die übergeordnete bzw. untergeordnete Ebene einzubeziehen.[349]

2.4 Unterstützende Elemente im Prozessmanagement

Der Prozesslebenszyklus beschreibt die Funktionen, die das Prozessmanagement erfüllen muss. Für ihre praktische Ausführung kann eine Reihe von Methoden eingesetzt werden. Eine Auswahl wird in Kapitel 2.4.1 vorgestellt. Kapitel 2.4.2 zeigt, welche Unterstützung sich darüber hinaus aus dem Einsatz von Informations- und Kommunikationstechnologien ergibt.

2.4.1 Methodische Unterstützung des Prozessmanagements

Ziel der *methodischen Unterfütterung des Prozesslebenszyklus* ist es, die Aufgabenausführung im Prozessmanagement zu systematisieren und zu strukturieren. Viele Methoden[350], die in diesem Kontext zum Einsatz kommen, stammen aus verwandten Themenbereichen, wie etwa dem Industrial Engineering und dem Qualitätsmanagement. Dort zunächst auf Produktionsprozesse fokussiert, wurden sie im Laufe der Zeit für eine breitere Anwendung adaptiert.[351]

Eine beispielhafte Übersicht über methodische Ansätze im Prozesslebenszyklus enthält Abbildung 18. Ihre Inhalte werden im Nachgang entlang der Phasen des Lebenszyklus präsentiert.

---

346 Vgl. Osterloh & Frost 2006, S. 192-195 und S. 222-224, sowie die Ausführungen zum Multiprojektmanagement von Hirzel 2006, S. 115-122, und Dammer 2008, S. 46-48.

347 Vgl. Gareis & Stummer 2007, S. 78-79.

348 Vgl. Wagner & Patzak 2007, S. 83.

349 Zum Beispiel der Abgrenzung zwischen den Phasen 3 und 4 siehe Gareis & Stummer 2007, S. 77.

350 Der Begriff „Methoden" wird hier allgemein für planmäßige Verfahren verwendet. Siehe hierzu Hub 1994, S. 10, sowie Berlin-Brandenburgische Akademie der Wissenschaften o. J. Auf eine detaillierte Abgrenzung zu verwandten Begriffen, wie bspw. „Instrumente", wird in der vorliegenden Arbeit wegen der fehlenden Trennschärfe verzichtet.

351 Vgl. Kettinger, Guha & Teng 1995, S. 19 und S. 227.

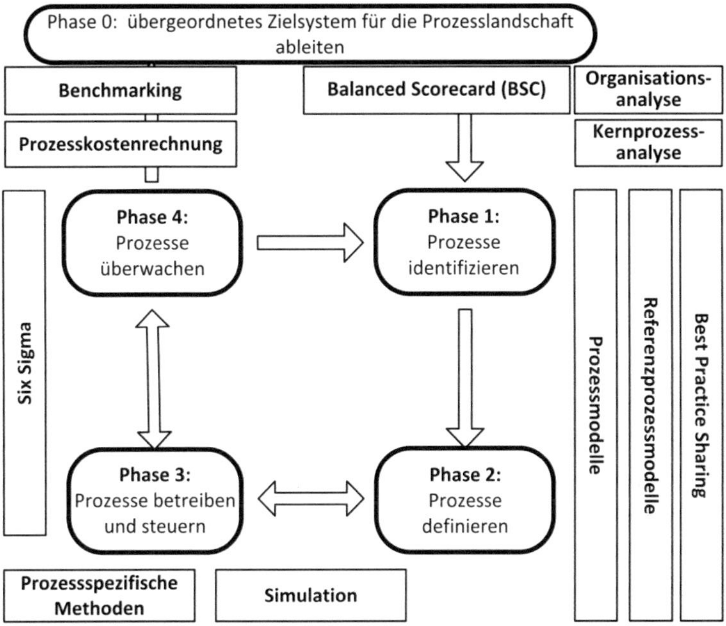

Abbildung 18: Methodische Unterstützung der Aktivitäten im Prozesslebenszyklus[352]

Zu Phase 0: Definition eines prozessorientierten Zielsystems

Zur Ableitung von Prozesszielen und Kennzahlen aus den übergeordneten Organisationszielen eignet sich die Grundidee der Balanced Scorecard (BSC). Aus den strategischen Zielen der Organisation heraus werden zunächst prozessbezogene kritische Erfolgsfaktoren (KEF) definiert. Sie gehen in die Formulierung von Kennzahlen für die Zielerreichung und Leistungsfähigkeit in strategisch relevanten Bereichen der Prozesslandschaft ein. Während in der Ausgangsform der BSC die Perspektiven „Prozesse", „Kunden", „Finanzen" sowie „Entwicklung und Lernen" in etwa gleichgewichtig nebeneinander stehen, befindet sich bei der Anwendung im Prozessmanagement die Prozessperspektive im Mittelpunkt.[353] Die übrigen Perspektiven betten die Prozessperspektive in ein Gesamtbild ein und können über ein Kausaldiagram (auch „Strategy Map") zu den direkt prozessbezogenen Zielen in Bezug gesetzt werden.[354]

352 Eigene Abbildung.

353 Zur Balanced Scorecard und ihrer Flexibilität siehe Kaplan & Norton 1996 sowie Kaplan & Norton 2001. Mit der Ausgestaltung der Balanced Scorecard in spezifischen Anwendungsfällen befassen sich Friedag 2004.

354 Vgl. Kaplan & Norton 2001, S. 88. Zum Einsatz der BSC im Prozessmanagement siehe auch Gaitanides 2007, S. 248-253, sowie Smith 2007.

Zu Phase 1 und 2: Prozessidentifikation und Prozessgestaltung

Die Prozessidentifikation wird durch Referenzprozessmodelle unterstützt.[355] Als Beschreibungen idealtypischer Prozesslandkarten (oder einzelner Geschäftsprozesse) bieten sie zudem eine Orientierungshilfe für die Prozessgestaltung.[356]

Zu den bekanntesten Referenzprozessmodellen für ganze Prozesslandschaften zählt der Baukasten der aggregierten, differenzierungsfähigen Leistungsprozesse (ADL) von Sommerlatte und Wedekind, der neun typische Rahmenprozesse für jedes Unternehmen vorgibt.[357]

Kritik am Einsatz von Referenzprozessmodellen setzt vor allem an ihrer Ableitung aus Best Practices oder Common Practices anstelle einer theoretischen Fundierung, dem hohen Abstraktionsniveau bei unpräziser Prozessabgrenzung sowie der fehlenden Auseinandersetzung mit Interdependenzen zwischen Prozessen und Unternehmensstruktur an.[358] Referenzprozessmodelle sind demnach nicht als Ergebnis, sondern als Ausgangspunkt für die unternehmensspezifische Prozessgestaltung zu verstehen.[359] Vergleichbar können dann auch einzelne Best-Practice-Beispiele verwendet werden, wie sie bspw. die Datenbank des MIT-Process Handbook enthält.[360]

Weitere Hilfen zur Prozessidentifikation bieten Organisationsanalyseverfahren wie „Business Systems Planning" (BSP)[361], Kernprozessanalysen[362] sowie Methoden aus den Bereichen Wertmanagement[363] und Informationsarchitektur[364].[365] Ist die Prozessidentifikation abgeschlossen, so strukturieren Prozesslisten, Prozesslandkarten, Prozessnetzwerkabbildungen und Portfolioansätze die Ergebnisse.[366]

---

355 Mit den Begriffen „Referenzprozessmodell" und „Standardprozessmodell" werden hier nicht-unternehmensspezifische Vorschläge zur Strukturierung und Ausgestaltung von Prozessen bezeichnet. Zu ihrem Einsatz im Prozessentwurf siehe Helbig 2003, S. 126-135.

356 Vgl. Schmelzer & Sesselmann 2010, S. 201.

357 Vgl. Sommerlatte & Wedekind 1991. Für weitere Modelle siehe Gaitanides & Sjurts 1995 und Boston Consulting Group 1993. Beispiele für Referenzmodelle für spezifische Prozesse sind die IT Infrastructure Library (ITIL) sowie das Supply-Chain Operations Reference-Model (SCOR). Siehe hierzu URL: http://www.itil.org bzw. SCOR o. J.

358 Siehe hierzu u. a. Corsten 1997, S. 25, sowie Schmelzer & Sesselmann 2010, S. 210-212.

359 Vgl. u. a. Kaplan & Murdock 1991; Davenport 1993, S. 27-36; Gaitanides 1995; Osterloh & Frost 2006, S. 235-240; Hagen & Felder 2006, S. 33, sowie Smith & Fingar 2007, S 58.

360 Siehe hierzu URL: http://ccs.mit.edu/ph/.

361 Zu Business Systems Planning siehe International Business Machines Corporation (IBM) 1984.

362 Siehe hierzu Kaplan & Murdock 1991.

363 Siehe hierzu Gaitanides 2007, S. 243.

364 Siehe hierzu Arndt 2006.

365 Vgl. Kettinger, Guha & Teng 1995, S. 217.

366 Siehe hierzu Gareis & Stummer 2007, S. 92-96, sowie Schmelzer & Sesselmann 2010, S. 82, 147 und 215-217.

Einzelprozesse werden in Prozessmodellen dokumentiert, für die Prosa-Beschreibungen, Tabellen, Flussdiagramme und Swimlane-Darstellungen[367] bis hin zu komplexeren Modellierungsnotationen wie Wertschöpfungskettendiagramme (WKD)[368], ereignisgesteuerte Prozessketten (EPK)[369] oder Business Process Modeling Notation (BPMN) und IDEF3[370] zum Einsatz kommen können.[371] Als Orientierungshilfe für die Beschreibung von Prozessen dient bspw. das Prozessdatenblatt des VDMA.[372] Zur Prüfung der Zielausrichtung der definierten Prozesse kann eine Aktivitäten-Ziel-Matrix eingesetzt werden.[373]

Zu Phase 3: Prozesse betreiben und steuern

Der Ablauf modellierter Prozesse ist vor ihrer praktischen Umsetzung durch Prozesssimulationen abschätzbar.[374]

Eine Unterstützung für die Prozessausführung bieten verschiedenste prozessspezifische Methoden. Beispiele sind QFD (Quality Function Deployment)[375], FMEA (Fehler-Möglichkeits- und Einfluss-Analyse)[376], DoE (Design of Experiments)[377] und TRIZ (Theorie des erfinderischen Problemlösens)[378] für den Produktentstehungsprozess.

Zur Dekomposition von Zielen und zur Umsetzung in Kennzahlen schlägt Zangl eine Process Scorecard vor. Sie gibt einen Überblick über Prozessziele und Kennzahlen und setzt diese zu Leistungskriterien für das Unternehmen in Bezug. Die Process Scorecard sieht in ihrer Grundform allerdings kein umfassendes Explizieren von Zielbeziehungen innerhalb einzelner Ebenen vor.[379]

Zu Phase 4: Prozesse überwachen

Sind die Prozesse implementiert, so werden Prozessleistung und -verlauf im Rahmen eines Monitorings überwacht. Auch hier ist eine Process Scorecard einsetzbar. Ein Benchmarking ermöglicht kennzahlenbasierte Gegenüberstellungen mit vergleichbaren anderen Prozessen innerhalb oder außerhalb der Organisati-

367 Vgl. Bünting 2006, S. 57-63.
368 Siehe hierzu Rosemann, Schwegmann & Delfmann 2008, S. 64-65; Gadatsch 2010, S. 186-187, sowie Seidlmeier 2002, S. 65-67.
369 Siehe hierzu Keller, Nüttgens & Scheer 1992.
370 Siehe hierzu Mayer et al. 2009.
371 Zur Abbildung von Prozessen siehe auch Helbig 2003, S. 135-171.
372 Siehe hierzu URL: www.vdma-verlag.com.
373 Vgl. Bünting 2006, S. 47-48.
374 Vgl. Kettinger & Grover 1995, S. 19, und Nyhuis et al. 2006, S. 19-20.
375 Siehe hierzu Akao 1992.
376 Siehe hierzu Teng & Ho 1996.
377 Siehe hierzu Siebertz, Bebber & Hochkirchen 2010.
378 Siehe hierzu Gundlach & Nähler 2006.
379 Vgl. Zangl 2009, S. 83-89.

on.[380] Leistungswerte werden u. a. mit Verfahren der Prozesskostenrechnung bestimmt.[381]

Zu Prozessveränderung

Die Aktivitäten der Prozesserneuerung und Prozessoptimierung stimmen weitestgehend mit Auszügen aus dem Prozesslebenszyklus überein. So wird bspw. im Business Process Reengineering eine neue Prozessidentifikation und Prozessdefinition initiiert, bei der damit auch die oben benannten Methoden zum Einsatz kommen können.

Ergänzend schlagen Kettinger et al. u. a. Brainstorming, Delphitechniken und Affinitätsdiagramme als Ansätze zur systematischen Zieldefinition für Erneuerungsprojekte vor. Zur Auswahl von Prozessen für ein Teil-Reengineering der Prozesslandschaft eignet sich eine Matrix, die Prozesse und kritische Erfolgsfaktoren gegenüberstellt. Liegt ein besonderer Fokus auf dem Innovationsgrad der neuen Prozesse, so finden bei der Prozessgestaltung ggf. Ideengenerierungs-/ Kreativitätstechniken Anwendung.[382]

Die Geschäftsprozessoptimierung wird durch Strukturierungshilfen zur Problem- und Ursachenanalyse sowie zur Ausarbeitung von Problemlösungen unterstützt. Beispiele sind einfache Checklisten und Fragenkataloge, spezifische Analysemethoden für komplexere Zusammenhänge wie die Fehlermöglichkeits- und Einflussanalyse (FMEA) sowie Prozessfähigkeitsberechnungen, Materialflussanalysen und die Total Cycle Time (TCT)-Methodik. Eine Reihe von Methoden zur Prozessverbesserung – viele davon unter Verwendung statistischer Auswertungen – werden in den Methodensets Six Sigma bzw. Lean Six Sigma zusammengefasst.[383]

Ein systematisches Vorgehen in Projekten des BPR und in der Prozessentwicklung kann unter Einsatz von Methoden des Projektmanagements sichergestellt werden.[384]

Beispiele sind Projekt-Scorecard, Earned Value-Analysen und die „Kritischer-Pfad-Methode“ (Critical Path Method).[385]

380 Siehe hierzu Vahs 2009, S. 260-261; Renner 2005, S. 69-86, sowie Wildemann 1998.
381 Siehe hierzu Wilde 2004.
382 Vgl. Kettinger, Guha & Teng 1995, S. 228. Eine Übersicht über Methoden im BPR geben Kohli & Hoadley 1997, S. 283.
383 Siehe hierzu Kettinger, Guha & Teng 1995, S. 227; John et al. 2006; Islam 2006; Töpfer 2007 sowie Schmelzer & Sesselmann 2010, S. 390-401.
384 Vgl. Kettinger, Guha & Teng 1995, S. 222.
385 Vgl. Kuster et al. 2008, S. 307-337.

2.4.2 Informations- und Kommunikationstechnologie (IKT)[386] als Enabler des Prozessmanagements

An vielen Stellen des Prozesslebenszyklus werden moderne Informations- und Kommunikationstechnologien (IKT) eingesetzt.

Entsprechende Bedarfe entstehen aus der großen Informationsmenge, mit der in der Prozesslandschaft umzugehen ist. Die Abläufe optimal auszuführen, setzt enge Abstimmungen und intensive Informationsflüsse zwischen den Akteuren voraus.[387] Papierbasierte und persönliche Informationsübermittlung sind aufwendig und stoßen bei einer Fülle miteinander verknüpfter, funktionsübergreifender Prozesse an ihre Grenzen.[388]

Die rasante Entwicklung des IKT-Bereichs in den vergangenen Jahrzehnten wird infolgedessen als Enabler des Prozessmanagements in der heutigen Form angesehen. Steigende Rechnerkapazitäten, neue Datenbanksysteme und Kommunikationstechnologien haben vor allem in der intensiven Diskussion zum Prozessmanagement in den 1990er-Jahren eine wichtige Rolle gespielt.[389] Sie galten nicht nur als Unterstützung für die Automatisierung und Mechanisierung der bestehenden Prozesse, sondern auch als Chance für die Gestaltung und Umsetzung neuer, leistungsfähigerer Abläufe.[390] Der weitere Fortgang der Entwicklung hat die Nutzenpotenziale für das Prozessmanagement bis in die heutige Zeit weiter ausgedehnt. Jede Phase des Prozesslebenszyklus wird umfangreich durch IKT-Einsatz flankiert - viele Maßnahmen sind für die erfolgreiche Aufgabenausführung sogar essenziell.

Bei Prozessidentifikation und Prozessdefinition werden Informations- und Kommunikationstechnologien vor allem für die Ergebnisdokumentation und -visualisierung genutzt. Rechnergestützte Prozessmodelle bilden Prozessabgrenzungen, -verläufe und -verknüpfungen ab und dienen als Grundlage einer prozessbezogenen Kommunikation. Im weiteren Verlauf des Prozesslebenszyklus sind die IT-gestützten Prozessmodelle u. a. als Basis für die Automatisierung der Prozessführung und -ausführung sowie als Beobachtungsrahmen für das Prozessmonitoring verwendbar. Die Geschäftsprozessoptimierung unterstützen sie als Informationsbasis für die Identifikation von Schwachstellen.[391]

---

386 Auch wenn in referenzierten Veröffentlichungen teilweise der Begriff „Informationstechnologien" (IT) verwendet wird, bleiben die Ausführungen dieser Arbeit beim breiteren Terminus Informations- und Kommunikationstechnologien (IKT).

387 Siehe hierzu Hammer, Champy & Künzel 2003, S. 87-105, sowie Meise 2001, S. 77.

388 Vgl. Osterloh & Frost 2006, S. 74.

389 Zu den Entwicklungen und ihren Konsequenzen für das Management siehe Tapscott 1997.

390 Vgl. Davenport & Short 1990, S. 12-14, und Hammer 1990, S. 108, sowie allgemein zum Stellenwert moderner Technologien für Managementtheorien Smith & Fingar 2007, S. 73.

391 Vgl. Curtis, Kellner & Over 1992, S. 77, und Shaw, Holland & Kawalek 2007, S. 94.

Im Aufbau von Prozessmodellen kommt entweder Standardsoftware wie Microsoft Word und Visio[392] oder spezielle Modellierungssoftware wie der ibo-Prozessdesigner[393] oder Tensegrity Graph Framework[394] zum Einsatz.

Umfangreichere Systeme – engl. „Business Process Management Systems“ (BPMS) – gehen deutlich weiter und wirken u. a. mit ihren Simulationsmöglichkeiten als Plattform für Design, Ausführung und Pflege der Prozesslandschaft.[395] Bekannte Beispiele sind ARIS[396] und der WebSphere Business Modeler[397].

Mit der grundsätzlichen Architektur von BPMS beschäftigen sich Shaw et al. im Rahmen einer Metastudie. Die Auswahl und detaillierte Ausgestaltung eines BPMS hängen von den spezifischen Rahmenbedingungen und Zielsetzungen seines Anwendungsbereichs ab. BPMS-Software, zu managende Prozesse und eingesetzte Hardware müssen gut aufeinander abgestimmt sein. Ein besonderes Augenmerk ist zudem auf eine geeignete Kopplung von technischem und sozialem System, darunter die Gestaltung von Benutzerschnittstellen, zu legen.[398] Ein Schema für die Auswahl von BPMS schlägt Gaitanides vor.[399]

Ergänzend zu Prozessmodellen bzw. umfassenden BPMS können im Prozessmanagement Systeme zum Einsatz kommen, welche die sozialen Interaktionen in der Prozesslandschaft (Kommunikation, Kooperation und Koordination) fördern.[400]

2.5 Rollen im Prozessmanagement

Ein wirkungsvolles Prozessmanagement setzt eine eindeutige Klärung von Aufgaben, Verantwortlichkeiten und Entscheidungsbefugnissen voraus. Klare Rollendefinitionen reduzieren den Abstimmungsbedarf in der operativen Ausführung der Prozesslandschaft, sichern die Zurechenbarkeit von Erfolgen (und Misserfolgen) und wirken bei richtiger Nutzung motivierend auf Personen und Teams.[401] Aus einem Vergleich verschiedenster Abgrenzungen in der einschlägigen Prozessmanagement-Literatur ergibt sich als Quintessenz eine Differenzierung von drei Rollen:[402]

---

392 Siehe hierzu URL: http://www.microsoft.com.

393 Siehe hierzu URL: http://www.ibo.de/index.php?id=62.

394 Siehe hierzu URL: http://www.tensegrity-software.de.

395 Vgl. Smith & Fingar 2007.

396 Siehe hierzu URL: http://www.ids-scheer.de.

397 Siehe hierzu URL: http://www-01.ibm.com/software/integration/wbimodeler/advanced/features/.

398 Vgl. Shaw, Holland & Kawalek 2007.

399 Vgl. Gaitanides 2007, S. 168.

400 Siehe hierzu Teufel 1995, S. 27, Osterloh & Frost 2006, S. 118-132; Kettinger, Guha & Teng 1995, S. 218-219, sowie zu spezieller Groupware Coleman 1997.

401 Vgl. Kunesch 1993, S. 55. Für den spezifischen Kontext der Transportplanung konnte dies auch eine empirische Studie von Lanninger, Stockheim & Wendt 2007.

402 Dabei werden zum Teil andere als die hier gewählten Bezeichnungen verwendet.

1. Prozessmitarbeiter/Prozessteams,
2. Prozesseigner und
3. Prozesskoordinator.

Einzelne Autoren benennen abweichend oder zusätzlich „Prozessbetroffene“[403], „Case Worker/Case-Manager“[404], „Prozesspaten“[405], „Prozessmanager“[406], „Prozess-Methodenberater“[407] bzw. einen „Prozesslenkungsausschuss“ als Gremium[408]. Auf eine dezidierte Auseinandersetzung mit dieser Vielfalt wird im Folgenden zugunsten einer pointierten Vorstellung der drei erstgenannten Rollen verzichtet.

Prozessmitarbeiter (auch *Prozessbearbeiter*) sind die „Umsetzer vor Ort“[409]: Sie übernehmen die Ausführungsverantwortung für die Aktivitäten im Prozess. Zusätzlich beteiligen sie sich am Management der Prozesse – bspw. indem sie Prozessverbesserungen initiieren und realisieren.[410] Sind in einem Prozess mehrere Prozessmitarbeiter aktiv, so wird die Gruppe als *Prozessteam* bezeichnet.[411]

In einem Prozessteam sind alle Entscheidungsbefugnisse zu verankern, die für eine eigenständige Ausführung seiner Aufgaben erforderlich sind.[412]

Die Führung eines Prozessteams und die übergeordnete Verantwortung für den Gesamtprozess übernimmt ein *Prozesseigner* (auch *Prozessverantwortlicher*).[413] Im Außenverhältnis vertritt er das Team und seine Arbeitsergebnisse. Im Innenverhältnis ist er Vorgesetzter, wirkt allerdings durch kooperatives Führungsverhalten vor allem als Moderator und Coach.[414]

Hammer und Champy empfehlen eine langfristige Benennung von Prozesseignern sowie eine Ansiedlung dieser Rolle im oberen Management. Kontinuität in der Zuordnung von Verantwortlichkeiten fördert eine langfristige Prozessentwicklung.

403 Vgl. Bünting 2006, S. 15.
404 Vgl. Reiß 1993, S. 53, und Corsten 1996, S. 31.
405 Vgl. Corsten 1996, S. 31.
406 Vgl. Vahs 2009, S. 265-266.
407 Vgl. Vahs 2009, S. 267.
408 Vgl. Vahs 2009, S. 265, bzw. Schmelzer & Sesselmann 2010, S. 170-171, mit der Bezeichnung „GPM Control Board“.
409 Vahs 2009, S. 266.
410 Vgl. Schmelzer & Sesselmann 2010, S. 167-169, sowie Osterloh & Frost 2006, S. 34.
411 Vgl. Vahs 2009, S. 266, sowie zu den Vorzügen Osterloh & Frost 2006, S. 34-35 und 114-115.
412 Vgl. Osterloh & Frost 2006, S. 34-35 und 113.
413 Vgl. Schmelzer & Sesselmann 2010, S. 163-167, sowie Striening 1988, S. 190. Einige Autoren wie Neumann, Probst & Wernersmann 2008, S. 321; Fischermanns 2006, S. 399-405, sowie Hammer & Champy 2006, S. 106-121, differenzieren weiter zwischen Prozesseigner und Prozessverantwortlichem bzw. Prozessleiter.
414 Vgl. Osterloh & Frost 2006, S. 113 u. 118; Schmelzer & Sesselmann 2010, S. 163-167, und Fischermanns 2006, S. 399-405.

Die Wahrnehmung der Prozessverantwortung durch einflussreiche Prozesseigner steigert die Chancen zur Durchsetzung und langfristigen Absicherung von Neuerungen.[415]

Kriterien für die Auswahl des Prozesseigners sind Fachkompetenzen zum Prozess, Erfahrungen im Prozessmanagement, kooperatives Führungsverhalten und persönliche Akzeptanz in der Organisation, insbesondere im Prozessteam.[416]

Prozessmitarbeiter und Prozesseigner übernehmen gemeinsam das Mikroprozessmanagement. Die Prozesseigner wirken zusätzlich als Brücke zum Makroprozessmanagement, indem sie in wichtige Entscheidungen zur Gesamtgestaltung der Prozesslandschaft eingebunden sind. Dies steigert nicht nur die Akzeptanz der Beschlüsse, sondern fördert ebenfalls die Ausrichtung der Einzelprozesse auf die Ziele der Organisation.[417] Da der Blick der Prozesseigner durch die Verantwortung für die eigenen Prozesse geprägt ist, ist ihre Eignung zur Übernahme des Makroprozessmanagements allerdings limitiert. Es empfiehlt sich, zusätzlich einen *Prozesskoordinator* zu benennen, der die Prozesslandschaft auf einem hohen Abstraktionsniveau betrachtet und u. a. folgende Aufgaben übernimmt:[418]

- Ableitung der obersten Ebene des prozessorientierten Zielsystems aus dem Gesamtzielsystem der Organisation,
- übergeordnete Koordination der Managementaktivitäten in der Prozesslandschaft,
- Management von Wechselwirkungen zwischen Prozessen,
- Optimierung und Weiterentwicklung des Prozessmanagements und Einbindung in das Gesamtmanagementsystem der Organisation,
- Festlegung von Standards sowie Bereitstellung von Methoden und weiterer Unterstützung für die Aktivitäten im Mikroprozessmanagement.

Ein geeigneter Prozesskoordinator zeichnet sich durch umfangreiche Erfahrungen im Prozessmanagement, ein stark ausgeprägtes analytisches und konzeptionelles Denkvermögen, Führungs- und Teamqualitäten, Qualitätsmanagementkenntnisse sowie Erfahrungen als Moderator und Trainer aus. Seine Aufgaben bedingen eine

---

415 Vgl. Hammer & Champy 2006, S. 112, sowie Hammer & Stanton 1999, S. 11.

416 Vgl. Schmelzer & Sesselmann 2010, S. 165, sowie Hammer & Stanton 1999, S. 115.

417 Vgl. sinngemäß Gareis & Stummer 2007, S. 76-79, und Hammer & Stanton 1999, S. 116.

418 Vgl. Schmelzer & Sesselmann 2010, S. 161, sowie Gadatsch 2010, S. 4-5. Die Rolle des Prozesskoordinators ist mit derjenigen eines Multiprojektmanagers verwandt. Zu dessen Aufgaben siehe Keßler & Winkelhofer 2004, S. 98-100, sowie Adler & Sedlaczek 2005, S. 120-121. Grundaspekte aus Rollenbeschreibungen können auf den Prozesskoordinator übertragen werden.

enge Kooperation mit den Eignern der Einzelprozesse. Er benötigt breite Akzeptanz in der Organisation und die Unterstützung der Unternehmensleitung.[419]

Einen schematischen Überblick über die Rollen im Prozessmanagement und ihre Beziehungen gibt Abbildung 19. Die detaillierte Ausgestaltung der Rollen ist unternehmensspezifisch und hängt u. a. von der Intensität der Prozessorientierung im Management ab.[420]

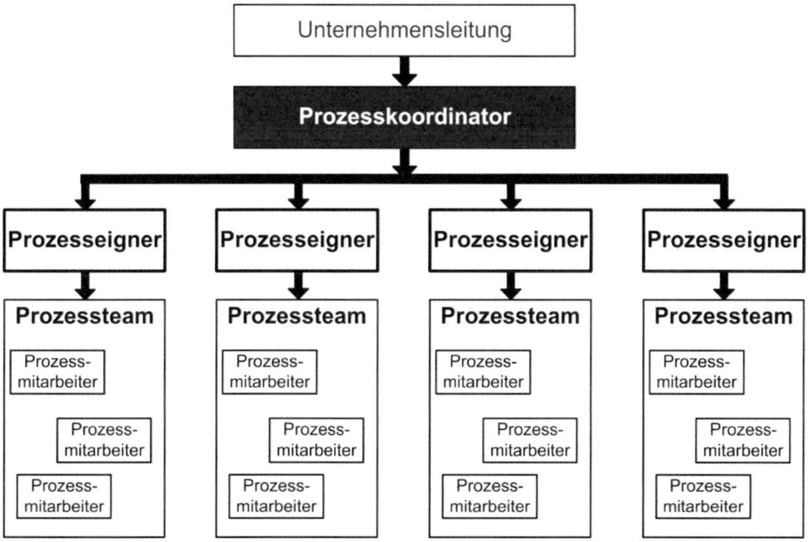

Abbildung 19: Die Rollen im Prozessmanagement im Überblick[421]

2.6 Intensität der Prozessorientierung und organisationale Umsetzung

Die Intensität der Prozessorientierung einer Organisation bezeichnet den Grad der Ausrichtung ihrer Managementtätigkeiten an der Prozessarchitektur. Eine Gegenüberstellung von prozessorientierter und funktionsorientierter Unternehmensführung anhand zentraler Charakteristika enthält Tabelle 8. Ihre Inhalte werden im Folgenden kurz erläutert. Die in Klammern angegebenen Nummern referenzieren die entsprechenden Tabellenzeilen.

Das oberste Ziel im prozessorientierten Management besteht darin, die Organisationsleistung durch optimale Gestaltung der internen Aktivitäten bei Überwindung funktionaler Grenzen zu maximieren.[422] (1)

[419] Vgl. Schmelzer & Sesselmann 2010, S. 160-163, sowie Adler & Sedlaczek 2005, S. 131, zur Rolle eines Multiprojektmanagers.

[420] Siehe hierzu Kapitel 2.6.

[421] Eigene Abbildung.

Im Gegensatz zur vertikalen Aufspaltung der Organisation nach Funktionen ist eine prozessorientierte Strukturierung horizontal ausgerichtet. Dies geht mit einer Abnahme der Arbeitsteilung und einer Reduzierung interprozessualer Schnittstellen einher.[423] (2)

Kriterium		**Funktionsorientiertes Management**	**Prozessorientiertes Management**
1	**Ausrichtung der Strukturierung**	vertikal	horizontal
2	**Intensität der Arbeitsteilung**	stark	schwach
3	**Fokussierung der Aufgabenausführung**	auf Funktionsbereichsziele	auf Kundenwünsche und Organisationsziele
4	**Hierarchie**	tief	flach
5	**Kontrolle**	eher externe Kontrolle	stärkere Bedeutung von Eigenverantwortung
6	**Führungsstruktur**	Gefahr von Kästchen-/Silodenken	Prozessdenken/verstärkt ganzheitliches Denken

Tabelle 8: Vergleich des funktionsorientierten und des prozessorientierten Managements[424]

In funktionsorientierten Unternehmen strebt jede Organisationseinheit eine Spezialisierung auf ihre eigenen Teilaufgaben sowie eine Nutzung von Lerneffekten und Mengenvorteilen an. Es kommt häufig zu bereichsbezogenen Suboptima.[425] Im prozessorientierten Management hingegen steht verstärkt das Gesamtoptimum im Mittelpunkt.[426] (3) Flache Hierarchien mit verteilter Verantwortung, statt vor allem externer Kontrolle durch Führungskräfte, fördern die Kooperation der verschiedenen Ebenen.[427] (4, 5) Eine Fokussierung der Ziele des eigenen Bereiches, wie sie in stark funktional geprägten Organisationen verbreitet ist, weicht bei hoher Prozessorientierung einer Orientierung an den Wünschen des Kunden und den Zielen der Organisation.[428] Tendenziell ist das prozessorientierte Management im Vergleich zum funktionalen zudem mit einer umfassenderen Betrachtungsweise von Aufgaben verknüpft.

422 Vgl. Kapitel 2.2.
423 Vgl. Osterloh & Frost 2006, S. 33-35, sowie Kugeler & Vieting 2008, S. 235, Tabelle 7.1.
424 In Anlehnung an Schmelzer & Sesselmann 2010, S. 73; unter Berücksichtigung zusätzlicher, im Text benannter Quellen.
425 Vgl. Kugeler & Vieting 2008, S. 234-235, sowie Gaitanides 2007, S. 77-78. Siehe hierzu auch Striening 1988, S. 163-164.
426 Vgl. Schmelzer & Sesselmann 2010, S. 75-76, sowie Gaitanides 2007, S. 51-52.
427 Vgl. Osterloh & Frost 2006; Schmelzer & Sesselmann 2010, S. 73-76; Hammer, Champy & Künzel 2003, S. 56-58, sowie im Kontext von Six Sigma Yurdakul 2005, S. 79.
428 Vgl. Osterloh & Frost 2006, S. 34 u. 113-118; Wagner & Patzak 2007, S. 53, sowie Hammer, Champy & Künzel 2003, S. 66.

(6) Eine gelebte Prozessorientierung setzt ein echtes Umdenken – einen Wandel in der Unternehmenskultur – voraus.[429]

Das prozessorientierte Management wurde im vorangehenden Abschnitt pointiert - teilweise auch idealisiert – von einem funktionsorientierten Management abgegrenzt. Die Ausführungen sind als nachgereichte Argumentation für die weitreichende Bedeutung des Prozessmanagements interpretierbar. Möglicherweise entstand sogar der Eindruck, dass stets eine 100%ige Prozessorientierung im Management angestrebt werden solle, also - wegen der Abhängigkeiten zwischen Ablauf- und Aufbauorganisation[430] - Organisationseinheiten, stets prozessorientiert abzugrenzen seien. Diese Vorstellung wird in der Literatur in ihren Grundzügen zum Teil durchaus unterstützt. Einige Autoren konstatieren, dass die Potenziale des Prozessmanagements in einer prozessorientierten Aufbauorganisation optimal auszuschöpfen seien.[431] Doch eines darf hierbei nicht vernachlässigt werden: Auch der Nutzen der Prozessorientierung hat Grenzen – bspw. dann, wenn durch Aufhebung funktionaler Bündelungen Spezialisierungs- und Mengenvorteile verloren gehen.[432] In der Praxis kann es durchaus empfehlenswert sein, dass trotz intensiver Bemühungen um das Prozessmanagement die Aufbauorganisation weiter (auch) funktionalen Kriterien unterworfen wird. Drei gängige Varianten der Aufbauorganisation mit unterschiedlichem Grad an Prozess- und Funktionsorientierung veranschaulicht Abbildung 20.

1) In einer *Einflussprozessorganisation* bleibt die Aufbauorganisation funktional gegliedert und wird durch eine Definition von Geschäftsprozessen überlagert. Weisungsbefugnisse liegen bei der Funktionsbereichsleitung, während Prozesseigner lediglich beratende Funktionen übernehmen. Ein Vorteil besteht darin, dass in den Funktionsbereichen Spezialisierungsvorteile und Synergien genutzt werden können und ausgehend von einem traditionellen funktionalen Management ein geringer Umstrukturierungsaufwand entsteht.[433] Nachteile liegen in den eingeschränkten Möglichkeiten zur Durchsetzung von Prozessinteressen sowie dem hohen Abstimmungsaufwand über die funktionalen Grenzen hinweg.[434]

429 Vgl. Hinterhuber, Handlbauer & Matzler 2003, S. 157; Emrich 2004, S. 26-27. Siehe hierzu auch Kapitel 4.5.

430 Die Aufbauorganisation legt die Verteilung und Zuordnung von Aufgaben zu Organisationseinheiten sowie Mechanismen zu ihrer Koordination fest. Die Ablauforganisation bestimmt die Reihenfolge der Ausführung von Tätigkeiten sowie anzuwendende Verfahren. Vgl. Schreyögg 2002, S. 120, sowie Rüegg-Stürm 2003, S. 49; zur Koordination als Aspekt der Aufbauorganisation Vahs 2009, S. 33.

431 Vgl. Schmelzer & Sesselmann 2010, S. 77, sowie zu den Vorteilen auch Corsten 1997, S. 15-16.

432 Vgl. Meise 2001, S. 81. Siehe hierzu auch Rüegg-Stürm 2003, S. 47-48; Osterloh & Frost 2006, S. 110, sowie das von Gutenberg 1979, S. 216, behandelte „Dilemma der Ablaufplanung". Mit den Einflüssen von Arbeitsteilung und Spezialisierung auf Effizienz und Unternehmenserfolg befassten sich bereits Smith 1778 und Taylor 1911.

433 Vgl. Fuhrmann 1998, S. 153, sowie Scholz & Vrohlings 1994c, S. 2 und 28, bei leicht abweichender Bezeichnung der Organisationsform.

434 Vgl. Osterloh & Frost 2006, S. 22, sowie Schmelzer & Sesselmann 2010, S. 178.

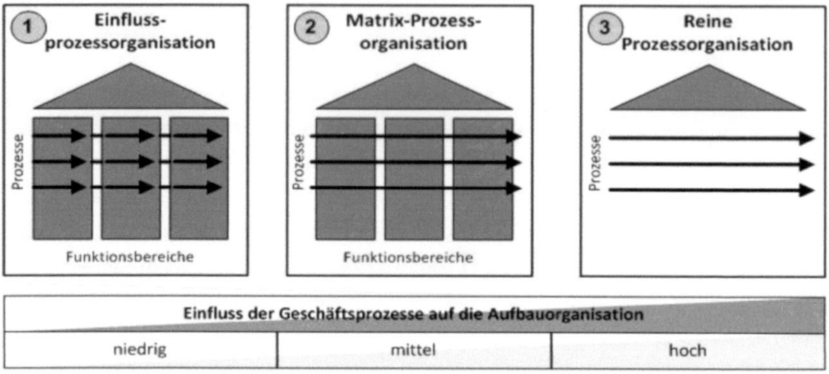

Abbildung 20: Formen der Aufbauorganisation im prozessorientierten Management[435]

2) *Matrix-Prozessorganisation* bezeichnet eine Koexistenz funktions- und prozessorientierter Organisationsstrukturen. Für die funktionsübergreifenden Geschäftsprozesse werden in fachlichen Fragen weisungsbefugte Prozesseigner bestimmt. Die disziplinarische Zuordnung der Mitarbeiter bleibt bei den funktionalen Einheiten.[436] Ziel ist es, die Vorteile einer funktionsübergreifenden Betrachtung von Gesamtprozessen mit den Vorteilen einer funktionalen Organisation, bspw. durch Spezialisierung, zu kombinieren.[437] Die Überschneidung der Verantwortungsbereiche verlangt jedoch nach klaren Regelungen von Verantwortlichkeiten und einem hohen Maß an Abstimmung sowie Kooperation.[438]

3) Die Aufbauorganisation mit der konsequentesten Orientierung an funktionsübergreifenden Prozessen ist die *reine Prozessorganisation*. Das Unternehmen wird als Summe vernetzter Prozesse angesehen, von denen jeder eine organisatorische Einheit bildet.[439] Eine konsequente Kundenorientierung aller Beteiligten ermöglicht flexible Reaktionen auf Veränderungen externer Anforderungen und erleichtert die interne Koordination. Ein Nachteil der reinen Prozessorganisation ist darin zu sehen, dass spezifisches Wissen stark verteilt ist und Spezialisierungsvorteile verloren gehen.

[435] Abbildung in Anlehnung an Rohm 1998, S. 17. Siehe auch Schmelzer & Sesselmann 2010, S. 177.
[436] Vgl. Mayer & Fischer 2005, S. 217-218; Fuhrmann 1998, S. 154; Hammer & Stanton 1999, S. 111, sowie Osterloh & Frost 2006, S. 111.
[437] Vgl. Osterloh & Frost 2006, S. 192-193, sowie Schmelzer & Sesselmann 2010, S. 179-180.
[438] Vgl. Hammer & Stanton 1999, S. 113; Scholz & Vrohlings 1994b, S. 28-29; Zink 2004, S. 200-201, sowie Mayer & Fischer 2005, S. 217-218;
[439] Vgl. Scholz & Vrohlings 1994c, S. 29.

Zudem ist im Übergang aus einer funktionsorientierten Organisation heraus eine tiefgehende Veränderung notwendig.[440]

Welche Form der Aufbauorganisation im spezifischen Anwendungsfall geeignet ist, ist unter Berücksichtigung der jeweiligen Vor- und Nachteile, der Zielsetzung und der Ausgangssituation abzuwägen. Die entsprechenden Managementaktivitäten überlagern alle Phasen des Prozesslebenszyklus. Beispielsweise werden bei einer reinen Prozessorganisation mit der Prozessidentifikation die Organisationseinheiten bestimmt, mit der Prozessdefinition abgegrenzt und im Verlauf der weiteren Phasen überwacht und optimiert.[441]

2.7 Der State of the Art im Überblick – Modell eines „Integrierten Prozessmanagements“

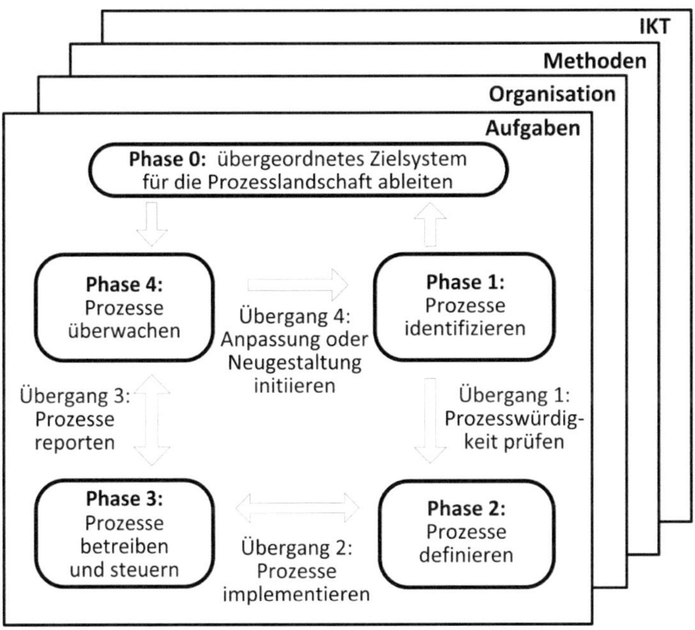

Abbildung 21: Das Modell des Integrierten Prozessmanagements[442]

Aus den bisherigen Ausführungen zu den Aufgaben im Prozesslebenszyklus sowie den begleitenden Aspekten des Prozessmanagements wurden jeweils Anforderungen an das Prozessmanagement formuliert. Sie sind in Anhang 1 in einem Katalog

440 In manchen Organisationen werden daher Kompetenzzentren oder Profit Center mit spezifischen Aufgaben erhalten. Vgl. Schmelzer & Sesselmann 2010, S. 182-184.

441 Vgl. Meise 2001, S. 112-113.

442 Eigene Abbildung unter Rückgriff auf Abbildung 14.

zusammengefasst. Ein Prozessmanagement, das all diese Anforderungen erfüllt, wird an dieser Stelle als „Integriertes Prozessmanagement" definiert. Einen Überblick über die zentralen Elemente im Integrierten Prozessmanagement gibt das nachfolgend skizzierte Modell. Die vorangehend behandelten Aspekte „Rollendefinition" und „Gestaltung der Aufbauorganisation" sind eng miteinander verknüpft und in der Abbildung unter dem Punkt „Organisation" zusammengefasst.

3 Fallstudie – Prozessmanagement bei Northrop Grumman LITEF GmbH

Die vorliegende Arbeit mit ihrem anwendungsorientierten Forschungsansatz verknüpft theoretisch-konzeptionelle mit empirischen Anteilen. Die nachfolgenden Ausführungen sind der Empirie zuzuordnen. In einem dreistufigen Vorgehen werden aus Perspektive der Praxis Anhaltspunkte für eine Weiterentwicklung des Prozessmanagements identifiziert:

1. Eine explorativ angelegte Einzelfallstudie dient der Konkretisierung der Problemstellung und der Identifikation von Entwicklungsperspektiven (Kapitel 3.2).
2. Die Spiegelung der Resultate an den Erkenntnissen anderer empirischer Untersuchungen ermöglicht eine Abschätzung der unternehmensübergreifenden Relevanz (Kapitel 3.3).
3. Auswahl und Profilierung der Entwicklungsperspektiven detaillieren die Aufgabenstellung für den konzeptionellen Teil der Arbeit (Kapitel 4).

Im vorgeschalteten Kapitel 3.1 sind für die Planung, Durchführung und Verwendung der Ergebnisse relevante Grundlagen zur Fallstudie als Forschungsdesign gelegt. Sie sind zunächst allgemein gehalten und werden im zweiten Schritt spezifisch für die Einzelfallstudie bei der *Northrop Grumman LITEF GmbH* konkretisiert. Das im Verlauf von Kapitel 2 aufgebaute Modell des Integrierten Prozessmanagements dient als Vergleichsbasis und ermöglicht die Differenzierung, von Umsetzungsdefiziten in der Praxis als auch konzeptionellen Bedarfen.

3.1 Die Fallstudie als Forschungsdesign

Fallstudien können sehr unterschiedlicher Natur sein. Die Fallstudie im Sinne eines sozialwissenschaftlichen Forschungsdesigns ist klar von Fallstudien abzugrenzen, wie sie in der Didaktik zur Vermittlung komplexer Sachverhalte eingesetzt werden.[443] Das Forschungsdesign „Fallstudie" beschreibt ein Vorgehen, dessen charakteristisches Merkmal in der ganzheitlichen und (damit) möglichst realistischen Betrachtung eines Untersuchungsobjekts liegt.[444]

---

443 Vgl. Borchardt & Göthlich 2009, S. 34. Fallstudien als didaktisches Mittel beschreiben bspw. Thom, Wenger & Zaugg 2007 sowie Weitz 2000.

444 Untersuchungsobjekte können bspw. Personen, soziale Gruppen oder Organisationen sein. Vgl. Lamnek 2005, S. 299, sowie Yin 2009, S. 33, Figure 2.1.

Eine in der wissenschaftlichen Literatur weit verbreitete Definition stammt von Yin:[445]

„A case study is an empirical inquiry that investigates a contemporary phenomenon within its real-life context; when the boundaries between phenomenon and context are not clearly evident."

Fallstudien können vielseitig angewendet werden – immer dann, wenn ein *„genauere[r] Einblick in das Zusammenwirken einer Vielzahl von Faktoren"*[446] angestrebt wird.

Auf einer abstrakten Ebene lassen sich zwei Einsatzbereiche differenzieren:

- Kommunikationsunterstützung und
- Aufbau neuer Hypothesen bzw. Theorien.[447]

Mit Einschränkungen sind Fallstudien zudem zur Erhärtung oder Falsifizierung im Rahmen von Hypothesentests einsetzbar.[448]

In der vorliegenden Arbeit liegt der Fokus auf dem an dritter Stelle genannten Zweck. Die Konkretisierung der Problemstellung kann zusätzlich als fallbasierte Prüfung erster Hypothesen zu den Handlungsbedarfen aufgefasst werden. Wie eine Fallstudie zur Erfüllung dieser Zwecke auszugestalten ist, wird im Folgenden behandelt. Ausgangspunkt ist eine Gegenüberstellung verschiedener Arten von Fallstudien (Kapitel 3.1.1). Im Abschluss wird gezeigt, welche Gütekriterien für eine Fallstudie von Bedeutung sind (Kapitel 3.1.2). Aus den literaturbasierten Hinweisen zur Erfüllung der Gütekriterien leiten sich Einflussfaktoren für das detaillierte Vorgehen zur Vorbereitung und Durchführung der Fallstudie ab (siehe hierzu Kapitel 3.1.3).

3.1.1 Arten von Fallstudien

Yin orientiert sich bei der Unterscheidung von Fallstudientypen an zwei Kriterien: (i) der Anzahl der untersuchten Fälle und der (ii) Anzahl der betrachteten Analyseeinheiten innerhalb eines Falls.

(i) *Nach der Anzahl der untersuchten Fälle* werden (a) Einzelfallstudien und (b) multiple Fallstudien differenziert.

(a) Ein Fall ist ein zusammenhängender und gegenüber anderen abgrenzbarer Untersuchungsgegenstand. Ein Beispiel ist das Managementkonzept einer einzelnen Organisation oder das Verhalten einer Person in einem spezifischen Kontext. In *Ein-*

[445] Yin 2009, S. 18, im Original mit abweichender Formatierung.
[446] Fuchs-Heinritz et al. 2009, S. 181. Siehe auch Lamnek 2005, S. 301, sowie zur generellen Idee von Fallstudien Punch 2010, S. 144-145.
[447] Zu Funktionen von Fallstudien siehe Eisenhardt 1989 sowie Yin 2009, S. 8.
[448] Zur Verwendung von Fallstudien für eine Überprüfung von Theorien (i. S. v. Systemen mehrerer Hypothesen oder Gesetze) siehe Eisenhardt 1989, S. 535, sowie Dul & Hak 2007, S. 63-89. Beispiele finden sich bei Anderson 1983 und Pinfield 1990. Einschränkungen resultieren aus der begrenzten Verallgemeinerbarkeit, sodass eher eine Falsifizierung möglich ist.

zelfallstudien werden meist kritische, extreme, einzigartige, repräsentative, typische oder bisher nicht zugängliche Fälle betrachtet. Auch über längere Zeiträume angelegte Beobachtungen sind wegen des hohen Aufwandes oftmals auf Einzelfälle beschränkt.[449] Einzelfallstudien werden vor allem eingesetzt, um theoretische Erkenntnisse zu hinterfragen oder neue Erkenntnisse zu bislang unerforschten Phänomenen zu gewinnen.[450]

(b) Der Ausdruck „*multiple Fallstudie*" bezeichnet eine übergreifende Betrachtung von Fragestellungen anhand mehrerer Fälle. Im Anschluss an eine (parallele) Untersuchung vergleichbarer Einzelfälle werden die Erkenntnisse systematisch zusammengeführt und werden u. a. Gemeinsamkeiten und Unterschiede identifiziert.[451]

Ein großer Vorteil multipler Fallstudien liegt darin, dass gewonnene Erkenntnisse durch gezielte Vergleiche kritisch beleuchtet werden können. Die Ergebnisse gelten als überzeugender, vertrauenswürdiger und robuster als diejenigen aus Einzelfallstudien.[452] Die Unsicherheiten bei der Identifikation eines kritischen, extremen oder typischen Falls bei einer Einzelfallstudie werden in multiplen Fallstudien durch eine Ausweitung des Betrachtungsraums abgeschwächt. Ein Nachteil multipler Fallstudien liegt in ihrem hohen Zeit- und Ressourcenaufwand. Zudem treten besonders kritische und spezifische Fälle einmalig auf und können keiner vergleichenden Betrachtung unterzogen werden.[453]

Die Frage, ob in einem Forschungsprozess eine Einzel- oder eine multiple Fallstudie einzusetzen ist, kann nicht allgemein beantwortet werden. Zwar kommt Yin zu dem Schluss, dass eine Betrachtung mehrerer Fälle einer Einzelfallstudie meist vorzuziehen ist, eine abschließende Entscheidung ist jedoch vor dem Hintergrund der spezifischen Zielstellung, der verfügbaren Fälle und der vorhandenen Ressourcen/Kapazitäten zu treffen.[454]

Für die vorliegende Arbeit fiel unter Berücksichtigung dieser Faktoren und Abwägung der Vor- und Nachteile die Wahl auf eine Einzelfallstudie. Ausschlaggebende Gründe waren folgende:

- Die Beschränkung auf einen Einzelfall lässt mit den verfügbaren Ressourcen eine tiefer gehende Betrachtung zu, als dies in einer multiplen Fallstudie möglich wäre.
- Mit der Analyse von Defiziten und Handlungsfeldern im Prozessmanagement wird ein sensibles Thema der Unternehmensführung adressiert. Aussagekräf-

449 Vgl. Yin 2009, S. 47.
450 Vgl. Borchardt & Göthlich 2009, S. 41.
451 Vgl. Borchardt & Göthlich 2009, S. 41, sowie Yin 2009, S. 20 und 156-160.
452 Vgl. Borchardt & Göthlich 2009, S. 41, und Eisenhardt 1989, S. 541.
453 Vgl. Yin 2009, S. 53-59.
454 Vgl. Yin 2009, S. 60-61.

tige Ergebnisse setzen ein Vertrauensverhältnis voraus, welches nicht kurzfristig zu einer größeren Zahl von Organisationen aufgebaut werden kann.

- Die Ergebnisse der explorativen Fallstudie erheben keinen Anspruch auf Vollständigkeit oder Verallgemeinerbarkeit. Eine unternehmensübergreifende Relevanz wird durch die Spiegelung an den Ergebnissen weiterer empirischer Untersuchungen hergestellt.
- Zu einem späteren Zeitpunkt kann die Einzelfallstudie bei Bedarf zu einer multiplen Fallstudie ausgeweitet werden und wird dann als Pilot betrachtet.

(ii) Innerhalb jedes Falls können *mehrere Analyseeinheiten* differenziert werden. Ziel ist es, den Untersuchungsgegenstand aus mehreren Perspektiven zu beleuchten. Beispiele für Analyseeinheiten in Organisationen sind strukturelle Einheiten wie Funktionsbereiche oder Prozesse.[455]

In der Fallstudie dieser Arbeit werden unterschiedliche Aspekte des Prozessmanagements unterschieden: die Umsetzung des Gesamtkonzepts und die speziellen Bereiche „Prozessdokumentation", „Realisierung der dokumentierten Prozesse" sowie „Prozessgestaltung und -optimierung". Im weiteren Sinne sind zudem die betrachteten Ebenen des Prozessmanagements (gesamte Prozesslandschaft, einzelne Prozessarten und Einzelprozesse) als Analyseeinheiten interpretierbar.

3.1.2 Sicherung der wissenschaftlichen Qualität bei Fallstudien

Losgelöst von den konkreten Zielsetzungen wissenschaftlicher Untersuchungen, findet sich eine wichtige Gemeinsamkeit: Das Ziel ist ein Erkenntnisgewinn. Doch welche Bedingungen müssen Untersuchungen erfüllen, um einen wissenschaftlich fundierten Erkenntnisgewinn zu erlangen? Hierzu existiert kein Konsens. In der Literatur wird allerdings eine Reihe von *Kriterien* genannt, die bei der Ausgestaltung empirischer Untersuchungen zu berücksichtigen sind:

(i) Konstruktvalidität,
(ii) interne Validität,
(iii) externe Validität sowie
(iv) Reliabilität.

Was sich hinter diesen Begriffen verbirgt und ob die daraus resultierenden Anforderungen erfüllt werden können, wird im Folgenden gezeigt.

(i) Ein Konstrukt ist ein Bündel von Fragen, *„deren Beantwortungen aufgrund eines gemeinsamen Ursprungs [formuliert als belastbare Theorie] im Zusammenhang ste-*

[455] Vgl. Yin 2009, S. 50. Für beispielhafte Analyseeinheiten siehe Baumgarth 2003, S. 73.

hen.“ Konstruktvalidität einer Untersuchung liegt dann vor, wenn die Ergebnisse in der Lage sind, die erwarteten theoretischen Zusammenhänge nachzuweisen.[456]

Zur Sicherung der Konstruktvalidität eignen sich folgende Maßnahmen:

- Betrachtung des zu untersuchenden Phänomens aus unterschiedlichen Perspektiven:
  - Nutzung verschiedener Informations-/Nachweisquellen[457]
  - Methodentriangulation[458]
- Aufstellen einer Nachweiskette
  - Kommunikative Validierung[459]
  - Review der Aufzeichnungen aus der Datenerhebung (z. B. Fallstudienreports) durch die zentralen Informationsgeber.[460]

(ii) Die *interne Validität* ist ein Maß für die Gültigkeit der aufgestellten Kausalzusammenhänge, für Rückschlüsse im Untersuchungsbereich sowie deren intersubjektive Überprüfbarkeit.[461] Interne Validität bedeutet, dass mit relativ hoher Sicherheit Ursache-Wirkungs-Zusammen-hänge im Untersuchungsraum festgestellt werden können. Interne Validität kann gesichert werden durch

- Standardisierung der Erhebungssituation/Kontrolle des Untersuchungskontexts[462],
- Erhöhung der Zahl der betrachteten Fälle bzw. Analyseeinheiten[463],
- Ausführung und Offenlegung eines iterativ angelegten Interpretationsprozesses.[464]

Dabei ist die erste Variante der Sicherung interner Validität kritisch zu betrachten. Die Kontrolle des Untersuchungskontexts erleichtert die Identifikation von Wirkzusammenhängen, sie reduziert indes gleichzeitig die Aussagekraft der Ergebnisse in Bezug auf das reale Verhalten des Betrachtungsgegenstandes.[465]

---

456 Vgl. Häder 2006, S. 115.

457 Vgl. Yin 2009, S. 40, 99-118.

458 Vgl. Borchardt & Göthlich 2009, S. 44. Als „Methodentriangulation“ wird nach Flick 2008, S. 15-16, ein kombinierter Einsatz verschiedener Methoden bei gemeinsamem übergeordneten Gesamtziel bezeichnet. Es wird jeweils ein Teilbereich des Untersuchungsraums abgedeckt; die Ergebnisse werden verknüpft.

459 Zur kommunikativen Validierung und ihren Grenzen siehe Lechler 1994.

460 Vgl. Yin 2009, S. 40-42, 122-124. Hussy, Schreier & Echterhoff 2009 beleuchten das Gütekriterium kritisch.

461 Siehe hierzu Yin 2009, S. 42-43, und Bortz & Döring 2006, S. 53-54. „Intersubjektiv überprüfbare“ Erkenntnisse sind solche, deren Sinn und Herleitung von anderen (insbesondere Forschern der gleichen Wissenschaftlergemeinschaft) nachvollzogen werden können. Vgl. Rudolph 2000.

462 Vgl. Kühl 2009, S. 552.

463 Vgl. Eisenhardt 1989, S. 542.

464 Vgl. Yin 2009, S. 42-43 und 143.

465 Vgl. Kühl 2009, S. 552.

(iii) Als *externe Validität* wird die Generalisierbarkeit gewonnener Erkenntnisse bezeichnet. Die Forderung nach externer Validität ist bei Fallstudien kritisch zu betrachten. Eine statistische Generalisierung der Untersuchungsergebnisse ist im Allgemeinen wegen geringer Fallzahlen unzulässig – wird allerdings auch gar nicht angestrebt. Ziel ist eine analytische Generalisierung zu allgemeinen Theorien, die dann unter Anwendung anderer Forschungsstrategien verfolgt werden können. Externe Validität in diesem Sinne kann durch eine solide Theoriebasis gefördert werden.[466] Bei vergleichenden Fallstudien ist zudem die Replikationslogik, mithin eine adäquate systematische Fallauswahl, von Bedeutung.[467]

(iv) Reliabilität bedeutet, dass bei gleichen Fällen und gleicher Vorgehensweise die gewonnenen Ergebnisse durch spätere Untersuchungen des gleichen oder anderer Forscher bestätigt werden können.[468] In qualitativen Untersuchungen drückt sich diese „Zuverlässigkeit" darin aus, dass die gewonnenen Ergebnisse grundsätzlich replizierbar und mit Daten aus anderen gleichgearteten Erhebungen vergleichbar sind.[469] Auch hier ist bei Fallstudien eine Einschränkung zu beachten. Eine vollständige Wiederholbarkeit mit gleichen Ergebnissen ist wegen der erheblichen Kontext- und Situationsabhängigkeit unwahrscheinlich.[470] Grundvoraussetzung für Reliabilität ist jedoch eine präzise und detaillierte Dokumentation aller Schritte im Forschungsvorgehen, die auch bei einer Fallstudie unbedingt zu gewährleisten ist.[471]

Insgesamt ergeben sich die nachfolgend zusammengefassten *Anforderungen für die Durchführung der Fallstudie*:

- Schaffung einer theoretischen Basis für die betrachteten Konstrukte,
- Verwendung eines systematisch ausgewählten Portfolios von Datenquellen und Datenerhebungsmethoden,
- Integration unterschiedlicher Sichtweisen in die Datenerhebung,
- Review von Zwischenschritten der Datenerhebung/-auswertung durch Informationsgeber,
- transparentes Vorgehen von der Datenerhebung bis zu den gezogenen Schlussfolgerungen,
- präzise Dokumentation des Vorgehens und der Zwischenergebnisse im Forschungsprozess.

466 Vgl. Borchardt & Göthlich 2009, S. 45.
467 Vgl. Yin 2009, S. 43.
468 Vgl. Borchardt & Göthlich 2009 und Yin 2009, S. 45.
469 Vgl. Wohlrab-Sahr & Przyborski 2008, S. 38.
470 Vgl. Borchardt & Göthlich 2009.
471 Vgl. Yin 2009, S. 45.

Mittelfristig empfiehlt es sich, die Untersuchung zu einer multiplen Fallstudie auszubauen. Für die Fallauswahl ist eine geeignete Replikationslogik zu entwickeln.

3.1.3 Vorgehen in der Fallstudie

Zur konkreten *Planung des Ablaufs* einer Fallstudie werden in der Literatur verschiedene Modelle vorgestellt. Tabelle 9 zeigt drei Varianten im Vergleich.

Vorgehensmodelle für Fallstudien		
Yin[472]	**Eisenhardt**[473]	**Lamnek**[474]
• Planung • Design • Vorbereitung • Daten sammeln • Daten analysieren • Ergebnisse teilen	• Definition der Forschungsfrage • Auswahl der Fälle • Methoden • Datenerhebung • Datenanalyse • Theoriebildung • Einbeziehen von Literatur • Abschluss	• Populationswahl • Datenerhebung • Auswertung des Materials

Tabelle 9: Vorgehensmodelle zur Fallstudiengestaltung im Vergleich[475]

Unterschiede sind vor allem auf verschiedene Auffassungen der Autoren bzgl. der Einsatzzwecke und Zielsetzungen zurückzuführen. So geht beispielsweise Yin von der Existenz konkreter Behauptungen vor der Fallstudiendurchführung aus. Eisenhardt hingegen stellt eine sehr offene Forschungsfrage an den Anfang und sieht eine Hypothesenformulierung und Theorieentwicklung erst nach der Fallstudienauswertung vor. Lamnek bleibt mit seiner Differenzierung von drei Phasen auf einem abstrakten Niveau, sodass große Freiheiten zur konkreten Ausgestaltung bleiben.

Durch ihre Einordnung in die frühen Phasen des Forschungsprozesses liegt die Fallstudie der vorliegenden Arbeit nahe am Verständnis von Eisenhardt. Ihr Modell wird als Ausgangspunkt für die konkrete Ausgestaltung eines Fallstudienablaufs für die vorliegende Arbeit ausgewählt. Die in Kapitel 3.1.2 formulierten Anforderungen führen zu einigen Anpassungen. Beispielsweise besteht eine explizite Forderung nach theoretischen Vorarbeiten und damit einem nicht zu offenen Start der Untersuchung. Unter Berücksichtigung der Anforderungen ergibt sich für die Fallstudie der vorliegenden Arbeit das in Abbildung 22 skizzierte Vorgehen.

472 Vgl. Yin 2009, S. 1.
473 Vgl. Eisenhardt 1989, S.535
474 Vgl. Lamnek 2005, S. 313.
475 Eigene Gegenüberstellung. Einen sehr offenen Ansatz zur Theoriebildung aus qualitativen Daten beschreiben Glaser & Strauss 1967 unter dem Titel „Grounded Theory".

Die Inhalte der einzelnen Phasen werden in den nachfolgenden Abschnitten allgemein und konkretisiert für den Anwendungsfall dieser Arbeit vorgestellt.

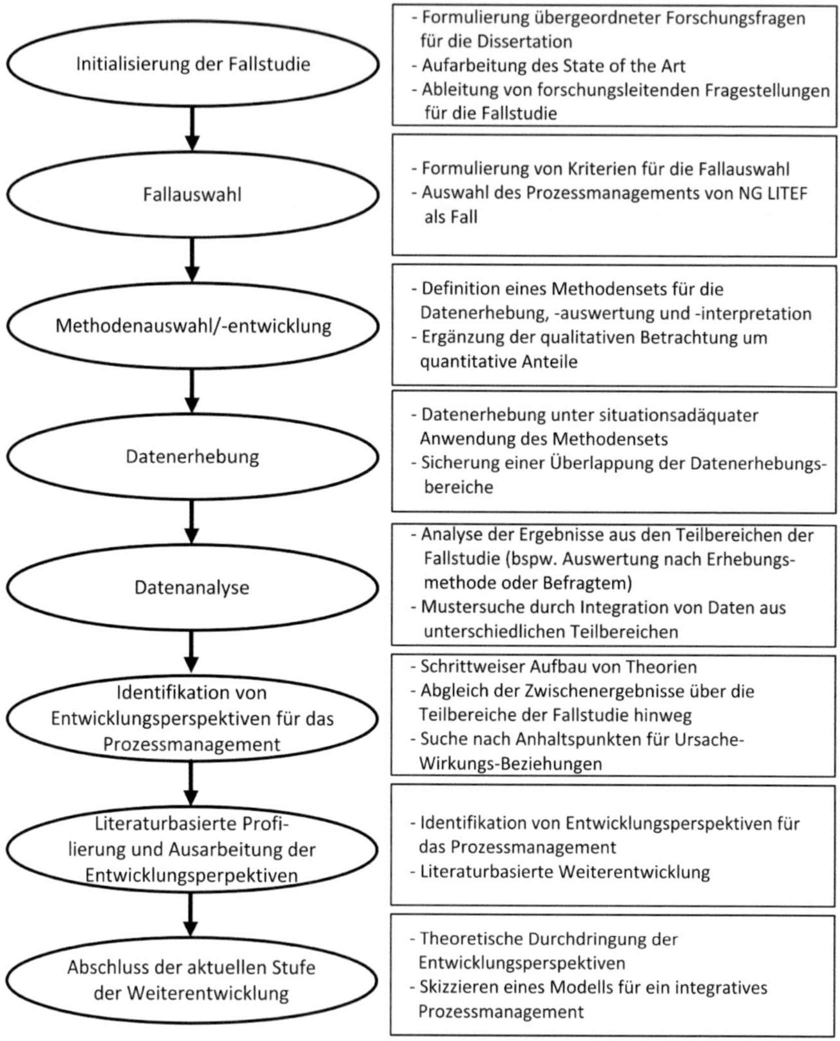

Abbildung 22: Vorgehensmodell zur Fallstudie[476]

[476] Eigene Abbildung, in Anlehnung an das Vorgehensmodell von Eisenhardt 1989, S. 535.

3.1.3.1 Initiierung der Fallstudie

Die *Initiierungsphase* schließt die Definition von Zielen und Fragestellungen für Forschungsprozess und Fallstudie sowie theoretische Vorarbeiten ein.[477]

Die übergeordneten Ziele und Fragestellungen für den Forschungsprozess waren Gegenstand von Kapitel 1.3. Für die Fallstudie ergibt sich durch Dekomposition Folgendes:

Zielsetzung der Fallstudie:

- Aufzeigen der Relevanz des Themas und Spiegelung des Modells zum State of the Art an einem Praxisbeispiel,
- Konkretisierung der Problemstellung und Identifikation von Entwicklungspotenzialen im Prozessmanagement aus Praxissicht.

Forschungsleitende Fragestellungen für die Fallstudie[478]*:*

1. Wie ist das unternehmensweite Prozessmanagement der Northrop Grumman (NG) LITEF GmbH aufgebaut, und welche Ziele werden damit verfolgt?
2. Wie ist das Prozessmanagement bei NG LITEF zu bewerten, und worin liegen die zentralen Stärken und Verbesserungsbereiche?
3. Welche Entwicklungspotentiale für das Prozessmanagement zeigen sich bei NG LITEF?

3.1.3.2 Fallauswahl

In einer Einzelfallstudie kann die Fallauswahl frei vorgenommen werden, insofern der Fall zur Beantwortung der Forschungsfragen relevante Erkenntnisse verspricht. Um genau dies sicherzustellen, wird jedoch eine kriterienbasierte Auswahl empfohlen.[479]

Für die Auswahl des Falls „Prozessmanagement bei NG LITEF" waren folgende Kriterien ausschlaggebend:

- Das Unternehmen sollte über eine umfassende Prozesslandschaft verfügen und gleichzeitig in seinen Abläufen überschaubar sein. Der Anspruch wurde durch die Suchkriterien „Angebot komplexer Produkte", „breite Abdeckung der Wertschöpfungskette" und „ca. 500-1000 Mitarbeiter" operationalisiert.
- Das Unternehmen sollte in einer Branche agieren, in der hohe Anforderungen hinsichtlich aller in Kapitel 2.2 definierten Leistungskriterien des Prozessmanagements bestehen.
- Das Unternehmen sollte breite Zugriffsmöglichkeiten auf empirisches Material bieten.

---

[477] Siehe hierzu auch Punch 2010, S. 148.

[478] Zur Rolle der Forschungsfragen und Formulierungshinweisen siehe Punch 2010, S. 32-44.

[479] Vgl. Eisenhardt 1989, S. 537. Bei multiplen Fallstudien ist zur Auswahl eine Replikationslogik erforderlich. Siehe hierzu Miles & Huberman 1994, S. 29, sowie Yin 2009, S. 25-64.

Die Northrop Grumman LITEF GmbH erfüllt diese Anforderungen: Mit der Entwicklung und Herstellung von Navigations- und Sensorsystemen agiert das Unternehmen in einem anspruchsvollen technischen Feld. Es weist eine große Wertschöpfungstiefe auf und beschäftigte zum Zeitpunkt der Auswahl ca. 720 Mitarbeiter. Ein enger Kontakt zwischen dem Forschungsinstitut, in dem die Autorin beschäftigt ist, und dem Unternehmen gewährleistete Zugriffsmöglichkeiten auf eine große Menge von z. T. vertraulichen Daten.

3.1.3.3 Methodenauswahl

Die empirische Sozialforschung kennt eine große Anzahl von *Methoden zur Datenerhebung und -auswertung.*[480] Der Methodeneinsatz innerhalb einer Fallstudie variiert stark, sollte jedoch trotz der Offenheit nicht auf Zufall oder Willkür beruhen. Nach Bortz und Döring sind bei der Methodenauswahl zwei Kriterien relevant: 1. der Status der wissenschaftlichen Überlegungen, in deren Kontext eine Untersuchung durchgeführt wird, und 2. die angestrebte Gültigkeit und Eindeutigkeit der Untersuchungsergebnisse. Aus den Spezifika von Fallstudien und ihren generellen Zielsetzungen ergeben sich drei Gruppen besonders geeigneter Methoden:

(i) Befragungen,
(ii) Beobachtungen und
(iii) Inhaltsanalysen.[481]

(i) In einer *Befragung* treten zwei oder mehr Personen durch Fragen und Antworten in einen verbalen Austausch. In Abgrenzung zu einem Alltagsgespräch ist die wissenschaftliche Befragung durch eine theoriegeleitete Kontrolle der einzelnen Schritte und der äußeren Bedingungen gekennzeichnet.[482] Befragungen können mündlich (fernmündlich oder persönlich), schriftlich oder in einer Kombination beider Formen stattfinden.[483] Nach dem Grad der Strukturierung werden wenig strukturierte, teilstrukturierte und stark strukturierte Befragungen differenziert.[484]

(ii) Beobachtung meint „*das systematische Erfassen, Festhalten und Deuten sinnlich wahrnehmbaren Verhaltens zum Zeitpunkt seines Geschehens*“[485]. In einer wissenschaftlichen Beobachtung sollen systematische Wahrnehmungsprozesse eine „*Beschreibung bzw. Rekonstruktion sozialer Wirklichkeit vor dem Hintergrund einer lei-*

480 Vgl. Schnell, Hill & Esser 2008 sowie Diekmann 2007.
481 Vgl. Bortz & Döring 2006, S. 50-53; Borchardt & Göthlich 2009, S. 38, Abbildung 3.2, sowie Yin 2009, S. 101-114.
482 Vgl. Kromrey 2006, S. 359.
483 Vgl. Borchardt & Göthlich 2009, S. 38, Abbildung 3.2.
484 Einige Autoren wie Punch 2010, S. 169, differenzieren unstrukturiert – teilstrukturiert – strukturiert. Hier wird dem Verständnis von Atteslander 2010, S. 134, gefolgt, der betont, dass „*es kein Gespräch gibt, das nicht in irgendeiner Weise strukturiert ist*“.
485 Atteslander 2010, S. 74.

tenden Forschungsfrage" ermöglichen.[486] Auch hier existieren verschiedene Varianten – je nach Grad der Strukturiertheit, Partizipationsgrad des Beobachters und Offenheit der Beobachtung.[487]

Eine *strukturierte Beobachtung* basiert auf einem definierten Beobachtungsschema, eine nicht bzw. *wenig strukturierte* wird allein durch die forschungsleitenden Fragen geleitet.[488]

Nach dem Partizipationsgrad unterscheidet Kromrey teilnehmende und nichtteilnehmende Beobachtung.[489] Atteslander kritisiert diese Begrifflichkeiten, da nach seiner Auffassung der Beobachter „*über seine Wahrnehmungs- und Interpretationstätigkeit in die übergeordnete Beobachtungssituation integriert*" und damit auf jeden Fall Teilnehmer ist. Er spricht von *passiver Teilnahme*, bei der „*sich der Beobachter ganz auf seine Rolle als forschender Beobachter beschränken kann*", und *aktiver Teilnahme* mit einer aktiven Rolle im Feld.[490]

Bei *offenen* Beobachtungen ist den Teilnehmern bekannt, dass sie beobachtet werden; bei *verdeckten* Beobachtungen ist dies nicht der Fall.[491]

(iii) „*Die empirische Inhaltsanalyse [...] ist eine Forschungstechnik, mit der [...] aus jeder Art von Bedeutungssträngen durch systematische und objektive Identifizierung ihrer Elemente Schlüsse [gezogen werden können], die über das einzelne analysierte Dokument hinaus verallgemeinerbar sein sollen.*"[492] Ziel ist es, Tendenzen zu erkennen und Aussagen über die (soziale) Realität abzuleiten. Allen Inhaltsanalysen ist gemein, „*dass sie in irgendeiner Weise Inhalte zu klassifizieren versuchen*"[493]. Im Zentrum steht der Aufbau eines Kategoriensystems auf Basis forschungsleitender Fragen sowie theoretischer Überlegungen, das dann auf die zu analysierenden Inhalte angewendet wird.[494]

Die drei benannten Methodengruppen schließen sich in ihrer Anwendung nicht aus. Im Gegenteil, aus den Gütekriterien der empirischen Sozialforschung resultiert sogar die explizite Forderung nach einer Kombination (siehe Kapitel 3.1.2). Eine Möglichkeit hierzu ist die inhaltsanalytische Auswertung der dokumentierten Ergebnisse aus Befragungen und Beobachtungen,[495] eine andere die parallele Methodenanwendung

486 Atteslander 2010, S. 74.
487 Vgl. Punch 2010, S. 179-184. Für weitere Differenzierungskriterien siehe Borchardt & Göthlich 2009, S. 38, Abbildung 3.2.
488 Siehe hierzu Friedrichs & Lüdtke 1977, S. 60-61.
489 Vgl. Kromrey 2006, S. 349.
490 Atteslander 2010, S. 92.
491 Vgl. Atteslander 2010, S. 92-93.
492 Kromrey 2006, S. 319, im Original mit Hervorhebungen. Die Definition spiegelt ein gängiges Begriffsverständnis wider, wie es bspw. auch Holsti 1969 zugrunde legt.
493 Kromrey 2006, S. 342.
494 Siehe hierzu Punch 2010, S. 184-186.
495 Vgl. Borchardt & Göthlich 2009, S. 38, Abbildung 3.2, sowie Gläser & Laudel 2009, S. 197-206.

bei unterschiedlichen Teilzielen und nachgeschalteter Ergebnisverknüpfung (Methodentriangulation bzw. genaue „Within-method"-Triangulation)[496].

Der Idee der *Methodentriangulation* folgend werden in der Fallstudie für diese Arbeit Methoden aller drei benannten Typen kombiniert. Die qualitativen Erhebungen wurden zudem durch kleinere quantitative Anteile ergänzt. Details zum Methodeneinsatz ergeben sich aus den nachfolgenden Ausführungen zur Datenerhebung und -auswertung.

3.1.3.4 Datenerhebung

In der *Datenerhebung* werden die Basisdaten zur Gewinnung wissenschaftlicher Erkenntnisse zusammengetragen. Der erste Schritt besteht in der Definition des Untersuchungsbereichs. Im nächsten Schritt wird definiert, welche Teilbereiche über die einzelnen Elemente des Methodenportfolios abzudecken sind. Nach Abschluss der Planung wird die Sammlung der Daten umgesetzt.

Die Datenerhebung zum Prozessmanagement bei NG LITEF begann mit einer *Beobachtung* im Zeitraum von Februar bis Juni 2007. Die Autorin war Mitglied im Kernteam eines unternehmensweiten Vorhabens zur Modellierung und Dokumentation der Prozesslandschaft. Es handelte sich um eine *teilstrukturierte* Beobachtung. Die Forschungsfragen waren auf abstrakter Ebene vordefiniert. Nach dem Partizipationsgrad ordnet sich die Untersuchung im *Kontinuum zwischen Teilnahme und Nichtteilnahme bzw. aktiver und passiver Teilnahme* ein. Als Kernteammitglied war die Beobachterin in einer beratenden Rolle in das Projektmanagement des Projekts „Prozesslandkarte" eingebunden. Die inhaltliche Erarbeitung und Abstimmung der Prozesse wurde von Mitgliedern des Unternehmens ausgeführt. Die Beobachtung war *offen* angelegt. Die Akteure waren über die Rolle der Autorin im Projekt informiert.

Ein Nachteil von Beobachtungen liegt darin, dass sie stets durch die selektive Wahrnehmung des Forschers geprägt sind.[497] In der Fallstudie dieser Arbeit wird diesem Problem durch Einbezug der Sichtweisen weiterer Personen entgegengetreten. Zweites Element in der Methodensammlung ist eine *persönliche mündliche Befragung* von sechs Vertretern aus dem Unternehmen. Sie fand *teilstrukturiert* mit einem Gesprächsleitfaden statt, sodass im Gesprächsverlauf die Fragen gemäß der Rolle, dem Kenntnisstand und der Begriffswelt des Befragten angepasst werden konnten. Die Datenerhebungsschritte dieser mündlichen Befragung werden im Folgenden auch „Interviews" genannt.[498] Im Verlauf der Beobachtung sowie im anschließenden

[496] Siehe hierzu Flick 2008.
[497] Siehe hierzu Atteslander 2010, S. 102-103.
[498] Zur Bedeutung des Begriffs „Experteninterviews" und Hinweisen zu deren Durchführung siehe Gläser & Laudel 2009, S. 11-15 und 111-196.

Zeitraum bis Ende 2010 wurden zusätzlich zahlreiche informelle Gespräche mit Akteuren aus dem Unternehmen geführt.

Inhaltsanalysen für das Prozessmanagement relevanter Dokumente runden die Datenerhebung ab. Unter den betrachteten Dokumenten sind insbesondere Prozessbeschreibungen sowie ergänzende Informationen zum Unternehmen und seinem Managementsystem zu nennen. In alle Untersuchungsschritte wurden neben den hauptsächlich qualitativen Daten auch in geringem Umfang quantitative Daten einbezogen. Beispiele sind Zeitdauern von Bearbeitungsschritten, Zahlen von Beteiligten an Prozessmanagement-Aktivitäten und quantitative Einschätzungen zum Umsetzungsgrad von Prozessen und Prozessmanagement.

Die Untersuchungsbereiche der einzelnen Datenerhebungselemente wurden so gewählt, dass eine breite Abdeckung des Betrachtungsgegenstandes erreicht wurde und gleichzeitig Überlappungen eine Verknüpfung der gewonnenen Erkenntnisse erleichterten.

3.1.3.5 Datenanalyse

Die *Datenanalyse* umfasst die kriteriengeleitete Auswertung der Resultate aus den einzelnen Schritten der Datenerhebung und deren Verknüpfung zu einem integrierten Gesamtbild.[499] Es schließt sich eine *Dateninterpretation* an, deren Ziel darin besteht, manifeste und latente Inhalte des Datenmaterials vor dem Hintergrund ihres sozialen Kontexts und Bedeutungsfeldes einzuordnen und die richtigen Schlüsse in Bezug auf die Beantwortung der Forschungsfragen zu ziehen.[500]

Von der ersten Datenerhebung bis über den Abschluss der Interpretation hinaus sind alle Daten und Bearbeitungsschritte strukturiert und nachvollziehbar zu erfassen. Bei der Entscheidung über die Form der *Datenerfassung* sind unbedingt die Vertraulichkeitsanforderungen der Probanden/Beteiligten/Betroffenen zu berücksichtigen.[501]

Die Ergebnisse aus allen Schritten der bei NG LITEF durchgeführten Datenerhebung wurden strukturiert dokumentiert. Die Dokumentation aus den Interviews wurde nach Fertigstellung zur Überprüfung der inhaltlichen Richtigkeit und Freigabe an die Befragten zurückgespiegelt. Die Ergebnisdokumentationen der verschiedenen Datenerhebungsschritte fungierten als Basis für eine inhaltsanalytische Auswertung. Die Entwicklung eines entsprechenden Kategoriensystems und dessen Anwendung lief iterativ ab. An eine erste Grobstrukturierung der Inhalte anhand einer abstrakten Kategorienabgrenzung schloss sich eine schrittweise Verfeinerung an. Eine zunächst

[499] Zu verschiedenen Ansätzen der Datenanalyse siehe Punch 2010, S. 193-233.
[500] Vgl. Bortz & Döring 2006, S. 330-331.
[501] Vgl. Borchardt & Göthlich 2009, S. 42-43.

getrennte Betrachtung der Ergebnisse aus den Datenerhebungsschritten wurde durch eine systematische Verknüpfung ergänzt.

Die der Beobachtung zeitlich nachgelagerte Befragung ermöglichte eine Analyse der Entwicklung des Prozessmanagements im Unternehmen über einen längeren Zeitraum hinweg. Die Erkenntnisse aus der Dokumentenanalyse[502] dienen neben einer zusätzlichen Informationsgewinnung auch der Einordnung und Ergänzung der subjektiven Sichtweisen der Beobachterin und der Befragten.[503]

3.1.3.6 Hypothesenbildung – Identifikation von Entwicklungsperspektiven für das Prozessmanagement

Die *Ergebnisinterpretation* dient als Übergang von der Auswertung zur *Hypothesen-/Theoriebildung*. Die gewonnenen Erkenntnisse werden zur Ableitung überprüfbarer oder zumindest falsifizierbarer Aussagen genutzt, welche über den Untersuchungsgegenstand hinaus Gültigkeit besitzen sollen.[504]

Die Fallstudie dieser Arbeit zielt auf den Aufbau von Hypothesen hinsichtlich wichtiger Entwicklungsperspektiven für das Prozessmanagement ab. Ein zentraler Aspekt bei der Ergebnisinterpretation ist daher zu erkennen, wo Defizite im aktuellen Prozessmanagement bestehen, an denen eine Weiterentwicklung anknüpfen kann. Dabei sollen solche Aspekte im Vordergrund stehen, die mit hoher Wahrscheinlichkeit nicht auf unternehmensspezifische Rahmenbedingungen zurückzuführen sind.

Nach der Hypothesengenerierung endet die Durchführung der Fallstudie i. e. S. Die von Eisenhardt benannten anknüpfenden Phasen sind Teile des übergeordneten Forschungsprozesses. Die Erkenntnisse aus der Fallstudie werden hier in zwei Schritten mit Inhalten aus der Literatur verknüpft.

3.1.3.7 Literatureinbezug – literaturbasierte Profilierung und Ausarbeitung der Entwicklungsperspektiven

Die erste Phase der *Verknüpfung empirischer Erkenntnisse und Inhalte aus der Literatur* zielt auf eine Profilierung und Konkretisierung der Hypothesen sowie eine erste Prüfung auf Konsistenz bzw. Widersprüche ab. Die aus der Fallstudie heraus formulierten Aussagen dienen als Basis für eine Recherche und werden mit Inhalten aus einschlägigen Literaturquellen in Beziehung gesetzt.

Wegen der zunächst eingeschränkten allgemeinen Aussagekraft einer Einzelfallstudie werden in der vorliegenden Arbeit die gewonnenen Erkenntnisse zunächst mit den Ergebnissen früherer (vor allem quantitativ angelegter) empirischer Untersu-

[502] Im Sinne einer Inhaltsanalyse relevanter Dokumente, darunter Prozessdokumentationen.
[503] Zur Subjektivität von Beobachtern siehe oben. Zu der von Befragten siehe Foddy 1994, S. 52-75 und 90-100.
[504] Vgl. Schnell, Hill & Esser 2008, S. 53-54; Skulschus & Wiederstein 2008, S. 54-58, sowie Punch 2010, S. 37-39.

chungen verknüpft. Auf diese Weise wird anhand einer breiteren empirischen Basis die Relevanz der identifizierten Entwicklungsperspektiven gezeigt. Im nächsten Schritt wird die Recherche auf theoretische Vorarbeiten ausgeweitet.

3.1.3.8 Abschluss der Untersuchung

Die *Analyse theoretischer Vorarbeiten* zu den Hypothesen dient nicht nur deren Bestätigung, Anpassung oder Kritik, sondern bildet den Übergang zur inhaltlichen Weiterentwicklung des Prozessmanagements. Mit der *literaturbasierten Unterfütterung* der formulierten allgemeinen Aussagen und dem Einstieg in die inhaltliche Weiterentwicklung des Prozessmanagements endet die Fallstudie.

Nach der Formulierung und Konkretisierung der Hypothesen bzgl. aktueller Entwicklungsperspektiven im Prozessmanagement werden diese unter Nutzung von Vorarbeiten aus unterschiedlichen Wissenschaftsbereichen bearbeitet. Ziel ist es, eine Theorie zum Aufbau eines zukunftsfähigen Prozessmanagements zu bilden. Diese umfasst neben Überlegungen zur Ausgestaltung eines zukunftsfähigen Prozessmanagements auch Aussagen zur schrittweisen Umsetzung in einer Organisation.

3.2 Ergebnisse der Fallstudie

Zu den zentralen Zielen der Arbeit gehört es aufzuzeigen, in welche Richtungen sich das Prozessmanagement zur Bewältigung aktueller und zukünftiger Herausforderungen entwickeln soll. In der Fallstudie wird diese Aufgabenstellung aus der Perspektive praktischer Erfahrungen heraus bearbeitet.

Über einen Zeitraum von insgesamt mehr als drei Jahren hinweg wurde durch Kombination von Interviews, Beobachtung und Dokumentenanalyse eine breite Datenbasis zum Ist-Zustand, den Hemmnissen und den Entwicklungsperspektiven des Prozessmanagements im Unternehmen NG LITEF aufgebaut. Nachfolgende Abbildung zeigt die Einordnung der Datenerhebungskomponenten im Zeitraum von Anfang Februar 2007 bis Ende Dezember 2010.

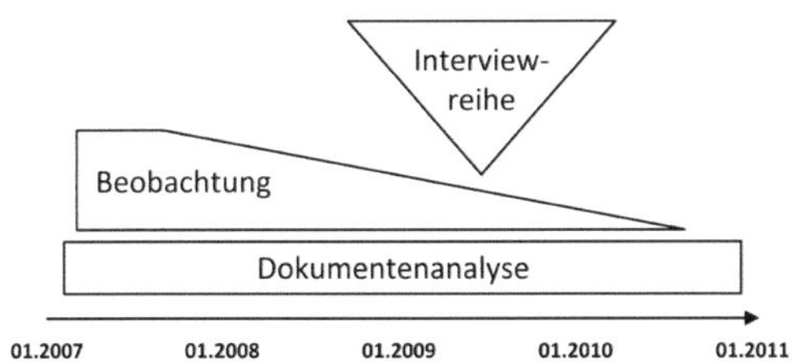

Abbildung 23: Zeitliche Einordnung der Komponenten in der Datenerhebung[505]

[505] Eigene Abbildung.

Die Ergebnisse aus den einzelnen Komponenten der Datenerhebung wurden zunächst isoliert ausgewertet. An diese Betrachtung aus verschiedenen Blickwinkeln schließt eine Vorstellung der zentralen Erkenntnisse aus der integrierten Auswertung aller erhobenen Daten an. Dabei findet auch eine Interpretation vor dem Hintergrund der Ziele und Forschungsfragen der Fallstudie statt (Kapitel 3.2.2) Eine kritische Reflektion des methodischen Vorgehens macht Nutzen und Grenzen der Untersuchung sowie weitere Handlungsbedarfe deutlich (Kapitel 3.2.3) Um dem Leser die Einordnung der Ergebnisse zu erleichtern, sind zunächst einige Rahmeninformationen zum untersuchten Fall zur Verfügung zu stellen (Kapitel 3.2.1). An eine Charakterisierung der betrachteten Organisation schließt sich im Folgenden eine Vorstellung des Prozessmanagements bei NG LITEF und seiner Historie an.

3.2.1 Der Untersuchungsgegenstand der Einzelfallstudie

Das Unternehmen

Die nachfolgenden *Informationen zum Unternehmen NG LITEF*, dessen Prozessmanagement im Fokus dieser Fallstudie steht, beruhen in erster Linie auf einer Analyse von Unternehmensdokumentationen, darunter dem Managementsystemhandbuch, Imagebroschüren und Inhalten der Unternehmenshomepage. Zusätzliche Informationen wurden im Rahmen der durchgeführten Interviewreihe erhoben und sind nachfolgend durch Fußnoten gekennzeichnet.

Die Northrop Grumman (NG) LITEF GmbH[506] entstand im Jahr 1961 als Tochter des amerikanischen Litton-Konzerns. Im Jahr 2001 wurde sie als unabhängig handelndes Unternehmen durch die Northrop Grumman Corporation, Los Angeles, USA, übernommen. Das Unternehmen beschäftigt an seinem Standort in Freiburg im Breisgau rund 720 Mitarbeiter bei einem Jahresumsatz von ca. 122 Millionen Euro.

Die Produktpalette von NG LITEF umfasst Navigations- und Sensorsysteme für verschiedenste Einsatzbereiche, beispielsweise Kurs-Lage-Referenzsysteme und Messeinheiten für die Luftfahrt sowie Kompasssysteme und Navigationsdaten-Managementsysteme für Marineanwendungen. Das Angebot physischer Produkte wird durch ein breites Dienstleistungsportfolio ergänzt.

Die vielfach sicherheitskritischen Anwendungen der NG-LITEF-Produkte führen zu höchsten Qualitätsanforderungen. Moderne Entwicklungsmethoden und Produktionstechnologien sowie ein wirkungsvolles (Qualitäts-)Managementsystem müssen eine hohe Produktzuverlässigkeit sichern. Das Managementhandeln bei NG LITEF orientiert sich an der nachstehend präsentierten *Unternehmensvision*:

---

[506] Bis 2008 hieß das Unternehmen „LITEF GmbH“.

„Wir werden der weltweit führende Partner für inertiale Sensoren und intelligente Sensorsysteme. Kontinuierlich und verlässlich schaffen wir für unsere Kunden entscheidende Wettbewerbsvorteile in ihren Märkten. Wir werden mit unseren Lösungen die Anforderungen unserer Kunden von heute und morgen erfüllen.“[507]

Die strategischen Ziele der Organisation enthalten konkrete Zahlen für angestrebte Umsatzsteigerungen bis 2015 und 2020, die auf drei Wegen erreicht werden sollen:

- Ausbau der Marktanteile in aktuell bearbeiteten Produktmärkten,
- Erschließung neuer Märkte unter Nutzung der Kernkompetenzen des Unternehmens,
- Generierung zusätzlicher Umsätze durch Ausbau des Angebots produktbegleitender Dienstleistungen.

Die in der Organisation geltenden Leistungsdefinitionen decken sich weitgehend mit den allgemeinen Leistungsdimensionen des Prozessmanagements aus Kapitel 2.2. Umsatz und Kundenzufriedenheit stehen als Zielgrößen im Zentrum. Als wichtige Leistungsgrößen werden alle drei Elemente des „Magischen Dreiecks“ (Qualität, Kosten und Zeit) angesehen. Zusätzlich gilt die Innovationsfähigkeit als kritischer Erfolgsfaktor.[508]

Aus der Beobachtung im Projekt „Prozesslandkarte“, der durchgeführten Interviewreihe und zahlreichen informellen Gesprächen konnten folgende zentrale Informationen zu Stellenwert, Zielen und Historie des Prozessmanagements bei NG LITEF gewonnen werden.

Prozessmanagement in der NG LITEF GmbH

Effiziente und effektive Prozesse werden bei NG LITEF als wichtige Grundlage für die Erfüllung der strategischen Zielsetzung angesehen.[509] In der Folge nimmt das Prozessmanagement einen *hohen bis sehr hohen Stellenwert* ein, der aus Sicht der Geschäftsführung in der Zukunft noch zunehmen wird. Eine weitere Ursache für den hohen Stellenwert liegt in der steigenden Bedeutung der Prozessorientierung in Normen und Richtlinien zur Zertifizierung von Managementsystemen.[510]

Übergeordnetes Ziel im Prozessmanagement bei NG LITEF ist ein maximaler Beitrag zur Unternehmensleistung. Durch eine strategiebasierte Prozessgestaltung und eine

507 Aus einer internen Dokumentation von NG LITEF.
508 Ergebnisse aus der mündlichen Befragung. Siehe Kapitel 3.2.2.3.
509 Ergebnisse aus der mündlichen Befragung. Siehe Kapitel 3.2.2.3.
510 NG LITEF war im Zeitraum der Untersuchung nach zahlreichen Qualitätsnormen und -standards, darunter solchen aus dem Bereich „Luftfahrt“ mit sehr hohen Sicherheitsanforderungen zertifiziert.

Sicherung der Prozesseinhaltung im Sinne einer 100%igen Prozess-Compliance[511] soll es zu hoher Effektivität und Effizienz der Prozesslandschaft kommen. Zusätzlich zu den „hard Facts“ widmet sich das Prozessmanagement bei NG LITEF „soft Facts“ wie Mitarbeiterzufriedenheit und -motivation sowie dem Aufbau und der Sicherung von Kernkompetenzen.[512]

Das Thema Prozessmanagement hat bei NG LITEF eine lange Tradition. 1992 wurde ein prozessorientiertes Managementsystem eingeführt. Im Zuge dessen und in den Jahren danach fanden aufwendige Prozessanalysen, -dokumentationen und -optimierungen statt. Die Einführung von Total Quality Management (TQM) im Jahr 1998 gab der Prozessorientierung – insbesondere der Auseinandersetzung mit internen und externen Kunden-Lieferanten-Beziehungen – einen weiteren Schub und brachte zudem ein stärkeres Bewusstsein für die Bedeutung von „soft Facts“ in die Unternehmensführung und das Prozessmanagement ein. Defizite des damit entstandenen Systems sahen die Verantwortlichen in der Quantifizierung von Ergebnissen und Verbesserungen. Um diese Lücke zu schließen, leiteten sie einen weiteren Schritt auf dem Weg zum heutigen Stand des Prozessmanagements ein: die Einführung des Methodensets Lean Six Sigma im Jahr 2005. Lean Six Sigma wird bis heute zur strukturierten Analyse und Optimierung verschiedenster Prozesse eingesetzt, brachte im Lauf der Zeit erhebliche messbare Erfolge[513] und ist im Unternehmen gut etabliert.

Weiteren Handlungsbedarf sah die Unternehmensleitung Anfang des 21. Jahrhunderts in Bezug auf die Transparenz und Konsistenz der Prozesslandschaft als Gesamtsystem sowie in der übergeordneten Einbettung der prozessbezogenen Aktivitäten in das Management. Trotz des prozessorientierten Managementsystems war die Unternehmensrealität durch ein starkes Funktionsdenken – verbunden mit Effektivitäts- und Effizienzverlusten an Schnittstellen – charakterisiert. Funktionsübergreifende Geschäftsprozesse waren definiert. Die teilweise komplexe und nicht durchgängig einheitliche Dokumentation bedingte gleichwohl Akzeptanz- und Verständnisprobleme. An vielen Punkten entsprach die Prozessdokumentation nicht den Anforderungen der Unternehmensleitung. Die internen Abläufe und deren Wechselwirkungen waren hinsichtlich ihrer Transparenz eingeschränkt. Bezüglich der Verantwortlichkeiten und Schnittstellen für einzelne Aktivitäten existierten Unklarheiten. Es galt, ein Managementsystem zu etablieren, durch das eine wirkungsvolle Gestaltung, Über-

[511] Unter Geschäftsprozess-Compliance wird nach Rinderle-Ma, Ly & Dadam 2008, S. 24, *„die Ausführung der Geschäftsprozesse im Einklang mit bestimmten, für das Unternehmen relevanten Normen“* verstanden. Die Normen können intern oder extern aufgestellt worden sein.

[512] Ergebnisse aus der mündlichen Befragung. Siehe Kapitel 3.2.2.3. Zur Unterscheidung von „hard Facts“ und „soft Facts“ siehe Peters & Waterman 1982.

[513] In Form von Qualitätverbesserungen, Kosteneinsparungen und Verkürzung von Durchlaufzeiten.

wachung und Steuerung aller Unternehmensabläufe, deren systematische Verbesserung und damit eine optimale Unterstützung der Wachstumsziele erreicht wird.

Aus dieser Überlegung heraus wurde das Projekt „Prozesslandkarte“ ins Leben gerufen. Gegenstand des Projekts war eine Neustrukturierung des unternehmensweiten Prozessportfolios und dessen Dokumentation unter Berücksichtigung aller relevanten internen und externen Anforderungen.

Die Ziele lauteten:

- Identifikation, Analyse und Modellierung realistischer Soll-Prozesse,[514]
- Erhöhung der Prozess- und Schnittstellentransparenz,
- übersichtliche Darstellung der Unternehmensprozesse und deren Vernetzung,
- Integration von Regelkreisen zur Steuerung und Optimierung der Prozesslandschaft,
- eindeutige Definition von Rollen und Verantwortlichkeiten,
- eindeutige Definition der Erwartungen an den Schnittstellen (Input – Output)
- Entwicklung eines Umsetzungskonzepts und Realisierung der Soll-Prozesse.

Das Projekt fand von Februar bis November 2007 statt und war der bis heute stärkste Eingriff in das Prozessmanagement der NG LITEF GmbH. Es kann dem Business Process Reengineering zugeordnet werden - auch wenn das Vorgehen deutlich weniger radikal als in einem „Greenfield Approach“[515] war. Seinen erfolgreichen Abschluss fand das Projekt „Prozesslandkarte“ mit einem bestandenen externen Re-Zertifizierungs-Audit nach DIN ISO 9000. Zu den zentralen Ergebnissen gehörte die Neustrukturierung und -dokumentation der Prozesslandschaft in einem Prozessmodell. Das heutige Prozessmanagement der NG LITEF ist stark durch die Aktivitäten im Projekt „Prozesslandkarte“ geprägt, sodass dieses mit seinen Wirkungen im Fokus der Fallstudie steht.

Den Stand der Prozesslandkarte im Juli 2009 – d. h. zum Zeitpunkt der durchgeführten Interviews - veranschaulicht Abbildung 24.[516]

Das Projekt „Prozesslandkarte“ wird von der Unternehmensleitung als wichtiger „Kraftakt“ gesehen, der den Weg für eine effektive und effiziente Gestaltung der Abläufe geebnet hat. Das erarbeitete Prozessmodell unterliegt einer evolutionären Weiterentwicklung auf Basis strategischer Zielsetzungen.

514 Realistisch bedeutete in diesem Fall umsetzbar bis zum Re-Zertifizierungs-Audit im November 2007.

515 Siehe Kapitel 2.3.1.

516 Hauptprozesse sind hier mit zweistelliger Nummerierung (01); Teilprozesse mit doppelt zweistelliger Nummerierung (03.04) versehen.

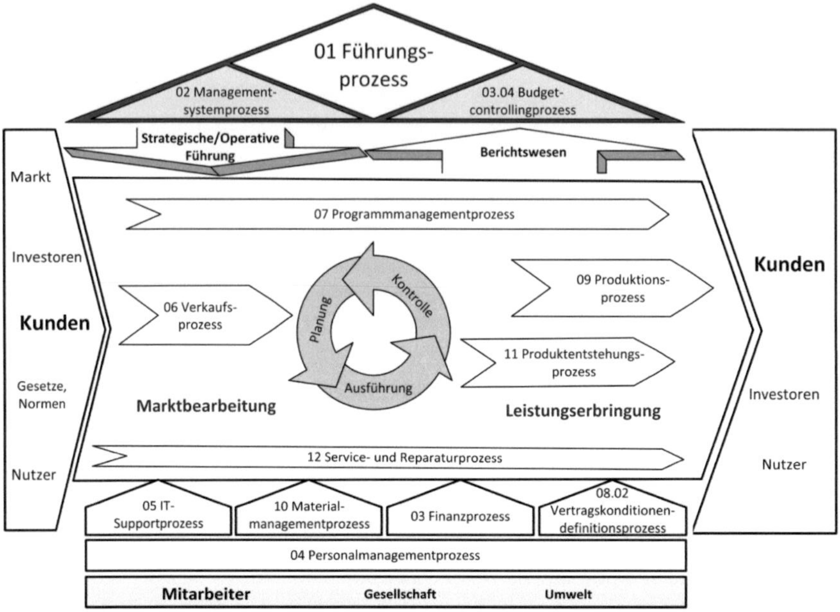

Abbildung 24: Die Prozesslandschaft der Northrop Grumman LITEF GmbH[517]

Ein Auslöser für eine Anpassung der Prozesslandkarte nach Projektende war das Unternehmensziel, das Angebot an produktbegleitenden Dienstleistungen auszubauen. Es wurde eine prozessorientiert abgegrenzte Customer-Service-Organisation geschaffen, die in der Prozesslandschaft durch einen Service- und Reparaturprozess (Prozess Nr. 12 in Abbildung 24) repräsentiert wird. Nachdem die Aufbauorganisation im Rahmen des Projekts „Prozesslandkarte" zunächst unberührt blieb, kann dies als weiterer Schritt in Richtung einer Stärkung der Prozessorientierung in der Organisation angesehen werden.

Eine weitere Anpassung der Prozesslandschaft entsteht voraussichtlich aus der Gründung eines Innovationsteams zur Steigerung der Innovationsfähigkeit der Organisation. Seine Aufgabe besteht in der langfristigen Betrachtung von Chancen und Notwendigkeiten für Erweiterungen und Anpassungen des Angebotsportfolios in Richtung neue Märkte sowie im Technolgiescouting, d.h. Abscannen der Forschungslandschaft nach neuen Technologien und Verfahren.[518] Die Arbeit des Innovationsteams wirkt als Bindeglied zwischen Führungs- und Produktentstehungspro-

517 Die Abbildung entstand in Anlehnung an Becker & Meise 2008, S. 150.

518 Das Innovationsteam setzt sich aus Mitarbeitern der Bereiche Marketing und Entwicklung sowie dem Inhaber der Stabsstelle „Unternehmensstrategie" zusammen. Das Team berichtet an einen internen Strategiebeirat und wird durch einen externen Innovationsbeirat unterstützt.

zess (01 und 11 in Abbildung 24) und kann voraussichtlich durch Ergänzung eines neuen Teilprozesses sowie dessen Vernetzung mit bestehenden Prozessstrukturen prozessual abgebildet werden.

Ausgehend von diesen Kontextinformationen zum Untersuchungsgegenstand, werden im Folgenden die Ergebnisse der Fallstudie zusammengefasst. Zur Erinnerung an dieser Stelle erneut die *Forschungsleitenden Fragestellungen zur Untersuchung*:

1. Wie ist das unternehmensweite Prozessmanagement der Northrop Grumman (NG) LITEF GmbH aufgebaut, und welche Ziele werden damit verfolgt?
2. Wie ist das Prozessmanagement bei NG LITEF zu bewerten, und worin liegen die zentralen Stärken und Verbesserungsbereiche?
3. Welche Entwicklungspotentiale für das Prozessmanagement zeigen sich bei NG LITEF?

3.2.2 Zentrale Erkenntnisse aus der Fallstudie

Die nachfolgende Ergebnisaufbereitung orientiert sich in ihrer Struktur zunächst an den drei Komponenten der Datenerhebung – Dokumentenanalyse (3.3.2.1), Beobachtung (3.3.2.2) und Befragung (Interviewreihe 3.3.2.3). Die Reihenfolge richtet sich nach den Startzeitpunkten. Im Nachgang findet eine Verknüpfung zu einem Gesamtbild statt (3.3.2.4). Die Ausführungen beziehen sich auf den Status des Prozessmanagements bei NG LITEF zum Zeitpunkt der Datenerhebung. Auch wenn sie grammatikalisch in Gegenwartsform verfasst sind, weicht aufgrund der ständigen Weiterentwicklung der heutige Stand In einigen Punkten vom dokumentierten Stand ab.

3.2.2.1 Zentrale Erkenntnisse aus der Dokumentenanalyse

Im Mittelpunkt der *Dokumentenanalyse* stand die aus dem Projekt „Prozesslandkarte“ hervorgegangene mehrstufige Prozessdokumentation. Zusätzlich fanden dort referenzierte Dokumente, Dokumentationen zum Projektmanagement im Projekt „Prozesslandkarte“ und das Managementsystemhandbuch Berücksichtigung.

Aus einer strukturellen Analyse der Dokumente ergaben sich *Informationen zum Aufbau der Prozesslandschaft*:

- Das Prozessmodell der NG LITEF GmbH ist in drei Ebenen gegliedert: Unternehmensebene, Hauptprozess- und Teilprozessebene.
- Die auf Unternehmensebene angesiedelte Prozesslandkarte ähnelt einem Haus mit drei Teilbereichen: Die Managementprozesse bilden das Dach, die

primären Geschäftsprozesse[519] den Hauptteil, die Supportprozesse den Unterbau.

- Die Prozesslandkarte ist untergliedert in zwölf Hauptprozesse, von denen jeder aus zwei bis sechs Teilprozessen besteht. Jeder Hauptprozess und jeder Teilprozess ist in einer eigenen Prozessbeschreibung festgehalten.
- Alle Prozessbeschreibungen sind einheitlich erstellt und bestehen aus je vier Dokumenten: Prozessübersicht, Swimlane-Diagramm, Detailbeschreibung und Übersicht über ergänzende Prozessdefinitionen.
- In den Prozessbeschreibungen werden vielfach Dokumente mit ergänzenden Informationen zur Prozessausführung, bspw. Beschreibungen von Freigabeverfahren, referenziert.

Der inhaltliche Teil der Dokumentenanalyse lieferte *Informationen zum Management der Prozesslandschaft:*

- Die übergeordnete Koordination und die Weiterentwicklung der Prozesslandschaft gehen von den Managementprozessen (dem Führungs-, dem Managementsystem- sowie dem Budget-Controlling-Prozess als Teil des Finanzprozesses) aus.
- Im Führungsprozess[520] werden die strategischen Ziele des Unternehmens benannt und über eine Balanced Scorecard (BSC) auf die nächste Ebene dekomponiert. Gemeinsam mit den im Führungs- und Managementsystemprozess formulierten „Policies"[521] gibt die BSC „Leitplanken" für die Prozessgestaltung vor.
- Der Budget-Controlling-Prozess überwacht die Einhaltung der Budgets und identifiziert Plan-Ist-Abweichungen. Im Bedarfsfall wird aus diesem Prozess heraus steuernd in die Prozesslandschaft eingegriffen und/oder es werden Maßnahmen zur Prozessveränderung initiiert. Der Fokus liegt dabei auf der Optimierung der Relation von Einnahmen und Ausgaben.
- Auch die anderen Prozesse und ihre Akteure übernehmen Teilaufgaben des Prozessmanagements: Die Prozesseigner der Hauptprozesse leiten aus den Hauptprozess-Zielen Vorgaben für die Teilprozesse ab und überwachen deren Einhaltung. Darüber hinaus sind alle Haupt- und Teilprozesse gemäß dem Plan-Do-Check-Act (PDCA)-Schema als Regelkreis aufgebaut.[522]

Die Dokumentenanalyse liefert in erster Linie Antworten auf Forschungsfrage 1 der Fallstudie (Aufbau der Prozesslandschaft und des Prozessmanagements). Aus ei-

519 Bei NG LITEF bezeichnet als „Wertschöpfungsprozesse".
520 Unter Verantwortung der Geschäftsleitung.
521 In den „Policies" legt die Geschäftsleitung Mindestanforderungen und Vorgaben für die einzelnen Prozesse und deren Verknüpfung mit anderen fest.
522 Zum Plan-Do-Check-Act(PDCA)-Zyklus siehe Deming 2000, S. 88.

nem Abgleich der Informationen mit dem Anforderungskatalog aus Kapitel 2 ergeben sich zudem Hinweise auf Handlungsbedarfe im Hinblick auf eine praktische Umsetzung des State of the Art. Aus diesen wiederum leitet sich ein erster Anhaltspunkt für eine theoretisch-konzeptionelle Weiterentwicklung des Prozessmanagements ab. Er betrifft den Umgang mit Komplexität in der Prozesslandschaft:

Der erhebliche Umfang der Prozessdokumentation und die starke Prozessvernetzung bedingen hohe Herausforderungen zur Konsistenzsicherung, Pflege und Weiterentwicklung. Wie diese bewältigt werden können, ist im Konzept des Integrierten Prozessmanagements bislang nur in Ansätzen geklärt, sodass hinsichtlich dieses Aspekts weiterer Forschungsbedarf besteht.

3.2.2.2 Erkenntnisse aus der Beobachtung im Projekt „Prozesslandkarte"

Der Schwerpunkt der Beobachtung lag auf der Initialisierungsphase sowie der Kernarbeitsphase des Projekts „Prozesslandkarte".

In der Initialisierungsphase standen die Konkretisierung der Zielsetzung, die Planung des Vorhabens, der Entwurf des Prozessmodells sowie die Entwicklung und Erprobung von Methoden und Instrumenten für die Soll-Prozess-Analyse und -Dokumentation im Fokus. Die anschließende Kernarbeitsphase hatte zum Ziel, die gesamte Prozesslandschaft anhand der inhaltlichen, strukturellen und zeitlichen Planung in ein kurz- bis mittelfristig realisierbares Soll-Prozess-Modell zu überführen.

An die Kernarbeitsphase schloss sich eine Phase der weiteren Konsolidierung des Prozessmodells sowie seiner schrittweisen Umsetzung an. In diesem Zeitraum fand keine intensive (teilnehmende) Beobachtung der Aktivitäten vor Ort statt. Über Abstimmungsgespräche und Arbeitstreffen mit verantwortlichen Akteuren aus dem Prozessmanagement liegen dennoch umfassende Informationen zur weiteren Entwicklung vor.

Die Beobachtung ergänzt die Erkenntnisse aus der Dokumentenanalyse und trägt ebenfalls vor allem zu Ziel 1 der Fallstudie bei. Im Unterschied zur Dokumentenanalyse, die auf das Ergebnis von Arbeitsschritten und Abstimmungen fokussiert, liefert die Beobachtung Informationen zu Vorgehensweisen und Abläufen, d. h. dynamischen Aspekten des Prozessmanagements.

Zentrale Erkenntnisse aus der Beobachtung sind folgende:

- Die Verwendung des Begriffs „Prozessmanagement" bei NG LITEF GmbH entspricht weitgehend der in Kapitel 2 vorgestellten funktionalen Definition.

- Das Prozessmanagementsystem ist insgesamt aus mehreren in sich geschlossenen und miteinander verknüpften Regelkreisen zusammengesetzt.[523]
- Die Aufgaben des Prozessmanagements sind in der Organisation auf unterschiedliche hierarchische Ebenen verteilt. Der Leiter der Abteilung Qualitätswesen übernimmt neben der Verantwortung für den Managementsystemprozess die Rolle des Prozesskoordinators. Er wird im Makroprozessmanagement durch andere Akteure aus den Managementprozessen unterstützt. Weitere Hauptprozessverantwortliche übernehmen dort Teile der Schnittstellenabstimmung. Das Mikroprozessmanagement obliegt den Prozessverantwortlichen der Haupt- und Teilprozesse.
- In der Prozessgestaltung werden die Haupt- und Teilprozessverantwortlichen durch „Prozessassistenten" vor allem methodisch unterstützt.

Analog zur Dokumentenanalyse sind auch aus einem Abgleich der Beobachtungsergebnisse mit den in Kapitel 2 erarbeiteten Anforderungen an ein Integriertes Prozessmanagement Aussagen zu Stärken und Verbesserungsbereichen ableitbar. Zusätzlich ergab die Beobachtung folgende *Hinweise auf theoretisch-konzeptionelle Entwicklungsperspektiven*:

- Im Verlauf des Projekts „Prozesslandkarte" zeigte sich, dass die Koordination der zahlreichen Einzelaktivitäten zur Prozessdefinition sehr aufwendig ist. Vor allem detaillierte Abgrenzungen der Prozesse und Schnittstellenabstimmung erweisen sich bei hoher Prozessvernetzung als schwierige Unterfangen – das aktuelle Konzept „Integriertes Prozessmanagement" geht in Teilen auf diese Aufgaben ein, liefert jedoch bislang keine umfassenden Lösungen.
- Als Erfolgsfaktor bei der Umsetzung vom Prozessmanagement zeichnete sich ein adäquater Umgang mit den Betroffenen ab. Bei teilweise deutlich ablehnender Haltung zu Beginn des Projekts zeigten sich mit zunehmender Einbindung der Betroffenen größere Offenheit und eine verbesserte Resonanz auf Projekt und Ergebnisse.[524] Die Theorie des Prozessmanagements hat sich mit entsprechenden Aspekten in Ansätzen befasst. Ein integriertes Konzept für ein personenbezogenes Prozessmanagement[525] steht indes aus.

---

[523] Jeder Managementprozess macht Vorgaben unterschiedlicher Art: Der Führungsprozess gibt die grundlegende strategische Ausrichtung vor. Anforderungen betreffen Effizienz und Effektivität und decken die in Kapitel 2.2 vorgestellten Leistungsdimensionen ab. Managementsystemprozess und Budget-Controlling-Prozess fokussieren spezifische Leistungsdimensionen: Ersterer die Qualität der Prozesse und Ergebnisse, Letzterer finanzielle Größen.

[524] Beispielhaft seien an dieser Stelle interessierte Fragen, explizite positive Stellungnahmen und hohes persönliches Engagement genannt.

[525] Im Sinne einer Übertragung der Grundideen eines personenbezogenen Managements (siehe Kapitel 2.1) auf das Prozessmanagement.

Dokumentenanalyse und Beobachtung lieferten neben Informationen zur praktischen Umsetzung des Prozessmanagements in der betrachteten Organisation auch Anhaltspunkte für Entwicklungsperspektiven. Ihre Ableitung ist allerdings mit zwei Problemen behaftet:

- Die Hinweise ergaben sich vor dem Hintergrund des State of the Art im Themenfeld und einer damit verbundenen normativen Grundhaltung zum Soll-Zustand. Es ist jedoch unklar, ob und in welchem Maße die im State of the Art zusammengefassten theoretischen Vorüberlegungen die Bedarfe der Praxis adressieren.
- Die Hinweise wurden allein durch die Autorin der vorliegenden Arbeit identifiziert und formuliert. Trotz des Einbezugs von Dokumenten und Beobachtungen realer Ereignisse besteht damit die Gefahr einer hohen Subjektivität.

Ziel der Befragung von Vertretern der NG LITEF GmbH war es, diese Defizite auszugleichen und zusätzliche Sichtweisen aus der Perspektive der Praxis in die Datenerhebung einzubringen.

3.2.2.3 Ergebnisse der Befragung (Interviewreihe)

Die mündliche Befragung von Vertretern der NG LITEF GmbH erstreckte sich über sechs Interviews im Zeitraum von Ende Juni bis Ende Juli 2009.

Basierend auf den übergeordneten Zielen der Fallstudie und der Einordnung der Befragung wurden die nachfolgend angegebenen Forschungsfragen 3 bis 6 formuliert. Weitere Untersuchungsfragen erfüllen Nebenzwecke.[526] So dienen die Fragen 1 und 2 einer Ergänzung der in der Dokumentenanalyse und Beobachtung gewonnenen Informationen zur Ist-Situation des Prozessmanagements. Frage 7 liefert Hinweise zur Abwicklung der organisationalen Umsetzung eines Integrativen Prozessmanagements und greift damit einem an späterer Stelle der Arbeit behandelten Thema vor (siehe hierzu Kapitel 5.3.2).

Untersuchungsfragen für die mündliche Befragung:

1. Inwiefern ist das Prozessmanagement der NG LITEF GmbH mit der Unternehmensstrategie verknüpft?
2. Inwiefern ist das Prozessmanagement der NG LITEF GmbH als lernendes System aufgebaut?
3. <u>Wie wird das Prozessmanagement der NG LITEF GmbH von Vertretern des Unternehmens bewertet?</u>
4. <u>Wo werden bei NG LITEF die zentralen Stärken und Verbesserungsbereiche des Prozessmanagements gesehen?</u>

---

[526] Zum Ziel von „Forschungsfragen“, wissenschaftlich neues und relevantes Wissen zu generieren, und dem allgemeineren Begriff „Untersuchungsfragen“ siehe Gläser & Laudel 2009, S. 63.

5. Welche Entwicklungspotenziale für das Prozessmanagement bei NG LITEF sehen die Vertreter aus dem Unternehmen?
6. Welche weiteren Erkenntnisse ergeben sich aus einem Abgleich mit dem Anforderungskatalog an ein Integriertes Prozessmanagement?
7. Inwiefern sehen Vertreter von NG LITEF GmbH das Unternehmen in der Lage, die Herausforderungen des unternehmensweiten Prozessmanagements selbstständig zu meistern

Aufbau des Interviewleitfadens

Die forschungsleitenden Fragestellungen dienten als Basis für die Entwicklung eines einheitlichen *Leitfadens* für alle Interviews. Er besteht aus insgesamt acht Fragenblöcken. Die ersten beiden betreffen das Unternehmen und den Befragten. Im Weiteren werden zunächst Stand und Entwicklungsperspektiven des Prozessmanagements im Unternehmen allgemein, dann spezifische Facetten, z. B. die Prozessdokumentation, beleuchtet. Ihre explizite Benennung dieser Facetten liegt darin begründet, dass bei NG LITEF das Thema „Prozessmanagement“ meist stark mit dem Projekt „Prozesslandkarte“ assoziiert wird. Durch die gezielte Frage nach spezifischen Bereichen des Prozessmanagements sollen die Befragten zu einer breiteren Betrachtung gebracht werden. Der gesamte Interviewleitfaden ist Inhalt von Anhang 2.

Auswahl der Befragten

Die sechs Gesprächspartner für die Befragung wurden nach definierten Kriterien ausgewählt. Ziel war eine möglichst breite Abdeckung der relevanten Perspektiven mit einer überschaubaren Zahl von Interviews. Unter anderem sollten alle dauerhaften Rollen im Prozessmanagement (Prozesskoordinator, Haupt- und Teilprozessverantwortliche, Prozessbearbeiter), Vertreter aller Prozessarten (Managementprozesse, primäre Geschäftsprozesse und Supportprozesse) sowie Beteiligte aus neuen sowie aus „traditionellen“ Prozessen vertreten sein. In Abstimmung mit der Unternehmensleitung entstand die in Tabelle 10 gezeigte Zusammensetzung.

Interview-partner	Rolle des Befragten in der Prozesslandschaft	Vertretene Prozess-art	„neuer“ Prozess?	Weitere Rollen des Befragten im Unternehmen
Befragter 1	Hauptprozess-verantwortlicher	Management-prozesse	Nein	Geschäftsführer
Befragter 2	Teilprozess-verantwortlicher	primäre Geschäfts-prozesse	Ja	Gruppenleiter Gerätereparatur/Mitglied Aufbauteam Serviceorganisation

Befragter 3	Teilprozess-verantwortlicher	primäre Geschäfts-prozesse	Nein	Abteilungsleitung Entwicklung faseroptischer Systeme/Mitglied im Innovationsteam
Befragter 4	Prozess-mitarbeiter	primäre Geschäfts-prozesse	Nein	Zwischenprüfer in der Fertigung
Befragter 5	Hauptprozess-verantwortlicher	Support-prozesse	Nein	Leiter Abteilung IT
Befragter 6	Hauptprozess-verantwortlicher	Management-prozesse	Nein	Leiter Abteilung Qualitätswesen

Tabelle 10: Interviewübersicht zur mündlichen Befragung[527]

Zusätzlich zu den Auswahlkriterien gibt die Tabelle ergänzende Informationen zu den Rollen der Befragten in der Organisation.

Die Befragten decken verschiedenste Prozesse aus der Prozesslandschaft ab (siehe hierzu die grauen Markierungen in Abbildung 25). Die zugeordneten Zahlen beziehen sich auf die Nr. des jeweiligen Befragten in Tabelle 10.

Wegen der verschiedenen Funktionen und Hierarchieebenen der Befragten weisen diese einen sehr unterschiedlichen Kenntnisstand zum Prozessmanagement auf. Diesem Aspekt wurde in den Interviews durch eine individuelle Anpassung/Konkretisierung des Gesprächsleitfadens Genüge getan. Die forschungsleitenden Fragestellungen steckten hierfür einen Rahmen ab.

Zentrale Erkenntnisse

Die Ergebnisse der mündlichen Befragung liefern Antworten zu jeder der für die Fallstudie formulierten Forschungsfragen:

Informationen zu *Forschungsfrage 1 (Struktur des Prozessmanagements bei NG-LITEF)* ergaben sich als „Nebeneffekt“. Sie betreffen vor allem die Entwicklung des Prozessmanagements nach Abschluss des Projekts „Prozesslandkarte“ sowie frühere Prozessmanagement-Aktivitäten.

Zu *Forschungsfrage 2 (Stärken und Verbesserungsbereiche)* trägt die mündliche Befragung auf zwei Wegen bei. Zum einen liefert sie relevante Erkenntnisse aus einem Abgleich mit dem Anforderungskatalog aus Kapitel 2, zum anderen wurden die Inter-

[527] Eigene Übersicht. In der zweiten Spalte ist die Hauptrolle des Befragten im Prozessmanagement benannt, d. h. diejenige mit der höchsten hierarchischen Einordnung. Auf Angabe weiterer, bspw. als Mitarbeiter in anderen Prozessen, wird zugunsten der Übersichtlichkeit verzichtet.

viewpartner explizit nach einer Bewertung des Prozessmanagements sowie nach Stärken und Verbesserungsbereichen befragt.

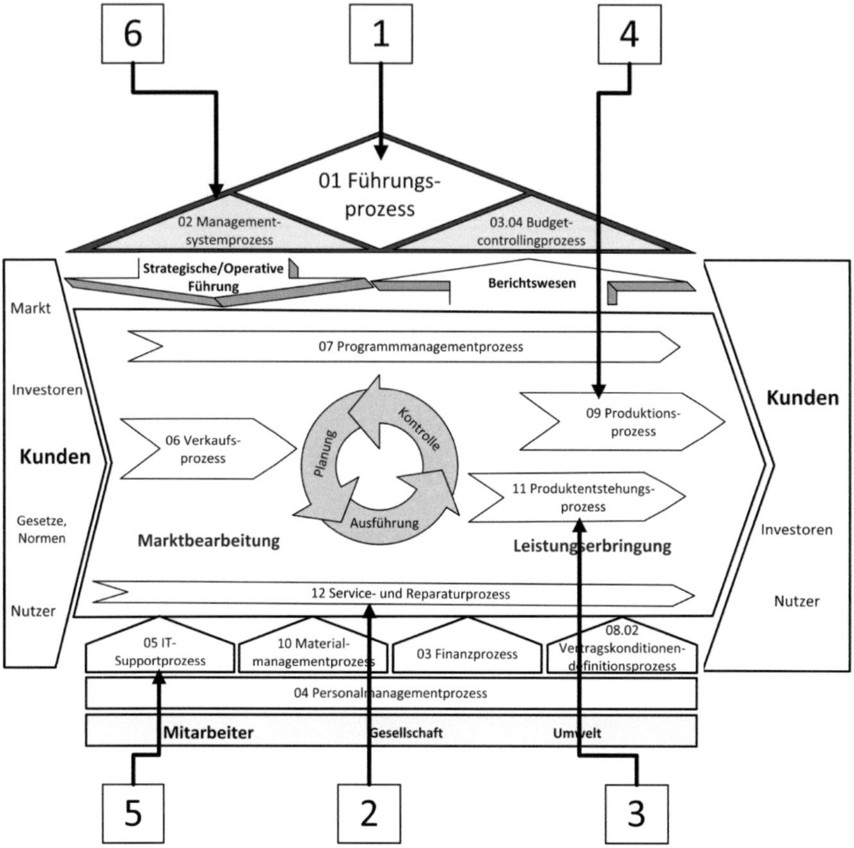

Abbildung 25: Einordnung der Interviewpartner in die Prozesslandschaft[528]

Entwicklungspotenziale für das Prozessmanagement (Forschungsfrage 3) wurden teilweise direkt von Befragten benannt. Weitere leiten sich indirekt aus identifizierten Stärken und Verbesserungsbereichen sowie aus der Verknüpfung der Befragungsergebnisse mit den Ergebnissen der übrigen Datenerhebungsschritte ab.

Die Auswertung der Befragungsergebnisse setzt sich aus drei Teilen zusammen:

1. Zusammenfassung der Ergebnisse anhand der forschungsleitenden Fragestellungen.

[528] Eigene Abbildung unter Rückgriff auf Abbildung 24.

2. Soll-Ist-Abgleich auf Basis der Anforderungen an ein Integriertes Prozessmanagement aus Kapitel 2
3. Verknüpfung der in Schritt 2 implizit gewonnenen Hinweise auf Entwicklungsperspektiven für das Prozessmanagement mit expliziten Nennungen der Befragten.

Im Folgenden werden im Wechsel forschungsleitende Fragestellungen der mündlichen Befragung benannt und gewonnene Erkenntnisse zusammengefasst. An einigen Stellen fließen zur richtigen Einordnung von Aussagen der Befragten Informationen aus Dokumentenanalyse und Beobachtung ein.

Forschungsfragen 1 und 2:
Inwiefern ist das Prozessmanagement der NG LITEF GmbH mit der Unternehmensstrategie verknüpft?

Inwiefern ist das Prozessmanagement der NG LITEF GmbH als lernendes System aufgebaut?

Sowohl für die Ziele des Prozessmanagements als auch für die Ziele der Prozesse besteht eine Kopplung mit der Unternehmensstrategie. Ein expliziertes prozessorientiertes Zielsystem existiert jedoch nicht. Eine Dekomposition der strategischen Ziele des Unternehmens findet über eine Balanced Scorecard statt, darin werden jedoch nicht explizit Zieldimensionen, Zielgrößen und Kennzahlen für die einzelnen Haupt- und Teilprozesse abgeleitet und zueinander in Bezug gesetzt.

Ein lernendes System ist im Unternehmen insofern realisiert, als dass Mechanismen zur Identifikation von Optimierungsbedarfen und zur Umsetzung von Verbesserungen existieren. Im kontinuierlichen Prozessmanagement werden von Befragten gleichwohl weitere Verbesserungsbereiche gesehen. Sie betreffen vor allem die interprozessuale Koordination von Veränderungen.

Forschungsfrage 3:
Wie wird das Prozessmanagement der NG LITEF GmbH von Vertretern des Unternehmens bewertet?

Wegen seiner verschiedenen Facetten fiel den Befragten eine allgemeine Bewertung des Prozessmanagements in ihrer Organisation schwer. Grundsätzlich zeichnete sich ein positives Bild ab, insbesondere wurde betont, dass im Unternehmen eine relativ hohe Akzeptanz für das Thema entstanden ist und die Aktivitäten im Prozessmanagement positive Effekte zeigen.

Für eine prozessuale Bewertung der Zielerreichung war es erforderlich, zwischen verschiedenen Aspekten des Prozessmanagements zu differenzieren. Bei fünf Antwortenden ergaben sich für die Prozessdokumentation Werte zwischen 60 und 80%

Prozent (Durchschnitt 68,5 %, bei 0 % kein Nutzen, bis 100 % Optimum erreicht). Auffallend ist die höhere Bewertung des Ist-Status durch Verantwortliche des Makroprozessmanagements im Vergleich zu Vertretern aus dem Mikroprozessmanagement.[529] Sie kann auf unterschiedliche Anforderungen auf beiden Ebenen zurückzuführen sein. Darauf weist auch die explizite Differenzierung von Führungssicht und der Sicht der ausführenden Ebene durch einen Befragten hin. Weitere Befragte machten Aussagen dahin gehend, dass die Dokumentation einen guten Überblick gibt, während Verbesserungsbereiche in den Details liegen.

Zur Zielerreichung bei prozessbezogenen Veränderungsvorhaben machten nur drei Befragte Angaben. Die Antworten variierten zwischen 50 und „mehr als 80 %". Analog wurde auch der Grad der Umsetzung der dokumentierten Soll-Prozesse sehr unterschiedlich eingeschätzt. Aus den Begründungen heraus leitet sich die Vermutung ab, dass die verschiedenen Einschätzungen auf die Perspektive des Betrachters und Unterschiede zwischen den fokussierten Prozessen zurückgehen.

Während mehrere Befragte die Übereinstimmung zwischen Soll- und Ist-Zustand bei ihrem eigenen Prozess nahe 100 % sahen, schätzten sie den Umsetzungsgrad der Prozesslandschaft insgesamt deutlich geringer ein. Im Vergleich der gelebten Prozesse mit einem realistischen Optimum lagen die Einschätzungen der drei Antwortenden zwischen 70 und 80 % (Durchschnitt 78,75 %).

Bei der inhaltsanalytischen Auswertung der Befragungsergebnisse wurde iterativ ein Kategoriensystem für die Stärken, Verbesserungsbereiche, Erfolgsfaktoren und Entwicklungspotenziale im Prozessmanagement aufgebaut. Seine sechs Hauptkategorien geben die Struktur für die nachfolgende Zusammenfassung der Kernaussagen zu den Forschungsfragen 4 und 5 vor.

Forschungsfrage 4:
Wo werden bei NG LITEF die zentralen Stärken und Verbesserungsbereiche des Prozessmanagements gesehen?

Die in der Interviewreihe identifizierten Stärken und Verbesserungsbereiche des Prozessmanagements von NG LITEF sind in den Tabellen 11 und 12 zusammengefasst.

[529] Aufgrund der geringen Zahl von Antworten sind die Ergebnisse in diesem Punkt jedoch nur eingeschränkt aussagekräftig.

<table>
<tr><th>Stärken des Prozessmanagements</th></tr>
<tr><td>Transparenz</td></tr>
<tr><td>Die Prozesslandschaft ist strukturiert und für alle Mitarbeiter zugänglich dokumentiert.
Die Dokumentation ist auf das Wesentliche fokussiert, gibt einen Überblick über die Abläufe im Unternehmen und ihre Verknüpfungen und eignet sich als Orientierungshilfe sowie als Basis zur kritischen Reflexion.</td></tr>
<tr><td>Koordination</td></tr>
<tr><td>Interne und externe Schnittstellen sind analysiert und in der Prozesslandkarte erfasst.
Die strategischen Ziele des Unternehmens sind über die Balanced Scorecard mit der Prozesslandschaft, insbesondere den Hauptprozessen, verknüpft. Innerhalb der Hauptprozesse findet eine weitere Zieldekomposition auf die Ebene der Teilprozesse statt.</td></tr>
<tr><td>Kontinuität und Weiterentwicklung</td></tr>
<tr><td>Im Prozessmanagement werden revolutionäre (Projekt „Prozesslandkarte“, Aufbau Customer Service) und evolutionäre Ansätze miteinander kombiniert.
Zur evolutionären Weiterentwicklung werden Impulse aus verschiedensten Quellen genutzt, v. a.:
• interne Audits und Bewertungen des Managementsystems,
• externe Anforderungen und Hinweise aus externen Audits,
• Erfahrungen und Ideen von Verantwortlichen und Mitarbeitern im Prozess.
Für Abstimmung und Freigabe von Prozessveränderungen wurde ein „Change Board“ aufgebaut.</td></tr>
<tr><td>Flexibilität</td></tr>
<tr><td>Die Prozesslandkarte steckt auf einem hohen Abstraktionsniveau den Rahmen für die Aktivitäten im Unternehmen ab. Innerhalb dieses Rahmens bleiben Handlungsspielräume für die Prozessverantwortlichen bzw. die Mitarbeiter im Prozess.</td></tr>
<tr><td>Akzeptanz und Umsetzung</td></tr>
<tr><td>Prozesse und Prozessmanagement finden hohe Akzeptanz. Gründe werden gesehen in:
• Commitment des Führungsteams und dessen engem Einbezug in das Prozessmanagement,
• Information, Kommunikation und Schulung der Mitarbeiter, insbesondere durch Transparenz des Nutzens.</td></tr>
<tr><td>Sonstiges</td></tr>
<tr><td>Die prozessbezogenen Veränderungsmaßnahmen werden in einem Zeitraum mit wenig Druck von außen als günstig terminiert angesehen.
Für die Erstellung der ersten Fassung der Prozesslandkarte gab es eine zeitliche Begrenzung durch einen definierten Zertifizierungszeitpunkt.</td></tr>
</table>

Tabelle 11: Stärken des Prozessmanagements[530]

[530] Eigene Übersicht.

Verbesserungsbereiche[531] des Prozessmanagements
Transparenz
Die mit der Dokumentation erzielte Transparenz hängt von der Perspektive des Befragten ab. Das Verständnis der Prozesse über den eigenen Verantwortungsbereich hinaus ist u. a. aufgrund der hohen Komplexität und des teilweise fachspezifischen Sprachgebrauchs begrenzt. Der Abstraktionsgrad der definierten Prozesse reicht für eine handlungsleitende Wirkung auf der ausführenden Ebene noch nicht ganz aus. Dem Bedarf nach einer weiteren Konkretisierung stehen die Problematik der hohen Komplexität einer weiteren Detaillierung sowie die Notwendigkeit von Handlungsspielräumen (siehe 3) entgegen.
Koordination
Die Schnittstellen innerhalb der Prozesslandschaft sind noch nicht vollständig konsistent. Insbesondere die Definition und Abstimmung der konkreten Anforderungen an die ausgetauschten Leistungen (Inputs – Outputs) weisen noch Lücken auf. Zentrale Hindernisse bei der Schnittstellenabstimmung sind die starke Vernetzung der Prozesse, die Notwendigkeit einer Einbindung verschiedener Akteure mit unterschiedlichen Sichtweisen sowie die daraus resultierende Komplexität. Beziehungen der Ziele auf der Unternehmens-, der Hauptprozess- und der Teilprozessebene sowie geltende Prioritäten sind nicht durchgängig expliziert. Für die Bewertung und Lenkung der Prozesslandschaft bestehen noch Lücken in den Kriterien- und Kennzahlensets.
Kontinuität und Weiterentwicklung
Die Prozessdokumentation ist noch nicht vollständig aktuell. Im u. a. für die Aktualisierung erforderlichen kontinuierlichen Prozessmanagement werden von den Befragten Lücken gesehen. Sie betreffen insbesondere: • Die Fähigkeit des Systems zur dynamischen Weiterentwicklung. Hier werden vor allem große Herausforderungen in Bezug auf Konsistenzsicherung und Schnittstellen gesehen • das Controlling von Prozessen und prozessbezogenen Veränderungen.[532] Die Möglichkeit für Mitarbeiter, Vorschläge zur Optimierung des Systems einzubringen, ist nicht in ein offizielles betriebliches Vorschlagswesen eingebettet. • Ein Hemmnis für Anpassungen der Prozesslandschaft liegt in deren hoher Komplexität verbunden mit Unsicherheiten und erheblichem Aufwand bei Veränderungen.
Flexibilität
Die Bedeutung und die aktuelle Präsenz von Handlungsspielräumen werden aus verschiedenen Perspektiven heraus sehr unterschiedlich bewertet.

531 Ein Befragter wies explizit darauf hin, dass seine Nennungen auf die Frage nach Verbesserungsbereichen nicht als Defizite bisheriger Aktivitäten zu verstehen seien. Es handele sich um Handlungsbedarfe, die erst aus heutiger Sicht erkannt werden können.

532 Im weiteren Verlauf der Entwicklung des Prozessmanagements nach Abschluss dieser Fallstudie wurden in diesem Bereich bislang erhebliche Verbesserungen erreicht. Maßnahmen waren u. a. die Etablierung regelmäßiger Reviews sowie des Change Boards und die Nutzung einer in strategische und operative Ebene gegliederten Balanced Scorecard.

Es bestehen Unklarheiten bezüglich der Entscheidungshoheit über den Detaillierungsgrad und die Verbindlichkeit von Prozessdokumentationen: Liegen diese bei den Prozessverantwortlichen oder beim Qualitätswesen?
Akzeptanz und Umsetzung
Bei größeren Veränderungen, wie im Projekt „Prozesslandkarte“, sind zunächst Widerstände spürbar. Die Intensität des Widerstandes, die Bereitschaft zur Kommunikation und zur Abstimmung sowie die Konsequenz der Prozessumsetzung hängen vom Commitment der Verantwortlichen sowie deren Bereitschaft zur Veränderung ab. Ein Umdenken von der Funktionsorientierung zur Prozessorientierung ist noch nicht vollständig erreicht. Beweggründe und Zielsetzungen des Prozessmanagements waren für die Betroffenen vor allem vor dem Projekt „Prozesslandkarte“ nicht vollständig verständlich und transparent.
Sonstiges
Die Komplexität und der Aufwand für die revolutionäre Entwicklung der Prozesslandschaft im Projekt „Prozesslandkarte“ lagen oberhalb der Erwartungen. Die Vereinigung verschiedener Rollen in einer Person (bspw. Prozessverantwortlicher + Abteilungsleiter) führt zu hohen Belastungen und ist mit der Gefahr von Ziel-/Prioritätenkonflikten verbunden.

Tabelle 12: Verbesserungsbereiche des Prozessmanagements[533]

Die Kernaussagen zu den Stärken und Verbesserungsbereichen im Prozessmanagement bei NG LITEF liefern Hinweise auf Erfolgsfaktoren des Prozessmanagements. Weitere wurden direkt von den Befragten benannt. Erfolgsfaktoren sicher zu bestimmen, ist aus einer Einzelfallstudie heraus nicht möglich.[534] Und auch generell ist die Erfolgsfaktorenforschung in der Wissenschaft ein äußerst umstrittener Bereich.[535] Die in der Befragung gewonnenen Indizien sollen hier jedoch nicht gänzlich unberücksichtigt bleiben und werden in Tabelle 13 vorgestellt. Sie dienen als Ansatzpunkte für die spätere Identifikation von Entwicklungsperspektiven und werden dann zum Teil in einer theoretisch-konzeptionellen Betrachtung weiterverfolgt.

Erfolgsfaktoren des Prozessmanagements
Transparenz
Strukturierte Dokumentation der Geschäftsprozesse und ihrer Vernetzungen. Balance von Abstraktion und Detaillierung bzw. Übersicht und Anwendbarkeit in der praktischen Umsetzung bei der Dokumentation der Prozesslandschaft.
Koordination
Explizierung und Abstimmung der Austauschbeziehungen und dabei geltender Anforderungen an internen und externen Schnittstellen der Prozesse.

533 Eigene Übersicht.

534 Siehe hierzu die Ausführungen zu den Grenzen qualitativer Forschungsmethoden und Fallstudien in Kapitel 1.4.2 und 3.1.

535 Siehe hierzu Nicolai & Kieser 2002, S. 579-596; Albers & Hildebrandt 2006, S. 2-33, sowie Lingenfelder 1990, S. 54-68.

Bewertung der Prozesse anhand ihrer Effizienz und Effektivität. Messbarkeit/Bewertbarkeit von Prozessleistungen und Erfolgen unter Berücksichtigung qualitativer und quantitativer Kriterien. Vorgabe von Richtlinien für die Prozesse und die Prozessdokumentation sowie zentrale Koordination und Kontrolle ihrer Einhaltung.
Kontinuität und Weiterentwicklung
Konzeption und Umsetzung des Prozessmanagements als lebendes, lernendes System.[536]
Flexibilität
Balance zwischen Prozessstandardisierung und -einhaltung einerseits und Flexibilität als Voraussetzung zur Variantenbildung und zur Reaktion auf unvorhergesehene Entwicklungen andererseits.
Akzeptanz und Umsetzung
Konsequente Umsetzung der definierten Prozesse und ihres Managements. Präsenz und Vorbildfunktion von Führungskräften. Interne Information, Kommunikation, Commitment (in Bezug auf Ziele und Veränderungen). Einbindung der Betroffenen in Veränderungsprozesse, insbesondere frühzeitige Beteiligung von Prozessverantwortlichen. Balance von Radikalität und Anknüpfen an Bestehendem zur Steigerung der Akzeptanz.
Sonstiges
Teilweise iteratives Vorgehen bei der Prozessgestaltung und Implementierung. Bereitstellung ausreichender zeitlicher Ressourcen (für ein systematisches und überlegtes Vorgehen) bei gleichzeitig abgestecktem Zeitrahmen (als Anstoß für ein zielorientiertes, effizientes Vorgehen). Klare und transparente Prioritätensetzung in Bezug auf die Verknüpfung von Prozessmanagementaktivitäten und Tagesgeschäft. Konstruktive Zusammenarbeit mit dem Betriebsrat.

Tabelle 13: Erfolgsfaktoren des Prozessmanagements[537]

Forschungsfrage 5:
Welche Entwicklungspotenziale für das Prozessmanagement sehen die Vertreter aus dem Unternehmen?

Im Rahmen der mündlichen Befragung wurden explizit einige Entwicklungspotenziale für das Prozessmanagement bei NG LITEF benannt. Darunter:

- die Optimierung der Schnittstellenabstimmung durch Gap-Analysen,
- der Aufbau eines Konfigurationsmanagements/Änderungsdienstes sowie

[536] Es ist zu beachten, dass im Gesprächsleitfaden zu diesem Aspekt konkrete Fragen enthalten waren und die Unabhängigkeit/Neutralität der Antworten daher zum Teil fraglich ist. In den durchgeführten Interviews wurde allerdings mehrfach auf die Bedeutung des Aspekts hingewiesen – teilweise bevor entsprechende Fragen gestellt wurden.

[537] Eigene Übersicht.

- die Realisierung eines kontinuierlichen Prozessmanagements in Form eines Regelkreises.

Sie werden bei der Zusammenstellung der zentralen Entwicklungspotenziale für das Prozessmanagement in Tabelle 14 aufgegriffen.

Forschungsfrage 6:
Welche weiteren Erkenntnisse ergeben sich aus einem Abgleich mit dem Anforderungskatalog an ein Integriertes Prozessmanagement?

Detaillierte Antworten auf Frage 6 liefert ein entsprechender Soll-Ist-Abgleich. Aus vielen identifizierten Defiziten leiten sich direkt Ansätze für eine Verbesserung des Prozessmanagements bei NG LITEF ab. Andere Lücken können nicht allein durch eine Optimierung der praktischen Umsetzung bestehender Konzepte geschlossen werden. Es deuten sich weiterführende theoretisch-konzeptionelle Entwicklungspotenziale an. Eine fundierte Formulierung von Empfehlungen für das Prozessmanagement bei NG LITEF und Entwicklungsperspektiven setzt ein möglichst umfassendes Bild der Gesamtsituation voraus. Die entsprechenden Erkenntnisse aus der Befragung werden daher gemeinsam mit den Erkenntnissen aus den übrigen Datenerhebungsschritten in Kapitel 3.2.3.4 vorgestellt.

Forschungsfrage 7:
Inwiefern sehen Vertreter von NG LITEF GmbH das Unternehmen in der Lage, die Herausforderungen des unternehmensweiten Prozessmanagements selbstständig zu meistern?

Forschungsfrage 7 bezieht sich nicht auf das Kernziel der mündlichen Befragung. Sie zielt auf die Gewinnung von Inputs für die Entwicklung eines Vorgehensmodells zur Umsetzung eines Integrativen Prozessmanagements ab. Dieses ist Gegenstand von Kapitel 5.3 der vorliegenden Arbeit. Die entsprechenden Erkenntnisse werden dort aufgegriffen.

3.2.2.4 Zusammenschau der Ergebnisse aus Dokumentenanalyse, Beobachtung und Befragung (Interviewreihe)

Eine Zusammenschau der Ergebnisse aus Dokumentenanalyse, Beobachtung und Befragung zeigt ein differenziertes Bild des Prozessmanagements bei NG LITEF. Zunächst seien die Erkenntnisse aus einem Vergleich der Ist-Situation mit den Anforderungen an ein Integriertes Prozessmanagement zusammengefasst:

Insgesamt zeigt sich eine Erfüllung von weiten Teilen der in Kapitel 2 erarbeiteten Anforderungen. Einige Ansatzpunkte für Verbesserungen bleiben jedoch:

Das Prozessmanagement von NG LITEF GmbH umfasst viele Komponenten des Integrierten Prozessmanagements. Innerhalb des Prozesslebenszyklus lag im Beobachtungszeitraum ein Schwerpunkt auf den Phasen 1 und 2, d. h. dem Weg von der Prozessidentifikation über die Prozessmodellierung bis zur Prozessumsetzung. Die erzielten Ergebnisse können weitestgehend als Erfolge verbucht werden. Verbleibende Lücken betreffen in erster Linie den Umgang mit dem Spannungsfeld zwischen Übersichtlichkeit und hohem Informationsgehalt sowie die Schnittstellenabstimmung. Zudem weist die Dokumentation der Prozesse noch einige Inkonsistenzen auf. Entsprechende Abstimmungsprozesse sind angestoßen.

Größere Abweichungen zwischen dem Ist-Zustand und den Anforderungen eines Integrierten Prozessmanagements bestehen in den Phasen 3 und 4 des Prozesslebenszyklus. Das kontinuierliche Prozessmanagement befindet sich in einer Auf-/ Umbauphase. In der weiteren Ausgestaltung sollte ein besonderes Augenmerk auf den Ausbau des Monitoring sowie die Förderung koordinierter Verbesserungen gerichtet werden. Die Überwachung der Leistung der Einzelprozesse und insbesondere ihres Zusammenspiels sollte weiter systematisiert und institutionalisiert werden. Ferner sind Mechanismen aufzubauen, die eine koordinierte Weiterentwicklung des Prozesssystems verbunden mit einer Aktualisierung des Prozessmodells bei möglichst geringem Aufwand sichern. In Teilen kann diese Anforderung bei NG LITEF voraussichtlich durch den Aufbau eines Change Boards erfüllt werden, das jedoch zum Zeitpunkt der Fallstudie noch nicht umfassend bekannt und etabliert war.

Voraussetzung für den Aufbau eines wirkungsvollen kontinuierlichen Prozessmanagements ist die Definition von Zielen und Kennzahlen. Sie wirken als Richtschnur für die Prozessgestaltung und -ausführung, z. B. indem sie Kriterien zur Bewertung der Prozesswürdigkeit bereitstellen. Bei NG LITEF lag zum Zeitpunkt der Datenerhebungen kein umfassendes prozessbezogenes Zielsystem im Sinne dieser Arbeit vor.

Eine explizite Dekomposition der strategischen Unternehmensziele über mehrere Ebenen und eine Operationalisierung durch Kennzahlen findet in einigen Teilen der Prozesslandschaft jedoch nicht flächendeckend statt. Zielhierarchien und Zielgewichtungen werden nicht durchgehend expliziert.

Die methodische Unterstützung des Prozessmanagements ist im betrachteten Unternehmen weit fortgeschritten, insbesondere durch die breite Anwendung von Methodenkompetenz im Bereich Six Sigma.

Die IT-Unterstützung beschränkt sich auf die Unterstützung einiger Prozesse über SAP-Software sowie die Verwendung von Standardsoftware aus dem MS-Office-Paket für die Prozessdokumentation. Spezielle Software für das Prozessmanagement wurde im Zeitraum der Datenerhebung nicht eingesetzt. Damit bestehen keine Möglichkeiten eines automatisierten Schnittstellenabgleichs oder einer Simulation von Prozessverläufen bzw. dem Zusammenspiel von Prozessen im System.

Bei den betroffenen und beteiligten Personen zeigt sich bei NG LITEF eine hohe Akzeptanz der Aktivitäten im Prozessmanagement und der damit verbundenen Veränderungen. Gründe sind wahrscheinlich in der breiten Kommunikation der Thematik und dem Commitment der Leitung zu sehen. Bei der Einbindung der Betroffenen offenbart sich eine Lücke in Bezug auf die Beteiligung der Prozesseigner an der Prozessidentifikation. Die Strukturierung der Prozesslandschaft wurde vom Kernteam des Projekts „Prozesslandkarte" ausgeführt. Argumente hierfür sind, dass die Verantwortlichkeiten für die Prozesse erst nach der Strukturierung der Prozesslandschaft abschließend benannt werden können. Zudem ist eine Prozessidentifikation mit einem großen Kreis von Personen wegen der dann komplexen Abstimmungsprozesse aufwendig und schwer zu koordinieren. Während für die erste Benennung der Prozesse damit auch in Zukunft eine Ausführung im Kernteam sinnvoll erscheint, hat die geringe Einbeziehung in die Prozessabgrenzung und Grobgliederung in Teilprozesse zu einer teilweise vermeidbaren Ablehnung durch die Prozessverantwortlichen geführt.

Ein weiterer Verbesserungsbereich auf der personellen Ebene liegt in der Förderung des Wandels vom Funktions- zum Prozessdenken. Diesbezüglich wurden im Unternehmen bereits deutliche Erfolge erzielt, die Sichtweise der Akteure ist jedoch nach wie vor stark von ihrer aktuellen bzw. früheren Zugehörigkeit zu Funktionsbereichen geprägt.

Für viele dieser Bereiche können bereits aus dem vorgenommenen Soll-Ist-Abgleich konkrete Empfehlungen zur Verbesserung benannt werden. Beispielsweise ergibt sich die Empfehlung einer von den Inhalten der Balanced Scorecard ausgehenden Dekomposition der Zielsetzungen auf die Ebene der Hauptprozesse, dann auf die Ebene der Teilprozesse. Darüber hinaus gilt es, die Zielsetzungen über Kennzahlen zu operationalisieren. Alle Ziel- und Kennzahlenebenen sollten in einem zentralen Monitoring-System zusammengeführt, Zielbeziehungen identifiziert, Prioritäten festgelegt und ggf. Maßnahmen zur Konsolidierung des Zielsystems abgeleitet werden. Zu beachten ist dabei, dass das Zielsystem aus Anwendersicht verständlich und überschaubar ist. Eine IT-Umsetzung mit der Möglichkeit personalisierter Ansichten im Sinne von unterschiedlichen Ausschnitten und Detaillierungsniveaus kann die Transparenz steigern.[538]

Zur Steigerung des Prozessdenkens sind Möglichkeiten einer schrittweisen Verstärkung der Prozessorientierung in der Aufbauorganisation zu prüfen.

---

538 Beispiele für Systeme mit relevanten Funktionalitäten sind das „Business Execution System" von i-nexus sowie die „Hoshin Kanri Plan Base". Siehe hierzu URL: http://www.i-nexus.com/ bzw. http://www.planbase.com/hoshin.html. Im Hinblick auf einen Einsatz bei NG LITEF sind die Besonderheiten der Zieldekomposition in einer Matrixorganisation zu berücksichtigen.

Im Zentrum der Fallstudie stand allerdings die Frage, welche theoretisch-konzeptionellen Entwicklungsperspektiven es für das Prozessmanagement gibt. Diese bleibt bislang unbeantwortet. Antworten ergeben sich aus der Fallstudie anhand:

- der explizit benannten Erfolgsfaktoren und Entwicklungspotenziale für das Prozessmanagement sowie
- deren Ableitung aus Verbesserungsbereichen.

Werden diese mit dem State of the Art in Bezug gesetzt, so treten Handlungsbedarfe zutage, für die das Prozessmanagement derzeit keine ausreichenden Lösungen zur Verfügung stellt. Basis für den Abgleich ist der Anforderungskatalog aus Kapitel 2. Zusätzlich werden bei der Identifikation bislang ungelöster Problemstellungen jedoch auch tiefer gehende Informationen zur Behandlung des Prozessmanagements in der einschlägigen Literatur berücksichtigt.

Eine Übersicht über die resultierenden Handlungsbedarfe als Basis für eine theoretisch-konzeptionelle Weiterentwicklung des Prozessmanagements gibt Tabelle 14. Auf eine Differenzierung der Ausgangspunkte für ihre Formulierung wird verzichtet, da die Gruppen nicht trennscharf sind. Zum Teil wurden Bedarfe in Interviews benannt, während sich eine weitere Konkretisierung indirekt aus identifizierten Verbesserungsbereichen des Prozessmanagements ergab.

Entwicklungspotenziale
Transparenz
Weitere Detaillierung der Prozessbeschreibungen (bspw. Ebene von Arbeitsanweisungen) bei gleichzeitiger Sicherung der Übersichtlichkeit. Bedarfsgerechte Bereitstellung von miteinander verknüpften Prozessdokumentationen unterschiedlicher Detaillierungsniveaus. Steigerung von Transparenz und Verständlichkeit der Prozesslandschaft.
Koordination
Optimierung der Schnittstellenabstimmung durch: • Gap-Analysen (und Audits), • Etablierung von Feedbackschleifen und Reviewzyklen, • Einsatz von IT-Tools. Ausbau der zentralen koordinierenden Instanz (Hauptverantwortlicher) für das Prozessmanagement; Stärkung der initiierenden und koordinierenden Rolle in Bezug auf Abstimmungen und Verbesserungen in der Prozesslandschaft. Analyse und Explizieren von Zielbeziehungen und -prioritäten sowie Kennzahlen in einem prozessorientierten Ziel- und Kennzahlensystem.

<table>
<tr><td>Kontinuität und Weiterentwicklung</td></tr>
<tr><td>Schrittweises Review und ggf. Anpassung der Prozesslandschaft und ihrer Dokumentation.
Aufbau eines kontinuierlichen Prozessmanagements im Sinne eines Regelkreises.
Beispielhafte Elemente:
• Änderungsdienst/Konfigurationsmanagement,
• bereichsübergreifende und prozessübergreifende Arbeitskreise/Arbeitstreffen (u. a. Erfahrungsaustausch).
Zentrale Prozessmanagementinstanz als Treiber und koordinierende Einheit.</td></tr>
<tr><td>Flexibilität</td></tr>
<tr><td>Förderung des Prozessverständnisses und des Überblicks der Verantwortlichen über die Prozesslandschaft.
Aufbau von Lenkungsmechanismen, die den unterschiedlichen Flexibilitätsbedarfen sowie den Abhängigkeiten und Wechselwirkungen innerhalb der Prozesslandschaft gerecht werden.</td></tr>
<tr><td>Akzeptanz und Umsetzung</td></tr>
<tr><td>Förderung des Prozessdenkens und des Willens zur Umsetzung eines prozessorientierten Managements bei Prozessverantwortlichen und -mitarbeitern:
• Optimierung der Informations-, Kommunikations-, Schulungs- und Beteiligungskonzepte.
• Einbezug der Prozessbeteiligten in Ideengenerierung und Umsetzung von Veränderungsvorhaben.
Schrittweise Konkretisierung der Ziele, Anforderungen und Vorgaben für die Prozesslandschaft. Analyse von Wechselwirkungen und Entwicklung eines prozessbezogenen Ziel- und Kennzahlensystems für die Prozessgestaltung (Ebenen-/ Schichtenmodell).</td></tr>
<tr><td>Sonstiges</td></tr>
<tr><td>Systematische Weiterentwicklung der Prozesslandschaft, der Dokumentation und des Prozessmanagements durch Etablierung von Lernzyklen.</td></tr>
</table>

Tabelle 14: Entwicklungspotenziale für das Prozessmanagement[539]

Aus einer Querbetrachtung der identifizierten Handlungsbedarfe aus Tabelle 14 ergeben sich Grundherausforderungen, die eine Weiterentwicklung des Konzepts „Prozessmanagement" adressieren sollte. Einen Überblick gibt Abbildung 26.

In einer groben Strukturierung können die identifizierten Aspekte drei übergeordneten Entwicklungsperspektiven zugeordnet werden:

1. der Steigerung der Fähigkeit zum Umgang mit Komplexität,
2. der Steigerung der Fähigkeit zum Umgang mit Dynamik sowie
3. dem Ausbau des personenbezogenen Prozessmanagements.

Als Antwort auf die Frage nach den zentralen Entwicklungsperspektiven des Prozessmanagements ergeben sich aus der Fallstudie drei Hypothesen:

[539] Eigene Übersicht.

Hypothese 1: *Die Fähigkeit von Organisationen zur Realisierung effektiver und effizienter Prozesse kann gesteigert werden, wenn es gelingt, Mechanismen zum Umgang mit Komplexität in das Prozessmanagement zu integrieren.*

Hypothese 2: *Die Fähigkeit von Organisationen zur Realisierung effektiver und effizienter Prozesse kann gesteigert und langfristig abgesichert werden, wenn es gelingt, Mechanismen zum Umgang mit Dynamik in das Prozessmanagement zu integrieren.*

Hypothese 3: *Der Erfolg des sachbezogenen Prozessmanagements hängt von den Fähigkeiten und der Bereitschaft zu dessen Umsetzung in der Unternehmensrealität ab und ist durch ein personenbezogenes Prozessmanagement zu unterstützen.*

Innerhalb der benannten Entwicklungsperspektiven gibt es folgende Schwerpunkte:

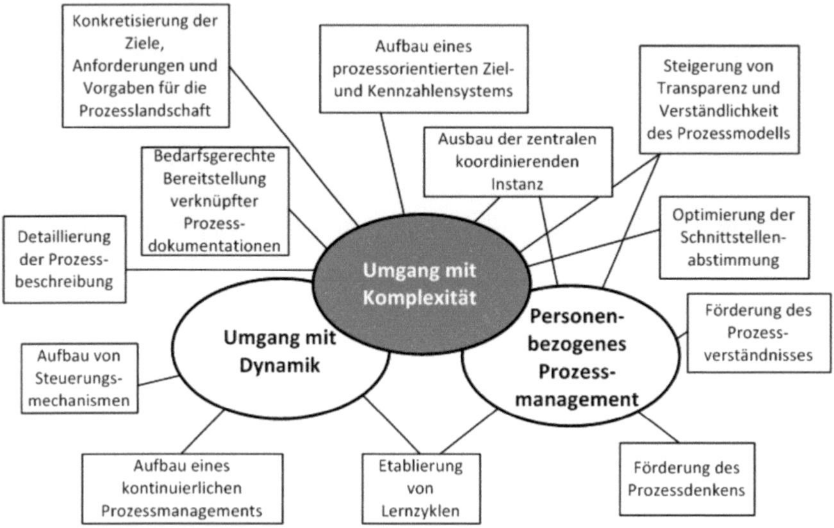

Abbildung 26: Strukturierung und Verknüpfung der identifizierten Entwicklungspotenziale für das Prozessmanagement[540]

Entwicklungsperspektive 1: Umgang mit Komplexität

- Systematisierung der Schnittstellenabstimmung und der Berücksichtigung von Wechselwirkungen im Prozesssystem. Ein erster Lösungshinweis besteht im Aufbau einer zentralen Instanz für das Prozessmanagement, deren Aufgabe vor allem in der Initiierung und Koordination von Abstimmungen und Verbesserungen im Prozesssystem liegt.

[540] Eigene Abbildung.

- Umgang mit dem Spannungsfeld zwischen hohem Detaillierungsgrad/Informationsgehalt und Transparenz/Verständlichkeit bei der Prozessmodellierung. Ein erster Lösungshinweis besteht in der bedarfsgerechten Bereitstellung von Ausschnitten aus miteinander verknüpften Dokumentationsteilen und -ebenen.

Entwicklungsperspektive 2: Umgang mit Dynamik

- Aufbau eines kontinuierlichen Prozessmanagements, das Mikro- und Makroprozessmanagement sowie Kurz-, Mittel- und Langfristbetrachtungen vereint.

  Hierzu sind sowohl
    - Lenkungsmechanismen und
    - Lernzyklen aufzubauen.

Entwicklungsperspektive 3: Ausbau des personenbezogenen Prozessmanagements:

- Ausbau und Institutionalisierung der zentralen koordinierenden Instanz. Hierzu sind u. a. Einflussmöglichkeiten im Makroprozessmanagement auszubauen und Verantwortungsbereiche zu spezifizieren.
- Förderung des Prozessdenkens der Akteure im System. Unter anderem sollen Transparenz und Verständlichkeit der Prozessdokumentation gesteigert und Anstöße für die Entwicklung einer Prozesskultur gegeben werden.
- Ausbau der Fähigkeit der Mitarbeiter zum Umgang mit Komplexität und Dynamik. Insbesondere sind Bereitschaft und Fähigkeit der Mitarbeiter zur Akzeptanz und Umsetzung des notwendigen Wandels auszubauen.

Die drei Entwicklungsperspektiven sind nicht überschneidungsfrei. In der Bearbeitung jeder Perspektive sind in erheblichem Maße Auseinandersetzungen mit Aspekten aus den beiden übrigen erforderlich. Eine besonders zentrale Rolle nimmt das Themenfeld „Umgang mit Komplexität" ein: Zur Entwicklung von Strategien zum Umgang mit Wechselwirkungen und verschiedenen Abstraktionsniveaus gehört es auch, Ansätze zu deren Lenkung und langfristigen Verbesserung zu erarbeiten. Eine erfolgreiche Umsetzung setzt wiederum adäquate personenbezogene Maßnahmen ein.

Eine umfassende Bearbeitung aller identifizierten Aspekte kann in der vorliegenden Arbeit nicht vorgenommen werden. Aufgrund der besonderen Rolle im Gesamtgeflecht der Entwicklungsperspektiven wird der Fokus im Folgenden auf Entwicklungsperspektive 1 gelegt. Die beiden übrigen Perspektiven werden insofern mitbearbeitet, wie sie für den erfolgreichen Umgang mit Komplexität im Prozesssystem relevant sind.

Bevor jedoch die in der Fallstudie gewonnenen Erkenntnisse in theoretisch-konzeptionellen Schritten aufgegriffen und weiterverfolgt werden wird zunächst kurz der methodische Zugang der Fallstudie reflektiert. Die kritische Auseinandersetzung dient dem Aufbau eines Lerneffekts für vergleichbare zukünftige Untersuchungen sowie der Explizierung von Rahmenbedingungen und Grenzen, die bei der Verwendung der Ergebnisse zu beachten sind.

3.2.3 Kritische Reflexion des methodischen Zugangs

Ein Vergleich der Ziele der Fallstudie mit den erarbeiteten Ergebnissen hinterlässt ein positives Bild. Die Zielsetzung wurde weitgehend erreicht; die forschungsleitenden Fragestellungen sind beantwortet. Auch wenn verlässliche Aussagen zur Qualität der Ergebnisse an dieser Stelle nicht möglich sind, kann eine erste positive Bilanz gezogen werden. Zur Begründung wird im Folgenden zunächst die Fallstudie als übergeordnetes Forschungsdesign, dann das eingesetzte Methodenset kritisch beleuchtet.

Die Einzelfallstudie als Forschungsdesign hat sich dahin gehend bewährt, als dass durch die Betrachtung des Prozessmanagements in einer einzelnen Organisation eine tiefgehende Auseinandersetzung mit der Ist-Situation möglich war. Ein empirisches Defizit liegt darin, dass die Ergebnisse allein auf der Situation eines einzelnen Unternehmens begründet sind. Eine unternehmensübergreifende Bedeutung ist nicht sichergestellt.[541] Diese Problematik wird zum Teil durch den in Kapitel 3.3 folgenden Abgleich mit den Erkenntnissen anderer empirischer Untersuchungen behoben. Da dieser sich allerdings auf die identifizierten Entwicklungsperspektiven beschränkt, bleibt der Nachteil des reduzierten Betrachtungsbereichs für die Identifikation bestehen. Für die Zwecke der vorliegenden Arbeit ist die Einschränkung legitim. Die in Kapitel 4 folgende Weiterentwicklung des Prozessmanagements erhebt keinen Anspruch auf Vollständigkeit und kann jederzeit um weitere Aspekte ergänzt werden. Auf lange Sicht können die Defizite der Untersuchung durch eine Ausweitung des Untersuchungsbereiches ausgeräumt werden. Eine Möglichkeit besteht in der Umwandlung der Einzel- zu einer Multiple-Case-Fallstudie. Des Weiteren kann zur Bestätigung der Resultate eine schriftliche Befragung von Prozessmanagement-Akteuren aus einer großen Zahl von Unternehmen durchgeführt werden.

Analog zum übergeordneten Forschungsdesign fällt auch die Bewertung des eingesetzten Methodenportfolios positiv aus. Die verschiedenen Datenerhebungsschritte brachten sich gegenseitig ergänzende Erkenntnisse, sodass insgesamt ein zur Beantwortung der forschungsleitenden Fragen der Fallstudie adäquates Gesamtbild entstand. Dokumentenanalyse und Beobachtung lieferten in erster Linie Informationen zur Ist-Situation des Prozessmanagements bei NG LITEF GmbH. Sie konnten gemeinsam mit den Anforderungen an ein Integriertes Prozessmanagement aus Kapitel 2 als Basis für einen systematischen Soll-Ist-Abgleich verwendet werden. Der explorative Ansatz der leitfadengestützten Interviews mit vielen offenen Fragen hat

[541] Zu dieser Problematik von Einzelfallstudien siehe Punch 2010, S. 145-148.

sich zur Identifikation von Entwicklungsperspektiven als geeignet erwiesen. Die Verteilung der Datenerhebungsschritte über den Zeitraum von Anfang 2007 bis Dezember 2010 ermöglichte es, anstelle einer rein punktuellen Betrachtung Entwicklungen des Prozessmanagements in der Organisation nachzuvollziehen.

Der den Interviews zugrunde liegende Leitfaden hielt dem Praxistest stand. Er führte zu Befragungsergebnissen, mit deren Hilfe sowohl die zentralen forschungsleitenden Fragestellungen als auch ergänzende Untersuchungsfragen beantwortet werden konnten. Durch eine Loslösung der Befragung von den in Kapitel 2 identifizierten Anforderungen an ein Integriertes Prozessmanagement wurde eine offene Stellungnahme der Befragten zu Stärken, Verbesserungsbereichen und Entwicklungspotenzialen sichergestellt. Aus der Offenheit der Befragung resultierte allerdings auch, dass in der Beschreibung der Ist-Situation nicht zu allen Anforderungen des Integrierten Prozessmanagements Informationen geliefert wurden. Konsequenzen sind Lücken im Soll-Ist-Abgleich. Sie können durch weitere Datenerhebungsschritte wie zusätzliche Interviews mit spezifischeren Fragen oder Workshops geschlossen werden. Einen ergänzenden inhaltlichen Anknüpfungspunkt für detailliertere Datenerhebungen liefern die aus den Interviewprotokollen generierten Hinweise zu Erfolgsfaktoren des Prozessmanagements. Zum Teil decken sie Anforderungen an ein Integriertes Prozessmanagement ab, sodass diese aus einem praktischen Blickwinkel – wenn auch nur aus einer einzelnen Organisation heraus – bestätigt werden konnten. Weitere Erfolgsfaktoren können bei vorangehender systematischer Konkretisierung, Erweiterung und Prüfung verwendet werden, um den Anforderungskatalog weiter auszubauen.

Kritisch anzumerken ist in Bezug auf die Interviews, dass den Befragten die Differenzierung der Facetten des Prozessmanagements (bspw. Prozessdokumentation, Prozessumsetzung) sowie die prozessuale Bewertung schwergefallen ist. Vor zukünftigen Anwendungen des Leitfadens sollte die Abgrenzung der einzelnen Prozessmanagement-Facetten geschärft und gegebenenfalls durch explizite Definitionen ergänzt werden. Für eine Bewertung ist eine deutlichere Benennung von Kriterien und Skalen erforderlich.

Im Umgang mit den Ergebnissen der Befragung ist zu berücksichtigen, dass die Gruppe der interviewten Personen lediglich eine kleine Teilmenge der Akteure im Prozessmanagement des betrachteten Unternehmens repräsentiert. Zwar wurden die Personen so ausgewählt, dass möglichst alle relevanten Perspektiven vertreten waren, im Hinblick auf verlässliche Aussagen zur Ist-Situation, wäre jedoch eine größere Stichprobe oder sogar vollständige Abdeckung vorteilhaft. Eine Erweiterung des Kreises der Befragten erhöht den Aufwand allerdings stark. Durch die Notwendigkeit einer Vernetzung der Ergebnisse nimmt die Komplexität der Auswertung bei steigender Interviewzahl dramatisch zu. Dies scheint nur sinnvoll, wenn bei zusätzlichen Datenerhebungsschritten die Voraussetzung einer stärkeren Fokussierung der Fragestellung verbunden mit einer Reduzierung von Leitfadenumfang und Interviewdauer erfüllt ist.

3.3 Abgleich der Fallstudienergebnisse mit Ergebnissen anderer empirischer Untersuchungen

Die in Kapitel 3.2.2 formulierten Hypothesen gehen auf die Analyse des Prozessmanagements in einer einzelnen Organisation zurück. Da ein wissenschaftlicher Erkenntnisfortschritt mit überbetrieblicher Relevanz erreicht werden soll, wird eine Erweiterung der empirischen Basis angestrebt. Sie kann aus Aufwandsgründen nicht im Rahmen der vorliegenden Arbeit geschaffen werden, sodass auf ein Hilfskonstrukt in Form dokumentierter Ergebnisse früherer Untersuchungen zurückgegriffen werden muss.

Eine Sekundärauswertung empirischer Studien zielte darauf ab, Hinweise auf die überbetriebliche Relevanz der identifizierten Entwicklungsperspektiven und damit den Geltungsbereich der Hypothesen zu gelangen. Zusätzlich dienen die Erkenntnisse einer Profilierung der Bedarfe als Basis für die Bearbeitung in Kapitel 4.

Problematisch ist, dass auch die Aussagekraft der verfügbaren empirischen Untersuchungen eingeschränkt ist. Die Studien wurden mit anderen Zielsetzungen - vielfach mit spezifischen Themenschwerpunkten (bspw. dem Einsatz von IT im Prozessmanagement) - durchgeführt. Im Fokus stand nicht selten, anstelle eines wissenschaftlichen Erkenntnisgewinns, die Bereitstellung pragmatischer, praxisorientierter Aussagen. Befragte wurden nicht in jedem Fall systematisch anhand definierter Regeln ausgewählt, sondern ergaben sich im Rahmen einer Selbstselektion, bspw. aus den Besuchern Prozessmanagement-relevanter Websites. Repräsentativität der einzelnen Befragungen sowie eine Vergleichbarkeit der Erkenntnisse unterschiedlicher Befragungen sind nur zum Teil gegeben. Diese Einschränkungen im Hinblick auf eine wissenschaftliche Aussagekraft der Studien sind bei der Verwendung der Ergebnisse zu berücksichtigen. Diese geben dennoch Hinweise darauf, inwiefern die Verfolgung der in Kapitel 3.2.2.4 benannten Entwicklungspotenziale Probleme adressieren, mit denen sich auch andere als die betrachtete Organisation konfrontiert sehen. Sie dienen als pragmatischer Spiegel und als Ergänzung zu den Ergebnissen der Fallstudie.

Umgang mit Komplexität

Hinweise darauf, dass der *Umgang mit Komplexität* eine wichtige Herausforderung im Management adressiert, ergeben sich aus einer Studie von Cap Gemini Consulting: Komplexität wird hier unter den Top Five der für das Management relevanten Megatrends genannt.[542]

Für die Bedeutung der in Kapitel 3.2.2.4 benannten Aspekte zum Umgang mit Komplexität im Prozessmanagement sprechen folgende Erkenntnisse aus empirischen Untersuchungen:

Insgesamt ist in den vergangenen Jahren ein Anstieg der Bemühungen von Organisationen um ein wirkungsvolles Prozessmanagement zu erkennen und auch für die Zukunft weiter zu erwarten. Schwerpunkte liegen in der Abstimmung und Koordination von Aktivitäten sowie der umfassenden Betrachtungen von Prozesssystemen,[543] d. h. in Bereichen, in denen ein systematischer Umgang mit Strukturkomplexität unbedingt erforderlich ist.

Die Bedeutung der Themen „Schnittstellenmanagement" und „Koordination" wurde in vielen Organisationen bereits erkannt. Fast drei Viertel der Befragten aus dem Business Process Management Report 2010 geben an, dass ihre Organisation künftig übergreifend Prozesse gestalten[544] will. Vergleichbare Schlussfolgerungen lässt auch eine Fallstudie bei General Motors zu. Die Reduzierung von Redundanzen und die Koordination der Aktivitäten verschiedener Einheiten (weltweit) ist hier wichtige Zielsetzung im BPR.[545] Der Business Process Report 2007 benennt „Standardisierung und Harmonisierung der Geschäftsprozesse" sowie „Gestaltung von unternehmensübergreifenden Prozessen/Collaboration" unter den fünf wichtigsten Themen im Prozessmanagement.[546] Die Studie „The State of Business Process Management" von 2010 zeigt, dass in der bereichsübergreifenden Koordination von Abläufen allgemein noch große Verbesserungspotenziale bestehen. 48 % der Befragten gaben an, dass in ihrer Organisation nur gelegentlich bis nie verschiedene Einheiten ihre Aktivitäten über standardisierte oder ähnliche Prozesse ausführen.[547] Auch hier kann vom Fehlen einer unternehmensweiten Koordination von Prozessen im Sinne eines Makroprozessmanagements ausgegangen werden.

Ein Hindernis für die Koordination ist, dass in vielen Organisationen kein oder kein geeignetes – einheitliches und vollständiges – Prozessmodell existiert. Die Ergebnisse vorliegender Studien ergeben in diesem Punkt kein ganz eindeutiges Bild: In der Umfrage „Status Quo Prozessmanagement 2009/2010" gaben nur 22 % der Befragten an, dass ihre Organisation ein vollständiges Prozessmodell hat.[548] In einer Studie

---

[542] Vgl. Cap Gemini Consulting 2008.
[543] Vgl. Wolf & Harmon 2010.
[544] Vgl. Ramco Systems Ltd 2010.
[545] Ford Motor Company o. J.
[546] Vgl. das Ergebnis einer Priorisierung anhand von 14 vorgegebenen Themen bei IDS Scheer und Pierre Audoin Consultants 2007.
[547] Vgl. Wolf & Harmon 2010.
[548] Vgl. Knuppertz, Schnägelberger & Clauberg 2010.

von Kohlbacher erklärte hingegen die Mehrheit der Befragten, dass ihr Unternehmen über ein Unternehmensprozessmodell verfügt. Den Aussagen, dass die internen und externen Kunden/Lieferanten bzw. die zu übergebenden Inputs und Outputs klar definiert sind, stimmten allerdings auch hier weniger als die Hälfte der Befragten zu.[549] Im Aufbau von Prozessmodellen, insbesondere in der Schaffung von Transparenz bezüglich des Zusammenwirkens von Prozessen, besteht damit offenbar durchaus Handlungsbedarf. Bestätigt wird die Schlussfolgerung dadurch, dass in der Studie „Status Quo Prozessmanagement 2009/2010“ mehr als 50 % der Befragten die Integration der Prozesse in ein integriertes Prozessmodell als eines der Prozessmanagement-Ziele für das Jahr 2010 benannten.[550]

Zur Steigerung der Transparenz und zur Verbesserung der Kontrolle über die Unternehmensprozesse wird häufig unterstützende Software eingesetzt.[551] Softwaresysteme dienen im Prozessmanagement-Kontext meist nicht allein der Schaffung von Transparenz, sondern unterstützen weiterführend das kontinuierliche Prozessmanagement, darunter insbesondere die Prozesssteuerung. Eine systematische Prozesssteuerung zu realisieren, ist auch mit Softwareunterstützung nur dann möglich, wenn eine systematische Kopplung des Prozessmodells mit Prozesszielen vorhanden ist. Letztere sollten wiederum mit den strategischen Organisationszielen gekoppelt sein. In der Praxis existieren hier oftmals Defizite. In der Studie „Status Quo Prozessmanagement 2009/2010“ gaben lediglich 3 % der Befragten an, dass in ihrer Organisation eine vollständige Kopplung von Prozessen und Unternehmensstrategie besteht. Bei 26 % der Befragten war dies mehrheitlich der Fall, bei 60 % teilweise oder gar nicht systematisch.[552] Weitere Untersuchungen bestätigen ebenfalls – wenn auch weniger eindeutig –, dass in der Unternehmensrealität Lücken bestehen, was die prozessorientierte Dekomposition von strategischen Zielen angeht.[553]

549 Vgl. Kohlbacher 2008. Schwächen in der unternehmensexternen Verknüpfung von Prozessmodellen zeigt die Studie „State of Business Process Management 2010“. Nur 5 % der Befragten gaben an, dass extern ausgeführte Aktivitäten stets im Prozessmodell ihres Unternehmens abgebildet sind. Bei 23 % war dies nie der Fall; in anderen selten, gelegentlich bzw. meistens. Vgl. Wolf & Harmon 2010. Bei der Interpretation dieses Ergebnisses ist zu beachten, dass zur Schaffung eines übersichtlichen Prozessmodells eine Abgrenzung nach außen erforderlich ist und externe Aktivitäten lediglich in einem begrenzten Maße aufgenommen werden können.

550 Vgl. Knuppertz, Schnägelberger & Clauberg 2010.

551 Dies gilt sowohl bei Unternehmen, die entsprechende Systeme einsetzen, als auch bei solchen, die den Einsatz in der Zukunft planen. Vgl. Hapeng & Tylla o. J.

552 Vgl. Knuppertz, Schnägelberger & Clauberg 2010, S. 8.

553 Bei Kohlbacher 2008 gaben mehr als ein Viertel der Unternehmen an, dass bei ihnen keine Prozesskennzahlen definiert sind. Dort, wo solche vorlagen, wurde wiederum in weniger als 50 % der Aussagen eher oder voll zugestimmt, dass diese aus Unternehmenszielen bzw. (internen) Kundenanforderungen abgeleitet worden sind.

Umgang mit Dynamik

Wie die der Komplexität wird auch die Bedeutung dynamischer Aspekte im Management durch die bereits benannte Studie von Cap Gemini Consulting gestützt. Zu den Top Five der im Management relevanten Megatrends gehört die „Beschleunigung".[554]

Einen Handlungsbereich zur Entwicklungsperspektive „Umgang mit Dynamik" bildet der Ausbau des kontinuierlichen Prozessmanagements. Basis für die Forderungen ist die These, dass das Prozessmanagement seine Wirkung dauerhaft nur dann entfalten kann, wenn es langfristig angelegt ist und nicht nur punktuell auf das Prozesssystem einwirkt.

Diese Sichtweise hat Einzug in das Topmanagement vieler Unternehmen gehalten. Prozessmanagement wird in der Leitung oftmals nicht mehr als Oberbegriff für zeitlich begrenzte Projekte angesehen, sondern verstanden als (dauerhafter) Ansatz, um das Unternehmen zu managen.[555] Prozesse zu steuern und zu optimieren, repräsentiert ein wichtiges Prozessmanagementziel.[556] Ein Bewusstsein der Bedeutung eines kontinuierlichen Prozessmanagements ist mithin vorhanden. An der praktischen Umsetzung mangelt es häufig: Der Aussage, „wenn sich etwas im Arbeitsablauf ändert, wird die Prozessdokumentation des betroffenen Prozesses stets aktualisiert", stimmten in einer Befragung von Kohlbacher nur ca. 54 % der Antwortenden eher bzw. voll zu.[557]

Auch zu den beiden Hauptfacetten eines kontinuierlichen Prozessmanagements – der kurz- und mittelfristigen Lenkung sowie der mittel- und langfristigen Entwicklung (Lernen) – ergeben sich spezifische Hinweise aus empirischen Untersuchungen:

Lenkung

Zu den zentralen Aufgaben des Managements gehört es, auf die internen Abläufe und deren Zusammenspiel mit äußeren so einzuwirken, dass die Organisation ihre Ziele erreicht. Für diese Aufgabe werden meist prozessbezogene Steuerungsmechanismen etabliert.[558] Die Lenkung der Prozesslandschaft, wie sie im Integrierten Prozessmanagement erforderlich ist, geht über die verbreiteten Lösungen allerdings weit hinaus. Sie sieht abgestimmte Eingriffe an kritischen Punkten des Prozesssystems vor, expliziert Ziele und Kennzahlen auf verschiedenen Ebenen und verknüpft diese systematisch. Adäquate Ziel- und Kennzahlensysteme sind in der Praxis nicht

---

554 Cap Gemini Consulting 2008.

555 Vgl. Kohlbacher 2008.

556 Vgl. Ramco Systems Ltd 2010.

557 Vgl. Kohlbacher 2008. Ähnliche Hinweise finden sich auch bei Wolf & Harmon 2010. Lediglich 5 % der Befragten bestätigten hier ohne Einschränkungen, dass in ihrer Organisation die Prozesse dokumentiert sind und die Dokumentation aktuell gehalten wird. Für korrespondierende Ergebnisse einer Befragung in Österreich siehe Gesellschaft für Prozessmanagement 2007.

558 In der KMU-Befragung von Bach & Kramer 2006 gaben 75 % der Antwortenden an, dass in ihrer Organisation Prozesssteuerung stattfindet. Wegen der zumeist weiter fortgeschrittenen Systematisierung des Managements sind in Großunternehmen sogar höhere Werte zu erwarten.

selbstverständlich. Aus der Studie „The State of Business Process Management 2010“ ging sogar hervor, dass in vielen Organisationen selbst für die wesentlichen Prozesse und Subprozesse keine Standard-Leistungsmaße definiert sind.[559] Weitere Untersuchungen bestätigten, dass eine systematische Prozesslenkung auf Basis von Ziel- und Kennzahlensystemen in der Unternehmenspraxis nicht die Regel ist.[560]

Entwicklung (Lernen)
Diskrepanzen zwischen Zielsetzung und praktischer Umsetzung ergeben sich auch in der Etablierung von Lernzyklen. Dauerhafter Erfolg in einem dynamischen Umfeld setzt eine stetige Weiterentwicklung der Organisation und darunter auch ihres Prozesssystems voraus. Das Management muss sich hierfür inhaltlichen und prozessualen Anforderungen stellen.

Inhaltlich gilt es, Leistungsinformationen zum Prozesssystem zur mittel- bis langfristigen Verbesserung und Weiterentwicklung zu nutzen. In Kohlbachers Untersuchung gaben allerdings etwa 25 % der Befragten an, dass in ihrer Organisation keine Kennzahlen definiert sind. Auch unter den übrigen Antwortenden stimmten nur ca. 40% weitgehend bis voll der Aussage zu, dass bei schlechten Werten zu den Kennzahlen tatsächlich Maßnahmen zur Verbesserung eingeleitet werden.[561] Konzepte wie Benchmarking oder Prozesskostenrechnung, die das Lernen im Prozesssystem unterstützen, finden im Prozessmanagement nur selten Anwendung.[562] Als Orientierungsrahmen für die Weiterentwicklung von Prozessen und Prozessmanagement werden häufig Reifegradmodelle eingesetzt.[563] Insgesamt werden jedoch einige Lücken in der systematischen Identifikation von Entwicklungsbedarfen deutlich.

Weitere Handlungsbedarfe gibt es in der prozessualen Abwicklung des Lernens. Wenn es geglückt ist, Veränderungen anzustoßen, ist deren konsequente Umsetzung sicherzustellen. Die notwendigen Veränderungsprozesse sind für die betroffenen Organisationen nicht leicht zu bewältigen. Zum einen sind bei der Planung und Umsetzung von Entwicklungen im vernetzten Prozesssystem zahlreiche Verknüpfungen und Wechselwirkungen zu berücksichtigen.[564] Auf Handlungsbedarfe in diesem Punkt weist die generell geringe Zufriedenheit mit der Koordination von Veränderungsinitiativen im Change Management hin.[565] Zum anderen muss mit Beharrungstendenzen und Widerständen umgegangen werden. Akzeptanzprobleme in Verände-

---

559 Vgl. Wolf & Harmon 2010.
560 Vgl. Knuppertz, Schnägelberger & Clauberg 2010 sowie Bach & Kramer 2006.
561 Vgl. Kohlbacher 2008.
562 Vgl. Kohlbacher 2008.
563 Bei Knuppertz, Schnägelberger & Clauberg 2010 gaben ca. 50 % der Befragten an, dass in ihren Organisationen Reifegradmodelle eingesetzt werden.
564 Die Koordination von Verbesserungsprojekten sowie die Integration von Prozessmanagementaspekten in bestehende Projekte gehören zu den zentralen Handlungsfeldern im Prozessmanagement. Vgl. Knuppertz, Schnägelberger & Clauberg 2010 sowie Wolf & Harmon 2010.
565 Bei Cap Gemini Consulting 2008 bewerteten 19 % der Befragten die Koordination mit „gut“, nur 1 % mit „sehr gut“.

rungsprozessen gehören zu den größten Umsetzungshemmnissen für das Prozessmanagement.[566] Ein umfassendes Change Management, das sich dieser Problematik annimmt, ist in diesem Kontext selten etabliert.[567] Dabei wird Change Management sowohl im Prozessmanagement speziell[568] als auch in der Organisationsentwicklung generell als erfolgskritisch angesehen.[569]

Die Förderung der Umsetzung von Veränderungen im Prozesssystem durch Change Management bildet einen Brückenschlag zur Entwicklungsperspektive „Ausbau des personenbezogenen Prozessmanagements".

Ausbau des personenbezogenen Prozessmanagements

Management von Veränderungen

Change Management dient neben der Umsetzung von Veränderungen auf der Sachebene auch dazu, die Einstellung von Personen zu geplanten Veränderungen positiv zu beeinflussen. Hierzu werden u. a. Trainings und Schulungen sowie Kommunikationsmaßnahmen über das Intranet eingesetzt.[570] Trotz dieser Bemühungen werden Veränderungen im Arbeitsablauf von Mitarbeitern oft nur schleppend akzeptiert.[571] Auf die Bedeutung des personenbezogenen Prozessmanagements im Kontext eines strukturellen Wandels weist der Zukunftsreport Moderner Staat 2009 hin.[572] Hinweise auf mögliche Ursachen brachte die Untersuchung „State of the Art Business Process Management" mit der Frage nach Hindernissen und Herausforderungen im Prozessmanagement hervor: U. a. wurden schlechte Erfahrungen der Vergangenheit und ein mangelndes Interesse des Topmanagements genannt.[573]

Weitere Facetten der Entwicklungsperspektive „personenbezogenes Prozessmanagement" sind die Etablierung einer zentralen koordinierenden Instanz sowie die Förderung des Prozessdenkens bei den Akteuren. Auch sie werden in ihrer Bedeutung durch empirische Studien gestützt.

Etablierung einer zentralen koordinierenden Instanz

Prozessmanagement ist in vielen Organisationen nicht nur umgesetzt, sondern weist gleichsam eine institutionelle Verankerung auf. Meist sind Verantwortliche für die ein-

566 Akzeptanzprobleme für Veränderungen stehen nach Knuppertz, Schnägelberger & Clauberg 2010, unter den Umsetzungshemmnissen für das Prozessmanagement an zweiter Stelle.

567 Nur etwa mehr als 10 % der Befragten gaben im Kontext des Prozessmanagements an, dass ein Change Management verankert ist und Ressourcen bereitgestellt werden. Mehr als 60 % stimmten folgender Aussage zu: *„Der Umgang mit Veränderungen hängt von der Initiative Einzelner ab"*. Vgl. Knuppertz, Schnägelberger & Clauberg 2010.

568 Vgl. Knuppertz, Schnägelberger & Clauberg 2010.

569 Vgl. Cap Gemini Consulting 2008.

570 Vgl. Cap Gemini Consulting 2008.

571 Vgl. Kohlbacher 2008.

572 Vgl. Innovative Verwaltung 2009.

573 Vgl. Wolf & Harmon 2010.

zelnen Prozesse benannt.[574] In einer Befragung von 2007 gaben zudem 15 % der Antwortenden an, dass in ihrer Organisation erfolgreich ein BPM Center of Excellence implementiert worden ist. 46 % wiesen stattdessen auf die Existenz spezieller Prozessmanagementteams hin.[575] Dennoch treten Defizite zutage, was die zentrale Koordination des Prozesssystems betrifft. Vielfach befasst sich die Geschäftsführung aktiv mit dem Thema und trägt oft auch direkt die Verantwortung.[576] In den meisten Fällen ist jedoch kein (hauptamtlicher) CPO etabliert,[577] der sich aus einer hohen Hierarchieebene heraus hauptsächlich mit der übergeordneten Koordination der Aktivitäten in der Prozesslandschaft befasst. Relativ geringe Ausprägungen zeigen sich auch bei der Frage nach der einschlägigen Qualifizierung der eingesetzten Führungskräfte.[578] Nur selten werden spezielle Prozessmanagement-Trainingsprogramme (für Führungskräfte) realisiert.[579] Die im Prozessmanagement geforderten flachen Hierarchien und kooperativen Führungsstile sind noch nicht durchgängig umgesetzt.[580]

Förderung des Prozessdenkens

Einige Aspekte der Prozessorientierung haben sich in der unternehmerischen Praxis bereits in hohem Maße durchgesetzt. Kohlbacher spaltet Prozessorientierung in Teamwork, Kundenorientierung und Ergebnisverantwortung auf und kommt in seiner Studie zu dem Schluss, dass die beiden ersten Kriterien in vielen Organisationen bereits weitgehend in der Realität erreicht sind.[581] Weniger positiv fällt das Ergebnis in Bezug auf das Verantwortlichkeitsgefühl aller für die Unternehmensergebnisse aus. Eine zusätzliche Bestätigung für den Handlungsbedarf in diesem Bereich ergibt sich aus einer ähnlichen Untersuchung von 2008. Lediglich 22 % der Befragten stimmten hier eher bzw. voll der Aussage zu, dass Mitarbeiter auf allen Stufen von Prozessen, Kunden, Teams und Prozesskennzahlen sprechen.[582]

Zusammenfassend lässt sich konstatieren, dass Erkenntnisse aus einer Reihe von empirischen Untersuchungen die in Kapitel 3.2.2.4 generierten Hypothesen stützen. Eine Bearbeitung der identifizierten Entwicklungsperspektiven adressiert Problembereiche bzw. Defizite,[583] die neben NG LITEF auch in anderen Organisationen auftreten. Lösungsansätze zum Umgang mit den Herausforderungen werden voraussichtlich von überbetrieblichem Interesse sein.

---

[574] Vgl. Kohlbacher 2008.
[575] Vgl. Palmer 2007.
[576] Vgl. Kohlbacher 2008.
[577] Vgl. Knuppertz, Schnägelberger & Clauberg 2010.
[578] Vgl. Wolf & Harmon 2010.
[579] Vgl. Gesellschaft für Prozessmanagement 2007.
[580] Vgl. Kohlbacher 2008.
[581] Vgl. Kohlbacher 2008.
[582] Vgl. Kohlbacher 2008.
[583] Aus Sicht eines Integrierten Prozessmanagements.

4 Konzeptionelle Überlegungen zur Weiterentwicklung des Prozessmanagements

Im bisherigen Verlauf der Arbeit wurde zunächst der State of the Art im Prozessmanagement strukturiert aufbereitet. Ausgehend vom Process-Lifecycle von Wagner und Patzak, entstand ein Modell für ein Integriertes Prozessmanagement, welches die grundlegenden Aufgabenbereiche und ihre Beziehungen zueinander im Überblick zeigt.

Die in Kapitel 3 vorgestellte Fallstudie knüpfte an das Modell an und diente dazu, Perspektiven für eine Weiterentwicklung des Managementkonzepts zu identifizieren. Aus der detaillierten Untersuchung des Prozessmanagements bei NG LITEF ergaben sich hierfür drei zentrale Ansatzpunkte:

1. Ausbau der Fähigkeit zum Umgang mit Komplexität,
2. Ausbau der Fähigkeit zum Umgang mit Dynamik und
3. Ausbau des personenbezogenen Prozessmanagements.

Auch wenn eindeutige wissenschaftliche Belege für die aufgestellten Hypothesen bislang fehlen, lieferte eine Sekundäranalyse der Ergebnisse aus anderen empirischen Untersuchungen Hinweise auf eine überbetriebliche Relevanz.

Ziel dieses Kapitels ist es nun, *erste konzeptionelle Schritte einer Weiterentwicklung* zu gehen. Im Fokus steht dabei die Entwicklungsperspektive 1: „Umgang mit Komplexität im Prozessmanagement". Es werden *Anforderungen und Gestaltungshinweise für ein Prozessmanagement erarbeitet, das der Herausforderung hoher Komplexität im Prozesssystem und in seinem Umfeld gewachsen ist.*

Eine Charakterisierung des Begriffs „Komplexität" und eine Vorstellung der zentralen Ansatzpunkte zu deren Bewältigung ist Gegenstand von Kapitel 4.1. Die beiden anschließenden Teilkapitel widmen sich jeweils einem Lösungsansatz. In Kapitel 4.2 dient das Konzept des ganzheitlichen Denkens als Bezugsrahmen für eine Weiterentwicklung des Prozessmanagements. In Kapitel 4.3 werden Erkenntnisse aus der Komplexitätswissenschaft für den Entwurf eines spezifischen prozessbezogenen Komplexitätsmanagements herangezogen. Kapitel 4.4 und 4.5 enthalten Hinweise darauf, welche Konsequenzen sich aus der Weiterentwicklung für die Entwicklungsperspektiven 2 und 3 (Umgang mit Dynamik und personenbezogenes Prozessmanagement) ergeben und in deren Kontext zu verfolgen sind (siehe Abbildung 27).

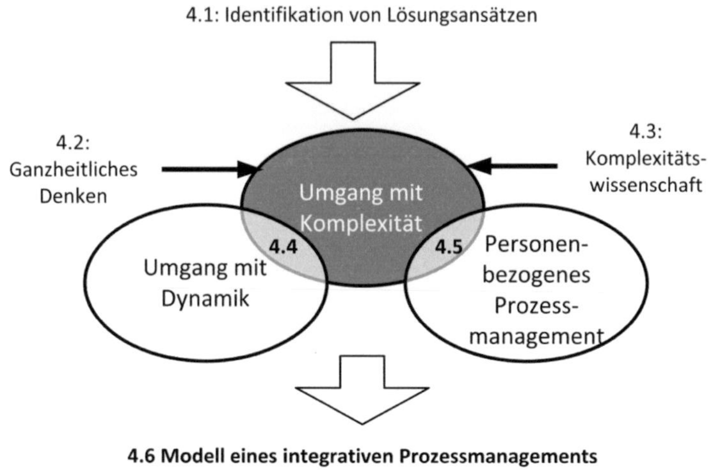

Abbildung 27: Struktur der Ausführungen zur Weiterentwicklung des Konzepts Prozessmanagement[584]

4.1 Lösungsansätze zum Umgang mit Komplexität in der Prozesslandschaft

Komplexität wurde in Kapitel 3 als wichtige Herausforderung im Prozessmanagement identifiziert. Eine konkrete Definition steht bislang jedoch aus. Bevor Ansätze zum Umgang mit Komplexität identifiziert werden, wird an dieser Stelle zunächst das Begriffsverständnis geklärt.

Rüegg-Sturm definiert ein System – eine aus verknüpften Teilen bestehende Ganzheit[585] – dann als *„komplex“*, *„wenn die Systemelemente in vielfältiger Weise interagieren und zueinander in einer spezifischen dynamischen Beziehung stehen“*[586].

Im System „Prozesslandschaft“ drückt sich Komplexität in erster Linie durch ein enges Zusammenwirken verschiedenster Abläufe und in ihnen wirkender Akteure aus.

Komplexität beeinflusst das Verhalten und das Management eines Systems:

Eine positive Folge von Komplexität besteht darin, dass das System vielfältige Verhaltensoptionen aufweist. Diese sind für sein Überleben in einer dynamischen Umwelt zwingend erforderlich.[587]

---

584 Eigene Abbildung.

585 Vgl. Kapitel 4.2.1

586 Rüegg-Stürm 2003, S. 17, im Original mit Hervorhebungen. Auf den nachfolgenden Seiten erläutert er sein Verständnis ausführlich und begründet einen dynamischen Charakter komplexer Systeme. Vergleichbare Sichtweisen finden sich bei Ulrich & Probst 1988, S. 59; Probst 1987, S. 30, sowie Bandte 2007, S. 94 und 110. Letzterer benennt auch weitere Charakteristika komplexer Systeme. Vgl. Bandte 2007, S. 78. Zu Gemeinsamkeiten verschiedener Definitionen des Komplexitätsbegriffs siehe auch Reither 1997, S. 10-11.

Als problematisch erweist sich der Umstand, dass ein komplexes System nicht *„von einer zentralen Instanz zu durchschauen, vollständig und objektiv zu beschreiben und in einem Modell korrekt abzubilden*“ ist.[588] Sein Verhalten ist daher für den Menschen kaum vorhersehbar. Entscheidungssituationen sind intransparent und von Unsicherheiten geprägt.[589] Ein Verharren der Akteure auf der Annahme linearer Systemzusammenhänge führt zu Denkfehlern, Fehlentscheidungen und Leistungsdefiziten.[590] Ein erfolgreiches Management setzt vor diesem Hintergrund einen Paradigmenwechsel voraus. Die Systemeigenschaft „Komplexität“ muss mit ihren Folgen erkannt, akzeptiert und im Entscheiden und Handeln berücksichtigt werden.[591]

Der Frage, auf welche Weise im Management mit Komplexität umgegangen werden kann, haben sich in der Vergangenheit viele Autoren gewidmet. Ergebnisse sind zahlreiche Vorarbeiten, die zur Weiterentwicklung des Prozessmanagements nutzbar sind. Sie spalten sich in zwei Hauptgruppen auf:

1) Unter dem Titel *„ganzheitliches Denken*“ bzw. *„ganzheitliches Management*“ haben sich verschiedene Autoren, darunter insbesondere Gomez, Probst und Ulrich, auf einer relativ abstrakten Ebene damit befasst, was im Umgang mit Systemen aus zahlreichen interagierenden Elementen zu beachten ist. Die Grundidee lautet, dass fundierte Entscheidungen und Eingriffe in Systeme nur dann möglich sind, wenn diese in der Gesamtheit ihrer Elemente sowie ihrer internen und externen Wechselwirkungen betrachtet werden.[592]

2) Eine zweite Gruppe relevanter Vorarbeiten ist stärker auf die Systemeigenschaft „Komplexität“ und deren Management fokussiert. Unter dem Oberbegriff *„Komplexitätswissenschaft*“ werden verschiedenste Wissenschaftsbereiche zusammengefasst, die sich intensiv mit den Ursachen und Folgen von Komplexität sowie Strategien zum Umgang mit derselben beschäftigen. Die Arbeiten der Komplexitätswissenschaft bewegen sich auf unterschiedlichen Abstraktionsniveaus. Sie reichen von allgemeinen Auseinandersetzungen mit der Herausforderung „Komplexität“ bis zu konkreten Methoden für den Umgang mit der Systemeigenschaft.[593] Basiskonzepte zum Thema

587 Vgl. Gomez & Probst 1993, S. 7.

588 Rüegg-Stürm 2003, S. 19.

589 Vgl. Rüegg-Stürm 2003, S. 18-19; Ulrich & Probst 1988, S. 59-60; Bandte 2007, S. 110, sowie Gomez & Probst 1993, S. 5. Zu dieser Grundproblematik siehe auch Frese 2005, S. 73-77, und Frese 2008.

590 Vgl. Dörner 1981 sowie Gomez & Probst 1993, S. 5-6.

591 Vgl. Heywood, Spungin & Turnbull 2002, S. 88. Zu den Konsequenzen der Komplexität für Unternehmen und Management siehe auch Striening 1988, S. 17-27.

592 Siehe u. a. Gomez 1993; Ulrich & Probst 1988; Steinle 2005; Honegger & Vettiger 2003 sowie die Arbeiten zum St. Galler Konzept „integriertes Management“ von Ulrich & Krieg, W. 1974; Rüegg-Stürm 2003; Bleicher 2004 und anderen. Grundgedanken flossen auch u. a. in die Arbeiten von George & Weimerskirch 1998; Malorny 1999 sowie Zink 2004 in den Bereichen „Organisational Excellence“ bzw. „Total Quality Management“ (TQM) ein.

593 Siehe hierzu Kapitel 4.3.

stammen bspw. von Kirsch und Barnard.[594] Den Umgang mit Komplexität in sozialen Systemen bzw. Organisationen beschrieben u. a. Luhmann, Malik, Wildemann, Kirchhof und Specht sowie Bandte.[595] Viele der Erkenntnisse sind grundsätzlich auf das Prozesssystem als spezifisches Teilsystem der Organisation[596] anwendbar.

Insgesamt zeigt sich, dass bereits eine Reihe konzeptioneller Ansätze für das Management von Komplexität existiert. Auch im Hinblick auf eine Anwendung auf das Prozesssystem zeichnen sich in der Literatur erste Schritte ab: Ein Beispiel ist das „Process Handbook" des MIT mit seiner begleitenden Dokumentation. Mit der Vernetzung von Prozessen greift es eine spezifische Facette der Eigenschaft „Komplexität" auf.[597] Eine konkrete Formulierung von resultierenden Handlungsempfehlungen für das Prozessmanagement ist dort nicht zu finden.

Eine breitere Auseinandersetzung mit dem Thema Komplexität in Geschäftsprozessen stammt von Puhl. In Abgrenzung zur vorliegenden Arbeit fokussiert der Autor jedoch Einzelprozesse und konzentriert sich stark auf technische Systemeigenschaften.[598]

Ein integrierter Ansatz für ein Komplexitätsmanagement im sozio-technischen System „Prozesslandschaft" steht bislang aus. Die Erkenntnisse aus Vorarbeiten können als Input, nicht jedoch als Substitut für dessen Entwicklung gewertet werden. Dieser Lücke nimmt sich die vorliegende Arbeit an. Die theoretisch-konzeptionellen Ausführungen der folgenden Teilkapitel greifen wichtige Vorarbeiten als Inputs auf und bringen die für das Prozessmanagement ableitbaren Erkenntnisse in einen übergeordneten Zusammenhang. Gemäß den skizzierten Gruppen früherer Veröffentlichungen gliedert sich das Vorgehen in zwei Phasen auf:

- In der ersten Phase werden ausgehend von den Grundgedanken des „ganzheitlichen Denkens" Charakteristika eines Prozesssystems sowie Konsequenzen für sein Management diskutiert (4.2).
- Im zweiten Schritt wird untersucht, welchen Beitrag die Erkenntnisse der Komplexitätswissenschaft zur optimalen Gestaltung des Prozessmanagements leisten (siehe Kapitel 4.3).

594 Siehe u. a. Kirsch 1988 und Barnard 1970.

595 Siehe u. a. Luhmann 2006, S. 11-38; Malik 2006; Wildemann 2008a; Kirchhof & Specht 2003 und Bandte 2007.

596 Zur Einbettung von Systemen in übergeordnete Metasysteme siehe Beer 1995b, S. 199-217.

597 Siehe hierzu Malone, Crowston & Herman 2003. Weitere Vorarbeiten, die spezifische Aspekte des Umgangs mit Komplexität im Prozesssystem beinhalten, werden in Kapitel 4.3 aufgegriffen und in die Ausarbeitung eines Ansatzes für ein prozessbezogenes Komplexitätsmanagement eingebracht.

598 Siehe Puhl 1999.

4.2 Das ganzheitliche Denken als Impulsgeber zur Weiterentwicklung des Prozessmanagements

„*Ganzheitliches Denken*" ist „*ein integrierendes, zusammenfügendes Denken, das auf einem breiteren Horizont beruht, von größeren Zusammenhängen ausgeht, viele Einflussfaktoren berücksichtigt und das weniger isolierend und zerlegend ist als das übliche Vorgehen.*"[599]

Das Themenfeld kann keiner einzelnen Wissenschaftsdisziplin zugeordnet werden. Es basiert weitestgehend auf Überlegungen aus der Systemtheorie und ist mit diesem – ebenfalls transdisziplinären – Wissenschaftsbereich auch in seiner heutigen Auslegung sehr eng verknüpft.[600] Zusätzlich greift es Aspekte aus anderen Feldern, darunter der Ökologie, auf.[601] Als Reaktion auf die grundsätzliche Kritik an Organisationstheorien, das System „Unternehmen" mit einem zu eingeschränkten Blick zu beleuchten, fand das ganzheitliche Denken früh Eingang in die Unternehmensführung. Das abgeleitete „ganzheitliche Management" erhebt nicht den Anspruch, etwas grundlegend Neues zu sein, bringt jedoch bestehende Erkenntnisse in einen neuen, übergeordneten Zusammenhang.[602]

Die Bedeutung eines ganzheitlichen Denkens für das Prozessmanagement zeigt sich bereits, wenn die Definition als Summe „*aufeinander abgestimmte[r] gestaltende[r], planende[r], steuernde[r], koordinierende[r] und kontrollierende[r] Tätigkeiten*"[603] mit der Zielsetzung eines maximalen Beitrags zum Unternehmenserfolg kombiniert wird:

- Eine wirkungsvolle Koordination einer großen Zahl von verknüpften Aktivitäten ist nur möglich, wenn diese nicht isoliert, sondern in ihrem Zusammenspiel betrachtet werden.
- Eine optimale Unterstützung des Unternehmenserfolges kann nur abgesichert werden, wenn das Prozesssystem mit seiner Einbettung in das Umsystem betrachtet wird.

Im State of the Art wird diesen Anforderungen bislang nur unzureichend Beachtung geschenkt. Zwar finden sich in den Definitionen und Erläuterungen einiger Autoren wie Schmelzer und Sesselmann, Jochem et al., Osterloh und Frost sowie Hirzel und Kühn[604] Hinweise auf die Notwendigkeit einer umfassenden Betrachtung, auf eine

599 Gomez & Probst 1993.
600 Vgl. Hub 1994, S. 25-38 und Ulrich & Probst 1988, S. 25.
601 Der Einbezug der Ideen aus der Ökologie zum Funktionieren der Natur als Ganzes und zum Zusammenwirken der Teile führen Ulrich & Probst 1988, S. 19, dazu, in ihren Konzepten „*die grundsätzliche Verflochtenheit des Menschen mit seiner natürlichen Umwelt*" zu betrachten.
602 Vgl. Probst 1987, S. 13-14. Zu den Grundgedanken des ganzheitlichen Managements siehe auch Gomez 1993; Gomez & Probst 1997; Ulrich & Probst 1988; Honegger & Vettiger 2003 sowie Fessmann 1980.
603 Siehe Kapitel 2.1
604 Vgl. Schmelzer & Sesselmann 2010, S. 5-6; Jochem, Mertins & Knothe 2010, S. 13-32; Osterloh & Frost 2006 sowie Hirzel 2008a, S. 16.

systematische Anwendung der Grundideen eines ganzheitlichen Denkens im Management von Prozesssystemen stößt man gleichwohl nicht. Sie wird im Folgenden vorgenommen.

Dazu wird eine „*bezugsrahmenorientierte Herangehensweise*“ gewählt: Bestehende Erkenntnisse werden in einem neuen Kontext diskutiert und für einen Erkenntniszuwachs genutzt.[605]

Die Struktur der Ausführungen orientiert sich an den *sieben „Bausteinen des ganzheitlichen Denkens“* nach Ulrich und Probst (siehe Abbildung 28).[606] Diese sind nicht vollständig überschneidungsfrei, geben allerdings in strukturierter Form wieder, was „ganzheitliches Denken“ umfasst.

Abbildung 28: Bausteine des ganzheitlichen Managements im Überblick[607]

Ziel der nachfolgenden Teilkapitel ist es, die in den Bausteinen des ganzheitlichen Denkens verankerten Grundprinzipien schrittweise in Empfehlungen für das Management komplexer Prozesssysteme zu überführen.

Ulrich und Probst unternehmen einen ersten wichtigen Schritt, indem sie die Bausteine für das System „Unternehmen“ konkretisieren. Ihre Ergebnisse werden im Folgenden aufgegriffen, für das spezifische Teilsystem „Prozesssystem“ weitergeführt und bilden den Ausgangspunkt für eine Formulierung von Anforderungen und beispielhaften Maßnahmen in der Weiterentwicklung des Prozessmanagements.

605 Siehe hierzu Bandte 2007, S. 13 sowie die zugrunde liegenden Ausführungen von Chmielewicz 1994, S. 129 zu deduktiven Forschungsansätzen.

606 Vgl. Ulrich & Probst 1988, S. 25, in Grundzügen auch schon bei Ulrich et al. 1985, S. 181-204, sowie Probst 1987.

607 Eigene Abbildung nach Bezeichnungen von Ulrich & Probst 1988, S. 25.

Es ergibt sich je Baustein folgende Gliederungsstruktur:

1. Beschreibung des Bausteins des ganzheitlichen Denkens,
2. Bedeutung des Bausteins für das System „Unternehmen",
3. Bedeutung des Bausteins für das „Prozesssystem",
4. resultierende Anforderungen an das Prozessmanagement.

Abschnitt 4 beschränkt sich dabei auf Anforderungen, die direkt aus den vorangehenden Ausführungen ableitbar sind. Die Angaben erheben keinen Anspruch auf Vollständigkeit, zeigen aber zentrale Ansatzpunkte auf.

Insofern sich durch Überschneidungen der Bausteine übereinstimmende Anforderungen an das Prozessmanagement an mehreren Stellen ergeben, werden sie lediglich einmal benannt und an späterer Stelle ausgespart.

In Kapitel 4.2.8 werden die zentralen Erkenntnisse zusammengefasst.

4.2.1 Das Ganze und seine Teile

Beschreibung des Bausteins „Das Ganze und seine Teile"

Ulrich und Probst definieren ein *System* (von griech. sýstēma: „das Zusammengestellte", „das Übergeordnete"[608]) zunächst allgemein als *„ein aus Teilen bestehendes Ganzes"*.[609] Als solches ist es nach Rüegg-Sturm von der Außenwelt abgrenzbar.[610]

Nicht jeder (konstruierte) Ausschnitt aus der Realität ist indes auch ein System im Sinne des ganzheitlichen Denkens.[611] Die Systemdefinition wird hier weiter konkretisiert:

1. Jedes Element im System nimmt eine spezifische Rolle ein,
2. das System weist eine Balance aus Dynamik und Stabilität auf und
3. die Dynamik wird ermöglicht durch Wirkbeziehungen der Systemelemente.[612]

Eine weitere Eigenschaft betont Espejo mit seiner Definition eines Systems als *„[...] a way of looking at the world"*[613]: Die Grenzen eines Systems sind nicht absolut. Sie können auf unterschiedlichen Ebenen definiert werden und dann hierarchisch ver-

608 Vgl. Seiffert 1992, S. 95.
609 Ulrich & Probst 1988, S. 27.
610 Vgl. Rüegg-Stürm 2003, S. 17-18.
611 Vgl. Ulrich & Probst 1988, S. 33; zum System als gedankliches Konstrukt siehe Probst 1987, S. 27.
612 Zu diesen Systemeigenschaften siehe u. a. Beer & Grubrich 1967, S. 24; Ashby 1974, S. 25-45, und Ulrich & Probst 1988, S. 30-31. Für weitere Ausführungen zum Systemverständnis im ganzheitlichen Denken und der Systemtheorie als Basisdisziplin siehe Forrester 1990; Senge 1996, S. 102; Vester 1997 sowie Rüegg-Stürm 2003, S. 17-18.
613 Espejo 1994, S. 202.

schachtelt sein.[614] Unterschiedliche Abgrenzungskriterien führen zudem auch auf einer einzelnen Ebene zu verschiedenen Varianten. Welche Systemebene bzw. welcher Systemausschnitt der richtige ist, hängt von der spezifischen Zielsetzung der Betrachtung ab. Wer mit einem System systematisch umgehen möchte, muss also

- in der Lage sein, adäquate Systemausschnitte und -ebenen zu wählen,
- das Bewusstsein mitbringen, dass es sich bei dem Betrachteten um eine spezifische Wahrnehmung der Realität handelt,
- fähig sein, in einem gedanklichen Wechselspiel die Wirklichkeit aus verschiedenen Blickwinkeln zu rekonstruieren.[615]

Bedeutung des Bausteins für das System „Unternehmen"

Ein Unternehmen erfüllt die skizzierten Definitionskriterien eines Systems. Es ist eine Ganzheit, die aus einer Vielzahl verknüpfter Elemente (bspw. Mitarbeiter) zusammengesetzt und durch ein erhebliches Maß an Dynamik geprägt ist.[616] Damit sind die Grundideen des ganzheitlichen Denkens auf das Management eines Unternehmens anwendbar.

Eine Besonderheit des Systems „Unternehmung" besteht darin, dass es nicht auf eine eigenständige Verbindung von Komponenten aufgrund eines geteilten Ziels zurückgeht. Unternehmen entstehen nicht eigenständig. Sie werden von Menschen bewusst aufgebaut und mit einer Zielsetzung versehen.[617] Damit handelt es sich nicht um natürliche, sondern um *„künstlich" geschaffene Systeme*.[618]

Unternehmen sind *„sozio-technische" Systeme*: In ihnen stehen Einzelpersonen mit spezifischen Individualzielen in Interaktion (soziales Teilsystem) und werden dabei durch technische Komponenten, wie Maschinen und Anlagen, unterstützt (technisches Teilsystem).[619] Da das Verhalten von Unternehmen in hohem Maße auf das Denken und Handeln der menschlichen Akteure zurückgeht, werden diese in der Literatur häufig auch allein als *„soziale Systeme"* tituliert.[620]

Aus den besonderen Eigenschaften des Systems „Unternehmen" leiten sich die zentralen Aufgaben des Managements ab: Systemaufbau, -aufrechterhaltung und -strukturierung müssen gezielt – und mit einem oft erheblichen Aufwand – initiiert und

---

614 Bspw. ist eine Kurbelwelle Teil des Systems Motor, das wiederum dem übergeordneten System Automobil angehört. Siehe hierzu Ulrich & Probst 1988, S. 28-29 und 33.

615 Vgl. Ulrich & Probst 1988, S. 33-34; Probst 1987, S. 27-31, sowie Bleicher 2004, S. 52. Zentrale Ausgangsgedanken zur Selbstreferenz und eingeschränkten Erfassbarkeit stammen von Foerster 1984 und Bateson 2002.

616 Vgl. Kirsch 1969, S. 665, und Ulrich & Probst 1988, S. 233-234. Zum Unternehmen als System siehe auch Striening 1988, S. 5-7, und Hub 1994, S. 46.

617 Vgl. Ulrich & Krieg 1974, S. 14 und 17.

618 Zu Eigenschaften natürlicher Systeme siehe Miller 1978 und Beer 1995a.

619 Zum Begriff „sozio-technische Systeme" siehe Emery & Thorsrud 2003.

620 Vgl. Staehle, Conrad & Sydow 1999, S. 46; Ulrich & Probst 2001, S. 311, sowie Hirsch-Kreinsen 2009, S. 86-93.

gesteuert werden. Die Führung muss Gestaltungsmodelle konstruieren, welche die Systemelemente mit ihren Verknüpfungsmustern definieren. Sie spannen einen Rahmen für die Strukturen des realen Systems auf und geben gleichzeitig Spielräume für das Handeln der Systemmitglieder vor.[621] Damit das Handeln der Akteure innerhalb des Rahmens den Interessen der Organisation gerecht wird, muss zudem die Frage nach dem Sinn der Arbeit und des Geschehens beantwortet werden.[622]

Bedeutung des Bausteins für das Prozesssystem

Analog zum Unternehmen ist auch die Prozesslandschaft ein System im Sinne des ganzheitlichen Denkansatzes: Sie besteht aus mehreren Elementen – den Prozessen –, die in engen Wirkbeziehungen zueinander stehen und ist nach außen abgrenzbar.[623] Jeder Prozess nimmt in der Prozesslandschaft eine spezifische Rolle ein. Gemeinsam bilden sie mit ihren Vernetzungen eine einzigartige Ganzheit, die mit anderen lediglich eingeschränkt vergleichbar ist. Dynamik ist den Prozessen als Aktivitätenfolgen inhärent. Zusätzlich entsteht sie durch Prozesserneuerung und Prozessverbesserung.

Wie das übergeordnete System „Unternehmung“ ist auch das Prozesssystem kein natürliches System. Analog zur Unternehmensführung allgemein sollte daher auch ein systematisches Prozessmanagement einen Ordnungsrahmen schaffen, innerhalb dessen ein auf gemeinsame Ziele ausgerichtetes – in Teilen selbstorganisiertes Handeln[624] – stattfinden kann. Die Schaffung eines übergeordneten „Sinns“ fokussiert das Handeln der Akteure auf die Gesamtziele des Prozesssystems.[625]

Resultierende Anforderungen an das Prozessmanagement

Aus der Übertragung der Grundgedanken aus Baustein 1 „Das Ganze und die Teile“ heraus lassen sich folgende Anforderungen an das Prozessmanagement definieren:

1.1 Aufbau eines Ordnungsrahmens für das Handeln der Akteure in Prozessen und im Prozessmanagement

Kern des Ordnungsrahmens für ein Prozesssystem ist das Prozessmodell. Dieses ist so auszugestalten, dass einerseits „Leitplanken“ für ein auf die gemeinsamen Ziele ausgerichtetes Handeln entstehen und andererseits Spielräume für ein – in Teilen – eigenständiges Handeln der Akteure verbleiben.[626]

---

621 Siehe hierzu Ulrich & Probst 1988, S. 234 und 260-261.

622 Vgl. Hub 1994, S. 46.

623 Zur Anwendung des Systemansatzes in der Betriebswirtschaftslehre siehe Ulrich & Probst 2001, S. 171-174. Im Prozesssystem können neben den Prozessen u. a. auch die agierenden Mitarbeiter sowie die eingesetzten Betriebsmittel als Elemente verstanden werden.

624 Siehe hierzu Kapitel 4.2.4 und 4.2.5.

625 Zur Rolle des „Sinns“ in Systemen siehe ausführlich Luhmann & Baecker 2002, S. 221-246.

626 Zur Balancierung multipler Ziele siehe Stüttgen 2003, S. 335-346.

Beispielhafte Maßnahmen zur Erfüllung der Anforderung sind:

- Adäquate Abgrenzung und Modellierung des Prozesssystems,
- Schaffung von Strukturen für die Selbstorganisation der Akteure im sozialen System,
- Ausarbeitung, Kommunikation und Anwendung eines prozessorientierten Ziel- und Anreizsystems, das Individualziele und Prozessziele in Einklang bringt.627

1.2 Verknüpfte Betrachtung unterschiedlicher Systemausschnitte und -ebenen

Aus den skizzierten Anforderungen an die Systembetrachtung leitet sich für das Prozessmanagement die Forderung ab, für jeden Zweck eine geeignete Systemebene und einen adäquaten Systemausschnitt zu fokussieren. Damit im Management gedankliche Wechselsprünge zwischen den Ebenen möglich werden, sind Beziehungen zu über- und untergeordneten Detaillierungsebenen transparent zu machen.

Beispielhafte Maßnahmen zur Erfüllung der Anforderung sind:

- Hierarchischer Aufbau von Prozessmodellen,
- Auswahl bzw. Qualifizierung von Akteuren vor dem Hintergrund der oben benannten Anforderungen an den Betrachter eines Systems.

4.2.2 Vernetztheit

Beschreibung des Bausteins „Vernetztheit“

Ein System wurde in 4.2.1 anhand einer vielseitigen Vernetzung von Elementen charakterisiert. Als Folge der Vernetzung kann ein Impuls an einer Stelle zu Konsequenzen für verschiedenste andere Systemteile führen.[628] Die vom Menschen präferierte lineare Erklärungsweise für die Wirkung von Ereignissen greift unter diesen Bedingungen zu kurz.

Zielgerichtete Eingriffe in ein System setzen voraus, dass dessen Reaktionen trotz dieser Hindernisse zumindest abschätzbar sind. Die Wirkbeziehungen müssen transparent gemacht werden.[629]

Eine vollständige Analyse ist bei großer Zahl von Teilen und Verknüpfungen allerdings kaum realisierbar. Je nach Einsatzzweck der Modellierung ist – wie bereits in Kapitel 4.2.1 skizziert – eine Konzentration auf einen Ausschnitt bzw. eine spezifische Betrachtungsebene erforderlich. Zudem ist als Basis für zielgerichtete Eingriffe

627 Zu Kommunikation und anderen Maßnahmen zur „Sinngebung“ siehe Hub 1994, S. 47-51.

628 Vgl. Ulrich & Probst 1988, S. 40-41. „Der ‚Aufbau‘ des Systems ist der Produzent jedes Verhaltens des Systems.“ Gomez & Probst 1993, S. 7.

629 Vgl. Wojda & Buresch 1997, S. 27.

eine Charakterisierung der Wirkbeziehungen nach Wirkungsart (bspw. gleichgerichtete Wirkung), -intensität und -richtung empfehlenswert.[630]

Bedeutung des Bausteins für das System „Unternehmung"

Wie in jedem System sind auch die Komponenten eines Unternehmens zu Wirkgefügen verknüpft. Eingriffe – bspw. die Einführung einer neuen Technologie – führen zu Konsequenzen in verschiedensten anderen Bereichen, z. B. in der Personalentwicklung, die in Qualifizierungsmaßnahmen neue Anforderungen berücksichtigen muss.[631] Zielgerichtete Managemententscheidungen setzen voraus, dass die vielseitigen Wirkbeziehungen im Unternehmen zumindest in Ansätzen bekannt sind und Berücksichtigung finden.

Eine Besonderheit des Systems „Unternehmen" bildet die Koexistenz formaler und informeller Strukturen:

- Das *formale Gefüge* umfasst definierte Verknüpfungen wie bspw. personelle Hierarchien. Es wird meist top-down entworfen und durchgesetzt und muss aufgrund des hohen Aufwands für Abstimmungs- und Umsetzungsprozesse vergleichsweise einfach bleiben.
- Die zur optimalen Systemfunktion in einem dynamischen Umfeld notwendige intensivere Vernetzung der Systemkomponenten[632] wird durch Ergänzung *informeller Beziehungen* erreicht. Sie können dauerhaft sein oder situativ entstehen. Beispiele sind Kommunikationsbeziehungen zwischen Akteuren außerhalb definierter Reportingwege und Kooperationsstrukturen.[633]

Informelle Strukturen entstehen weitgehend eigenständig. Sie sind nur eingeschränkt durch gezielte Eingriffe beeinflussbar.[634] Wegen ihrer mitunter erheblichen Auswirkungen auf das Systemverhalten sind sie jedoch – soweit möglich – im Management transparent zu machen und zu berücksichtigen.

Eine weitere Herausforderung für das Management von Unternehmen resultiert aus der Zusammensetzung eines solchen Systems. Die agierenden Menschen, eingesetzte Betriebsmittel sowie materielle Produkte können als Komponenten angesehen werden und beeinflussen das Verhalten des Gesamtsystems. Die damit große Zahl und Vielfalt von Elementen und Verknüpfungen führen dazu, dass eine vollständige Systemtransparenz in der Regel nicht hergestellt werden kann. In jeder Entschei-

630 Vgl. Ulrich & Probst 1988, S. 41-46.
631 Vgl. Ulrich & Probst 1988, S. 234-235.
632 Zu Bedeutung informeller Netzwerke in Unternehmen siehe Krackhardt & Hanson 1993; Wald 2003 sowie entsprechende Studien von Chisholm 1989 und Lazega 1992.
633 Vgl. Ulrich & Probst 1988, S. 235.
634 Vgl. Wald 2000, S. 704.

dungssituation ist daher zu klären, welche Teilsysteme zu fokussieren und welche Betrachtungsperspektiven geeignet sind.[635]

Bedeutung des Bausteins für das Prozesssystem

Die skizzierten Charakteristika des Systems „Unternehmen“ treffen auch auf die Prozesslandschaft als Teilsystem zu:

- Verschiedenste Elemente, darunter an erster Stelle Aktivitätenbündel, sind auf unterschiedliche Art verknüpft. Die im System vorherrschenden Kausalketten sind vielseitig und schwer überschaubar.
- Durch Prozessmodelle, prozessorientierte Aufbauorganisation und weitere Vorgaben werden formale Verknüpfungen geschaffen. Informelle Wirkbeziehungen bestehen u. a. in Form von Interaktionen der Menschen im System und dem gemeinsamen Zugriff von Prozessen auf Ressourcen.[636]

Damit sind die für die Unternehmensführung skizzierten Herausforderungen in Grundzügen auch im Prozessmanagement zu bewältigen.

Resultierende Anforderungen an das Prozessmanagement

Übertragen auf das Prozessmanagement ergeben sich aus dem Baustein 2 „Vernetztheit“ folgende Anforderungen:

2.1 Explizierung von Wirkbeziehungen unterschiedlicher Art

Gezielte Eingriffe in das Prozesssystem erfordern Kenntnisse darüber, welche Konsequenzen für das Verhalten und die Leistung des Gesamtsystems zu erwarten sind.[637] Es ergibt sich die Forderung nach einer Explizierung formaler und (sofern möglich) auch informeller Verknüpfungen im Prozesssystem. Je nach Zielsetzung und Einsatzzweck sind dabei unterschiedliche Schwerpunkte zu setzen.[638]

Beispielhafte Maßnahmen zur Erfüllung der Anforderung sind:

- Systematische Analyse von Informationsbedarfen in den einzelnen Phasen des Prozesslebenszyklus
- Aufbau mehrdimensionaler Prozessmodelle unter Berücksichtigung der identifizierten Bedarfe
  - strukturierte Erfassung von Wirkbeziehungen,
  - Differenzierung von Betrachtungsebenen,
  - Wahrung der Übersichtlichkeit durch kriteriengeleitete Fokussierung.

[635] Vgl. Ulrich & Probst 1988, S. 236-237.
[636] Siehe hierzu die Ausführungen zum Synergiemanagement in Kapitel 4.3.
[637] Vgl. Becker, Berning & Kahn 2008, S. 11.
[638] So sind bspw. zur räumlichen Prozessoptimierung vor allem materielle Übergabepunkte relevant.

2.2 Berücksichtigung der Dynamik im Zusammenspiel der Prozesse

Statische Prozessmodelle als Momentaufnahme des Systems werden realen Prozesssystemen lediglich begrenzt gerecht. Zur Vorhersage/Abschätzung von Prozessergebnissen sowie Wirkungen von Systemeingriffen ist zusätzlich die Systemdynamik zu berücksichtigen.

Eine beispielhafte Maßnahme zur Erfüllung der Anforderung ist:

- Kombinierter Einsatz statischer Prozessmodelle und Simulationen.

2.3 Aufbau abstimmungsförderlicher Strukturen

Wechselseitige Abhängigkeiten der Aktivitäten im Prozesssystem führen zu einem hohen Bedarf an Abstimmungen. Diese sollten durch Schaffung geeigneter Strukturen gefördert werden. Becker und Kahn formulieren in diesem Kontext: *„Vernetzte [...] Prozessabläufe erfordern ein „vernetztes Management“.“*[639]

Beispielhafte Maßnahmen zur Erfüllung der Anforderung sind:

- Bildung überlappender Prozessteams,
- Überlappung der Aufgabenbereiche von Prozesskoordinator und Prozessverantwortlichen.

4.2.3 Das System und seine Umwelt (Offenheit)

Allgemeine Beschreibung des Bausteins „Das System und seine Umwelt“

Systeme können theoretisch *geschlossen oder nach außen offen* sein.[640] Dem ganzheitlichen Denken liegt allerdings die Annahme zugrunde, dass Offenheit kein distinktes Merkmal ist, sondern unterschiedliche Intensität aufweisen kann und stets zu einem gewissen Maß gegeben ist.[641] Letzteres leitet sich aus dem Grundverständnis ab, dass ein System nicht durch eine reale, sondern eine gedankliche Abgrenzung entsteht.[642] *„Die Systemgrenzen trennen zwar die Elemente, aber nicht die Relationen.“*[643]

Das Verhalten eines offenen Systems wird durch externe Faktoren beeinflusst. Es ist nur unter Berücksichtigung des Kontexts vollständig verständlich[644] und dann gezielt beeinflussbar.

Eine weitere Herausforderung offener Systeme entsteht nach Bertalanffy daraus, dass sich in ihnen kein echtes Gleichgewicht einstellt. Durch Rückkopplungseffekte

[639] Becker & Kahn 2008, S. 10.
[640] Vgl. van Bertalanffy 1976 sowie Ulrich & Probst 2001, S. 141-142.
[641] Vgl. Luhmann & Baecker 2002, S. 45. Siehe hierzu auch Wagner 2006, S. 18.
[642] Vgl. Ulrich & Probst 1988, S. 50-51, und Böckmann 1987, S. 18-19.
[643] Bandte 2007, S. 108.
[644] Vgl. Ulrich & Probst 1988, S. 51-52.

und Regulationsmechanismen innerhalb des Systems und an seinen Grenzen entsteht hingegen ein Fließgleichgewicht, bei dem nicht alle makroskopischen Größen konstant sind.[645]

Bedeutung des Bausteins für das System „Unternehmung"

Das Verhalten einer Organisation ist in hohem Maß von internen Strukturen und Entscheidungen geprägt. Neumann begründete damit, dass diese sozialen Systeme stärker durch Geschlossenheit als durch Offenheit geprägt sind[646] – eine Einstellung, die vergleichbar auch vielen intern orientierten Organisationsansätzen zugrunde liegt.[647]

Seit Mitte des 20. Jahrhunderts zeigt sich jedoch eine zunehmende Aufmerksamkeit darauf, dass Unternehmen *„durch ein Netz von Transaktionsbeziehungen mit Elementen ihrer Umwelt verbunden"*[648] und nur *partiell-autonom* sind.[649] Aus dieser veränderten Perspektive leiten sich zwei Konsequenzen für das Management ab:

1. Eine steigende Bedeutung der Berücksichtigung (sich ggf. dynamisch verändernder) externer Rahmenbedingungen.[650]
2. Eine steigende Ausrichtung an den Interessen verschiedener Stakeholdergruppen.[651]

Bedeutung des Bausteins für das Prozesssystem

Wie im „Unternehmen" hängen auch im Prozesssystem Funktion und Leistung stark von verschiedensten äußeren Einflüssen ab. Innerhalb des Umsystems können zwei „Schalen" unterschieden werden:

- Die *innere Schale* repräsentiert das übergeordnete System *„Unternehmen"*, zu dem das Prozesssystem gehört.
- Die *äußere Schale* entspricht dem *Umsystem des Unternehmens* und schließt bspw. die Teilsysteme Absatzmärkte, Beschaffungsmärkte und Umwelt ein.

---

645 *„Gleichgewicht herrscht, wenn sich der Systemzustand in der Zeit nicht mehr verändert."* (Reither 1997, S. 137) Von einem Fließgleichgewicht wird hingegen dann gesprochen, wenn ein *„System in der Lage ist, trotz Zufuhr und Wegfuhr, Aufbau und Zerfall sich selbst – wenn auch in ständiger Veränderung seiner Elemente – als System zu erhalten"*. (Ulrich & Probst 2001, S. 142) Die Idee geht auf die General Systems Theory von van Bertalanffy 1950 zurück. Für eine kritische Stellungnahme zu dieser siehe Guberman 2002.

646 Vgl. Neumann 2000, S. 151.

647 Siehe u. a. Taylor 1911; Fayol, Détrie & Morin 1999; Nordsieck 1955.

648 Kirsch 1969, S. 665.

649 Siehe hierzu u. a. Beer & Grubrich 1967, S. 173-174; Luhmann & Baecker 2002, S. 118; Probst 1992; Staehle, Conrad & Sydow 1999, S. 46; Neumann 2000, S. 150-155, sowie die Interaktionstheorie von Homans 1958, S. 597-606, die zumindest auf das soziale Teilsystem des soziotechnischen Systems „Unternehmung" anwendbar ist.

650 Vgl. Ulrich & Probst 1988, 238-242.

651 Vgl. Hub 1994, S. 53-54, sowie Ulrich & Probst 1988, 140-241. Zum Stakeholderansatz siehe ausführlich Freeman 1984.

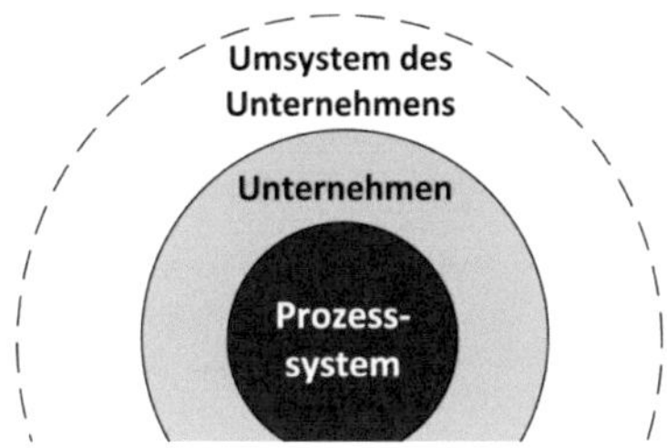

Abbildung 29: Das Prozesssystem und seine Umsysteme[652]

Resultierende Anforderungen an das Prozessmanagement

Eine Übertragung der Grundgedanken aus Baustein 3 „Das System und seine Umwelt" führt zu folgenden Anforderungen an das Prozessmanagement:

3.1 Explizierung der unternehmensexternen Verknüpfungen des Prozesssystems

Die Orientierung an den Bedürfnissen und Anforderungen der Kunden gehört zu den Grundansätzen des Prozessmanagements.[653] Schnittstellen zu Lieferanten und Kooperationspartnern wurden ausführlich im Kontext der Prozessintegration in Supply Chains bzw. Netzwerken diskutiert.[654] Ein zielgerichtetes Prozessmanagement setzt auch eine Transparenz der weiteren externen Verknüpfungen voraus.

Beispielhafte Maßnahmen zur Erfüllung der Anforderung sind:

- Identifikation der relevanten Umsysteme und Stakeholder und Analyse ihrer Einflüsse auf bzw. Anforderungen an das Prozesssystem[655],
- Berücksichtigung der unternehmensexternen Wirkbeziehungen in allen Phasen des Prozesslebenszyklus.

3.2 Kontinuierliche Überwachung externer Einflussfaktoren auf das Prozesssystem

Damit sich das Prozesssystem in einem dynamischen Umfeld optimal ausrichten kann, müssen Veränderungen im Umfeld und ihre Konsequenzen frühzeitig erkannt werden.

Beispielhafte Maßnahmen zur Erfüllung der Anforderung sind:

- Aufbau eines Frühwarnsystems zur Identifikation äußerer Veränderungen mit Relevanz für das Prozesssystem,
- systematische Nutzung von Informationen zu Veränderungen im Umfeld.

---

652 Eigene Abbildung.
653 Vgl. Kapitel 2.1 sowie zahlreiche Veröffentlichungen zum Prozessmanagement, darunter insbesondere Bräkling & Oidtmann 2006.
654 Siehe hierzu bspw. Melzer-Ridinger 2007.
655 Ein Verfahren für die Stakeholderanalyse beschreiben Welge & Al-Laham 2003, S. 166-179.

4.2.4 Ordnung

Allgemeine Beschreibung des Bausteins „Ordnung"

Komplexität wird häufig mit „Unordnung" assoziiert. Hohe Variabilität und Dynamik können den Eindruck erwecken, dass das System keinen Regeln folgt. Systeme weisen allerdings im Allgemeinen klare Strukturen auf und sind durch eine *„wahrgenommene Regelmäßigkeit und Zuschreibbarkeit"*[656] geprägt.[657] Eine Grundordnung steckt einen Rahmen für das Systemverhalten ab und verleiht ihm eine gewisse Konsistenz und Kontinuität – auch wenn sie für den Menschen nicht vollständig erfassbar ist.[658]

Nach von Hayeks „Theorie der spontanen Ordnung"[659] entstehen Ordnungen *„im Zuge der Evolution aus der Interaktion von Individuen miteinander sowie mit ihrer Umwelt durch einen der Mutation und Selektion analogen Prozess"*[660]. Die eine Ordnungsbildung initiierenden Impulse werden ihrer „Herkunft" entsprechend in endogene und exogene Einflüsse unterteilt.[661]

Analog zu Systemstrukturen setzen sich auch Ordnungen aus formalen Anteilen, wie bspw. Organigrammen und informellen Anteilen im Sinne geistiger Muster, zusammen.[662] Der Nutzen von Ordnungen liegt in erster Linie darin, dass sie den Umgang mit hoher Variabilität und Dynamik erleichtern. Sie reduzieren die Verhaltensvarianten des Systems und steigern die Antizipierbarkeit. Veränderungen drücken sich in der Anpassung von Ordnungen auf spezifischen Ebenen aus, während Ordnungen auf höheren, abstrakteren Ebenen weiter bestehen.[663]

Bedeutung des Bausteins für das System „Unternehmung"

Unternehmen weisen vielseitige Ordnungen auf.[664] Diese führen u. a. dazu, dass nicht all ihre Elemente miteinander in Interaktion stehen. Die tatsächlichen Austauschbeziehungen sind im Vergleich zur theoretisch möglichen Zahl stark begrenzt.

Ein Mindestmaß an Ordnung ist für das Funktionieren einer Organisation unbedingt erforderlich – bspw. dann, wenn es um die Verteilung und Koordination von Aktivitäten geht.[665] Ordnungen zu schaffen und zielorientiert zu verändern, gehört zu den zentralen Aufgaben im Management. Zu einer Herausforderung wird sie dadurch,

656 Probst 1987, S. 9.
657 Siehe hierzu auch Malik 2006, S. 193.
658 Probst 1987, S. 9, und Ulrich & Probst 1988, S. 66-69 und 242.
659 Siehe hierzu u. a. Hayek & Bosch 2005.
660 Bandte 2007, S. 60.
661 Vgl. Bandte 2007, S. 112.
662 Vgl. Malik 2006 mit leicht abweichender Bezeichnung.
663 Vgl. Ulrich & Probst 1988, S. 71-77.
664 Vgl. Ulrich & Probst 1988, S. 70.
665 Vgl. Kieser & Walgenbach 2007, S. 17-27. Kräkel 2007, S. 76-77, sieht dies sogar als konstituierendes Merkmal zum institutionellen Organisationsbegriff.

dass Ordnungen nicht direkt aus Vorgaben von Führungskräften, sondern als Resultat vielfältiger Handlungen und Interaktionen im System entstehen.[666] Einflussmöglichkeiten bestehen in der Festlegung formaler Regeln und Organisationsstrukturen. Bei ausreichender Durchsetzungskraft können sie die Bildung und Veränderung von Ordnungsmustern initiieren. Im Managementhandeln ist gleichwohl unbedingt zu berücksichtigen, dass das Verhalten sozialer Systeme zusätzlich von intuitiv verfolgten, informellen Regeln beeinflusst wird. Ein Teil der Ordnung entsteht mithin selbstständig durch Bildung von Routinen.[667]

Relevanz und Bedeutung des Bausteins im Prozessmanagement

Das Prozesssystem eines Unternehmens ist in erheblichem Maß durch Ordnung gekennzeichnet. Die in Prozessen gebündelten Aktivitäten sind nicht zufällig, sondern einer inneren Logik folgend miteinander verknüpft. Prozessdokumentation und weitere Vorgaben aus dem Prozessmanagement formulieren formale Regeln, aus denen ein Rahmen für das Systemverhalten resultiert. Indirekt kann das Prozessmanagement auch auf die Entstehung informeller Ordnungen hinwirken, bspw. durch Definition von Rollen und Teams sowie eines gezielten Aufbaus von Handlungsspielräumen.[668]

Resultierende Anforderungen an das Prozessmanagement

Aus der Übertragung der Grundgedanken aus Baustein 4 „Ordnung“ heraus lässt sich folgende Anforderung an das Prozessmanagement formulieren:

4 Sicherung einer Balance von formalen Regeln und Handlungsspielräumen für die Akteure

Das Prozessmanagement muss sich dem Spannungsfeld zwischen der Schaffung formaler Ordnungen und der Schaffung von Freiräumen für informelle Ordnungen stellen. Es gilt, gerade so viele Vorgaben zu machen, wie für die Sicherung einer Aufgabenausführung im Sinne des Gesamtsystems erforderlich sind. Innerhalb der definierten Mindestvorgaben sollten die Akteure zu eigenverantwortlichem Handeln befugt und in der Lage sein.

Zusätzlich sollte die Entstehung informeller Ordnungen (sofern beeinflussbar) so kanalisiert werden, dass ihre Ergebnisse im Sinne des Unternehmensinteresses sind.

Welches Systemverhalten wünschenswert ist, ergibt sich aus dem prozessorientierten Zielsystem. Die Entstehung optimaler informeller Ordnungen setzt voraus, dass Zielsetzungen für die – auch ordnungsbildend wirkenden – Akteure transparent sind.

---

666 Vgl. sowie Ulrich & Probst 1988, S. 72-76.

667 Vgl. Ulrich & Probst 1988, S. 72-76 und 244-245. Siehe hierzu auch Gomez 1993, S. 7; Kieser & Walgenbach 2007, S. 18, und Masing, Pfeifer & Schmitt 2007. Die Analyse formaler und informeller Organisationsstrukturen beschreibt Rank 2003.

668 Vgl. Kieser & Walgenbach 2007, S. 22, und Malik 2006, S. 195-196.

Beispielhafte Maßnahmen zur Erfüllung der Anforderung sind:

- Erhaltung von Freiräumen für die eigenständiges Handeln und Bildung von Routinen,
- Sicherung von Zieltransparenz und Schaffung von Anreizen als Basis für eine optimale Ausrichtung informeller Ordnungen.[669]

4.2.5 Lenkung

Allgemeine Beschreibung des Bausteins „Lenkung"

Während Ordnungen das Verhalten eines Systems mittel- bis langfristig beeinflussen, wird eine kurzfristige Einflussnahme durch Lenkung erzielt. Innerhalb der Lenkung sind zwei Grundansätze zu differenzieren: Steuerung und Regelung (siehe Abbildung 30).

- *Steuerung* wird in der DIN 19226 definiert als *„Vorgang in einem System, bei dem eine oder mehrere Größen als Eingangsgrößen andere Größen als Ausgangsgrößen aufgrund der dem System eigentümlichen Gesetzmäßigkeiten beeinflussen."*[670]
- *„Bei der Regelung handelt es sich um einen Prozeß [...], der durch einen geschlossenen Wirkungsfluß charakterisiert ist, den Regelkreis."*[671] Über Rückkopplungen werden Informationen zu den Ausgangswerten an den Regler zurückgemeldet und dort als Basis für Systemeingriffe genutzt.[672]

Für die Lenkung von Systemen, die in ihren Strukturen für den Menschen nicht bzw. kaum überschaubar sind, geht die Regelung mit erheblichen Vorteilen einher: Während die Funktionsweise einer Steuerung auf der Grundannahme eines transparenten „Gesetzes der Übertragung" beruht[673], gibt die Regelung diese – in komplexen Systemen oft unzutreffende – Grundannahme auf und sieht eine iterative Zielannäherung vor.[674]

Ein Regelkreis ist in gewissem Maß Teil des geregelten Systems.[675] Eine besonders starke Integration weist eine sogenannte Selbstlenkung auf. Hier werden durch zykli-

---

669 Siehe hierzu die Ausführungen von Luhmann 2006, S. 81-122, zu Mitgliedschaft und Verhaltensmotiven von Individuen in Systemen.

670 DIN 19226:1994, S. 5.

671 Schweizer 1979, S. 45, im Original mit Hervorhebungen.

672 Zur Regelung im Kontext komplexer Systeme siehe Beer & Grubrich 1967, S. 35-43.

673 Hier gibt ein Übertragungsfaktor das Verhältnis zwischen Ausgangs- und Eingangsgröße an. Vgl. Schwarz 2002, S. 77-78.

674 Vgl. Ulrich & Probst 1988, S. 81, sowie Kapitel 4.2.7. Büssow 2003, S. 268-272; Bandte 2007, S. 102, und Mainzer 2008, S. 19, sehen Rückkopplungen als Charakteristika komplexer Systeme an.

675 Siehe hierzu Gomez, Malik & Oeller 1975, u. a. S. 441.

sche Kopplungen der Elemente im System eigenständig Vorzugszustände eingenommen.[676] Je nach Systemoffenheit und damit verbundener externen Abhängigkeit ist allerdings eine Anbindung der internen Regelkreise an die Umsysteme erforderlich: Externe Anforderungen müssen systematisch in das System eingebracht werden.

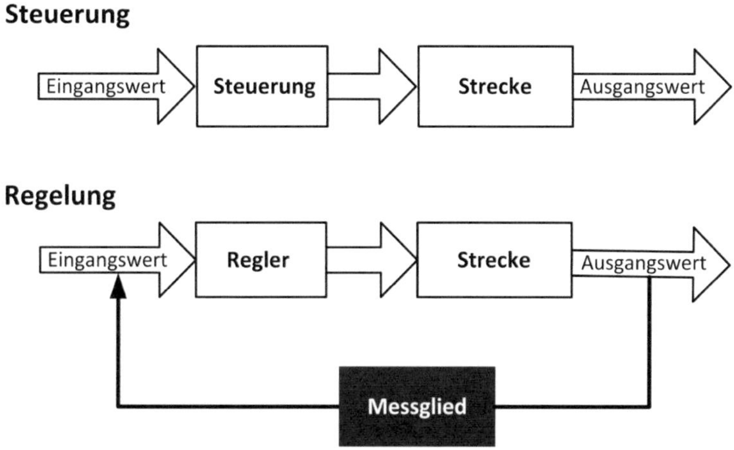

Abbildung 30: Steuerung und Regelung als Grundprinzipien der Lenkung[677]

Bedeutung des Bausteins für das System „Unternehmung“

Die Vielzahl der Systemelemente und ihrer Verknüpfungen in einem Unternehmen führen dazu, dass die operative Überwachung des Geschehens, die Analyse von Ursache-Wirkungs-Zusammenhängen und die darauf basierende Durchführung von Eingriffen lediglich dezentral möglich ist.[678] Ein Lenkungssystem, das einem komplexen System gewachsen sein soll, weist selbst eine erhebliche Komplexität auf und ist kaum aus einer zentralen Position heraus überschaubar und umsetzbar.[679] In Unternehmen empfiehlt sich daher ein mehrdimensionales System miteinander verknüpfter Regelkreise, das auch Mechanismen der Selbstlenkung einbindet.[680]

676 Vgl. Hub 1994, S. 61-65; zur Selbstorganisation bzw. Autopoiesis von Systemen als übergeordneten Begriffen siehe Probst 1987; Varela, Maturana & Uribe 1974; Maturana, Varela, Ludewig 2009; Kirsch 1992 und Luhmann 1987.

677 In Anlehnung an Beater 2010, S. 1-2. Siehe hierzu auch Wille 1970, S. 201-221, und Gassmann 2003, S. 16-17. Zur Steuerung und Regelung komplexer Systeme siehe Ulrich & Probst 2001, S. 152-167, sowie Stüttgen 2003, S. 119-121.

678 Vgl. Ulrich & Probst 1988, S. 262, sowie Stüttgen 2003, S. 69-81 und 103 -117, der auch die Besonderheiten im Kontext sozialer Systeme beleuchtet.

679 Nach Ashby 1974 kann ein Lenkungssystem mit größerer Varietät im gelenkten System umgehen, je größer seine eigene Varietät ist.

680 Vgl. Probst 1987, S. 60.

Während natürliche Systeme eigenständig auf den für eine Selbstlenkung erforderlichen Strukturen[681] aufbauen, ist dies im sozialen System „Unternehmen“ nicht der Fall. Hier müssen Regelkreise durch formale Vorgaben aktiv geschaffen bzw. gefördert werden.[682]

Aus der engen Anbindung von Unternehmen an ihre Umsysteme resultiert, dass hier die äußere Verknüpfung der Regelkreise eine zentrale Rolle einnimmt.[683] Es gilt, die Fähigkeiten des Systems zur Selbstorganisation zu nutzen und gleichzeitig gemäß der relevanten äußeren Bedingungen und Anforderungen zu kanalisieren. Eine übergeordnete Zielausrichtung des Systems wird durch Überwachung bzw. Einbezug höherer Instanzen in die Regelung gesichert.[684]

Aus der bisherigen Betonung der Regelung als Lenkungsart ist keineswegs zu schließen, dass eine Steuerung in komplexen Systemen völlig unbedeutend ist. Mit ihrem spezifischen Vorteil einer vorausschauenden Einflussnahme bildet sie innerhalb eines abgestimmten Portfolios von Lenkungsmechanismen einer Organisation eine wichtige Ergänzung zur Regelung.[685]

Relevanz und Bedeutung des Bausteins im Prozessmanagement

Die Anforderungen und Besonderheiten des Systems „Unternehmen“ in Bezug auf die Lenkung treffen aufgrund der vergleichbaren Eigenschaften in Grundzügen auch für das Prozesssystem zu. In der Konsequenz sollten auch hier Mechanismen der Selbstorganisation mit externer Verknüpfung und steuernden Elementen kombiniert werden.

Resultierende Anforderungen an das Prozessmanagement

Aus der Übertragung der Grundgedanken aus Baustein 5 „Lenkung“ heraus lässt sich folgende Anforderung an das Prozessmanagement formulieren:

5 Aufbau eines mehrdimensionalen Lenkungssystems für die Prozesslandschaft.

Prozesssysteme bestehen aus verknüpften Teilsystemen, insbesondere Einzelprozessen. Lenkungssysteme sollen der Komplexität ihres Gegenstands gewachsen sein. Aus einer Kombination beider Anforderungen ergibt sich der Anspruch, auch hier die Lenkungsmechanismen aufzugliedern. Diese beziehen sich dann auf einzelne Teilsysteme bzw. Ebenen und werden so miteinander verknüpft, dass eine übergreifende Abstimmung und Koordination gewährleistet ist.

681 Siehe hierzu Bandte 2007, S. 115.
682 Siehe hierzu Beer 1995b, S. 367-394, und Stüttgen 2003, S. 126-147.
683 Vgl. Beer & Grubrich 1967.
684 Vgl. Ulrich & Probst 1988, S. 225 und 247-248; Hub 1994, S. 65-66, sowie Luhmann & Baecker 2002, S. 100-118.
685 Vgl. Ulrich & Probst 1988, S. 85-86 und 262-263, sowie Hub 1994, S. 59-66.

Beispielhafte Maßnahmen zur Erfüllung der Anforderung sind:

- Integration von Regelkreisen in die Prozesslandschaft bei gleichzeitiger Sicherung einer externen Anbindung,
- Ergänzung der Regelkreise durch proaktive Steuerung,
- Verknüpfung der Lenkungsmechanismen unterschiedlicher Ebenen.

4.2.6 Entwicklung

Allgemeine Beschreibung des Bausteins „Entwicklung"

Die Dynamik eines Systems drückt sich nicht allein in seiner Fähigkeit aus, unterschiedliche Zustände und Verhaltensweisen innerhalb eines begrenzten Repertoires anzunehmen. Systeme mit hoher Dynamik sind auch dazu in der Lage, das Repertoire zu variieren. Führt diese Veränderung – an menschlichen Werten gemessen – zu einer Verbesserung, dann wird sie als „Entwicklung" bezeichnet. Während „Ordnung" und „Lenkung" auf eine Beeinflussung des Systemverhaltens hin zu einer optimalen Zielorientierung ausgerichtet sind, sind „Entwicklungen" Veränderungen mit einer wertbehafteten, sinngebenden Dimension. Die Ziele, Strukturen und grundlegenden Verhaltensweisen des Systems werden kritisch hinterfragt, mit den Anforderungen der Umwelt abgeglichen und ggf. angepasst.[686]

Bedeutung des Bausteins für das System „Unternehmung"

Als soziale Systeme sind Unternehmen in besonderem Maß in der Lage, ihre Ziele zu verändern und neue Eigenschaften hervorbringen.[687] Die Fähigkeit zur Entwicklung ist für sie überlebensnotwendig, denn: Der auf Märkten herrschende Wettbewerb bedingt stetige Umfeldveränderungen, denen sich die Organisation stellen muss.[688]

Unternehmen sind in Gestalt und Verhalten an Zielen orientiert, die wiederum am Unternehmenszweck und der Rolle im Umsystem ausgerichtet sind. Dauerhaft erfolgreich zu sein, setzt voraus, dem dynamischen Umfeld gerecht zu werden, mithin vielfältige exogene Entwicklungsanforderungen zu erfüllen.[689] Erfolgreiche Unternehmen müssen Strategien entwickeln und umsetzen, die sie zum Umgang mit möglichst vielen realistischen Zukunftsszenarien befähigen.[690]

686 Vgl. Gomez 1993, S. 7, sowie Ulrich & Probst 1988, S. 90-91. Hier wird spezifischer auf eine Repertoireerweiterung verwiesen. Lernen neuer Verhaltensweisen geht jedoch in gewissem Maße mit Verlernen alter Verhaltensweisen einher. Zur Bedeutung der Abstimmung siehe Ulrich & Probst 1988, S. 262-263.

687 Diese Eigenschaft geht insbesondere mit dem sozialen Charakter des Systems einher. Zu deren Fähigkeit zur Selbstorganisation siehe oben sowie ausführlich Probst 1987.

688 Siehe auch Becker & Kahn 2008, S. 9.

689 Vgl. Ulrich & Probst 1988, S. 248-249. Zu den Veränderungen im Umfeld siehe auch Kapitel 1.1.

690 Vgl. Paton & McCalman 2008, S. 7.

Die Entwicklung eines sozialen Systems ist eng mit seiner Lernfähigkeit verknüpft. Kritische Reflektion und daraus abgeleitete Veränderungen sind dringende Voraussetzungen für eine systematische Sicherung und Verbesserung der Zielerreichung in der Zukunft.[691]

Bedeutung des Bausteins für das Prozesssystem

Analog zum übergeordneten System „Unternehmen" gilt auch für das Prozesssystem die Forderung nach Entwicklungsfähigkeit. Nur wenn ein Unternehmen in der Lage ist, seine Abläufe systematisch zu verändern, kann es angemessen auf sich wandelnde Anforderungen und Rahmenbedingungen reagieren. Individuelle und organisationale Lernprozesse sollten so ausgerichtet werden, dass eine stetige Verbesserung der Zielerreichung realisiert wird.

Resultierende Anforderungen an das Prozessmanagement

Aus Baustein 6 „Entwicklung" heraus ergeben sich folgende Anforderungen an das Prozessmanagement:

6.1 Förderung des organisationalen Lernens

Organisationales Lernen wird als *„Nutzung, Veränderung und Fortentwicklung einer organisationalen Wissensbasis*" definiert.[692] Neben einem Wissenserwerb i. e. S. ist hier ebenfalls der Erwerb von Anwendungskompetenzen eingeschlossen. Die Fähigkeit zum organisationalen Lernen fungiert als wichtige Grundlage für eine Systementwicklung. Organisationales Lernen zu ermöglichen, setzt die Erfüllung von zwei Teilanforderungen voraus:

- Individuelles Lernen muss gefördert werden.[693]
- Es sind enge Interaktionsbeziehungen zwischen den Akteuren zu sichern.[694]

a) Förderung individuellen Lernens

Individuelles Lernen bezeichnet den Erwerb von Wissen und der Fähigkeiten für eine adäquate Anwendung auf der Ebene einer Einzelperson.[695] Im Zusammenhang mit der Prozessentwicklung bedeutet individuelles Lernen in erster Linie, Wissen und Kompetenzen aufzubauen, die den Einzelnen dabei unterstützen, seine vorgesehene Rolle im Prozesssystem einzunehmen.

---

691 Siehe hierzu Wagner & Patzak 2007, S. 18; Senge 2006 sowie Definitionen des Begriffs „Lernen" bei Lefrancois & Leppmann 2003, S. 3-4, sowie Gage & Berliner 1996, S. 230-231.

692 Pautzke 1989, S. 89. „Wissen" wird hier mit ähnlicher Bedeutung zum Kompetenzverständnis von Wilkens, Keller & Schmette 2006, S. 121-161, und Moldaschl 2006, S. 1-36 verwendet.

693 Vgl. Prange 2002, aufbauend auf einer breiten Literaturbetrachtung.

694 Vgl. Probst & Büchel 1998, S. 19-22.

695 Vgl. Schüerhoff 2006, S. 64, und Scherm & Pietsch 2008, S. 174-276.

Beispielhafte Maßnahmen zur Erfüllung der Anforderung sind:

- systematische Identifikation relevanter Lerninhalte,
- individuelle Kompetenzentwicklung mit dem Ziel, explizites und implizites Wissen zu vermitteln.[696]

b) Förderung von Interaktionen zwischen den Akteuren

Die Entwicklungsfähigkeit des gesamten Prozesssystems setzt voraus, dass eine Integration und Erweiterung individuellen Wissens zu organisationalem Wissen und dessen praktische Anwendung gelingt. Da organisationales Lernen neben individuellem Lernen zu einem erheblichen Maß vom Zusammenwirken der Akteure abhängt, sind Ansätze des Prozesslernens möglichst partizipativ und interaktiv zu realisieren.[697]

Zusätzliche Lernpotenziale ergeben sich durch *Impulse von außen* im Rahmen einer unternehmensübergreifenden Zusammenarbeit.[698] Interaktionen von Akteuren aus dem Prozesssystem mit solchen anderer Organisationen bieten die Chance, zusätzliches Wissen zu integrieren.

Beispielhafte Maßnahmen zur Erfüllung der Anforderungen sind:

- heterogene Zusammensetzung von Prozessteams,
- Förderung innerbetrieblicher und überbetrieblicher Kooperation.

6.2 Reflexive Offenheit des Prozesssystems

Die richtigen Ansatzpunkte für eine erfolgreiche Entwicklung zu identifizieren, setzt eine kritische Auseinandersetzung mit dem eigenen Handeln und seinen Wirkungen voraus.[699] Dabei sind, wie schon in 6.1 b gefordert, externe Anforderungen einzubeziehen. Impulse von außen können Hinweise auf Verbesserungsbereiche liefern.[700]

Beispielhafte Maßnahmen zur Erfüllung der Anforderung sind:

- Explizieren externer Schnittstellen und gezielte Nutzung zur Identifikation von Anforderungen, relevanten Entwicklungen und Trends.
- Einbringen äußerer Impulse durch Prozess-Benchmarkings und externe Auditierung von Managementsystemen.

---

[696] Nach Osterloh & Frost 2006, S. 205, ist *„[e]xplizites Wissen [..] schriftlich oder symbolisch darstellbar und kann leicht multipliziert werden.“* „Implizites Wissen“ bezeichnet hingegen Fähigkeiten und Kenntnisse, die nicht allein über Dokumentationen und Informationstechnologien weitergegeben werden können. Vgl. Polanyi 1985, S. 13-31. Zu Ansätzen einer individuellen Kompetenzentwicklung siehe Schuh, Friedli & Kurr 2007, S. 37.

[697] Vgl. Probst & Büchel 1998, S. 19-22.

[698] Vgl. Anand & Khanna 2000 sowie Becker & Kahn 2008, S. 9.

[699] Zur Bedeutung reflexiver Offenheit bei hoher Komplexität siehe Senge 2006, S. 342-346.

[700] Zur Herstellung reflexiver Offenheit siehe Hölscher et al. 2006, S. 142-143.

6.3 Weiterentwicklung des prozessbezogenen Zielsystems

Aus der übergeordneten Perspektive der Organisation heraus kann die Forderung nach Entwicklungsfähigkeit eines Prozesssystems weiterführend so interpretiert werden, dass auch das entsprechende Zielsystem regelmäßig Reviews zu unterziehen ist: *„Die ständigen Umwelteinflüsse auf die Unternehmensprozesse führen nicht selten zu einer Eigendynamik, welche die originären Ziele der Geschäftstätigkeit auf andere Ebenen verschiebt.“*[701] Dieser Dynamik der äußeren Einflüsse muss durch eine Weiterentwicklung von Zielsetzungen genügt werden.

Eine beispielhafte Maßnahme zur Erfüllung der Anforderung ist:

- Regelmäßiges Review des prozessbezogenen Zielsystems vor dem Hintergrund des übergeordneten Zielsystems der Gesamtorganisation und der Veränderungen im Umfeld.

4.2.7 Komplexität

Der Baustein *„Komplexität“* nimmt im Konzept des ganzheitlichen Denkens im Allgemeinen und in der vorliegenden Arbeit im Speziellen eine Sonderrolle ein.

Er hebt sich dadurch von den übrigen ab, dass er als *Oberbegriff* für andere, darunter bspw. „Das Ganze und seine Teile“ sowie „Vernetzung“ verstanden werden kann.[702] Aufgrund dieses Verständnisses leiten sich aus dem Baustein „Komplexität“ nicht direkt zusätzliche Anforderungen an das Prozessmanagement ab. Die Grundphilosophie des ganzheitlichen Denkens führt jedoch zur Forderung nach einem abgestimmten Vorgehen. Es ist ein integrierter Gesamtansatz für den Umgang mit Komplexität im Prozessmanagement zu erarbeiten. Im Hinblick auf einen praxisorientierten Erkenntnisfortschritt sollte der konzeptionelle Rahmen zudem über Angaben zu geeigneten Methoden operationalisiert werden. Diesen Aufgaben widmet sich Kapitel 4.3.

4.2.8 Zusammenfassung der Konsequenzen für das Prozessmanagement aus den Bausteinen des ganzheitlichen Denkens

Insgesamt ist aus der schrittweisen Übertragung der Bausteine des ganzheitlichen Denkens auf das Prozessmanagement eine ganze Reihe von Anforderungen an Letzteres ableitbar. Einen Überblick über diese und beispielhafte Ansätze zur Realisierung gibt Anhang 5[703]. Viele Aspekte sind in Grundzügen bereits im Konzept des Integrierten Prozessmanagements aus Kapitel 2 angelegt. In diesen Fällen werden durch die Weiterentwicklung die bereits formulierten Anforderungen konkretisiert. Ein

701 Vgl. Becker & Kahn 2008, S. 8.
702 Siehe hierzu die zu Beginn von Kapitel 4 vorgestellte Komplexitätsdefinition.
703 Die Inhalte sind gegenüber den Nennungen im Text leicht konkretisiert und erweitert.

Beispiel ist die Forderung nach einer Weiterentwicklung des prozessorientierten Zielsystems aus Baustein 6 („Entwicklung"). Andere Forderungen, wie etwa diejenige nach einer „Überwachung unternehmensexterner Einflussfaktoren auf das Prozesssystem" aus Baustein 3 („Das System und seine Umwelt"), fügen dem Anforderungskatalog zum Integrierten Prozessmanagement neue Aspekte hinzu.[704] Die ergänzten Einträge sind in Tabelle 15 kursiv gedruckt und mit einem G für „ganzheitliches Denken" versehen. Die oben benannten Maßnahmen zur Erfüllung werden nicht in den Anforderungskatalog aufgenommen. Sie sind beispielhaft, noch nicht verifiziert sowie erprobt und dienen zunächst als grobe Orientierungshilfe für die praktische Ausgestaltung des Prozessmanagements.

Das im Verlauf von Kapitel 4 schrittweise aufgebaute erweiterte Konzept wird als „*Integratives Prozessmanagement*" bezeichnet. Der Begriff „*integrativ*" soll in Abgrenzung zu „integriert" die Dynamik des Konzepts im Sinne einer weiteren Entwicklungsfähigkeit zum Ausdruck bringen.[705]

Die Konsequenzen des Bausteins „Komplexität" für das Prozessmanagement wurden in Kapitel 4.2.7 lediglich grob skizziert. Da der Aspekt im Fokus der Weiterentwicklung des Prozessmanagements im Rahmen der vorliegenden Arbeit liegt, wird in 4.3 eine detaillierte Bearbeitung unter Berücksichtigung verschiedenster Vorarbeiten vorgenommen.

4.3 Komplexitätswissenschaft als Impulsgeber für den Umgang mit Komplexität im Prozessmanagement

In Kapitel 4.2.7 wurde vor dem Hintergrund des Bausteins „Komplexität" die Anforderung formuliert, einen *integrierten Ansatz für den Umgang mit Komplexität im Prozesssystem zu entwickeln und durch Angaben geeigneter Methoden zu operationalisieren.*

Diese Anforderung wird im Folgenden aufgegriffen. Aus Arbeiten der Komplexitätswissenschaft heraus ergeben sich sowohl Konkretisierungen als auch Hinweise zu deren Erfüllung. Schwerpunkte liegen auf denjenigen Feldern, die sich in Kapitel 3 als zentrale Inhalte der Entwicklungsperspektive „Umgang mit Komplexität" ergaben:

- Systematisierung der Schnittstellenabstimmung und der Berücksichtigung von Wechselwirkungen sowie
- Umgang mit dem Spannungsfeld zwischen hohem Detaillierungsgrad/Informationsgehalt und Transparenz bzw. Verständlichkeit.

Die Ausführungen sind in vier Teilbereiche aufgegliedert (siehe Abbildung 31).

[704] Konkretisierung und Erweiterung sind in Tabelle 15 umgesetzt.
[705] Vgl. Zink 2004, S. 443, Anmerkung 9.

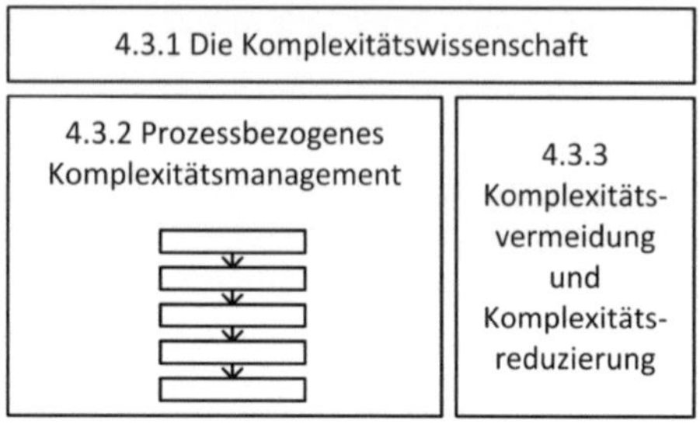

Abbildung 31: Struktur der Ausführungen zum prozessorientierten Komplexitätsmanagement[706]

Kapitel 4.3.2 veranschaulicht die Entwicklung konzeptioneller Grundgedanken zum prozessbezogenen Komplexitätsmanagement anhand eines strukturierten Vorgehens. Komplexität wird hier zunächst als Systemeigenschaft betrachtet, die als Herausforderung im Management gegeben und nicht veränderbar ist. Abweichende Ansätze aus dem Komplexitätsmanagement, welche Komplexität als beeinflussbare Größe ansehen, sind Gegenstand von Kapitel 4.3.3. Das vorgeschaltete Kapitel 4.3.1 gibt einen Überblick über die Grundannahmen und -denkrichtungen der Komplexitätswissenschaft. Hier wird auch auf deren Wurzeln eingegangen.

4.3.1 Die Komplexitätswissenschaft[707]

Abgrenzung von Komplexität und „Unberechenbarkeit"

Zahlreiche Schwierigkeiten im Management komplexer Systeme resultieren aus der Scheu des Menschen vor *Unbestimmtheit* und seiner Unfähigkeit, mit dieser umzugehen.[708] Häufige Folgen sind:

- Zur Optimierung und Absicherung der Systemleistung erforderliche Eingriffe bleiben aus oder
- es kommt zu vorschnellen Aktionen ohne strukturierte Analysen und Abwägungen, die mit einem hohen Risiko verbunden sind.[709]

Ein erster wichtiger Schritt zur Bewältigung der Problemstellung besteht darin, sich vom Gedanken einer völligen Unbestimmtheit komplexer Systeme zu lösen. Wie in jeder „Ganzheit" ist auch das Verhalten in komplexen Systemen durch Regeln und Muster geprägt – auch wenn diese für die Akteure im Management kaum überschaubar sind. Daraus resultiert die Herausforderung, die komplexen Zusammenhänge zu

[706] Eigene Abbildung.

[707] Der Begriff wird u. a. von Fisher 2009; Gleiniger & Vrachliotis 2008 und Gandolfi 2001 verwendet. U. a. Lewin 1996; Norberg & Cumming S. 2008; Wegener 2003 verwenden „Komplexitätstheorie". Zur Kritik dieses Begriffs siehe Bandte 2007, S. 79-81.

[708] Vgl. Hub 1994, S. 15-19; Reither 1997, S. 108-116, und Beer & Grubrich 1967, S. 157.

[709] Vgl. Dörner 2008, S. 286-288, sowie Reither 1997, S. 43-70.

durchdringen und die gewonnenen Erkenntnisse in gezielte Managemententscheidungen zu überführen. Wege, wie dies gelingen kann, beschreibt die Komplexitätswissenschaft.

Ursprünge und Abgrenzung der Komplexitätswissenschaft

Die vergleichsweise junge Disziplin „*Komplexitätswissenschaft*" hat ihre Wurzeln in verschiedensten anderen Wissenschaftsfeldern. Sowohl Formalwissenschaften wie die Mathematik als auch Realwissenschaften wie die Biologie, die Psychologie und die Wirtschaftswissenschaften haben Erkenntnisfortschritte in Bezug auf die Eigenschaften komplexer Systeme und den optimalen Umgang mit ihnen hervorgebracht.

Der Weg der Entwicklung von den verschiedenen Basisdisziplinen zur heutigen Komplexitätswissenschaft führte vielfach über interdisziplinäre Wissenschaftsbereiche. Zu nennen sind hier vor allem die Systemtheorie, die Kybernetik und die Chaostheorie.[710]

In der nachfolgenden theoretisch-konzeptionellen Bearbeitung des Themas „Umgang mit Komplexität im Prozessmanagement" wird auf Veröffentlichungen aus verschiedensten Teilbereichen und Entwicklungsstadien der Komplexitätswissenschaft[711] zurückgegriffen. Die unterschiedlichen Bezugspunkte der Vorarbeiten werden bei der Interpretation und Verwertung berücksichtigt. Da auch das Konzept des ganzheitlichen Denkens die Komplexitätswissenschaft gespeist hat, treten einige Überschneidungen mit den Inhalten aus Kapitel 4.2 auf. Durch den engeren Fokus der nachfolgenden Ausführungen wird jedoch auch in diesen Punkten eine weitere Konkretisierung erreicht.

Grundgedanken der Komplexitätswissenschaft

Arbeiten in der Komplexitätswissenschaft bauen auf verschiedenen *Grundeinstellungen* auf:

1. In der Akzeptanz der Komplexität als Systemeigenschaft unterscheiden sich komplexitätsverneinende und komplexitätsbejahende Ansätze.[712]
2. Nach der Art des Lösungsansatzes zeichnen sich konstruktivistisch-technomorphe und systemisch-evolutionäre Ansätze voneinander ab.[713]

Zu 1) Kernziel *komplexitätsverneinender* Ansätze ist es, die Komplexität des betrachteten Systems zu minimieren. Zur Begründung kann Ashbys Gesetz von der erforder-

[710] Übersichten über die Ursprünge der Komplexitätswissenschaft geben Stüttgen 2003, S. 60 und 62, sowie Bandte 2007, S. 47-72.

[711] Beispiele für Autoren aus dem Kernbereich der Komplexitätswissenschaft sind Gandolfi 2001; Kappelhoff 2002, Stüttgen 2003 und Bandte 2007. Eine frühe Veröffentlichung mit programmatischem Charakter stammt von Weaver 1948.

[712] Vgl. Bandte 2007, S. 121-122.

[713] Vgl. Malik 2006, S. 32-44, sowie Schoeller 2009, S. 44-46.

lichen Varietät[714] herangezogen werden. Demnach muss mit der Komplexität eines Systems auch die Komplexität des zugehörigen steuernden Systems ansteigen. Da dieses wiederum für den Menschen schwer handhabbar ist, gilt die Herstellung einer möglichst geringen Komplexität als Ziel.[715]

Vertreter *komplexitätsbejahender* Ansätze sehen Systemkomplexität als fixe Eigenschaft an, der sich das Management stellen kann und muss.[716] Die Grundidee kommt in Luhmanns Forderung zum Ausdruck, dass zwischen Systemen und ihrer Umwelt ein „Komplexitätsgefälle" anzustreben ist.[717] Werden Systeme für das Management als Teile des Umsystems verstanden so leitet sich die Anforderung ab, ein Management aufzubauen, das in seiner Komplexität geringer und für den Menschen handhabbar ist.[718] Freiheitsgrade ermöglichen dem System dann situative Reaktionen auf äußere Anforderungen und Umwelteinflüsse. Im Management werden zum Auffangen der Komplexitätsunterschiede Selektionsmuster eingesetzt.

Zu 2) Der *„konstruktivistisch-technomorphe"* Ansatz des Komplexitätsmanagements baut auf dem Verständnis der Entstehung und Funktion sozialer Systeme als Resultat menschlicher Planung auf. Hieraus wird die Annahme abgeleitet, dass bei vollständiger Informationslage durch rationales Handeln und planvolles Vorgehen mit Komplexität umgegangen werden kann.

Der *„systemisch-evolutionäre"* Ansatz beruht dagegen auf der Sichtweise, dass Organisationen lebenden Systemen ähnlich sind. Sie sind zwar Resultat menschlichen Handelns, ihre Entstehung und Funktion geht indessen nicht vollständig auf bewusste Planung zurück. In der Folge wird ein erfolgreiches Management nicht allein auf Basis umfassender Informationen und rationalen Handelns als möglich erachtet.[719]

Der Zusammenhang der erläuterten Differenzierungskriterien ist in Abbildung 32 skizziert. Auch wenn keine eindeutige Zuordnung getroffen werden kann, ist der konstruktivistisch-technomorphe Ansatz durch eine eher komplexitätsverneinende Sichtweise charakterisiert. Im systemisch-evolutionären Ansatz wird stärker eine komplexitätsbejahende Perspektive eingenommen.

---

714 Vgl. Ashby 1974, S. 293-315. Die Varietät fungiert nach Beer 1995a, S. 32, als ein Maß für die Systemkomplexität

715 Vgl. Bandte 2007, S. 122. Siehe hierzu auch Schwaninger 1994, S. 19.

716 Komplexität wird nicht nur als Bedrohung, sondern auch als Chance betrachtet. Vgl. Reither 1997, S. 123-141, sowie Heywood, Spungin & Turnbull 2002, S. 87.

717 Vgl. Luhmann 1987, S. 242.

718 Vgl. Mintzberg 2000, S. 294-322. Zu Managementsystemen siehe ausführlich Kapitel 5.2.1.

719 Vgl. Malik 2006, S. 33-37. Zum systemisch-evolutionären Ansatz siehe auch Schoeller 2009, S. 44-46, und Bleicher 2004.

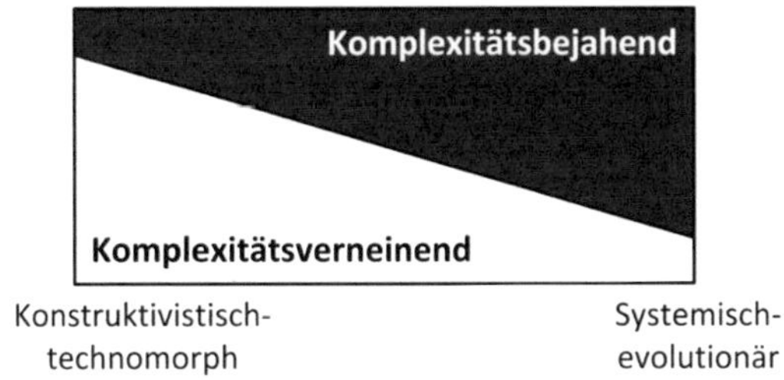

Abbildung 32: Ansätze zum Management von Komplexität[720]

Die Unterschiede der in der Komplexitätswissenschaft vereinten organisationstheoretischen Ansätze führen zu sehr verschiedenen Konzepten, Methoden und Empfehlungen. Es herrscht kein Konsens darüber, wie mit Komplexität im Management umgegangen werden kann. Für das Konzept eines prozessbezogenen Komplexitätsmanagements ist allerdings auch keine eindeutige Entscheidung für eine Basistheorie erforderlich, denn: die vorgestellten Extrempositionen sind keine unvereinbaren Gegensätze – sie spannen vielmehr ein Kontinuum auf, innerhalb dessen vielfältige Kombinationen möglich sind. Für komplexitätsbejahende und komplexitätsverneinende Ansätze ist die Kombinationsmöglichkeit bereits in den zugrunde liegenden Arbeite von Ashby und Luhmann angelegt. Sie schließen sich gegenseitig nicht aus, da sie verschiedene Bezugspunkte adressieren. Während Ashby mit seinem Gesetz die einer hohen potenziellen Variationsfähigkeit propagiert, bezieht sich Luhmann auf die tatsächliche Variation als Ergebnis situativer Reaktionen.[721]

Das Ziel der konzeptionellen Überlegungen zu einem prozessbezogenen Komplexitätsmanagement besteht darin, Ansätze verschiedener Denkrichtungen so zu kombinieren, dass die spezifischen Problemstellungen im Umgang mit Komplexität im Prozesssystem optimal adressiert werden können. Ein Schwerpunkt liegt auf komplexitätsbejahenden und systemisch-evolutionären Ansätzen. Dies liegt darin begründet, dass die Annahmen komplexitätsverneinender und konstruktivistisch-technomorpher Ansätze als im Prozesssystem nur eingeschränkt gültig erachtet werden: Die Vorstellung, dass eine vollständige Informationslage geschaffen werden kann, wird einem sozialen bzw. soziotechnischen System kaum gerecht. Dies gilt zudem für die Sichtweise, dass Systemkomplexität durch rationales Denken und Handeln vollständig transparent und bestimmbar wird.[722] Auch bei noch so tiefgehenden Analysen und

720 Eigene Abbildung.

721 Siehe hierzu Hub 1994, S. 56, und Bandte 2007. In seinen Ausführungen zu den Ansätzen von Ashby und Luhmann beruft sich Letzterer auf die Beispiele von Heylighen 1999, S. 26-28, zur hierarchischen Architektur struktureller Komplexität.

722 Vgl. Malik 2006, S. 255.

geplantem Vorgehen wird eine vollständige Erfassung und externe Steuerung menschlichen Handelns hier als unerreichbar betrachtet.

In der Weiterentwicklung eines Managementkonzepts kann gleichwohl auf die Sichtweise eines erfassbaren Systems nicht vollständig verzichtet werden. Gezielte Eingriffe in Strukturen und Verhalten setzen voraus, dass das System zumindest in seinen Grundmustern analysierbar ist. In Kapitel 4.3.2 wird die komplexitätsbejahende Sicht daher insofern mit der komplexitätsverneinenden kombiniert, als dass Letztere durch Identifikation von Grundmustern eine für den Menschen fassbare Managementbasis schafft. Eine gedankliche Vereinfachung bringt das System in eine Form, die es dem Menschen ermöglicht, strukturiert Schwachstellen und Ansätze zur Steuerung und Verbesserung zu identifizieren. Vor ihrer praktischen Umsetzung ist dann zu prüfen, welche Konsequenzen sich aus zunächst ausgeblendeten Eigenschaften ergeben.

Möglichkeiten zur realen Begrenzung der Systemkomplexität werden in Kapitel 4.3.3 kurz beleuchtet und in das Konzept integriert.

4.3.2 Konzeptionelle Überlegungen für ein prozessbezogenes Komplexitätsmanagement

In Abbildung 33 ist visualisiert, wie im Aufbau eines prozessbezogenen Komplexitätsmanagements grundsätzlich vorgegangen werden kann.

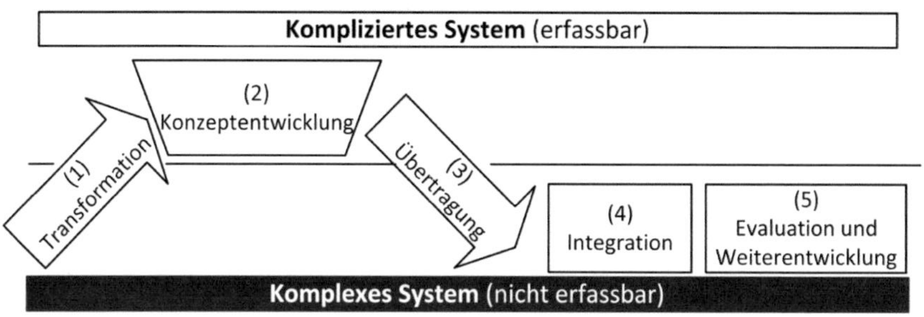

Abbildung 33: Struktur der konzeptionellen Überlegungen zum Umgang mit Komplexität im Prozesssystem[723]

Die Grundidee des Vorgehens besteht darin, das komplexe und für das Management nicht erfassbare Prozesssystem zunächst durch gedankliche Vereinfachung in ein *„kompliziertes" System* zu überführen (1). Ein solches ist – wie ein komplexes System – durch eine hohe Zahl verschiedener Elemente mit vielfältigen Verknüpfungen charakterisiert. Die Dynamik des Systems und die damit verbundenen Unsicherhei-

[723] Eigene Abbildung.

ten werden jedoch ausgeblendet.[724] Komplizierte Systeme werden durch Lernen handhabbar[725] und bieten Ansatzpunkte für den Einsatz konkreter Managementkonzepte und -methoden (2). Damit diese auch für ein komplexes System anwendbar werden, sind sie systematisch in diesen Kontext zu überführen (3) und dort vor dem Hintergrund der zusätzlichen Herausforderungen zu erweitern (4). Eine Evaluation im Sinne einer überwachten praktischen Erprobung rundet die Konzeptentwicklung ab (5).

Ziele, Vorgehen und konzeptionelle Ansätze zu den einzelnen Schritten werden im Folgenden zusammengefasst. Die Vielzahl und Breite der Vorarbeiten lassen es nicht zu, alle nutzbaren Konzepte und Methoden aus der Komplexitätswissenschaft einzubeziehen. Es werden diejenigen besonders berücksichtigt, bei denen eine erste Analyse von Zielen, Nutzen und Anwendungsbereichen auf besondere Potenziale für die Komplexitätsbewältigung im „Prozesssystem" hinweist. Zudem werden zur Auswahl die aus der Fallstudie resultierenden Schwerpunkte herangezogen.

4.3.2.1 Schritt 1: Transformation des komplexen in ein kompliziertes Prozesssystem

Wie bereits in Kapitel 4.2 ausgeführt, ist das Verhalten eines komplexen sozialen Systems für den Menschen nie vollständig erklärbar und vorhersehbar – es weist aber fassbare Grundmuster auf. Sie zu explizieren, ist zentrales Ziel der gedanklichen Überführung in ein kompliziertes System und erschließt es für ein systematisches Management.[726] Es gilt, ein Bild der Realität zu erzeugen, das Menschen mit ihren kognitiven Fähigkeiten fassen können.[727]

Eine Gegenüberstellung der Eigenschaften eines komplexen und eines komplizierten Prozesssystems findet sich in Abbildung 34.

Im Zentrum der „gedanklichen" Überführung eines komplexen in ein kompliziertes Prozesssystem steht der Aufbau eines Prozessmodells.[728] Es dient als Orientierungshilfe und bildet eine wichtige Entscheidungsgrundlage für alle Phasen im Prozessmanagement.[729]

---

[724] Vgl. Ulrich & Probst 1988, S. 59.

[725] Vgl. Schoeller 2009, S. 95. Nach Wohland & Wiemeyer 2005, S. 3, können sie sogar „trivial" werden.

[726] Die Akteure im Management müssen die durch die Transformation entstehenden Einschränkungen im Entscheiden und Handeln berücksichtigen.

[727] Vgl. Hub 1994, S. 57.

[728] Vgl. Shaw, Holland & Kawalek 2007, S. 95.

[729] Vgl. Rüegg-Stürm 2003, S. 13, und Conant & Ashby 1970, die konstatieren, dass die Ergebnisse einer Führungstätigkeit nicht besser sein können als die Modelle mit denen gearbeitet wird.

Prozessmodelle sind in der Regel formale Modelle, die in der Nutzung durch die Sichtweise des Einzelnen um subjektive mentale Anteile ergänzt werden.[730]

Die Prozessmodellierung wurde bereits in der Strukturierung des State of the Art als zentraler Bestandteil des klassischen Prozessmanagements vorgestellt. Prozessmodelle können Ist- oder Soll-Abläufe abbilden und werden mit unterschiedlicher Ausgestaltung in allen Phasen des Prozesslebenszyklus eingesetzt.[731]

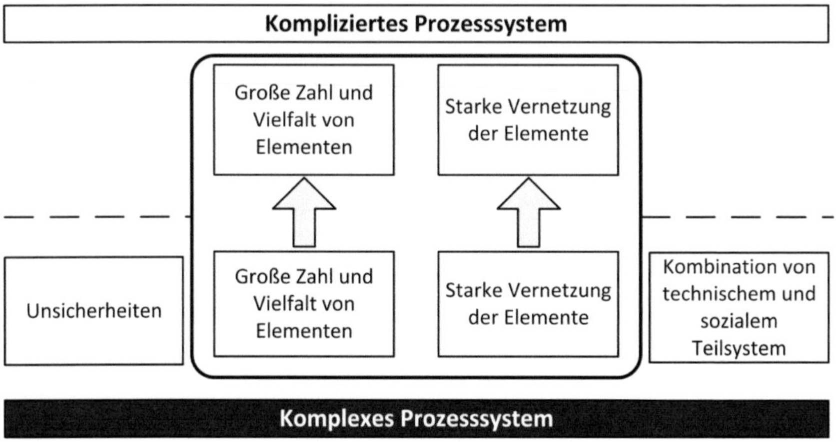

Abbildung 34: Komplexes und kompliziertes Prozesssystem – eine Gegenüberstellung[732]

In der langen Historie des Prozessmanagements kam es zu breiten Auseinandersetzungen damit, wie Prozessmodelle auszugestalten sind und wie in ihrem Aufbau vorgegangen werden kann. Ergebnisse sind verschiedenste Methoden und Modellierungssprachen.[733] Modelle sind allerdings aufgrund ihrer vereinfachten Wiedergabe der Realität in der Regel nicht allgemein verwendbar, sondern unterscheiden sich je nach Einsatzzweck. Auch Modelle zur Anwendung im prozessorientierten Komplexitätsmanagement müssen spezifischen Anforderungen genügen.

Aus den in der Fallstudie definierten Schwerpunkten heraus ist besonderer Wert zu legen auf

- die Explizierung von Vernetzungen im Prozesssystem sowie
- eine Balance aus hohem Informationsgehalt und Übersichtlichkeit.

730 Siehe Zahn 1991, S. 48. Er definiert formale Modelle als *„mit Hilfe von Formalismen gefundene Abbildungen“*.
731 Vgl. Kapitel 2.3.1.
732 Eigene Abbildung. Zu den Inhalten siehe auch Reither 1997, S. 10 und 14.
733 Vgl. Kapitel 2.4.1.

Prozessmanagement und Komplexitätswissenschaft haben hierzu einige Vorarbeiten geliefert.

Zahlreiche Ansätze zur Prozessmodellierung adressieren einzelne der benannten Anforderungen[734]:

- Verschiedene Autoren, wie Österle und Scheer, sehen in der Prozessmodellierung eine Differenzierung unterschiedlicher Sichten, Ebenen bzw. Gestaltungsdimensionen vor. Damit soll trotz hoher Systemkomplexität ein Überblick über das Prozesssystem gewahrt werden.[735]
- Becker et al. beschreiben eine Vorphase der Prozessmodellierung, in der Einsatzbereiche von Modellen beleuchtet und spezifische Anforderungen abgeleitet werden. Ergebnis ist eine Spezifikation der erforderlichen Inhalte, die den Umfang des Gesamtmodells begrenzt und die Übersichtlichkeit fördert.[736]
- Johannsen und Geiser schlagen zur Vereinfachung der Modellierung komplexer Prozesssysteme eine Unterstützung durch Software-Tools bzw. Referenzprozessmodelle vor.[737] Damit wird u. a. die Übersichtlichkeit der Modelle gesteigert und werden die Abbildung und Abstimmung von Vernetzungen erleichtert.
- In den „Extended Process Maps“ im MIT Process Handbook sowie bei Werth ist eine Erfassung interprozessualer Schnittstellen vorgesehen.[738]

In Teilen sind die in Kapitel 3 identifizierten praktischen Problemstellungen durch Konkretisierung und konsequente Anwendung der skizzierten Ansätze lösbar. Alleine reichen die bestehenden Konzepte zur Modellierung komplexer Prozesssysteme allerdings nicht aus: Die große Zahl der Elemente und der Wirkbeziehungen führt dazu, dass eine vollständige Identifikation nicht möglich ist. Aus einer dezidierten Auseinandersetzung mit der Systemeigenschaft Komplexität leiten sich folgende zusätzlichen Anforderungen an Prozessmodelle ab: Sie müssen

- Unsicherheiten in Bezug auf das Systemverhalten bewältigen und dabei
- den Besonderheiten von Systemen mit sozialem und technischem Teilsystem gerecht werden.

Der State of the Art zur Prozessmodellierung wird diesen Anforderungen nicht vollständig gerecht. Die Komplexitätswissenschaft liefert indes wichtige Ansätze zu deren Erfüllung. Sie werden im Folgenden kurz skizziert:

---

734 Die benannten Veröffentlichungen sind jeweils als Beispiele zu verstehen.

735 Vgl. Österle 1995 sowie Scheer 2001. Einen Überblick gibt Gadatsch 2010, S. 62 und 67-70.

736 Vgl. Becker et al. 2004, S. 154, sowie Rosemann, Schwegmann & Delfmann 2008.

737 Vgl. Johannsen 2007 sowie Geiser 2008.

738 Vgl. Margherita Klein & Elia 2007, S. 48-49, und Werth 2007, S. 142-153.

Umgang mit Unsicherheiten

Eine umfassende Auseinandersetzung mit Unsicherheiten in Systemen findet sich in der Theorie der „Fuzzy Logic“. Sie befasst sich mit Wechselwirkungen in komplexen Systemen und zielt darauf ab, zunächst unpräzise Informationen zur Wirkungsintensität in mathematische Größen zu überführen. Damit wird das Systemverhalten trotz Unsicherheiten für die Anwendung mathematischer Ansätze erschlossen.[739]

Unter dem Begriff „Fuzzy Process Engineering“ hat die Fuzzy Logic bereits Einzug in die Prozessmodellierung gehalten. Die Grundidee besteht darin, die Systematik zu nutzen, um Entscheidungssituationen im Geschäftsprozessmanagement mit unscharfer/unsicherer Informationslage[740] zu beschreiben und zu optimieren. Thomas und Hüsselmann zeigen in ihren Arbeiten zu Fuzzy Logic im Prozesssystem erhebliche Nutzenpotenziale auf. Es wird jedoch auch deutlich, dass zu deren Ausschöpfung noch viele Hürden zu überwinden sind: Die Überführung unsicherer Wirkbeziehungen in mathematische Größen setzt umfassende Kenntnisse zu den Zusammenhängen im System und deren Konsequenzen für das Verhalten voraus. Wie diese für den Anwendungsfall „Prozesssystem“ systematisch gewonnen werden können, bleibt zunächst unbeantwortet. Eine streng analytische Betrachtung ist bei hoher Komplexität nicht möglich. Über zusätzliche Abstraktionen kann indes eine Basis für die Anwendung von Fuzzy Logic geschaffen werden.[741] Ansätze für entsprechende Abstraktionen ergeben sich zum einen aus bestehenden Konzepten zur Prozessmodellierung, wie sie oben beschrieben sind. Weitere Möglichkeiten werden an späterer Stelle dieser Arbeit unter dem Titel „Fokussierung auf das Wesentliche“ diskutiert.[742]

Modellierung sozialer Systeme

Für den Umgang mit sozialen bzw. soziotechnischen Systemen eignet sich „System Dynamics“. Die Methode dient der Analyse, Modellierung und Simulation komplexer Systeme und ist in ihrem Anwendungsbereich auf die Sozioökonomie konzentriert. System Dynamics schließt qualitative und quantitative Betrachtungen ein. Qualitativ werden Systemkomponenten und Wirkbeziehungen abgebildet. In der quantitativen Modellierung werden die Verknüpfungen zusätzlich in Zahlenwerte übersetzt und damit einer Simulation zugänglich gemacht.[743] Durch Verknüpfung mit Ansätzen aus der Managementkybernetik kann System Dynamics für die Unternehmensführung erschlossen werden.[744] In Bezug auf die Modellierung von Prozesssystemen ist bis-

---

[739] Zur Fuzzy Logic siehe bspw. Jaanineh & Maijohann 1996 sowie Wendt 1999, S. 179-182.

[740] Siehe hierzu Reither 1997, S. 17-18.

[741] Vgl. Hüsselmann 2003 und Thomas 2009. Letzterer geht auch ausführlich auf Vorarbeiten zum Umgang mit Unschärfen in der Modellierung von Abläufen ein.

[742] Siehe Kapitel 4.3.2.2.

[743] System Dynamics geht in erster Linie auf Forrester 1961 zurück. Weitere Arbeiten stammen von Palm 2010; Ogata 2004.

[744] Vgl. Schwaninger, Pérez Ríos & Ambroz 2004.

lang offen, wie die Informationen für ein quantitatives Modell zusammengetragen werden können. Die Grundproblematik gleicht der bei Fuzzy Logic. Hier sind die erarbeiteten Konzepte dann allerdings um spezielle Aspekte zur Erfassung sozialer Interaktion zu erweitern.

Kombination der Ansätze

Wie in den vorangehenden Ausführungen deutlich wird, bietet keines der vorgestellten Konzepte eine „Komplettlösung“ für die Modellierung eines komplexen „Prozesssystems“. Die unterschiedlich gearteten Defizite weisen jedoch auf hohe Potenziale hin, wenn eine Kombination gelingt. In einem anderen – der Prozessmodellierung thematisch nahen – Kontext, zeigt Wessely bereits Möglichkeiten einer Verknüpfung von Systems Dynamic und Fuzzy Logic auf.[745] Eine vergleichbare Kombination wird an dieser Stelle auch für den Einsatz im prozessbezogenen Komplexitätsmanagement empfohlen. Zusätzlich sind in die Entwicklung einer spezifischen Modellierungsmethodik für komplexe Prozesssysteme bestehende Methoden aus dem Prozessmanagement einzubeziehen. Sie sollten in besonderem Maße oben benannte Ansätze zum Umgang mit Vernetzung und dem Spannungsfeld zwischen Transparenz und Übersichtlichkeit berücksichtigen.

Zusätzliche Impulse für die Modellierung komplexer Systeme geben u. a. Arbeiten zu „neuronalen Netzen“[746] (zur Aufdeckung von Geschäftsprozesslogiken), dem Bereich des „Semantic Web“[747] (zur Formalisierung von Modellen) sowie zur „agentenbasierten Modellierung“[748] (zur Modellierung der Interaktionen von Individuen).[749] Hinweise mit Bezug zu System Dynamics ergeben sich bspw. aus dem Viable System Model von Beer[750] sowie dem Sensitivitätsmodell von Vester[751].[752] Bei der detaillierten Ausarbeitung einer Modellierungsmethodik für komplexe Prozesssysteme sollten diese Ansätze berücksichtigt und hinsichtlich ihrer Nutzenpotenziale analysiert werden.

Einen Überblick über die Quellen, aus denen sich die empfohlene Methodik speist, gibt Abbildung 35.

745 Vgl. Wessely 2010

746 Vgl. Wörn & Brinkschulte 2005, S. 9. Zum Einsatz neuronaler Netze in der wirtschaftswissenschaftlichen Modellbildung siehe Lange 2004. Borgelt 2003 befasst sich mit der Kopplung künstlicher neuronaler Netze und der Fuzzy-Logic.

747 Siehe hierzu Hitzler et al. 2008; Kashyap, Bussler & Moran 2008 sowie Thomas 2009, S. 349-352 im Kontext des Fuzzy Process Engineering.

748 Siehe hierzu Epstein & Axtell 1996.

749 Vgl. Bandte 2007. Weitzel et al. 2006 zeigen auf, wie im Rahmen einer agentenbasierten Simulation die traditionelle ökonomische Netzwerkperspektive um strukturelle Determinanten erweitert werden kann.

750 Siehe hierzu Beer 2004.

751 Siehe hierzu Vester 2003.

752 Für einen Überblick und einen Vorschlag für ein PC-Tool siehe Hub 1994, S. 72-73.

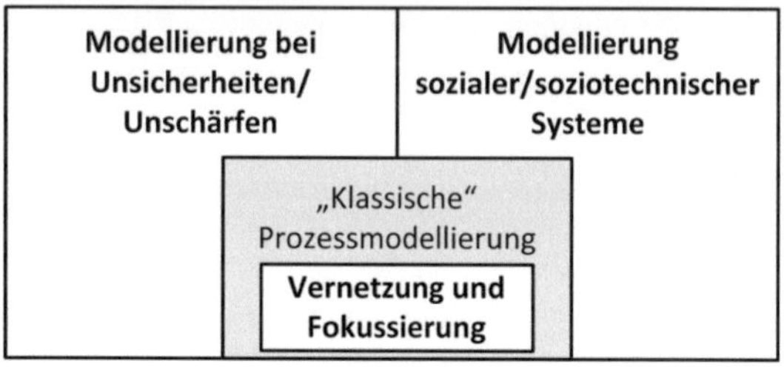

Abbildung 35: Modellierungsmethodik für das prozessbezogene Komplexitätsmanagement - Ausgangspunkte[753]

Bei geeigneter Ausgestaltung können Modelle die Basis für Simulationen bilden, die dann weiterführende Informationen zum dynamischen Systemverhalten hervorbringen.[754] Zur prospektiven Abschätzung des Verhaltens komplexer Systeme eignen sich bspw. Monte-Carlo-Simulation sowie die Ereignisfolge-Simulation.[755]

4.3.2.2 Schritt 2: Entwicklung von Konzepten zum Management des komplizierten Systems

Die Transformation des komplexen Systems in ein kompliziertes System diente in erster Linie dazu, dieses für ein zielgerichtetes Management zu erschließen. Schritt 2 bezieht sich nun auf das komplizierte System und baut auf der Annahme auf, dass zum gedanklich vereinfachten System alle entscheidungsrelevanten Informationen prinzipiell erfassbar sind. Unsicherheiten und Besonderheiten sozialer Interaktionen werden als Systemeigenschaften ausgeblendet.[756] Das Gesamtportfolio der Herausforderungen im Management komplexer Systeme hat sich damit auf zwei zentrale Felder reduziert:

- Es sind Konzepte und Methoden für einen systematischen Umgang mit der Vernetzung im Prozesssystem zu identifizieren.
- Diese Ansätze müssen so angelegt sein, dass trotz der Kompliziertheit des Systems eine ausreichende Übersicht gewahrt bleibt.

In diesen Forderungen finden sich die Betrachtungsschwerpunkte wieder, die aus der Fallstudie hervorgegangen sind. Vor diesem Hintergrund sind nun geeignete Managementkonzepte und -methoden zu identifizieren.

Eine Leistungsoptimierung der Prozesslandschaft als Gesamtsystem setzt die Berücksichtigung von Wirkbeziehungen voraus. Es lassen sich zwei Gruppen unterscheiden: die direkten und die indirekten Wirkbeziehungen.

---

753 Eigene Abbildung.
754 Vgl. Reither 1997, S. 124-125.
755 Vgl. Wendt 1999, S. 169-175.
756 Implizit werden sie bspw. durch die Betrachtung von Wahrscheinlichkeitswerten an Interaktionspunkten berücksichtigt.

- *Direkte Wirkbeziehungen* sind Kunden-/Lieferantenbeziehungen an intraprozessualen oder interprozessualen Schnittstellen in der Prozesslandschaft. Sie drücken sich in der Übergabe von Material und/oder Information aus.[757] Ein Beispiel für eine direkte Wirkbeziehung ist die Verknüpfung eines Produktentstehungsprozesses mit einem Produktionsprozess durch die Übergabe von Fertigungsvorgaben und Mustern. Direkte Wirkbeziehungen sind für die Funktion der Prozesslandschaft essenziell. Die Gesamtziele einer Organisation sind nur erreichbar, wenn es gelingt, all ihre Einzelaktivitäten in ihrer Gestaltung und Ausführung aufeinander abzustimmen.[758] Defizite in der Berücksichtigung von Schnittstellen im Prozessmanagement werden mit Verzögerungen und Fehlern in Verbindung gebracht.[759]
- Als *indirekt* werden hier solche *Wirkbeziehungen* im Prozesssystem bezeichnet, die vorliegen, ohne dass eine explizite Austauschbeziehung besteht. Beispiele sind Ressourcenkonflikte zwischen Prozessen oder positive Wechselwirkungen durch Synergien.

Die Gesamtleistung des Prozesssystems wird sowohl durch das Zusammenspiel von Prozessen an Schnittstellen als auch durch ihre indirekten Verknüpfungen determiniert. Zur Sicherung eines Gesamtoptimums muss sich das Prozessmanagement beider Arten von Wirkbeziehungen annehmen. Dazu, wie diese Anforderung erfüllt werden kann, werden im Folgenden erste konzeptionelle Überlegungen angestellt.

Management direkter Wirkbeziehungen

Das Bewusstsein der Bedeutung direkter Wirkbeziehungen ist dem Prozessmanagement in seiner klassischen Form inhärent. Auseinandersetzungen mit Schnittstellen finden sich an verschiedensten Stellen des Prozesslebenszyklus.[760] Hierfür seien zwei Beispiele angeführt:

- Bei der Prozessidentifikation werden Prozesse durch Abgrenzung ihrer Rollen und Aufgaben zueinander in Bezug gesetzt.
- Zu den Basiskriterien zur Beschreibung von Prozessen gehört die Angabe von Inputs und Outputs. Oftmals werden auch die jeweiligen Quellen referenziert.

Die häufig oberflächlichen oder auf Ausschnitte des Systems begrenzten Betrachtungen entsprechen gleichwohl keinem systematischen Management expliziter Wirk-

757 Vgl. Kapitel 2.1.
758 Vgl. Hammer 1990, S. 108.
759 Vgl. Schneider, Geiger & Scheuring 2008, S. 57; Freimuth 1986, S. 235-242, sowie Brockhoff & Hauschildt 1993, S. 296.
760 Vgl. Kapitel 2.3.1.

beziehungen.[761] Wie ein solches aussehen kann, damit haben sich verschiedene Autoren unter dem Titel „Schnittstellenmanagement" befasst.

Das *Schnittstellenmanagement* dient einer Optimierung des direkten Zusammenwirkens verschiedener Systemelemente im Prozesssystem und an dessen Grenzen zum Umsystem.[762] Zentrale Handlungsbereiche sind:

- Sicherung durchgängiger Flüsse materieller und immaterieller Inputs/Outputs sowie
- Abstimmen von Zielsetzungen, Anforderungen und Leistungen zwischen verschiedenen Systemelementen/-bereichen.[763]

Damit ein Konzept für das Schnittstellenmanagement in einem komplizierten Prozesssystems geeignet ist, müssen zunächst zwei Anforderungen erfüllt sein:

- Anwendbarkeit auf den Betrachtungsgegenstand „Prozesssystem" und
- Eignung zum Umgang mit einer großen Zahl vielseitig verknüpfter Systemelemente.

Aus der zweiten Forderung leiten sich aus verschiedenen Grundverständnissen heraus unterschiedliche Teilforderungen ab:

- Werden Schwierigkeiten im Umgang mit komplizierten Systemen auf einen *Mangel an vollständiger Information* zurückgeführt, so setzt eine Optimierung des Managements eine Bereitstellung umfassender Informationen voraus. Im Prozesssystem bedeutet dies u. a., dass Schnittstellen zu analysieren und zu dokumentieren sind.[764]
- Aus einer anderen Sichtweise heraus werden Probleme im Umgang mit Komplexität auf eine *„Überforderung des Menschen"*[765] zurückgeführt. Bei der Bereitstellung von Informationen ist dann eine Konzentration auf das Wesentliche sicherzustellen.[766]

Welche Sichtweise korrekt ist und ob auf diese Frage überhaupt eine allgemeine Antwort existiert, kann hier nicht im Einzelnen geklärt werden. Konzepte für das Management des komplizierten Prozesssystems sollten daher beiden Anforderungen nachkommen und sowohl eine Explizierung von Wirkbeziehungen als auch eine Fokussierung kritischer Aspekte vorsehen.

---

761 Vgl. Smith & Fingar 2007, S.164.

762 Vgl. Schneider, Geiger & Scheuring 2008 sowie Brockhoff & Hauschildt 1993, S. 296-403,

763 Abgleitet aus den Teilzielen des Schnittstellenmanagements nach Schneider, Geiger & Scheuring 2008, S. 60.

764 Siehe hierzu Malik 2006, S. 5-7 und 50-51, sowie Beer 1966, S. 383-391, und Milling 1991, S. 13. Im Original bezogen auf komplexe Systeme. Da die starke Vernetzung auch für komplizierte Systeme gilt, kann von einer Übertragbarkeit ausgegangen werden.

765 Probst & Gomez 1989, S. 4. Siehe hierzu auch Bremerman 1962 sowie Zahn 1991, S. 76.

766 Diese Forderung lässt sich ableiten aus den Ausführungen von Malik 2006, S. 58-60.

Im Hinblick auf eine Weiterentwicklung des praxisorientierten Konzepts „Prozessmanagement" sind zudem solche Ansätze zu priorisieren, die handlungsleitend ausgerichtet sind und konkrete Empfehlungen für das Management bereitstellen.

Vor dem Hintergrund dieser Sammlung von Anforderungen werden drei Ansätze zum Schnittstellenmanagement gegenübergestellt. Das Schnittstellenmanagement nach Freimuth, das nach Brockhoff und Hauschildt sowie die entsprechenden Anteile aus dem thematisch weiter gefassten Konzept von Puhl. Aufgrund der traditionell engen Verknüpfung des Themas „Schnittstellenmanagement" mit dem Prozessmanagement wird dieses zusätzlich auch in einigen Prozessmanagementveröffentlichungen angesprochen.[767]

Freimuth befasst sich ausführlich mit Typen, Symptomen und Ursachen von Schnittstellenproblemen. Als klassischen Ansatz zum Umgang mit Schnittstellen beschreibt er die Matrixorganisation und geht auf Probleme bei der Umsetzung dieser Organisationsform ein. Ausgehend von seiner Problemanalyse, schlägt er Maßnahmenarten zur Optimierung der schnittstellenübergreifenden Koordination vor. Wie in den vorgelagerten Analyseschritten systematisch vorgegangen werden soll, wird nicht näher thematisiert.[768]

Brockhoff und Hauschildt gehen in Ansätzen darauf ein, wie eine systematische Schnittstellenanalyse angelegt werden kann, und differenzieren dabei verschiedene Arten von Schnittstellen. Darüber hinaus zeigen die Autoren grundsätzliche Koordinationsmechanismen auf und beschreiben ein Vorgehen zur Auswahl entsprechender Instrumente. Konkrete Empfehlungen für Systemeingriffe sowie Hinweise auf Methoden für die Schnittstellenanalyse bleiben aus.[769]

Puhl befasst sich in seinem Konzept zum Umgang mit Komplexität in Geschäftsprozessen im Kern mit direkten Wirkbeziehungen. Er skizziert ein Referenzmodell, das das Vorgehen zur Identifikation, Gestaltung, Prüfung und Optimierung der Vielfalt und der direkten Vernetzung von Prozessen strukturiert.[770] Mit ihrem expliziten Bezug zum Prozessmanagement und seiner Einbettung in die übergeordnete Thematik „Komplexitätsmanagement" können die Vorschläge Puhls als geeignete Ausgangsbasis für den Umgang mit Schnittstellen im Prozesssystem betrachtet werden. In der Weiterentwicklung des Konzeptes gilt es, die zunächst auf einzelne Prozesse und deren Verknüpfung fokussierte Betrachtung um eine Auseinandersetzung mit der Vernetzung im Prozesssystem auszuweiten. Die sehr hohe Anzahl von Schnittstellen auf Gesamtsystemebene führt dann zu einer noch stärkeren Bedeutung der Fokussierung auf das Wesentliche.

---

[767] Siehe bspw. Helfrich 2002, S. 113-119; Bruhn 2002, S. 79-85, sowie Fischer & Scheibeler 2003.

[768] Vgl. Freimuth 1986. Siehe auch Kapitel 2.7.

[769] Vgl. Brockhoff & Hauschildt 1993, S. 396-403.

[770] Vgl. Puhl 1999.

Konzentration auf das Wesentliche

Die Notwendigkeit, sich auf das Wesentliche zu konzentrieren, resultiert aus der begrenzten Kapazität des Menschen zur Informationsverarbeitung. In der Folge sind diejenigen Wirkbeziehungen zu fokussieren, die besonders hohen Einfluss auf die Funktion und Leistung des Systems haben.[771]

Eine konzeptionelle Basis für eine entsprechende Ausrichtung des Schnittstellenmanagements bietet die „Theory of Constraints (TOC)"[772]. Sie entstand aus der Kybernetik heraus und baut auf der Annahme auf, dass die unzureichende Leistung einzelner Faktoren – der Engpässe – die Leistung eines Systems limitiert. Ausgehend davon, werden Denkweisen und Methoden zur Identifikation und systematischen Eliminierung von Engpässen eingesetzt.[773]

Angewendet auf das Prozesssystem, bietet TOC die Chance, kritische Prozesse, Prozessschritte und Schnittstellen zu erkennen und davon ausgehend gezielte Eingriffe mit hoher Wirkung auf das Gesamtsystem vorzunehmen. Einen ersten Schritt der Übertragung unternimmt Willann.[774] Sein Konzept kann als Ausgangspunkt für eine Integration des TOC in das Prozessmanagement verwendet und weiter ausgearbeitet werden. Vor dem Hintergrund der Zielsetzungen und Leistungsgrößen des Prozessmanagements ist dabei zu prüfen, inwiefern die ursprünglich auf Effizienz und quantitative Leistungsaspekte fokussierte TOC hinsichtlich qualitativer Betrachtungen und einer Optimierung von Effektivität ausgeweitet werden kann.[775]

Insgesamt zeigt eine erste Analyse, dass eine ganze Reihe Vorarbeiten existiert, auf der die Entwicklung eines prozessorientierten Komplexitätsmanagements aufbauen kann. Die Ausführungen unterscheiden sich stark im Konkretisierungsgrad. Dieser reicht von allgemeinen Hinweisen auf die Bedeutung eines systematischen Umgangs mit Schnittstellen[776] über die beispielhafte Vorstellung von Methoden, z. B. zur Visualisierung von Schnittstellen,[777] hin zu einer dezidierten Auseinandersetzung mit der Optimierung von Prozessstrukturen hinsichtlich ihrer Komplexität bei Puhl[778]. Letzterer hat mit seinem Ansatz für das Komplexitätsmanagement in Geschäftsprozessen einen konzeptionellen Rahmen aufgespannt, der den systematischen Umgang mit direkten Vernetzungen im Prozesssystem erleichtert. Weitere Veröffentlichungen liefern ergänzende Anhaltspunkte für das Schnittstellenmanagement im Prozesssys-

[771] Vgl. Luhmann & Baecker 2002, S. 173. Beer & Grubrich 1967, S. 165, sehen „Selektivität" als eine der wichtigsten Fähigkeiten des Managements an und zählen sie zu den Hauptmerkmalen von Intelligenz.

[772] Zur „Theory of Contraints" siehe Goldratt & Cox 2002.

[773] Siehe hierzu auch Techt 2007.

[774] Vgl. Willann 2007, S. 43-44.

[775] In Ansätzen geht hierauf Dettmer 1997 ein.

[776] Vgl. bspw. Nyiri 2007, S. 206.

[777] Unter anderem bei Felber & Wintzer 2003, S. 442-446.

[778] Vgl. Puhl 1999.

tem. Diese sollten auf ihre Nutzenpotenziale hin untersucht und ggf. nach einer Anpassung in das von Puhl skizzierte Vorgehen eingebettet werden:

- systematisches Vorgehen zur Identifikation von Schnittstellen (Hauschildt und Brockhoff[779]),
- Analyse von Symptomen und Ursachen von Schnittstellenproblemen (Freimuth[780]),
- systematische Auswahl von Koordinationsmechanismen zur Optimierung von Interaktionen an Schnittstellen (Hauschildt und Brockhoff[781]),
- Visualisierung von Schnittstellen (Felber und Wintzer[782]),
- Fokussierung auf das Wesentliche (Goldratts[783] und Willann[784]).

In Klammern sind jeweils Namen von Autoren angegeben, aus deren Ausführungen insbesondere Anregungen zum benannten Aspekt gewonnen werden können. Zusätzliche Hinweise liefern Arbeiten mit Fokus auf das Schnittstellenmanagement für spezifische Prozesse.[785]

Management indirekter Wirkbeziehungen

Im Fokus des Schnittstellenmanagements stehen direkte Übergabepunkte für Material oder Information. Der Umgang mit indirekten Wirkbeziehungen wird ansatzweise thematisiert. Beispielsweise beschreiben Brockhoff und Hauschildt die „gepoolte Interaktion“ als Schnittstellentyp, der sich in einem gemeinsamen Zugriff auf Ressourcen ausdrückt. Eine tiefgehende Auseinandersetzung mit indirekten Verknüpfungen findet im Schnittstellenmanagement gleichwohl nicht statt. Im Modell des Integrierten Prozessmanagements (Kapitel 2.3) beschränkt sie sich auf die prozessübergreifende Explizierung von Zielbeziehungen.

Puhls Konzept zum Komplexitätsmanagement in Geschäftsprozessen sieht unter anderem den Einsatz einer Wechselwirkungsmatrix vor. Sie bildet Zusammenhänge von Prozessen ab, die nicht allein auf direkte Verknüpfungen zurückgehen müssen.[786] Die Quellen der Wechselwirkungen und wie sie identifiziert werden können wird nur in ersten Ansätzen diskutiert. Die Komplexitätswissenschaft und eng verwandte Disziplinen haben hierzu indes weiterführende Ergebnisse hervorgebracht. Besonders hervorzuheben sind die Konzepte des *Synergiemanagements*.

---

779 Vgl. Brockhoff & Hauschildt 1993, S. 396-403.
780 Vgl. Freimuth 1986, S. 235-242.
781 Vgl. Brockhoff & Hauschildt 1993, S. 396-403.
782 Vgl. Felber & Wintzer 2003, S. 442-446.
783 Vgl. Goldratt 2002.
784 Willann 2007, S. 43-44.
785 Zum Beispiel Silber 2007.
786 Vgl. Puhl 1999, S. 56. Für eine ähnliche Definition siehe Ropella 1989, S. 21.

Nach einer Definition von Hofmann bezeichnet der Begriff „*Synergie*“ „*[…] das überadditive und […] Dyssynergie das unteradditive Zusammenwirken von [sonst] getrennt voneinander operierenden Organisationseinheiten [...]. [...] Durch Synergien wird eine Verbesserung und durch Dyssynergien eine Verschlechterung der Performance der gemeinsam operierenden Einheiten gegenüber der Performance erreicht, die von den beteiligten Einheiten getrennt erwartet und gefordert sind.*“[787] Übertragen auf das Prozesssystem, bedeutet dies, dass bei Auftreten von Synergien die Gesamtleistung der Prozesslandschaft die Summe der Leistungen der Einzelaktivitäten übersteigt. Dyssynergien führen hingegen zu einer verringerten Gesamtleistung.

Ziel des Synergiemanagements ist es, durch optimale Gestaltung des Zusammenwirkens von Systemelementen Synergien zu realisieren bzw. Dissynergien zu vermeiden.[788] Alle Aktivitäten sind so aufeinander abzustimmen, dass insgesamt eine Maximierung von Effektivität und Effizienz erreicht wird.

Im Hinblick auf eine Integration in das Prozessmanagement sollten auch Konzepte zum Umgang mit Synergien die bereits im Kontext des Schnittstellenmanagements definierten Anforderungen erfüllen:

- Anwendbarkeit auf den Betrachtungsgegenstand „Prozesssystem“,
- Eignung zum Umgang mit einer Zahl und Vielfalt von Elementen und Verknüpfungen,
- handlungsleitende Ausrichtung und Bereitstellung konkreter Managementempfehlungen.

Aus einer Literaturrecherche ergaben sich fünf Konzepte des Synergiemanagements, die zumindest einem erheblichen Teil der Anforderungen Rechnung tragen. Sie werden im Folgenden näher beleuchtet: Frühe Konzepte stammen von Ansoff und Porter, spätere von Rodermann, Biberacher und Wildemann.[789]

Ansoff bezieht sich in seinem Konzept in erster Linie auf die Abstimmung von Aktivitäten bei der Bearbeitung verschiedener Produktmärkte. Er geht auf die Entstehung, kaum jedoch auf die Beeinflussung von Synergien ein.[790] Die Ausführungen können als wichtige Grundlagenarbeit angesehen werden. Es leiten sich allerdings zunächst keine konkreten Empfehlungen für das Prozessmanagement ab.

Porter stellt die Wertschöpfungskette in den Mittelpunkt seiner Überlegungen. Er wählt damit einen dem Prozessmanagement nahen Betrachtungsgegenstand. Mit einer Differenzierung von materiellen, immateriellen und Konkurrentenverflechtungen

---

787 Hofmann 2004, S. 238-239.

788 Vgl. Hofmann 2004, S. 245-255.

789 Die Ansätze von Rodermann und Biberacher decken durch den Einbezug vieler Vorarbeiten zahlreiche Gedanken aus dem Synergiemanagement ab. Wildemanns Modell weist, wie an späterer Stelle gezeigt wird, eine besondere Nähe zum Prozessmanagement auf.

790 Vgl. Ansoff 1965, S. 72-93. Siehe hierzu auch Eckhoff 2006, S. 24.

bezieht er sowohl direkte als auch indirekte Wirkbeziehungen in die Synergiebetrachtung ein. Wie Ansoff liefert jedoch auch Porter wenig konkrete Anhaltspunkte für das Management.[791] Seine Grundüberlegungen sind auf das Prozesssystem anwendbar. Der Bedarf an konkreten Vorgaben zur Ausgestaltung der entsprechenden Managementaktivitäten wird dessen ungeachtet nicht adressiert.[792]

Rodermann beschäftigt sich intensiv damit, wie ein Management von Synergien sowohl strategisch angelegt als auch praktisch ausgestaltet werden kann. Die teilweise relativ konkreten Hinweise zur Umsetzung des Synergiemanagements sind nicht auf den spezifischen Anwendungsbereich „Prozesssystem" ausgelegt, auf diesen jedoch in Grundzügen übertragbar. Ein Beispiel hierfür sind die vorgeschlagenen Suchraster zur Identifikation von Synergiepotenzialen[793], die auch im Prozesssystem Anwendung finden können.[794]

Wie Rodermann liefert auch *Biberacher* ein umfassendes Modell für den Umgang mit Synergien (von allgemeinen Hinweisen zur strategischen Ausrichtung bis hin zu konkreten Vorschlägen für die praktische Realisierung).[795] Betrachtungsgegenstand sind Synergien und Dyssynergien zwischen Geschäftsfeldern, funktionalen Bereichen und Unternehmen. Eine Übertragung auf eine Anwendung im Prozesssystem erfordert entsprechende Anpassungen/Weiterentwicklungen. Durch eine Fokussierung auf diejenigen Treiber mit dem größten Einfluss auf die Gesamtleistung[796] berücksichtigt er insbesondere die speziellen Herausforderungen in komplexen bzw. komplizierten Systemen.

Wildemann betrachtet Synergien in Mehr-Produkt-Unternehmen bzw. Unternehmensnetzwerken und bezieht sich dabei zum Teil explizit auf Prozesse. Unter anderem differenziert er nach prozessualen Gesichtspunkten die Synergiefelder „Input-Synergie", „Prozess-Synergie" und „Output-Synergie". Wildemann gibt Empfehlungen zur praktischen Umsetzung des Synergiemanagements und schlägt mit „Prozessbenchmarking", „Prozessklinik" und „Schnittstellenanalyse" Methoden mit direktem Prozessbezug vor.[797]

Insgesamt ergab die Analyse, dass das Konzept von Wildemann besondere Potenziale für eine Integration in das prozessbezogene Komplexitätsmanagement aufweist. Kritisch anzumerken ist, dass der Autor in seinen Ausführungen nicht ausführlich beschreibt, wie ein Synergiemanagement strategisch ausgerichtet und organisational verankert werden kann. Bei einer Übertragung auf das Prozesssystem bleiben damit

791 Vgl. Eckhoff 2006, S. 30.
792 Porter 1999, S. 409-558.
793 Zuvor auch thematisiert von Ropella 1989.
794 Vgl. Rodermann 1999.
795 Vgl. Biberacher 2003.
796 Vgl. Biberacher 2003, S. 83-93.
797 Vgl. Wildemann 2008b, u. a. S. 16 sowie 21-23.

wichtige Fragen zur Verknüpfung mit den übrigen Komponenten des Prozessmanagements offen. Entsprechende Ansätze zum Schließen dieser Lücke können aus den Konzepten von Rodermann und Biberacher gewonnen werden. Durch Integration der konzeptionellen Überlegungen Biberachers zur Fokussierung auf zentrale Wirkbeziehungen lässt sich die Eignung des Konzepts zum Synergiemanagement für komplizierte/komplexe Systeme ausbauen. Insgesamt empfiehlt sich zur Integration in das Prozessmanagement eine Kombination nachfolgend benannter Aspekte:

- konzeptioneller Bezugsrahmen für das strategische und operative Synergiemanagement (Rodermann und Biberacher[798]),
- explizite Betrachtung prozessbezogener Synergieaspekte, u. a. durch Differenzierung von Synergiearten nach prozessualen Kriterien (Wildemann[799]),
- Fokussierung auf zentrale Einflussfaktoren und Stellhebel (Biberacher[800])[801],
- Einsatz Faktor- und tätigkeitsbezogener Suchraster (Rodermann[802]) sowie spezifischer prozessbezogener Methoden (Wildemann[803]).

In Klammern ist der Name des Autors/der Autoren angegeben, in dessen/deren Modell sich in besonderem Maße entsprechende Hinweise wiederfinden.

Eine Verknüpfung mit dem Management direkter Wirkbeziehungen kann über Puhls Ansatz des Komplexitätsmanagements in Geschäftsprozessen erreicht werden.[804]

Die detaillierte Ausgestaltung und praktische Umsetzung eines prozessbezogenen Synergiemanagements kann durch Erkenntnisse aus synergiebezogenen Arbeiten weiterer Autoren zusätzlich unterstützt werden. Beispiele sind die Arbeit zum Synergiemanagement von Hirzel und Leder[805], das Synergy-Value-Konzept von Wöginger[806] sowie die Ausführungen zur Synergiebewertung im M&A-Kontext von Gildemeister.[807]

Koordination

Schnittstellenmanagement und Synergiemanagement haben zum Ziel, auf Basis einer systematischen Auseinandersetzung mit Wirkbeziehungen das gesamte Prozesssystem so zu beeinflussen, dass aufeinander abgestimmte Abläufe mit maxima-

798 Vgl. Rodermann 1999 und Biberacher 2003.
799 Vgl. Wildemann 2008b.
800 Vgl. Biberacher 2003.
801 Siehe hierzu auch die Hinweise von Kieser & Walgenbach 2007, S. 107, zur Reduzierung des Koordinationsaufwandes in Organisationen sowie die bereits benannte „Theory of Constraints“.
802 Vgl. Rodermann 1999.
803 Vgl. Wildemann 2008b.
804 Vgl. Puhl 1999.
805 Vgl. Hirzel & Leder 1993.
806 Vgl. Wöginger 2004.
807 Vgl. Gildemeister 2008.

ler Gesamtleistung entstehen. Eines der Schlüsselwörter lautet hier „Koordination".[808] Nach Corsten und Gössinger ist darunter „eine wechselseitige Abstimmung einzelner Aktivitäten in einem arbeitsteiligen System im Hinblick auf ein übergeordnetes Gesamtziel"[809] zu verstehen.

Welche *Koordinationsmaßnahmen* unter welchen Voraussetzungen nützlich sind, wird im Kontext des Schnittstellen- und Synergiemanagements oft nur oberflächlich beleuchtet.[810] Diese Lücke soll im Folgenden durch eine Analyse der Eignung verschiedener Koordinationsmechanismen für das Schnittstellen- und Synergiemanagement geschlossen werden. Als Ausgangspunkt dient die Differenzierung von Kieser und Walgenbach in:

1. Koordination durch Programme,
2. Koordination durch Pläne,
3. Koordination durch persönliche Weisungen,
4. Koordination durch Selbstabstimmung,
5. Koordination durch organisationsinterne Märkte,
6. Koordination durch Organisationskultur und
7. Koordination über (organisationsübergreifende) Standardisierung von Rollen.[811]

Aus den Zielsetzungen und Rahmenbedingungen des prozessbezogenen Komplexitätsmanagements leiten sich zwei Anforderungen an Koordinationsmechanismen ab: Sie müssen

- auf ein Prozesssystem grundsätzlich anwendbar und
- der engen Verflechtung einer Vielzahl von Systemelementen gewachsen sein.[812]

(1) Für Programme im Sinne langfristiger Vorgaben für das Systemverhalten ist die erste Anforderung erfüllt. Sie werden im Prozessmanagement u. a. durch Prozessbeschreibungen repräsentiert. Aus dem Einsatz im prozessbezogenen Komplexitätsmanagement leitet sich die Forderung der expliziten Abbildung von Wirkbeziehungen zwischen Systemelementen sowie den dort geltenden Anforderungen ab.

(2) Wie Programme machen auch Pläne Vorgaben für das Systemverhalten. Sie sind jedoch kurzfristiger angelegt. Im Prozesssystem regeln sie bspw. die prozessuale Zuteilung gemeinsam genutzter Ressourcen im Zeitverlauf. Eine zentrale Planung stößt in schwer überschaubaren Systemen schnell an ihre Grenzen, sodass bei einer

808 Siehe hierzu Brockhoff & Hauschildt 1993, S. 396-403.
809 Corsten 2001, S. 54
810 Siehe hierzu Brockhoff & Hauschildt 1993, S. 396-403.
811 Vgl. Kieser & Walgenbach 2007, S. 108-137.
812 Dabei sind Limitationen im Zusammenwirken von Individuen zu berücksichtigen, wie sie Carley & Gasser 1999, S. 300-301, beschreiben.

Verteilung der Aufgabe an dezentrale Instanzen eine Planerstellung für einzelne Teilbereiche notwendig wird. Zur Ausrichtung des Systems auf ein Gesamtoptimum ist dann eine Verknüpfung mit einer zusätzlichen zentralen Planungsebene zu realisieren.[813]

(3) Eine Basis für die Koordination über persönliche Weisungen bilden die hierarchisch angeordneten Rollen im Prozessmanagement. Die Wirksamkeit dieses Koordinationsmechanismus wird indessen im komplizierten Prozesssystem durch die vielseitigen Systemzusammenhänge eingeschränkt.[814]

(4) In der Folge nimmt die Selbstabstimmung im komplexen Prozesssystem eine wichtige Rolle ein.[815] Sie kann durch Definition horizontaler Kommunikationsstrukturen sowie über die Förderung informeller Kommunikation beeinflusst werden.[816] In letzterem Fall ist zu beachten, dass zur Ausrichtung des Systemhandelns auf die definierten Ziele eine Verknüpfung von Individualzielen und Systemzielen erforderlich ist.[817]

(5) Eine Koordination von Aktivitäten über interne Märkte ist dem Prozesssystem aufgrund der Kunden-Lieferanten-Beziehungen innerhalb und zwischen Prozessen inhärent. Bei Überbetonung des Mechanismus besteht die Gefahr, dass ein harmonisches Zusammenwirken der Prozesse durch Konkurrenzdenken gehemmt wird.[818]

(6) Eine Koordination durch Organisationskultur wirkt über die Anerkennung grundlegender Werte und Normen durch alle Beteiligte. Sie schafft die Basis für ein eigenständiges Handeln der Akteure im Sinne des Gesamtsystems und ist vor allem dann von hoher Bedeutung, wenn aufgrund von hoher Kompliziertheit des Systems eine Vorauskoordination aufwendig und schwierig ist.[819]

(7) Die Koordination über eine organisationsübergreifende Standardisierung von Rollen findet ihr Äquivalent im Prozessmanagement durch Benennung von Prozessmitarbeitern, Prozessverantwortlichen und Prozesskoordinatoren. Die Definition von Aufgabenbereichen, Verantwortlichkeiten und Entscheidungsbefugnissen ist Voraussetzung für ein eigenständiges Handeln der Akteure.

Zusammenfassend entsteht für koordinierende Eingriffe in ein kompliziertes/komplexes Prozesssystem folgendes Gesamtbild: Grundsätzlich sind alle Grundtypen von Koordinationsmechanismen im Prozessmanagement anwendbar, insofern sie geeignet positioniert werden:

---

813 Siehe hierzu Kieser & Walgenbach 2007, S. 119-120.
814 Siehe Bandte 2007, S. 111. Zu den Rollen siehe Kapitel 2.5.
815 Siehe hierzu auch 4.2.
816 Vgl. Kieser & Walgenbach 2007, S. 111.
817 Siehe Kapitel 4.2.
818 Vgl. Kieser & Walgenbach 2007, S. 122-124 und 129.
819 Vgl. Kieser & Walgenbach 2007, S. 133.

Programme weisen einen konstituierenden Charakter für das System auf. Sie geben auf einer abstrakten Ebene Aktivitäten und Vernetzungen und damit die Struktur des Prozesssystems vor. Pläne liefern kurz- bis mittelfristige Orientierungshilfen für das Handeln innerhalb der langfristig abgesteckten Grenzen. Sie werden ausgehend von abstrakten Vorgaben auf Gesamtsystemebene für spezifische Einzelbereiche schrittweise konkretisiert. Eine Koordination des Verhaltens innerhalb der Vorgaben aus Programmen und Plänen entsteht durch formale und informelle, vertikale und horizontale Interaktion der Akteure im System. Sie wird durch den Aufbau interner Märkte geregelt und durch Rollendefinitionen gestützt. Den übergeordneten Rahmen für das Handeln steckt die Organisationskultur ab.

Die Koordination eines Systems mit vielen Elementen und Vernetzungen geht mitunter mit einem erheblichen Aufwand einher. Aus den diesbezüglichen Ausführungen von Kieser und Walgenbach ergibt sich für die Koordination des Prozesssystems die Empfehlung einer Aufspaltung in überschaubare Teilsysteme. Kombiniert mit einer übergeordneten Gesamtbetrachtung mit geringerem Detaillierungsgrad entsteht hieraus die Möglichkeit, mit dem Spannungsfeld zwischen Transparenz und Übersichtlichkeit umzugehen. Teilsysteme können durch Clustern von Systemelementen (Prozessen bzw. Aktivitätenbündeln innerhalb derselben) geschaffen werden, die in einer besonders engen Verknüpfung zueinander stehen.[820]

4.3.2.3 Schritt 3: Kritische Reflexion und Erweiterung vor dem Hintergrund des realen (komplexen) Prozesssystems

Die in Phase 2 skizzierten Konzepte und Methoden beziehen sich auf das Management eines komplizierten Prozesssystems. In den konzeptionellen Überlegungen wurden zwei zentrale Eigenschaften ausgeblendet, die das vereinfachte System vom realen Gegenstand des Prozessmanagements abgrenzen: Das reale Prozesssystem

- ist in seinem Verhalten für den Menschen nicht erfassbar und damit von Unsicherheiten geprägt,
- weist ein soziales Teilsystem auf, welches das Verhalten des Gesamtsystems in erheblichem Maße bestimmt.

Vor einer Umsetzung der Empfehlungen aus Phase 2 ist zu prüfen, welche Konsequenzen sich hierfür aus den beiden zusätzlichen Systemmerkmalen ergeben. Es gilt, die Grundkonzepte so weiterzuentwickeln, zu ergänzen oder einzuordnen, dass sie einen systematischen Umgang mit dem komplexen Prozesssystem ermöglichen. Entsprechende Ansätze werden im Folgenden vorgestellt.

Unsicherheiten in Bezug auf das Verhalten eines Systems oder seines Umsystems können zu erheblichen Risiken führen. Falsche, unter Unkenntnis wichtiger Effekte

[820] Ansätze zur Reduzierung des Koordinationsbedarfes beschreiben Kieser & Walgenbach 2007, S. 107-108.

getroffene Managemententscheidungen haben ggf. gravierende Folgen – finanzieller und/oder inhaltlicher Art.[821]

Ein Konzept, das sich dem Umgang mit Unsicherheiten widmet, ist das Risikomanagement. In seinem Kern steht die Frage, wie vor dem Hintergrund unvorhersehbarer Verhaltensaspekte Managemententscheidungen so getroffen werden können, dass keine existenziellen Gefahren für das System entstehen. Der Fokus liegt dabei auf der finanziellen Absicherung.[822]

In vielen Managemententscheidungen kann das Risiko durch Integration von Iterationsschleifen in die Umsetzungsverläufe verringert werden.[823] Entscheidungen werden dann auf Basis vorhandener Informationen getroffen und im weiteren Verlauf anhand von Rückkopplungen und Zusatzinformationen reflektiert und angepasst bzw. konkretisiert.[824]

Auch die *Besonderheiten sozialer Systeme* wurden in den bisherigen Überlegungen zum prozessbezogenen Komplexitätsmanagement zum Teil[825] ausgeblendet, nehmen aber in der Konzept- und Methodenanwendung eine wichtige Rolle ein. Im Gegensatz zum technischen Teilsystem verhalten sich die Elemente des sozialen Teilsystems aus Gesamtsystemsicht nicht vollständig rational. Um das Verhalten des Prozesssystems insgesamt zu optimieren, ist eine Abkehr vom Ziel einer rein mechanistischen Beherrschung erforderlich.[826] In allen Managemententscheidungen ist zu berücksichtigen, was die menschlichen Akteure in ihrem Handeln beeinflusst. Ansatzpunkte dafür, wie das menschliche Handeln im Interesse eines übergeordneten Systems gelenkt werden kann, liefern unter anderem die umfangreichen Arbeiten aus dem Bereich der Motivationsforschung.[827]

Die Eignung von Maßnahmen zur Optimierung komplexer Systeme hängt in Teilen von der spezifischen Ausgestaltung und kulturellen Prägung ab. Puhl schlägt daher vor, eine Fallbasis zur Erfassung erprobter Maßnahmen aufzubauen. Werden Erfahrungen systematisch dokumentiert, so können im Zeitverlauf Hinweise auf die Eignung konkreter Managementeingriffe für die Organisation und spezifische Situationen gesammelt und verfügbar gemacht werden.[828]

---

821 Bspw. wenn für das Gesamtsystem wichtige Ergebnisse ausbleiben.

822 Zu Gegenstand und Konzepten des Risikomanagements siehe Crouhy, Galai & Mark 2006 sowie Wolke 2008.

823 Siehe hierzu Wiggert 2000, S. 258, sowie Romeike & Hager 2009, S. 144.

824 Unter den benannten Koordinationsmechanismen gewinnen dann solche an Bedeutung, die auf Rückkopplungen zum Systemverhalten beruhen und von Kieser & Walgenbach 2007, S. 106, mit Feedbackkoordination bezeichnet werden. Siehe hierzu auch Smith & Fingar 2007, S. 165.

825 In der Betrachtung von Koordinationsmechanismen fanden sie in Ansätzen Berücksichtigung.

826 Vgl. Servatius 1991, S. 99-106.

827 Einen Überblick gibt Weiner 2009. Siehe hierzu auch Kapitel 4.4.

828 Vgl. Puhl 1999 S. 57-60.

Eine zusätzliche Eigenschaft eines erfolgreich geführten Prozesssystems ist seine *Dynamik*. Das Prozessmanagement hat nicht allein die Aufgabe, eine reibungslose Ausführung der Abläufe sicherzustellen, sondern soll eine stetige Optimierung sowie schnelle Reaktionen auf Veränderungen externer Anforderungen ermöglichen.[829] Dies zu realisieren, ist für das mittel- bis langfristige Bestehen der Organisation dringend notwendig. Es sind Managementprozesse erforderlich, die Entwicklungsprozesse einbeziehen und auch selbst initiieren.[830] Diese Anforderungen werden in Kapitel 4.4 näher thematisiert.

Zusammenfassend ergeben sich zur Überführung der Managementansätze aus Phase 2 in ein komplexes System folgende Empfehlungen:

- Absicherung von Managemententscheidungen durch Integration von Ansätzen aus dem Risikomanagement,
- iterative Wechsel zwischen Entscheidungs-, Umsetzungs- und Reviewschritten im Management,
- Einbezug der zentralen Einflussfaktoren menschlichen Handelns in Managemententscheidungen,
- Berücksichtigung dynamischer Aspekte.

4.3.2.4 Schritt 4: Integration zu einem umfassenden Konzept für das Management eines komplexen Prozesssystems

In den Schritten 1 bis 3 wurde eine Reihe konzeptioneller Empfehlungen dafür ausgesprochen, wie mit Komplexität in einem Prozesssystem umgegangen werden kann. Im Hinblick auf ein abgestimmtes Managementhandeln sind diese in ein integriertes Konzept zu überführen. Einen Modellentwurf für ein prozessbezogenes Komplexitätsmanagement zeigt Abbildung 36. Dieser kann gemeinsam mit den Ausführungen der Teilkapitel 4.3.2.1 bis 4.3.2.3 als Basis für eine unternehmensspezifische Ausgestaltung verwendet werden.[831]

4.3.2.5 Schritt 5: Evaluation und Weiterentwicklung des Konzepts

Der Erfolg der Anwendung von Erkenntnissen des Komplexitätsmanagements ergibt sich erst aus einer systematischen Evaluation.[832] Eine begleitende Analyse der Umsetzung sowie eine nachgelagerte Untersuchung ihrer Wirkungen (Impacts) bilden den Ausgangspunkt für eine Konzeptbewertung, die Identifikation von Verbesserungsbereichen sowie eine systematische Weiterentwicklung.

---

829 Siehe hierzu Kapitel 2.3.1 sowie die einleitenden Ausführungen in Kapitel 1.2.

830 Im Kontext strategischer Planungs- und Kontrollprozesse siehe hierzu Milling 1991, S. 13, bzw. die Vorarbeiten von Kortzfleisch 1970.

831 Zusätzliche Anhaltspunkte ergeben sich aus Theile 1996, S. 260-275.

832 Siehe hierzu Stockmann 2010. Zur qualitativen Evaluation, wie sie aufgrund der eingeschränkten Quantifizierbarkeit der Wirkungen in erster Linie erforderlich ist, siehe Kuckartz 2008.

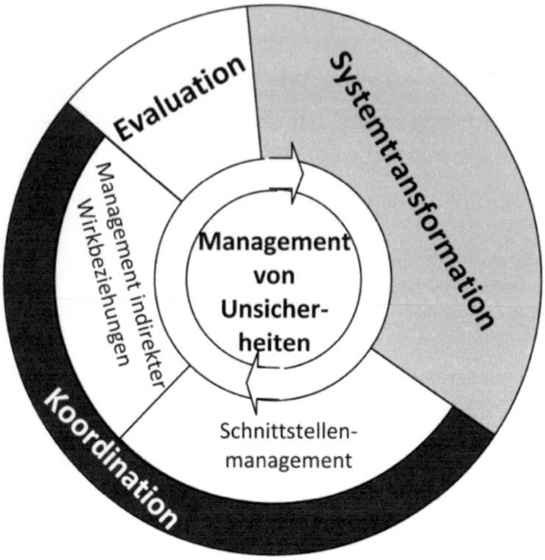

Abbildung 36: Modellentwurf für ein prozessbezogenes Komplexitätsmanagement[833]

Als Basis für die Evaluation ist ein adäquates Kriterienset zu entwickeln.[834] An dieser Stelle seien hierfür lediglich erste Ansatzpunkte formuliert:

- Die Evaluation, welche die Umsetzung begleitet, kann auf einem systematischen Abgleich idealisierter und tatsächlicher Managementverläufe aufbauen. In einer Konkretisierung der konzeptionellen Überlegungen zum Synergiemanagement kann bspw. ein spezifisches Vorgehen definiert und später dessen Einhaltung überprüft werden.
- Ein Ausgangspunkt zur Definition von Kriterien für die Wirkung der Weiterentwicklung sind die Leistungsziele des Prozessmanagements aus Kapitel 2.2. Eine positive Veränderung kann als Indikator für ein optimiertes Prozessmanagement angesehen werden. Da die Leistung jedoch durch verschiedenste Faktoren beeinflusst wird, gilt es, die Effekte des prozessbezogenen Komplexitätsmanagements möglichst weit zu isolieren. Ein Beispiel für ein entsprechendes Kriterium bildet das Verhältnis der Gesamtsystemleistung zu den Leistungen der Einzelprozesse. Eine Steigerung deutet hier auf eine Verbesserung des Zusammenspiels der Prozesse hin und ist mit hoher Wahrscheinlichkeit auf Erfolge im (interprozessualen) Schnittstellen- bzw. im Synergiemanagement zurückzuführen.

833 Eigene Abbildung.
834 Vgl. Stockmann 2006, S. 74.

4.3.2.6 Zusammenfassende Bemerkungen zum Phasenmodell des prozessbezogenen Komplexitätsmanagements

In den vorangehenden Ausführungen wurde eine Reihe von Konzepten und Methoden behandelt, die es – miteinander kombiniert – ermöglichen, mit den hohen Herausforderungen im Management eines komplexen Prozesssystems umzugehen. Eine zentrale Rolle in der detaillierten Ausgestaltung nimmt das Komplexitätsmanagementkonzept für Geschäftsprozesse von Puhl[835] ein. Dieses kann als Rahmen eingesetzt und unter Nutzung anderer Vorarbeiten zu einem umfassenden prozessbezogenen Komplexitätsmanagement mit Blick auf das gesamte Prozesssystem erweitert werden.

Das prozessbezogene Komplexitätsmanagement ist als *erweiternde Komponente zum Integrierten Prozessmanagement* angelegt. Seine Inhalte sind nicht als eigenständige Aktivitäten zu verstehen, sondern eng mit dem Prozesslebenszyklus verknüpft. Aus den Ausführungen ergibt sich mithin eine Reihe von Aspekten, die den Anforderungskatalog aus Kapitel 2[836] konkretisieren und ergänzen. Dabei ist eine Plausibilitäts- und Konsistenzprüfung erforderlich, um Lücken und Konflikte im Konzept aufzuspüren.[837] Kapitel 4.3.2.1 bis 4.3.2.5 geben darüber hinaus Hinweise, die in die konkrete (unternehmensspezifische) Ausgestaltung eines prozessbezogenen Komplexitätsmanagements einbezogen werden sollten.

Das vorgestellte Vorgehen eignet sich als Referenzmodell für die Konkretisierung. Besteht bereits ein dem State of the Art entsprechendes Prozessmanagement, können zur Weiterentwicklung die Schritte 1 bis 5 unter Fokussierung des spezifischen Prozesssystems durchlaufen werden. Beispielsweise findet dann anstelle einer allgemeinen Auseinandersetzung mit Ansätzen zur Transformation eines komplexen in ein kompliziertes Prozesssystem eine unternehmensspezifische Festlegung und Anwendung einer Modellierungsmethodik statt.

Es ist zu beachten, dass die sequenzielle Beschreibung des Ablaufs eine Vereinfachung ist. In der Realität sind die Aktivitäten so zu verknüpfen, dass es zeitliche Überlappungen und inhaltliche Querverbindungen zwischen den einzelnen Schritten geben kann.[838]

[835] Vgl. Puhl 1999.
[836] Siehe Anhang 1.
[837] Die entsprechenden Anpassungen sind in Tabelle 15 umgesetzt. Die ergänzten Einträge sind kursiv gedruckt und mit einem (K) für „Komplexitätsmanagement“ versehen.
[838] Bspw. kann eine begleitende Evaluation des prozessbezogenen Komplexitätsmanagements bereits im Verlauf der Konkretisierung und Umsetzung stattfinden.

4.3.3 Komplexitätsreduzierung und Komplexitätsvermeidung als weitere Strategien im Komplexitätsmanagement

Die bisherigen Ausführungen zum prozessbezogenen Komplexitätsmanagement waren auf eine Beherrschung von Komplexität ausgerichtet. Die Grundannahme lautete, dass die Komplexität des Prozesssystems eine nicht veränderliche Eigenschaft ist, mit der im Management umgegangen werden muss. Aus einer komplexitätsverneinenden Sicht heraus entstanden dessen ungeachtet zwei weitere Arten zum Umgang mit Komplexität, die im Rahmen dieser Arbeit nicht völlig ausgeblendet werden sollen: die Komplexitätsreduzierung und die Komplexitätsvermeidung.

- Als *Komplexitätsreduzierung* wird eine reale Senkung der bestehenden Komplexität eines Systems bezeichnet.[839]
- Die *Komplexitätsvermeidung* dient ebenfalls einer Verringerung der Komplexität , ist aber präventiv angelegt.

Während die Komplexitätsreduzierung in der Vergangenheit entstandene Komplexität in der Gegenwart vermindern soll, zielt eine Komplexitätsvermeidung auf die Begrenzung der zukünftig entstehenden Komplexität ab (siehe Abbildung 37). [840]

Die zur Komplexitätsvermeidung und zur Komplexitätsreduzierung geeigneten Maßnahmen sind eng miteinander verwandt. Unterschiede bestehen in erster Linie im Ausgangspunkt der Anwendung und ihrer zeitlichen Ausrichtung. In den nachfolgenden Ausführungen kann aus diesem Grund zunächst auf eine Differenzierung verzichtet werden. Als Oberbegriff dient der Terminus „*Komplexitätsbegrenzung*".

Die beiden Grundstrategien der Komplexitätsbegrenzung leiten sich direkt aus den Bestimmungsgrößen der Systemkomplexität ab:

1. Begrenzung der Zahl und Vielfalt der Elemente im Prozesssystem,
2. Begrenzung der Zahl und Intensität der Wirkbeziehungen im Prozesssystem.

Wie sie umgesetzt werden können, wird in Kapitel 4.3.3.1 und 4.3.3.2 veranschaulicht, Kapitel 4.3.3.3 zeigt Maßnahmen auf, die eine Komplexitätsbegrenzung hinsichtlich beider Aspekte zur Folge haben.

---

[839] Vgl. Luhmann & Baecker 2002, S. 169. Die Grundidee liegt auch dem Newton'schen Paradigma zugrunde. Vgl. Dooley, Johnson & Bush 1995, S. 3-4.

[840] Zur Differenzierung von Komplexitätsbewältigung, Komplexitätsreduzierung und Komplexitätsvermeidung siehe Wildemann 2008a, S. 99.

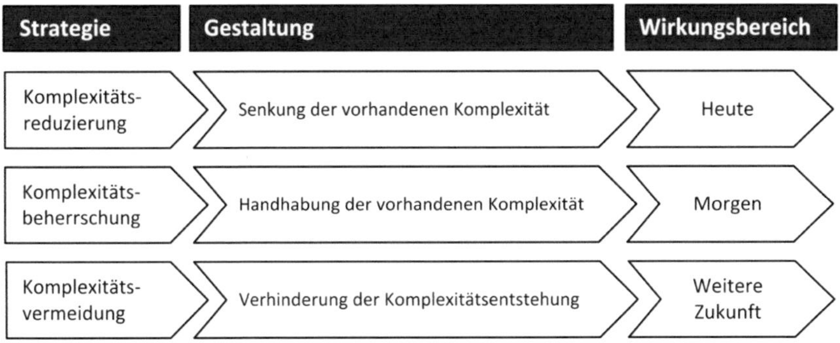

Abbildung 37: Grundstrategien des Komplexitätsmanagements[841]

4.3.3.1 Maßnahmen zur Begrenzung der Zahl und Vielfalt der Elemente im Prozesssystem

Die *Zahl* der Elemente, die im Prozessmanagement zu koordinieren sind, hängt u. a. von den externen Grenzen des Systems und seiner Ausgestaltung ab:

- Zentrale Elemente im System sind die einzelnen Aktivitäten, aus denen die Prozesslandschaft zusammengesetzt ist. Ihre Zahl wird wesentlich durch *Make-or-Buy-Entscheidungen* beeinflusst. Durch die Übergabe von Prozessen an externe Partner kann die Zahl der Elemente im Prozesssystem verringert werden.
- Die *Prozessgestaltung innerhalb der Organisationsgrenzen* wirkt sich nicht auf die Zahl der Aktivitäten aus, kann aber dennoch die Anzahl der im Prozessmanagement zu betrachtenden Elemente reduzieren: Durch Verknüpfung von Aktivitäten zu zusammenhängenden Bündeln reduziert sich die Zahl der Einzelelemente, die auf der jeweiligen Ebene im Prozessmanagement zu betrachten sind.

Die *Standardisierung* dient der Begrenzung der *Vielfalt* von Aktivitäten in der Prozesslandschaft:

- In der Prozessstandardisierung werden verbindliche Vorgaben sowohl „*zu den von den Prozessen zu liefernden Ergebnissen*“ als auch „*zur Vorgehensweise bei der Durchführung der Prozesse*“[842] gemacht. In der Folge reduzieren sich die Verhaltensoptionen der Akteure. Die Zahl der möglichen Systemzustände geht zurück. Die Definition, Dokumentation und Umsetzung von Prozessen selbst kann bereits als Schritt der Standardisierung verstanden werden. Es werden Vorgaben gemacht, die einen Rahmen für das Handeln der Akteure stecken. Die Intensität der komplexitätsbegrenzenden Wirkung von Prozess-

[841] Abbildung nach TCW o. J.
[842] Wilhelm 2007.

beschreibungen hängt vom Konkretisierungsgrad und der Zulässigkeit von Varianten ab.[843]

- Eine Standardisierung im Prozessmanagement wird durch Zuordnung von Prozessen zu Prozessclustern, bspw. eine Differenzierung in Kern- und Supportprozesse bei jeweils ähnlicher Handhabung, erreicht.[844]

Neben der Gestaltung der Prozesse selbst kann eine Reduzierung der Komplexität auch an anderen Elementen des Prozesssystems ansetzen. Beispielsweise verringert eine Umstellung von spezialisierten Einzelmaschinen auf Multifunktionsanlagen in der Produktion die Zahl der Betriebsmittel, die in ihrem Einsatz im Prozesssystem zu koordinieren sind. Dabei ist jedoch zu beachten, dass derartige Maßnahmen in Teilen im Konflikt zur Bewältigung vorhandener Komplexität stehen. Der Einsatz von Multifunktionsanlagen kann z. B. die Fähigkeit des Unternehmens reduzieren, individuelle Kundenwünsche zu berücksichtigen. Damit steht sie ggf. zur Zielsetzung einer optimalen Berücksichtigung von Einflüssen aus dem Umsystem im Widerspruch.

4.3.3.2 Maßnahmen zur Begrenzung der Zahl und Vielfalt der Verknüpfungen im Prozesssystem

Eine Vereinfachung der Vernetzung im Prozesssystem kann sowohl an direkten als auch an indirekten Wirkbeziehungen ansetzen. In beiden Fällen ist sowohl eine Reduzierung der Zahl als auch der Vielfalt möglich.

Die *Zahl der direkten Wirkbeziehungen* zwischen Prozessen hängt von der *Prozessgestaltung* und der *Gestaltung der Aufbauorganisation* ab. Sie kann durch geschickte Bündelung zusammenhängender Aktivitäten in Prozessen reduziert werden.[845]

Eine *Begrenzung der Vielfalt von direkten Schnittstellen* kann in erster Linie an intraprozessualen Schnittstellen ansetzen. Davenport und Short differenzieren drei Arten:

- Schnittstellen zwischen Personen (interpersonal),
- Schnittstellen zwischen funktionalen Einheiten (interfunktional) und
- Schnittstellen zwischen Organisationen (interorganisational).[846]

Interfunktionale Schnittstellen innerhalb von Prozessen entfallen bei einer vollständig prozessorientierten Aufbauorganisation. Zwar kann eine solche in der Praxis selten vollständig umgesetzt werden, doch auch eine weitgehende Realisierung wirkt sich positiv auf den Fluss der Geschäftsprozesse aus.[847]

---

843 Die Kriterien beeinflussen Zahl und/oder Vielfalt der Systemelemente und damit die Komplexität.
844 Vgl. Osterloh & Frost 2006.
845 Zu Einflussmöglichkeiten auf die Schnittstellenzahl siehe Masing, Pfeifer & Schmitt 2007 sowie Becker 2005.
846 Vgl. Davenport & Short 1990, S. 18-20.
847 Siehe hierzu auch Kapitel 2.7.

Indirekte Wirkbeziehungen können sehr unterschiedlicher Art sein. Beispiele sind Zielkonflikte, gemeinsam genutzte Ressourcen sowie informelle Informationsflüsse. *Die Zahl und Vielfalt der indirekten Einflüsse* von Elementen im System auf andere sind schwer zu erfassen und damit auch schwer anhand spezifischer Maßnahmen zu adressieren. Aus einer Betrachtung der zentralen Wirkungsarten ergeben sich gleichwohl einige erste Ansatzpunkte für eine Komplexitätsbeschränkung:

- Reduzierung der Intensität von Zielkonflikten durch Harmonisierung des prozessbezogenen Zielsystems,
- Reduzierung der Zahl und Vielfalt ressourcenbedingter Wechselwirkungen durch Aufbau von Redundanzen,
- indirekte Beeinflussung informeller Informationsflüsse durch Definition von Verantwortungsbereichen und Zusammensetzung von Teams.

4.3.3.3 Integrierte Ansätze zur Komplexitätsbegrenzung

Die *Vielzahl und Vielfalt von Systemelementen und ihren Vernetzungen* können durch „Segmentierung“ und „Modularisierung“ reduziert werden.

Als „*Segmentierung*“ bezeichnet man eine Aufspaltung organisationaler Prozesse nach definierten Kriterien. Beispielhafte Segmentierungskriterien sind adressierte Kundengruppen, Problemhaltigkeit sowie Objekte (erzeugte Outputs).[848] Das Ziel besteht darin, durch geeignete Bildung von Teilprozessen eine Arbeitsteilung mit überschaubaren Aufgabenbündeln zu realisieren. Nach der Segmentierung können für die jeweils betrachtete Variante irrelevante Schritte ausgeblendet werden, sodass eine geringere Zahl von Einheiten und Wirkbeziehungen zu koordinieren ist.[849] Die Prozesse werden transparenter und übersichtlicher.[850]

Entgegen den komplexitätsreduzierenden Effekten auf der Ebene des Mikroprozessmanagements erhöht eine Segmentierung durch die Differenzierung von Prozessvarianten die Komplexität des Systems auf höheren Ebenen. Mit dieser Problematik, insbesondere in Produktionsprozessen, haben sich Theorie und Praxis des Variantenmanagements intensiv befasst.[851] Ein zentraler Lösungsansatz mit prozessübergreifender Relevanz ist die „Modularisierung“.

In ihrer ursprünglichen Form bezog sich die *Modularisierung* auf materielle Produkte und die zugrunde liegenden Herstellprozesse. Ziel war es, durch Verknüpfung einer

[848] Vgl. Osterloh & Frost 2006 und Gaitanides 2007, S. 75, Abb. 4.5.
[849] Bspw. sind in einem Produktionsprozess für eine spezifische Produktgruppe bei gleichem Detaillierungsgrad weniger Prozessschritte und Schnittstellen zu definieren, als dies in einem generischen – alle Varianten abdeckenden – Produktionsprozess der Fall ist.
[850] Vgl. Gaitanides 2007, S. 78.
[851] Siehe hierzu Benett 1999.

möglichst geringen Zahl standardisierter Prozessbausteine eine große Zahl von Produktvarianten zu realisieren.[852]

Im Laufe der Zeit wurde das Konzept ausgeweitet und auf andere Prozesse übertragen.[853] Der Grundmechanismus blieb bestehen: Aus der Kombination einer überschaubaren Zahl relativ einfacher Bausteine sollen die für alle Arten angestrebter Outputs erforderlichen Prozessvarianten entstehen.[854] Stüttgen geht ausführlich auf den generellen Nutzen einer Modularisierung im Umgang mit komplexen Systemen ein.[855]

Verwandt mit dem Konzept der Modularisierung ist das Konzept der strategischen Disposition, bei der große Teile der Leistungserstellung standardisiert ausgeführt werden und erst gegen Ende des Prozesses eine anforderungsspezifische Fertigstellung vorgenommen wird.[856] Auch dieser Ansatz entstand zunächst mit Fokus auf Produktionsprozesse, ist jedoch in Grundzügen auch auf andere Abläufe übertragbar, in denen mit hoher Effizienz verschiedenste Kundenbedürfnisse befriedigt werden sollen.

4.3.4 Zusammenfassung der zentralen Erkenntnisse zum prozessbezogenen Komplexitätsmanagement

Entsprechend der Überlegungen im Vorfeld sind die benannten Ansätze der Komplexitätsbegrenzung sowohl im Rahmen einer reaktiven Komplexitätsreduzierung als auch zur proaktiven Komplexitätsvermeidung anwendbar. Maßnahmen zur Prozessgestaltung (darunter auch Standardisierung, Segmentierung und Modularisierung) Festlegungen von Verantwortlichkeiten und Make-or-Buy-Entscheidungen sind sowohl bei der Neugestaltung eines Prozesssystems als auch im Rahmen seiner Weiterentwicklung möglich.

Das Management eines Prozesssystems wird durch Reduzierung der Komplexität erleichtert. Eine Komplexitätsbegrenzung kann allerdings keine Alternative, sondern lediglich eine Ergänzung zur Komplexitätsbewältigung (Kapitel 4.3.2) sein. Dafür finden sich zwei zentrale Gründe:

- Eine geringere Komplexität kann sich negativ auf die Systemleistung auswirken.[857]

852 Siehe hierzu Lindemann, Reichwald & Zäh 2006, S. 146-148, sowie Hüttenrauch & Baum 2008, S. 127-169.
853 Siehe hierzu Netzer & Hilgert 2008 sowie Schmid 2009.
854 Vgl. Kersten et al. 2005. Corsten 1997, S. 20, sowie Stüttgen 2003, S. 179-185.
855 Vgl. Stüttgen 2003, S. 150-162. Siehe hierzu auch Schwaninger & Adam 2004, S. 10.
856 Vgl. Köster 1998, S. 136-214.
857 Bspw. reduzieren Ressourcenredundanzen Zahl und Intensität impliziter Wirkbeziehungen im Prozesssystem, stehen jedoch gleichzeitig auch einer Nutzung von Synergien entgegen.

- Die skizzierten Maßnahmen führen häufig nicht zu einer tatsächlichen Eliminierung von Komplexität. Vielfach wird nur eine Verschiebung auf eine andere Ebene erreicht.[858] Ein positiver Effekt bleibt indes auch dann, wenn durch die Verlagerung eine optimale Ausnutzung der Komplexitätsbewältigungsfähigkeit jeder Managementebene möglich ist.

In das Gesamtvorgehen im Aufbau eines prozessbezogenen Komplexitätsmanagements kann die Komplexitätsbegrenzung als „Schritt 0“ eingebunden werden. Werden hier Möglichkeiten zur Vermeidung bzw. Reduzierung von Komplexität im Prozesssystem kritisch geprüft und ggf. umgesetzt, so vereinfacht sich der Betrachtungsgegenstand des weiteren Vorgehens.[859]

Im Anforderungskatalog zum Integrativen Prozessmanagement[860] sind die aus der Komplexitätsbegrenzung resultierenden Anforderungen mit (KB) gekennzeichnet.

Für das prozessbezogene Komplexitätsmanagement ergibt sich die in Abbildung 38 skizzierte Modellerweiterung.

Abbildung 38: Erweitertes Modell eines prozessbezogenen Komplexitätsmanagements[861]

Die zentralen Erkenntnisse, die ihm zugrunde liegen, seien an dieser Stelle kurz zusammengefasst:

- Zum Umgang mit Komplexität im Prozesssystem können drei Strategien herangezogen werden: Komplexitätsbewältigung, Komplexitätsreduzierung und Komplexitätsvermeidung.
- Eine Komplexitätsbegrenzung (als Oberbegriff für Komplexitätsreduzierung und Komplexitätsvermeidung) ist durch Maßnahmen der Prozessgestaltung, darunter Standardisierung, Segmentierung und Modularisierung, eine adäqua-

858 Am Beispiel der Modularisierung wurde dies bereits thematisiert (Kapitel 4.3.3.2).
859 Siehe Anhang 5.
860 Siehe Tabelle 15.
861 Eigene Abbildung.

te Definition von Verantwortungsbereichen sowie Auslagerung von Aktivitäten zu externen Einheiten möglich.

- Eine Begrenzung der Komplexität erleichtert die Komplexitätsbewältigung, macht diese jedoch nicht überflüssig.
- Ansätze zur Bewältigung der Komplexität im Prozesssystem ergeben sich aus der gedanklichen Transformation in ein kompliziertes System. Die identifizierten Lösungen sind im Rahmen einer Retransformation mit Ansätzen zum Umgang mit Unsicherheit und Besonderheiten sozialer Systeme zu integrieren.

Damit das prozessbezogene Komplexitätsmanagement seine Potenziale zum Umgang mit Komplexität voll entfalten kann, muss es mit den übrigen Aktivitäten des Prozessmanagements eng gekoppelt werden (siehe Abbildung 39). Die Kopplung erstreckt sich über den gesamten Prozesslebenszyklus. Für die Phasen 1 bis 4 (von der Prozessidentifikation bis zur Ablösung/Weiterentwicklung der Prozesse) leiten sich aus dem Einsatz der benannten Konzepte und Methoden vor allem Konkretisierungen ab. Unter anderem werden Anforderungen und Empfehlungen für die Prozessmodellierung formuliert. Phase 0 ist dahin gehend anzupassen, dass das entwickelte Zielsystem um komplexitätsbezogene Ziele erweitert wird.[862]

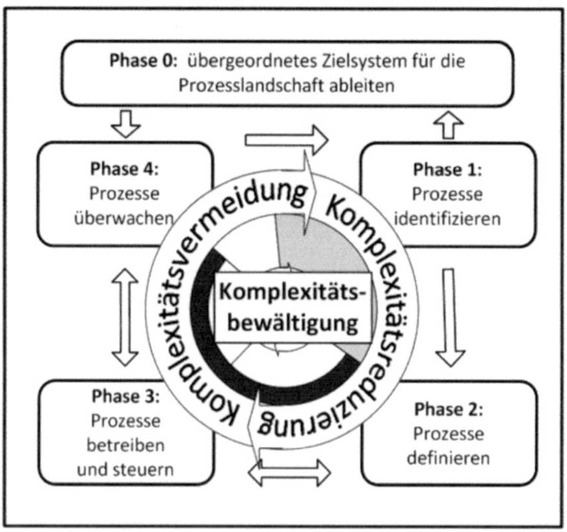

Abbildung 39: Einbettung des prozessbezogenen Komplexitätsmanagement in das Integrierte Prozessmanagement[863]

---

[862] Eine entsprechende „Komplexitäts-Balanced-Scorecard" beschreibt Meyer 2007. Komplexitätskennzahlen behandeln Gausemeier 2007, S. 307; Piller 2006, S. 132-134; Rathnow 1993 sowie Gunn, Brown & Bossley 1997.

[863] Eigene Abbildung.

Wie bereits im Vorfeld der Bearbeitung angekündigt weisen viele Aspekte der komplexitätsbezogenen Weiterentwicklung des Prozessmanagements (Kapitel 4.2 und 4.3) Überlappungen mit Inhalten der anderen Entwicklungspotentiale des Prozessmanagements (Umgang mit Dynamik und personenbezogenes Prozessmanagement) auf. Einige von ihnen werden in den Kapiteln 4.4 und 4.5 zusammengefasst.

4.4 Konsequenzen der Weiterentwicklung für den Umgang mit Dynamik

Die in Kapitel 3 identifizierte Entwicklungsperspektive „Umgang mit Dynamik“ schließt zwei Schwerpunkte ein:

1. den Aufbau von Lenkungsmechanismen und
2. den Aufbau von Lernzyklen.

Zu beiden Themenfeldern hat die Auseinandersetzung mit dem ganzheitlichen Denken in Kapitel 4.2 bereits eine Reihe von Hinweisen geliefert. Sie werden im Folgenden kurz vorgestellt. Dabei wird beleuchtet, welchen Eigenschaften eines komplexen Prozesssystems mit den Aspekten Rechnung getragen wird. Zu denjenigen Eigenschaften, die zunächst unberührt bleiben, werden erste konzeptionelle Überlegungen angestellt. Hierzu werden auch Hinweise aus Kapitel 4.3 herangezogen. Die abgeleiteten Empfehlungen beschränken sich darauf, zu veranschaulichen, wo eine entsprechende Weiterentwicklung anknüpfen kann.

Aus Kapitel 4.2.4 ging die Anforderung hervor, ein *mehrdimensionales Lenkungssystem* für die Prozesslandschaft aufzubauen. Dieses soll Steuerungsmechanismen einschließen, seinen Schwerpunkt aber auf einer auf Rückkopplungen basierenden Regelung haben. Zur Sicherung der Übersicht wird eine Gliederung in Teilsysteme und Ebenen vorgenommen. Die entsprechenden Lenkungsmechanismen werden eng miteinander verknüpft.[864]

Der mehrdimensionale Aufbau des Lenkungssystems dient dem Umgang mit der Vielzahl und Vielfalt der Elemente im Prozesssystem sowie ihrer Verknüpfungen. Für letzteren Aspekt ergeben sich zusätzliche Hinweise aus dem in Kapitel 4.3.2.2 vorgestellten Schnittstellen- und Synergiemanagement sowie den Ausführungen zur Segmentierung und Modularisierung (Kapitel 4.3.3.2). Die Betonung der Regelung gegenüber einer Steuerung dient dem besseren Umgang mit Unsicherheiten in komplexen Systemen. Handlungsfelder im Management des „Unternehmens“ als soziales System sind Gegenstand von Kapitel 4.5. Erste Hinweise auf Eingriffsmöglichkeiten in soziale Systeme wurden in Kapitel 4.3.2.2 unter der Überschrift „Koordinationsmechanismen“ diskutiert.

[864] Vgl. Kapitel 4.2.5.

Zum *Aufbau von Lernzyklen* in komplexen Systemen ergaben sich aus dem Baustein „Entwicklung“ (Kapitel 4.2.6) Forderungen nach

- einer Förderung des organisationalen Lernens durch individuelles Lernen und Akteursinteraktion,
- reflexiver Offenheit des Prozesssystems und
- dynamischer Weiterentwicklung des prozessbezogenen Zielsystems.

Der Aufbau der Lernzyklen selbst und insbesondere die Forderung nach reflexiver Offenheit adressieren den Umgang mit Unsicherheiten im Prozesssystem und seinen Umsystemen. In Kapitel 4.3.2.3 wird dieser Aspekt durch die Empfehlung eines iterativen Vorgehens im Management gestärkt. Besonderheiten sozialer Systeme sind den Arbeiten zum organisationalen Lernen, zum individuellen Lernen sowie zur Förderung von Interaktion zwischen Personen inhärent.

Die Kompliziertheit des Systems wurde durch die bisherigen Ausführungen nicht direkt adressiert. Sie führt u. a. dazu, dass Maßnahmen zur Prozessveränderung zum Teil dezentral zu organisieren sind. Aus einer zentralen Perspektive ist das System nur auf einer abstrakten Ebene zu überschauen. Sie sollte die inhaltliche und zeitliche Abstimmung der Maßnahmen anstreben, die für eine optimale Entwicklung des Gesamtsystems essenziell sind. Anregungen geben Konzepte des Multiprojektmanagements. Unter anderem wird der Aufbau eines strategischen Projektnetzes vorgeschlagen, das die einzelnen Aktivitäten untereinander und mit den übergeordneten strategischen (Entwicklungs-)Zielen in Beziehung setzt.[865]

Die eingeschränkte Überschaubarkeit des Gesamtsystems, die Fülle der relevanten Kontextinformationen aus dem Umsystem sowie die Vielfalt und Vielzahl der Elemente und Vernetzungen im System erschweren seine völlige Neugestaltung im Rahmen eines Business Process Reengineering. Aktivitäten zur Prozessoptimierung sind leichter zu überschauen und entsprechen stärker dem in Kapitel 4.3 geforderten iterativen Management.

Verändern sich allerdings Umfeld und Anforderungen an eine Organisation schnell, so bringt eine kontinuierliche Verbesserung allein keine ausreichende Anpassungsgeschwindigkeit.[866] Dies wird auch dadurch verstärkt, dass durch eingeschränkte Möglichkeiten der externen Überwachung Veränderungen ggf. spät zu erkennen sind und schnelle, grundlegende Reaktionen notwendig machen.[867] Der Problematik kann

[865] Vgl. Bea, Scheurer & Hesselmann 2008, S. 497-646, sowie Ahlers 2010.

[866] Siehe hierzu die Gegenüberstellungen von Scholz 1995, S. 116; Gierhake 2001, S. 33, sowie Bartsch 2002, S. 51.

[867] Zum Teil wird dies durch die in Kapitel 4.2 geforderte kontinuierliche Überwachung des Umsystems entschärft. Die Fähigkeit zum frühzeitigen Erkennen relevanter Entwicklungen kann durch gezielte Erfassung und Nutzung von „weak Signals“ gefördert werden. Siehe hierzu Day & Schoemaker 2006.

zum einen dadurch entgegengetreten werden, dass BPR als radikale Komponente zur Veränderung im Prozessmanagement bestehen bleibt. Zum anderen können innerhalb der Prozessoptimierung Ansätze der evolutionären Entwicklung auf einer Metaebene gestärkt werden. Eine zentrale Rolle spielt hier die bereits im Kontext der Systemlenkung (Kapitel 4.2.3) thematisierte Selbstorganisation. Durch Schaffung systeminterner Regelkreise, deren externe Verknüpfung und eine bewusste Loslösung vom Gleichgewichtszustand wird hier das Potential der Organisation zur Erfüllung wachsender und sich wandelnder externer Anforderungen ausgeschöpft.[868]

Aus dem Themenfeld „Umgang mit Dynamik" resultierende Aspekte sind in den Anforderungskatalog an ein Integratives Prozessmanagement (Tabelle 15) eingearbeitet und dort mit (D) gekennzeichnet.

4.5 Konsequenzen der Weiterentwicklung für das personenbezogene Prozessmanagement

Die konzeptionellen Überlegungen zum „Umgang mit Komplexität" aus Kapitel 4.2 und 4.3 betreffen in vielen Punkten neben dem sachbezogenen auch den personenbezogenen Teil des Prozessmanagements. *„Gefühle, Denk- und Handelsprozesse sind beim Komplexitätsmanagement und den damit verbundenen Anforderungen und Belastungen [..] unmittelbar aufeinander bezogen und können sich wechselseitig steuern."*[869]

Aus den Bausteinen des ganzheitlichen Denkens (Kapitel 4.2) ergibt sich eine Reihe von Anforderungen an den Umgang mit Mitarbeitern und weiteren Stakeholdern im Prozesssystem. Die Ausgestaltung eines prozessbezogenen Komplexitätsmanagements (siehe Kapitel 4.3) geht u. a. mit Qualifizierungsanforderungen einher. Zentrale Herausforderungen, denen sich das personenbezogene Prozessmanagement in diesem Kontext stellen muss, werden in Kapitel 4.4.1 vorgestellt. Kapitel 4.4.2 befasst sich mit Perspektiven zur Bearbeitung der Handlungsbereiche.

4.5.1 Anforderungen an das personenbezogene Prozessmanagement

Ein umfassendes Komplexitätsmanagement weist eine institutionelle und eine personenbezogene Komponente auf.[870] Dies wird u. a. daran deutlich, dass einige der aus dem ganzheitlichen Denken abgeleiteten Anforderungen an das Prozessmanagement direkt dem personenbezogenen Prozessmanagement zuordenbar sind. Beispiele sind die „Sicherung einer Balance von formalen Regeln und Handlungsspielräumen für die Akteure" sowie die „Förderung individuellen Lernens". Aus anderen Anforderungen leiten sich erst bei näherer Betrachtung Konsequenzen für das per-

[868] Vgl. Kapitel 2.3.1 und Servatius 1991, S. 72-77.
[869] Reither 1997, S. 117.
[870] Vgl. Heywood, Spungin & Turnbull 2002, S. 88.

sonenbezogene Prozessmanagement ab. So ist beispielsweise ein zielgerichtetes Wirken der Akteure innerhalb eines Ordnungsrahmens nur zu erwarten, wenn Ziele transparent und über Anreizsysteme mit individuellen Zielen gekoppelt sind.[871] Einen Überblick über personenbezogene Aspekte des Prozessmanagements, die sich aus dem ganzheitlichen Denken ableiten, gibt Anhang 6. Eine Analyse und Verknüpfung der zunächst nach Bausteinen geordneten Stichpunkte führt zu vier zentralen Handlungsfeldern:

1. Schaffung von Zieltransparenz[872] und Anreizen,
2. Entwicklung einer adäquaten Unternehmenskultur,
3. Personalauswahl und -entwicklung,
4. Schaffung von Voraussetzungen für eigenverantwortliches Handeln.[873]

Die Umsetzung eines prozessbezogenen Komplexitätsmanagements (siehe Kapitel 4.3) stellt hohe Anforderungen an die Akteure. In der Folge leiten sich aus diesem Teil der Weiterentwicklung des Prozessmanagements in erster Linie inhaltliche Konsequenzen für die Personalauswahl und die Kompetenzentwicklung ab. Auch die weiteren Aspekte können den oben definierten Handlungsfeldern zugeordnet werden. Einen Überblick hierzu gibt Anhang 7.

4.5.2 Ansätze zum Ausbau des personenbezogenen Prozessmanagements vor dem Hintergrund hoher Komplexität

Im Folgenden werden nacheinander die in Kapitel 4.5.1 identifizierten Handlungsfelder für das personenbezogene Prozessmanagement aufgegriffen. Die benannten Lösungsansätze müssen an dieser Stelle abstrakt bleiben und erheben keinen Anspruch auf Vollständigkeit. Sie dienen dazu, Herausforderungen aufzuzeigen, denen sich das personenbezogene Prozessmanagement im Kontext hoher Komplexität in besonderem Maße stellen muss. Mit der Benennung von Konzepten und der Angabe zentraler Quellen werden Perspektiven erläutert, die in einer entsprechenden Weiterentwicklung des Prozessmanagements zu berücksichtigen sind.

Schaffung von Zieltransparenz und Anreizen

Ein an den übergeordneten Zielen des Systems ausgerichtetes Verhalten aller Akteure setzt zwei Dinge voraus:

1. Die Ziele der Organisation müssen für die Akteure transparent sein und
2. mit den persönlichen Zielen des Einzelnen in Einklang stehen.

---

[871] Siehe hierzu Gaitanides 2007, S. 80.

[872] Zu deren Bedeutung siehe Heywood, Spungin & Turnbull 2002, S. 92.

[873] Das Clustern kann anhand der in Anhang 6 beigefügten Nummern der Handlungsfelder nachvollzogen werden.

Auf einer abstrakten Ebene wird Zieltransparenz im Prozessmanagement über eine Kommunikation des Zielsystems aus Phase 0 im Prozesslebenszyklus hergestellt.[874]

Damit jeder Einzelne sein individuelles Handeln aus Sicht der Organisation optimal ausrichten kann, ist eine weitere Zieldekomposition erforderlich. Einen verbreiteten Ansatz für die Zielsetzung auf der Ebene der Einzelperson bildet das Management by Objectives (MBO)[875]. In der für komplexe Systeme zu präferierenden[876] kooperativen Variante des MBO werden Ziele durch *„über- und untergeordnete Personen gemeinsam gesetzt“*[877]. Während der Vorgesetzte die Interessen der Organisation vertritt, bringt der Mitarbeiter seine persönlichen Ziele in die Zielbildung ein.[878]

Dass die Zielverfolgung durch die Mitarbeiter insgesamt zu einem Gesamtoptimum für die Organisation führt, setzt voraus, dass neben der vertikalen auch eine horizontale Passung sichergestellt ist. Entsprechende Vorgehensweisen finden sich im Konzept des „Policy Deployment“.[879]

Die Zielbildung unter Einbezug organisationaler und individueller Ziele entspricht zunächst einem Aushandlungsprozess, in dem ohne weitere Maßnahmen ein Kompromiss entsteht.[880] Eine Chance, individuelle und organisationale Ziele auf einer höheren Stufe in Einklang zu bringen, bietet der Aufbau eines Anreizsystems.[881] Für die Organisation wichtige Zielsetzungen werden hier für den Einzelnen handlungsleitend gemacht, indem bei Zielerreichung ein individueller Nutzen in Aussicht gestellt wird. Dieser kann materieller oder auch immaterieller Natur sein.[882] Abhängig von der Homogenität der Bedürfnisse der verschiedenen Adressaten, können Anreizsysteme mit einheitlichen Anreizen oder „Cafeteria-Systeme“ aufgebaut werden. Letztere bieten dem Einzelnen die Option (ähnlich einer Menüwahl), präferierte Anreize individuell zusammenzustellen.[883]

---

874 Siehe hierzu auch Kapitel 2.3.

875 *„Management by objectives is a comprehensive managerial system that integrates many key managerial activities in a systematic manner that is consciously directed towards the effective and efficient achievement of organizational and individual objectives.“* (Koontz & Weihrich 2007, S. 90-91).

876 Vgl. Hub 1994, S. 61.

877 Weinert 2004, S. 218. Frühe Arbeiten stammen von Odiorne S. 1970 sowie Carroll & Tosi 1973.

878 Siehe hierzu Drucker 2007b.

879 Siehe hierzu Akao 1991 sowie Hutchins 2008. Die Verknüpfung von Policy Deployment und MBO behandelt Jochum 2002, S. 67-90. Die vollständige Einführung eines Policy Deployments ist aufwendig und erfordert umfangreiche einschlägige Erfahrungen. Vgl. Zink 1995, S. 292.

880 Siehe hierzu auch Kieser & Walgenbach 2007, S. 7-8, sowie Meise 2001, S. 126.

881 Vgl. Drumm 2008, S. 457.

882 Zur Gestaltung von Anreizsystemen siehe Brandenberg 2001 und Kressler 2001. Materielle Anreize sind bspw. Erfolgsbeteiligungen; ein immaterieller Anreiz ist bspw. die Übertragung von Führungsverantwortung. Vgl. Drumm 2008, S. 389, und Holtbrügge 2010, S. 194. Die Wirkung von Anreizen leitet sich aus bedürfniszentrierten Motivationstheorien, insbesondere von Maslow & Kruntorad 2005; Alderfer 1972 sowie McClelland et al. 1953, ab.

883 Siehe hierzu Drumm 2008, S. 458, und Tropman 2001.

Entwicklung einer adäquaten Unternehmenskultur

Während Ziele und Anreize eine direkte Beeinflussung des individuellen Verhaltens von Personen anstreben, wird dieses indirekt und auf einer viel abstrakteren Ebene durch die Unternehmenskultur beeinflusst.[884] Schein definiert: „*The culture of a group*" *is* „*a pattern of shared basic assumptions learned by a group as it solved its problems of external adaptation and internal integration, which has worked well enough to be considered valid and, therefore, to be taught to new members as the correct way to perceive, think, and feel in relation to those problems.*"[885]

Die erfolgreiche Weiterentwicklung des Prozessmanagements hängt in mehrfacher Hinsicht von einer adäquaten Unternehmenskultur ab:

- Die Existenz einer starken Unternehmenskultur fördert die Orientierung der Mitarbeiter an übergeordneten Werten und Normen. Damit wird auch die Ausrichtung des individuellen Handelns auf eine Zielerreichung des Gesamtsystems angeregt.[886]
- Aus den konzeptionellen Überlegungen zum Umgang mit Komplexität im Prozessmanagement ergeben sich inhaltliche Anforderungen an die Unternehmenskultur: Sie soll u. a. eine breite Stakeholderorientierung einschließen und einen konstruktiven Umgang mit Fehlern fördern.[887]
- Veränderungen, wie sie auch zur Umsetzung eines weiterentwickelten Prozessmanagements erforderlich sind, machen eine „starke und lebendige, auf Offenheit und Vertrauen beruhende Unternehmenskultur" erforderlich.[888]
- Eine ganzheitliche Unternehmensführung, die den Spezifika komplexer sozialer Systeme gerecht wird, kann selbst als kulturelle Transformation aufgefasst werden.[889]

Darüber, ob und wie konkret die Kultur eines Unternehmens beeinflusst werden kann, werden in der Literatur sehr unterschiedliche Meinungen vertreten.[890] Eine intensive Auseinandersetzung mit der Thematik findet sich bei Schein.[891] Er zeigt auf, dass die Art der Entstehung und die Beeinflussbarkeit einer Unternehmenskultur stark vom Entwicklungsstadium der Organisation abhängen. Für jedes Stadium beschreibt er Grundstrategien für die Kulturentwicklung. Da die im Einzelfall geeigneten Maßnahmen stark von der Ausgangssituation und den spezifischen Rahmenbedin-

[884] Siehe hierzu Reither 1997, S. 91-100.
[885] Schein 2010, S. 18.
[886] Vgl. Steinmann, Schreyögg & Koch 2005, S. 273, und Staehle, Conrad & Sydow 1999, S. 512.
[887] Vgl. Anhang 6 und 7. Zur Bedeutung eines konstruktiven Umgangs mit Fehlern in Unternehmen siehe auch Deser 1997, S. 237, und Stüttgen 2003, S. 214-249.
[888] Doppler & Lauterburg 2008, S. 67.
[889] Vgl. Servatius 1991, S. 107-120.
[890] Siehe hierzu Macharzina & Wolf 2010, S. 247-249.
[891] Vgl. Schein 2010.

gungen des Unternehmens abhängen, wird auf eine tiefer gehende Auseinandersetzung mit der Thematik an dieser Stelle verzichtet.

Personalauswahl und -entwicklung

Der Umgang mit Komplexität im Prozessmanagement geht mit hohen Anforderungen an die handelnden Personen und Teams einher. Unter anderem müssen die Akteure die für ein prozessbezogenes Komplexitätsmanagement vorgeschlagenen Methoden kennen, situationsadäquat auswählen und praktisch anwenden können.[892] Die erforderlichen Kompetenzen müssen in die Personalauswahl und -entwicklung einfließen.[893]

Für die Personalauswahl ergeben sich in erster Linie Kriterien, die in Stellenbeschreibungen zu integrieren und zur Beurteilung von Bewerbern zu nutzen sind.[894]

In der Personalentwicklung sind die erforderlichen individuellen Kompetenzen durch gezielte Qualifizierungsmaßnahmen und Karriereplanungen auf- bzw. auszubauen.[895]

Schaffung von Voraussetzungen für eigenverantwortliches Handeln

Der Umgang mit komplexen Prozesssystemen macht eine Dezentralisierung von Verantwortung und Managementaufgaben erforderlich. Da wegen der begrenzten Übersicht nicht alle Managementaufgaben aus einer zentralen Perspektive heraus erfüllt werden können, nehmen Regelkreise und Mechanismen der Selbstorganisation eine wichtige Rolle ein. Voraussetzungen für deren Funktion sind, dass

1. die Organisationsmitglieder über ausreichende Entscheidungs- und Handlungsspielräume verfügen[896],
2. Verantwortungsbereiche klar abgegrenzt sind[897],
3. die Mitarbeiter in Teams und darüber hinaus in enger Interaktion stehen und
4. Rückkopplungen zur Zielerreichung und den Wirkungen des Handelns vorliegen[898].

Die Anforderungen 1 und 2 können über eine entsprechende Ausgestaltung von Rollenbeschreibungen für das Prozessmanagement erfüllt werden.

Die Bildung von Teams ist bereits in der Grundkonzeption des Integrierten Prozessmanagements angelegt. Vor dem Hintergrund hoher Komplexität ist hier ein beson-

[892] Vgl. Hub 1994,S. 5.
[893] Zu relevanten Kompetenzen siehe Anhang 6 und 7. Zum Einfluss der Personalentwicklung auf die Effizienz bei hoher Komplexität siehe die Studie von Roters 1989, S. 194-196.
[894] Zu Anforderungen, Vorgehensweisen und Methoden in der Personalauswahl siehe ausführlich Kahlke 2004 sowie Weuster 2008.
[895] Vgl. Holtbrügge 2010, S. 124.
[896] Vgl. Dooley, Johnson & Bush 1995; Striening 1988, S. 279 und 295-296.
[897] Vgl. Heywood, Spungin & Turnbull 2002, S. 93.
[898] Vgl. Hub 1994, S. 21-22.

deres Augenmerk darauf zu legen, wie eine teamübergreifende Abstimmung sowie individuelles und organisationales Lernen gefördert werden können. Lösungsansätze bieten das Modell überlappender Arbeitsgruppen von Likert[899] bzw. Konzepte zum Lernen im Team[900].

Rückkopplungen sind für eine Lenkung durch Regelung und für iteratives Vorgehen im Management notwendig. Bei geeigneter Ausgestaltung können sie zusätzlich eine motivierende Wirkung aufweisen.[901] Neben den durch Anreizsysteme gesteuerten sachlichen Einflüssen hängt das menschliche Handeln auch stark von affektiven Reaktionen ab. Diese wiederum wird unter anderem durch Rückmeldungen beeinflusst.[902] Wie Rückkopplungen hinsichtlich ihrer Wirkung optimiert werden können, ist umfassender Gegenstand der Kontrolltheorie.[903]

Das personenbezogene Management betreffende Aspekte sind in den Anforderungskatalog für ein Integratives Prozessmanagement eingearbeitet (Tabelle 15) und dort mit (P) gekennzeichnet.

4.6 Modell eines „Integrativen Prozessmanagements“

Die bisherigen Teile dieses Kapitels lieferten konzeptionelle Hinweise zur Weiterentwicklung des Prozessmanagements mit Fokus auf der Entwicklungsperspektive „Umgang mit Komplexität“. Auseinandersetzungen mit Vorarbeiten aus den Themenfeldern „ganzheitliches Management“ und „Komplexitätswissenschaft“ haben viele Ansatzpunkte deutlich gemacht, wie mit den hohen Herausforderungen im Management komplexer Prozesssysteme umgegangen werden kann. Das Ergebnis der Weiterentwicklung wird als „Integratives Prozessmanagement“ bezeichnet. Mit dem Terminus „integrativ“ soll neben der Weiterentwicklung auch die Offenheit des Konzepts für andere Erweiterungen signalisiert werden. Sie offenbart sich unter anderem in den zahlreichen Konsequenzen, die aus der Weiterentwicklung für den Umgang mit Dynamik und das personenbezogene Management ableitbar sind (siehe Kapitel 4.4 und 4.5).

Die Anforderung der Offenheit des Ansatzes für zukünftige konzeptionelle Weiterentwicklungen wird in den Anforderungskatalog an ein Integratives Prozessmanagement aufgenommen (Tabelle 15).[904] Den Stand des Modells zum Integrativen Prozessmanagement nach der aktuellen Weiterentwicklung veranschaulicht Abbildung 40.

---

899 Vgl. Likert 1972.
900 Siehe hierzu bspw. Berg 2006 sowie Katzenbach & Smith 1995.
901 Vgl. Mesch, Farh & Podsakoff 1994 sowie Ambrose & Kulik 1999, S. 263.
902 Vgl. Reither 1997, S. 117-122, und Hub 1994, S. 61-62.
903 Siehe hierzu Klein 1989, S. 155.
904 Der Eintrag ist mit (O) gekennzeichnet.

Einen korrespondierenden Anforderungskatalog zeigt Tabelle 15. Es handelt sich hierbei um eine erweiterte Fassung des Anforderungskataloges an ein Integriertes Prozessmanagement, der in Kapitel 2 erarbeitet und in Anhang 1 vorgestellt worden ist. Die den verbesserten Umgang mit Komplexität betreffenden Zusätze sind kursiv gedruckt. Durch die zugeordneten Buchstaben wird verdeutlicht, aus welcher Facette der Weiterentwicklung die jeweilige Anforderung resultiert. Eine entsprechende Legende zeigt Tabelle 16. Hier wird auch die in Kapitel 2 thematisierte beispielhafte Bewertungssystematik vorgestellt.

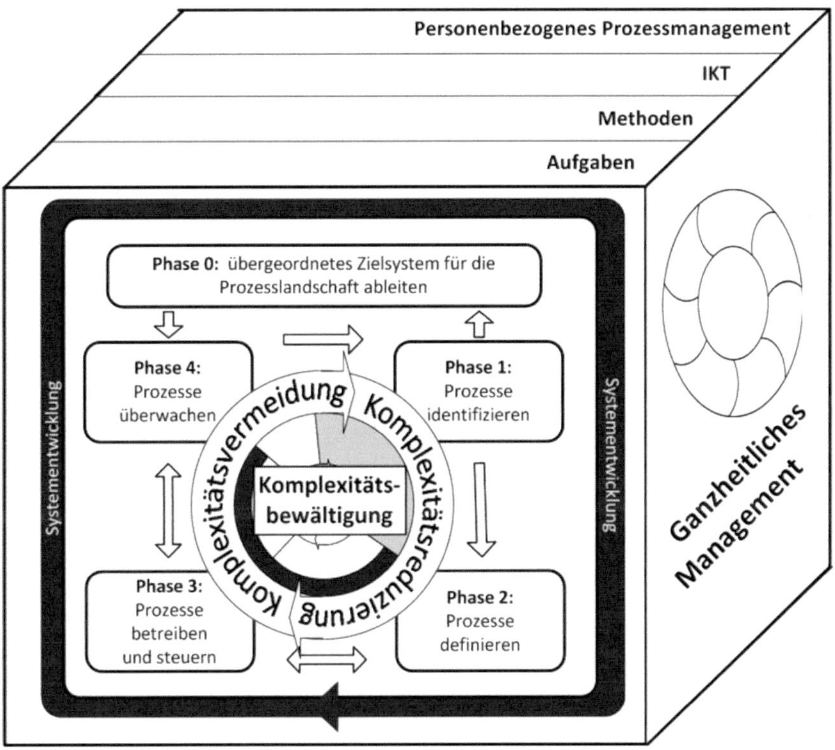

Abbildung 40: Modell des Integrativen Prozessmanagements[905]

[905] Eigene Abbildung.

Anforderung	Erfüllungsgrad in %					
	0	20	40	60	80	100
Strategisches Management						
Kombination von Innen- und Außenbetrachtung bei der Herleitung strategischer Zielsetzungen	☐	☐	☐	☐	☐	☐
Ableitung von Zielen für das Prozessmanagement aus den strategischen Zielen der Organisation	☐	☐	☐	☐	☐	☐
Prozessmanagement allgemein						
Verknüpfung der Teilkonzepte des Prozessmanagements zu einem integrierten Ansatz (K)	☐	☐	☐	☐	☐	☐
Sicherung einer Offenheit des Ansatzes für zukünftige Weiterentwicklungen (O)	☐	☐	☐	☐	☐	☐
Iterative Wechsel zwischen Entscheidungs-, Umsetzungs- und Reviewschritten im Management (K)	☐	☐	☐	☐	☐	☐
Berücksichtigung der Dynamik im Zusammenspiel der Prozesse (G, K)	☐	☐	☐	☐	☐	☐
Umsetzung einer prozessorientierten Aufbauorganisation						
Verankerung der Prozesse in der Aufbauorganisation	☐	☐	☐	☐	☐	☐
Auswahl des angemessenen Grades der Prozessorientierung (u. a. vor dem Hintergrund der Ist-Situation)	☐	☐	☐	☐	☐	☐
Personenbezogenes Prozessmanagement						
Kommunikation des prozessbezogenen Zielsystems (P)	☐	☐	☐	☐	☐	☐
Dekomposition der Ziele auf die Ebene einzelner Mitarbeiter (P)	☐	☐	☐	☐	☐	☐
Aufbau eines prozessbezogenen Anreizsystems (P)	☐	☐	☐	☐	☐	☐
Aufbau von Feedbackmechanismen (P)	☐	☐	☐	☐	☐	☐
Aufbau abstimmungsförderlicher Strukturen im Prozesssystem (G)	☐	☐	☐	☐	☐	☐
Kriteriengeleitete Teamzusammensetzung (KB)	☐	☐	☐	☐	☐	☐
Förderung der Interaktion der Akteure im Prozesssystem (G)	☐	☐	☐	☐	☐	☐
Förderung des individuellen Lernens (G)	☐	☐	☐	☐	☐	☐

Ausrichtung der Personalauswahl und -entwicklung an den Anforderungen des Integrativen Prozessmanagements (P)	☐	☐	☐	☐	☐	☐
Förderung des Prozessdenkens	☐	☐	☐	☐	☐	☐
Initiierung der Entwicklung einer prozess- und komplexitätsadäquaten Unternehmenskultur (P)	☐	☐	☐	☐	☐	☐
Definition von Rollen						
Zuordnung von Mitarbeitern zu Prozessen	☐	☐	☐	☐	☐	☐
Ernennung von Prozesseignern	☐	☐	☐	☐	☐	☐
Ernennung eines Prozesskoordinators	☐	☐	☐	☐	☐	☐
Definition von Aufgaben, Rechten und Pflichten der Akteure in Rollenbeschreibungen	☐	☐	☐	☐	☐	☐
Abgrenzung der Verantwortungsbereiche von Prozessrollen und weiteren Rollen in der Organisation	☐	☐	☐	☐	☐	☐
Prozesslebenszyklus						
Phase 0: Ableitung eines prozessbezogenen Zielsystems						
Definition von Zielen für die Prozesslandschaft	☐	☐	☐	☐	☐	☐
Ableitung der Gesamtziele der Prozesslandschaft aus den strategischen Zielen des Unternehmens	☐	☐	☐	☐	☐	☐
Identifikation von Zielbeziehungen	☐	☐	☐	☐	☐	☐
Nutzung des Zielsystems als Orientierungsrahmen für alle Aktivitäten im Prozesslebenszyklus	☐	☐	☐	☐	☐	☐
Phase 1: Prozessidentifikation						
Einbezug der oberen Ebenen des prozessbezogenen Zielsystems	☐	☐	☐	☐	☐	☐
Kombination allgemeiner und unternehmensspezifischer Ansätze	☐	☐	☐	☐	☐	☐
Sicherung einer Balance von Außen- und Innenperspektive	☐	☐	☐	☐	☐	☐
Mehrstufige Bewertung der Prozesswürdigkeit auf Basis definierter Kriterien	☐	☐	☐	☐	☐	☐
Kriteriengeleitete Make-or-Buy-Entscheidungen (KB)	☐	☐	☐	☐	☐	☐

Entwicklung und Dokumentation einer „Prozessvision“	☐	☐	☐	☐	☐	☐
Phase 2: Prozessdefinition						
2.I Prozessausgrenzung						
Dekomposition der Prozessziele über die Ebenen der Prozesslandschaft	☐	☐	☐	☐	☐	☐
Integration der Ziele in das prozessbezogene Zielsystem	☐	☐	☐	☐	☐	☐
Identifikation von Zielbeziehungen	☐	☐	☐	☐	☐	☐
Mehrdimensionale Charakterisierung der Prozesse	☐	☐	☐	☐	☐	☐
Zuordnung von Prozessen zu Prozessclustern (KB)	☐	☐	☐	☐	☐	☐
Priorisierung der Prozesse anhand der Kritikalität	☐	☐	☐	☐	☐	☐
2.II Analyse der Ist-Prozesse						
Definition von Zielen für die Ist-Analyse und Einordnung in den Prozesslebenszyklus	☐	☐	☐	☐	☐	☐
Definition von Fokus und Detaillierungsgrad der Ist-Analyse	☐	☐	☐	☐	☐	☐
Durchführung der Ist-Analyse gemäß ihrer spezifischen Zielsetzung	☐	☐	☐	☐	☐	☐
Identifikation von inter- und intraprozessualen Schnittstellen	☐	☐	☐	☐	☐	☐
2.III Konzeption und Modellierung der Soll-Prozesse						
Klärung von Zielen und Rahmenbedingungen der Soll-Prozess-Modellierung	☐	☐	☐	☐	☐	☐
Systematische Erfassung relevanter Inhalte (K)	☐	☐	☐	☐	☐	☐
Zusammenstellen von Basisdaten (bspw. „Prozessvision“ und Rahmenbedingungen)	☐	☐	☐	☐	☐	☐
Modellierung durchgängiger Geschäftsprozesse mit angemessener Schnittstellenzahl	☐	☐	☐	☐	☐	☐
Systematische Strukturierung der Prozesse in Prozessphasen, Teilprozesse und ggf. Module (KB)	☐	☐	☐	☐	☐	☐
Explizieren von inter- und intraprozessualen Schnittstellen	☐	☐	☐	☐	☐	☐
Explizieren von indirekten Wirkbeziehungen (G, K)	☐	☐	☐	☐	☐	☐

Explizieren der unternehmensexternen Verknüpfungen des Prozesssystems (G)	☐	☐	☐	☐	☐	☐
Differenzierung von Systemausschnitten, Sichten und Ebenen in der Modellierung (G, K)	☐	☐	☐	☐	☐	☐
Sicherung einer Balance von formalen Vorgaben und Schaffung von Handlungsspielräumen (G)	☐	☐	☐	☐	☐	☐
Sicherung ausreichender Flexibilität, Robustheit und Ausfallsicherheit	☐	☐	☐	☐	☐	☐
Prüfung von Konsistenz und Umsetzbarkeit	☐	☐	☐	☐	☐	☐
Freigabe durch übergeordnete Entscheidungsinstanz	☐	☐	☐	☐	☐	☐
2.IV Planung der Soll-Prozess-Umsetzung						
Entwicklung eines Maßnahmenplans für den Process-Rollout	☐	☐	☐	☐	☐	☐
Implementierung der definierten Prozesse mit Unterstützung eines (Multi-) Projektcontrollings	☐	☐	☐	☐	☐	☐
Phase 3: Prozesse betreiben und steuern						
Konkretisierung der Prozessziele anhand von Kennzahlen	☐	☐	☐	☐	☐	☐
Umsetzung der Prozesse gemäß Vorgaben	☐	☐	☐	☐	☐	☐
Regelmäßige Messung der Leistung der Einzelprozesse	☐	☐	☐	☐	☐	☐
Bewertung der Prozessleistung durch Soll-Ist-Abgleich	☐	☐	☐	☐	☐	☐
Systematische Analyse von Ursache-Wirkungszusammenhängen bei Leistungsdefiziten	☐	☐	☐	☐	☐	☐
Umsetzung einer systematischen Einzelprozesssteuerung	☐	☐	☐	☐	☐	☐
Initiierung und Ausführung von einzelprozessbezogenen Optimierungsmaßnahmen bei dauerhaften Abweichungen vom Soll	☐	☐	☐	☐	☐	☐
Umsetzung eines systematischen Schnittstellenmanagements (K)	☐	☐	☐	☐	☐	☐
Umsetzung eines systematischen Synergiemanagements (K)	☐	☐	☐	☐	☐	☐

Fokussierung auf zentrale Wirkbeziehungen, bspw. anhand der Theory of Contraints (K)	☐	☐	☐	☐	☐	☐
Abgestimmter Einsatz geeigneter Koordinationsmechanismen im Management von Wirkbeziehungen (K)	☐	☐	☐	☐	☐	☐
Reporting an übergeordnete Ebene	☐	☐	☐	☐	☐	☐
Kombination von Regelung und Steuerung in der Lenkung des Prozesssystems (G)	☐	☐	☐	☐	☐	☐
Mehrdimensionale Ausgestaltung des Lenkungssystems (verknüpfte Lenkung verschiedener Ebenen und Bereiche) (G)	☐	☐	☐	☐	☐	☐
Phase 4: Prozesse überwachen						
Priorisierung von Prozessen anhand von Werttreibern, Erfolgsfaktoren und Kernkompetenzen	☐	☐	☐	☐	☐	☐
Definition von Kennzahlen für die Prozesslandschaft	☐	☐	☐	☐	☐	☐
Kennzahlenbasierte Überwachung der Leistung der Prozesslandschaft	☐	☐	☐	☐	☐	☐
Überwachung des Zusammenspiels der Prozesse (Synergien und Konflikte in der Prozesslandschaft)	☐	☐	☐	☐	☐	☐
Überwachung externer Einflussfaktoren auf das Prozesssystem (G)	☐	☐	☐	☐	☐	☐
Systematische Analyse von Ursache-Wirkungszusammenhängen bei Leistungsdefiziten	☐	☐	☐	☐	☐	☐
Umsetzung einer übergeordneten Steuerung der Prozesslandschaft	☐	☐	☐	☐	☐	☐
Regelmäßiges Review und ggf. Anpassung des prozessbezogenen Zielsystems (G)	☐	☐	☐	☐	☐	☐
Optional: Durchführung von Prozessaudits und -assessments	☐	☐	☐	☐	☐	☐
Initiierung und Ausführung von Optimierungsmaßnahmen für die Prozesslandschaft	☐	☐	☐	☐	☐	☐
Initiierung der Aufnahme neuer Prozesse in die Prozesslandschaft	☐	☐	☐	☐	☐	☐
Systematisches Management der Risiken von Entscheidungen bei Unsicherheiten (K)	☐	☐	☐	☐	☐	☐

Systematische Kombination von revolutionären und evolutionären Ansätzen *(mit Schwerpunkt auf evolutionären (D))*	☐	☐	☐	☐	☐	☐
Systematische Kombination dezentraler Aktivitäten mit einer zentralen Gesamtkoordination (D)	☐	☐	☐	☐	☐	☐
Methodische Unterstützung						
Unternehmens- und anwendungsspezifische Konkretisierung der methodischen Anforderungen	☐	☐	☐	☐	☐	☐
Definition eines Methodensets zur Unterstützung von:						
• Entwicklung des Ziel- und Kennzahlensystems	☐	☐	☐	☐	☐	☐
• Strukturierung der Prozesslandschaft	☐	☐	☐	☐	☐	☐
• Soll-Prozess-Modellierung	☐	☐	☐	☐	☐	☐
• Prozesssimulation	☐	☐	☐	☐	☐	☐
• Inhaltlicher Prozessausführung	☐	☐	☐	☐	☐	☐
• Leistungsmessung	☐	☐	☐	☐	☐	☐
• Ebenenübergreifender Leistungsüberwachung	☐	☐	☐	☐	☐	☐
• Synergiemanagement	☐	☐	☐	☐	☐	☐
• Schnittstellenmanagement	☐	☐	☐	☐	☐	☐
• Sicherung der Balance von Strukturierung und Kreativität in der Prozessveränderung	☐	☐	☐	☐	☐	☐
• Multiprojektmanagement zu Veränderungsaktivitäten in der Prozesslandschaft	☐	☐	☐	☐	☐	☐
Einsatz von Methoden zum Umgang mit Unsicherheiten in der Prozessmodellierung, z. B. Fuzzy Logic (K)	☐	☐	☐	☐	☐	☐
Einsatz von Methoden mit Eignung zur Modellierung sozio-technischer Systeme, z. B. System Dynamics (K)	☐	☐	☐	☐	☐	☐
Unternehmens- und anwendungsspezifische Entwicklung bzw. Anpassung von Methoden	☐	☐	☐	☐	☐	☐
Schaffung organisationaler Voraussetzungen für die Methodenanwendung (bspw. Schulung, Datenlage)	☐	☐	☐	☐	☐	☐

Regelmäßiges Review und Weiterentwicklung der Methodensets	☐	☐	☐	☐	☐	☐
IKT-Unterstützung						
Unternehmens- und anwendungsspezifische Konkretisierung der IKT-Anforderungen	☐	☐	☐	☐	☐	☐
Definition eines Softwaresets zur Unterstützung von:						
• Prozessmodellierung	☐	☐	☐	☐	☐	☐
• prozessinterner und prozessexterner Kommunikation	☐	☐	☐	☐	☐	☐
Optional: Einsatz umfangreicher BPMS-Systeme	☐	☐	☐	☐	☐	☐
Unternehmens- und anwendungsspezifische Entwicklung bzw. Anpassung von Systemen	☐	☐	☐	☐	☐	☐
Schaffung geeigneter organisationaler Voraussetzungen für die IKT-Umsetzung (bspw. Hardware, Schulung)	☐	☐	☐	☐	☐	☐
Regelmäßiges Review und Weiterentwicklung der Systeme	☐	☐	☐	☐	☐	☐

Tabelle 15: Anforderungskatalog „Integratives Prozessmanagement“

Legende zu Tabelle 15	
Bedeutung der Abkürzungen:	
(D)	die Systemdynamik betreffende Anforderungen
(G)	aus dem ganzheitlichen Denken abgeleitete Anforderungen
(K)	die Bewältigung von Komplexität betreffende Anforderungen
(KB)	die Komplexitätsbegrenzung betreffende Anforderungen
(O)	die Offenheit des Ansatzes betreffende Anforderungen
(P)	das personenbezogene Prozessmanagement betreffende Anforderungen
Beispielhafte Bewertungssystematik:	
0%:	nicht realisiert
20%:	in Teilen konzipiert
40%:	konzipiert
60%:	dokumentiert oder kommuniziert
80%:	dokumentiert und kommuniziert
100%:	gelebt

Tabelle 16: Legende zum Anforderungskatalog „Integratives Prozessmanagement“

5 Praktische Umsetzung eines Integrativen Prozessmanagements

Die bisherigen Teile der vorliegenden Arbeit widmeten sich der Frage, wie Prozessmanagement so ausgeführt werden kann, dass die jeweilige Organisation für ein Agieren in einem komplexen (und dynamischen) Umfeld optimal gerüstet ist. Einen Überblick über die zentralen Komponenten und deren Einordnung zueinander gibt das in Kapitel 4.6 gezeigte Modell eines Integrativen Prozessmanagements. Mit der Bereitstellung eines Modells sowie den begleitenden Erläuterungen und Empfehlungen allein sind jedoch nur die theoretischen Ziele dieser Arbeit vollständig erreicht. Im Bereich der praxisorientierten Umsetzungsziele bleibt ein wichtiger Aspekt offen: die Bereitstellung von Anleitungen für eine erfolgreiche organisationale Umsetzung eines zukunftsfähigen Prozessmanagements.[906]

Erste Schritte in diese Richtung wurden bereits mit der Bereitstellung eines Anforderungskatalogs (Tabelle 15) beschritten. Er kann als Basis für die Bewertung und Weiterentwicklung oder den Neuaufbau des Prozessmanagements in einer Organisation verwendet werden. Im Hinblick auf eine praktische Umsetzung sind indessen zwei weitere Fragen zu beantworten:

1. Wie kann das Prozessmanagement in die Organisation eingebettet werden?
2. Wie ist bei der Implementierung eines Integrativen Prozessmanagements vorzugehen?

Diesen Fragen widmet sich Kapitel 5. In Abschnitt 5.1 wird die Einordnung des Prozessmanagements in das organisationale Prozesssystem thematisiert. Kapitel 5.2 adressiert die Ausgestaltung eines entsprechenden Managementsystems. Hier gilt es auch zu klären, wie das Prozessmanagementsystem mit anderen Managementsystemen der Organisation verknüpft werden kann. Die Ergebnisse führen zu einer Erweiterung des Anforderungskatalogs aus Tabelle 15. Kapitel 5.3 ist einem idealtypischen Vorgehen zur praktischen Umsetzung eines Integrativen Prozessmanagements gewidmet, innerhalb dessen der Anforderungskatalog angewendet werden kann.

5.1 Prozessuale Verankerung des Prozessmanagements

Prozessmanagement dient nicht allein der optimalen Gestaltung und Ausführung des organisationalen Prozesssystems – es ist gleichzeitig als Teil desselben zu verste-

[906] Das in Kapitel 1.3.1 formulierte pragmatische Wissenschaftsziel wird durch Kombination theoretisch-konzeptioneller Arbeiten mit einer Fallstudie erfüllt.

hen. Als Bündel logisch verknüpfter Aktivitäten[907] ist es – wie alle übrigen erfolgsrelevanten Abläufe – *in die Prozesslandschaft des Unternehmens zu integrieren.*[908]

Aufgrund der unterschiedlichen Rollen in Bezug auf die übrigen Teile des Systems sind in der detaillierten prozessualen Einordnung erstens Makro- und zweitens Mikroprozessmanagement zu differenzieren.

1. Das *Makroprozessmanagement* ordnet sich eindeutig in die Gruppe der Managementprozesse ein, deren Aufgabe in der Koordination der Aktivitäten und des Ressourceneinsatzes in der Prozesslandschaft besteht.[909] Es handelt sich um einen Teilbereich der Unternehmensführung, der auf eine Effektivitäts- und Effizienzsteigerung im gesamten Prozesssystem ausgerichtet ist.

   Das Makroprozessmanagement übernimmt gestaltende, überwachende und lenkende Aufgaben für alle anderen Prozesse und ist mit diesen eng verknüpft. Unter anderem bezieht es Informationen zur aktuellen Leistung als Inputs in die Betrachtung ein und stellt in umgekehrter Richtung Gestaltungsanforderungen und Hinweise zur Optimierung bereit.

   In der Prozesslandschaft wird das Makroprozessmanagement durch einen gesonderten Geschäftsprozess oder Teilprozess[910] repräsentiert und ist mit den übrigen Managementprozessen eng verknüpft. Es bezieht bspw. Zielvorgaben aus dem strategischen Management ein und spiegelt Informationen zum Zielerreichungsgrad zurück.[911]

2. Wie mit dem Makroprozessmanagement in die gesamte Prozesslandschaft wird mit dem *Mikroprozessmanagement* eine gestaltende und lenkende Einheit in jeden Geschäftsprozess integriert. Die Aktivitäten auf der Mikroebene können als Teilprozesse der einzelnen Geschäftsprozesse verstanden werden, die mit allen anderen Teilprozessen verflochten sind. Eine Kopplung mit den übergeordneten Gesamtzielen der Organisation wird durch Verknüpfung mit dem Prozess des Makroprozessmanagements erreicht.[912]

Für einen Überblick zur prozessualen Einordnung des Prozessmanagements siehe Abbildung 41.

---

907 Siehe Kapitel 2 und 4.

908 Die Prozesslandschaft soll alle strategisch relevanten Abläufe im Unternehmen wiedergeben.

909 Vgl. Kapitel 2.1 unter Bezug auf Meise 2001, S. 185.

910 Beispielsweise im Qualitätsmanagementprozess.

911 Diese Einordnung leitet sich u. a. aus der Übertragung des Bausteins 3 „Das System und seine Umwelt“ auf das Prozesssystem ab (siehe Kapitel 4.2.3). Die übrigen Managementprozesse der Organisation können als innere Schale des Umsystems angesehen werden.

912 Siehe hierzu die Ausführungen zur Ausgestaltung von Lenkungssystemen in Kapitel 4.2.5.

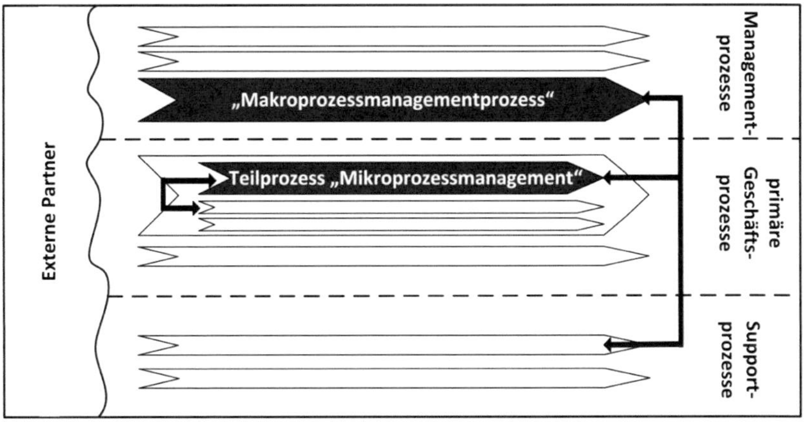

Abbildung 41: Einordnung des Prozessmanagements in die Prozesslandschaft[913]

Die Kombination zentraler und dezentraler Prozessmanagementaktivitäten und deren Verknüpfung schafft wichtige Voraussetzungen für die Entwicklung des Prozesssystems. Die Zirkularität der Aktivitäten führt dazu, dass das Prozesssystem in Ansätzen Eigenschaften eines autopoetischen (d. h. sich selbsterzeugenden und -erhaltenden) Systems aufweist.[914] Im Rahmen eines dezentralen Ansatzes werden Potenziale zur Selbstorganisation/-lenkung genutzt.[915]

Ein stark nach innen gerichteter Blick birgt allerdings die Gefahr, dass das System Fähigkeiten zur kritischen Reflektion und damit einen Teil seiner Lernfähigkeit einbüßt. Um dies zu vermeiden, sind im Prozessmanagement externe Schnittstellen zu etablieren, die ein Einfließen äußerer Impulse sicherstellen.[916] Eine solche Kopplung mit dem Umsystem der Organisation kann auf verschiedenen Wegen erreicht werden. Beispiele sind:

- Berücksichtigung von Vorgaben aus allgemeinen oder branchenspezifischen Normen und Standards,
- Beteiligung an Benchmarkingmaßnahmen,
- Durchführung externer Audits,
- Inanspruchnahme externer Beratung,
- Kooperation und Erfahrungsaustausch im Rahmen von Netzwerken.

913 Eigene Abbildung.
914 Siehe hierzu Kapitel 4.2 sowie die dort zur Selbstorganisation referenzierte Literatur.
915 Siehe hierzu Kapitel 4.2.4 und 4.2.5.
916 Diese Forderung ergibt sich auch aus der Übertragung des Bausteins 3 des ganzheitlichen Denkens „Das System und seine Umwelt“ auf das Prozesssystem (siehe Kapitel 4.2.3).

Insgesamt ergeben sich aus den Ausführungen die in Tabelle 17 vorgestellten Ergänzungen zum Anforderungskatalog „Integratives Prozessmanagement“ (Tabelle 16). Die Kennung (Pr) steht hier für „prozessuale Verankerung“.

Anforderung	Erfüllungsgrad in %					
	0	20	40	60	80	100
Prozessuale Einordnung						
Aufnahme eines Managementprozesses für das Multiprozessmanagement in die Prozesslandschaft (Pr).	☐	☐	☐	☐	☐	☐
Integration von Teilprozessen für das Mikroprozessmanagement in die einzelnen Geschäftsprozesse (Pr)	☐	☐	☐	☐	☐	☐
Externe Verknüpfung insbesondere des Makroprozessmanagements (Pr)	☐	☐	☐	☐	☐	☐

Tabelle 17: Ergänzungen zum Anforderungskatalog „Integratives Prozessmanagement“ vor dem Hintergrund der prozessualen Einordnung

5.2 Aufbau eines Integrativen Prozessmanagementsystems als Voraussetzung für ein erfolgreiches Prozessmanagement

Prozessmanagement ist mehr als eine logische Folge von Aktivitäten, wie sie als Prozess wiedergegeben werden kann. Unter anderem die Ausführungen zu den relevanten Rollen in Kapitel 2 sowie zu weiteren personenbezogenen Aspekten in Kapitel 4.5 haben gezeigt, dass zur Optimierung der Prozessleistung die Aktivitäten des Prozesslebenszyklus mit verschiedensten anderen Betrachtungsperspektiven zu verknüpfen sind. Es ist ein Managementsystem zu etablieren, das die Akteure in ihrem Handeln legitimiert und unterstützt. In Kapitel 5.2.1 werden Funktionen und Struktur eines Prozessmanagementsystems thematisiert. Eine volle Entfaltung der Potenziale eines Managementsystems setzt dessen organisationale Einbettung voraus. Darunter können zwei Aktionsbereiche unterschieden werden:

1. die organisatorische Bindung zwischen Managementsystem und Basisorganisation sowie
2. die organisatorische Bindung zwischen verschiedenen Managementsystemen.[917]

Die entsprechenden Herausforderungen und Schlussfolgerungen im Hinblick auf Prozessmanagementsysteme werden in Kapitel 5.2.2 und 5.2.3 beleuchtet. In Kapitel 5.2.4 werden die zentralen Anforderungen zur Gestaltung und Einbettung des Prozessmanagementsystems zusammengefasst.

917 Vgl. Reglin 1993.

5.2.1 Funktionsweise und Struktur eines Integrativen Prozessmanagementsystems

Bevor auf den Aufbau eines Managementsystems für ein Integratives Prozessmanagement eingegangen wird, ist zunächst eine Klärung des Begriffs *„Managementsystem“* erforderlich:

Was genau unter Managementsystemen[918] zu verstehen ist, kann nur schwer in wenigen Worten erläutert werden. Dies ist dem Umstand geschuldet, dass Managementsysteme abstrakte Konstrukte verkörpern, die sich aus verschiedenen Blickwinkeln in sehr unterschiedlicher Form präsentieren können.[919]

Das Verständnis der vorliegenden Arbeit baut auf einer Definition Schwaningers auf, der Managementsysteme als *„formal verankerte Systeme für die Gestaltung, Lenkung und Entwicklung“*[920] von Organisationen beschreibt. Durch ein Managementsystem werden strukturelle Vorkehrungen getroffen, die *„einer möglichst weit in die Zukunft reichenden Sicherung der Lebensfähigkeit und Entwicklung einer Unternehmung“*[921] dienen. Ziel ist die Umsetzung der im zugrunde liegenden Konzept bestimmten Managementprinzipien[922].[923] Das Verhalten der Organisation bzw. ihrer Akteure soll entsprechend beeinflusst werden.[924]

Managementsysteme sind meist auf Teilproblemstellungen der Unternehmensführung, wie bspw. das Qualitätsmanagement, ausgerichtet.[925] Es werden eng verknüpfte Aufgabenstellungen logisch zusammengefasst und instrumental unterstützt.[926]

Ein Managementsystem für ein Integratives Prozessmanagement fasst alle in Kapitel 2 und 4 erarbeiteten Komponenten zusammen und schafft eine instrumentelle Basis für ihre Ausführung. Es lässt sich folgende Arbeitsdefinition formulieren:

Ein Managementsystem für ein Integratives Prozessmanagement ist ein bewusst institutionalisiertes System, das einer Unterstützung der Führung der organisationalen Prozesslandschaft in formalisierter Weise dient.[927]

918 Gleichbedeutend verwenden bspw. Peters, Brühl & Stelling 2010 den Begriff „Führungssysteme“.
919 Vgl. Herrmann 1997, S. 28.
920 Schwaninger 1994, S. 15. Eine ähnliche Definition geben Ansoff & MacDonnell 1990, S. 305, sowie DIN EN ISO 9000:2005, S. 20.
921 Schwaninger 1994, S. 15.
922 „Managementprinzipien“ sind Verhaltensvorgaben, die ein im Sinne des Gesamtsystems erfolgreiches Managementhandeln sicherstellen sollen. Vgl. Braunschweig, Kindermann & Wehrlin 2001, S. 71. Für das Integrative Prozessmanagement ergeben sie sich aus dem entsprechenden Modell, dem zugehörigen Anforderungskatalog sowie den Erläuterungen in Kapitel 2 und 4.
923 Vgl. Herrmann 1997, S. 28, unter Verweis auf Hail & Otto1994, S.11.
924 Vgl. Schwaninger 1994, S. 16.
925 Siehe hierzu Kamiske & Brauer 2008 sowie Masing, Pfeifer & Schmitt 2007.
926 Vgl. Herrmann 1997, S. 31.
927 In Anlehnung an die Managementsystem-Definition von Kirsch & Maaßen 1990, S. 2.

Innerhalb der Funktionen eines Managementsystems differenziert Schwaninger fünf Bereiche:

1. Wahrnehmung,
2. Erkenntnisgewinnung,
3. Orientierung,
4. Strukturierung,
5. Steuerung und Regelung.[928]

Das im Rahmen der vorliegenden Arbeit angesprochene Managementsystem erfüllt diese Funktionen im Hinblick auf ein Integratives Prozessmanagement: Unter anderem

- stellt es Hilfsmittel für die operative Ausführung der Prozessmanagementaufgaben bereit (v. a. Orientierung und Strukturierung),
- schließt Lenkungs- und Entwicklungssysteme ein (v. a. Steuerung und Regelung sowie Orientierung),
- hält Mechanismen zur Erfassung und Interpretation relevanter äußerer Veränderungen vor (v. a. Wahrnehmung und Erkenntnisgewinnung) und
- sichert über Kommunikations- und Informationssysteme eine Wahrnehmung der Bedeutung der Erfolgsfaktoren im Prozessmanagement (v. a. Wahrnehmung und Orientierung).[929]

Durch die Vorgabe von Strukturen und Vermittlung von Orientierung für die Akteure können Managementsysteme zudem zum erfolgreichen Umgang mit Komplexität beitragen:

- Strukturen, Vorgaben und Lenkungsmechanismen schränken die Verhaltensspektren Einzelner und von Gruppen ein und sorgen dafür, *„dass das Realsystem nicht alle, sondern möglichst nur die wünschbaren Zustände annimmt“*[930]. Folge ist eine Komplexitätsreduzierung bzw. -vermeidung.
- Die Bereitstellung von Orientierungshilfen ist Voraussetzung für die Schaffung eines lernenden Systems bei dezentraler Verteilung von Managementaufgaben und erhöht damit die Fähigkeit des Systems zur Komplexitätsbewältigung.[931]

---

928 Vgl. Schwaninger 1994, S. 17.

929 Komponenten von Managementsystemen benennen Kirsch & Maaßen 1990, S. 9. Zu den Aufgaben siehe Hill, Fehlbaum & Ulrich 1998, S. 564-565, sowie Löbel, Schröger & Closhen 2001, S. 34.

930 Schwaninger 1994, S. 21.

931 Zur Bedeutung von Managementsystemen im Umgang mit Komplexität siehe Ansoff & MacDonnell 1990, S. 12-25; Ackoff 1981, S.126-148; Malik 1981, S. 9 und Schwaninger 1994, S. 20-21.

Ziel des hier behandelten Managementsystems ist es, ein Integratives Prozessmanagement zu etablieren und aufrechtzuerhalten. Um diese Aufgabe optimal zu erfüllen, muss auch das Managementsystem selbst integrativ angelegt sein.[932]

Werden bspw. die Entwicklungsperspektiven „Umgang mit Dynamik" und „personenbezogenes Prozessmanagement" weiter bearbeitet oder wird das prozessbezogene Komplexitätsmanagement konkretisiert, so ergeben sich daraus Konsequenzen für das Managementsystem. Dieses muss so offen und flexibel angelegt sein, dass eine entsprechende Anpassung und Weiterentwicklung möglich ist.

Hinweise zur Verankerung von Mechanismen zur Weiterentwicklung in Systemen bietet das Viable System Model (VSM)[933] von Beer. Seine Grundidee ist, dass jedes lebensfähige soziale System auf jeder Ebene die gleichen Grundelemente aufweist:

1. operationale Elemente (Lenkung der stark autonom angelegten operativen Basiseinheiten),
2. Koordination (Lenkung des Zusammenwirkens der operationalen Elemente vor dem Hintergrund von Einflüssen aus dem Umsystem),
3. Kontrolle (interne Systemüberwachung und Sicherung von Emergenz und Synergienutzung),
4. Intelligenz (Sicherung der Zukunftsorientierung des Gesamtsystems) und
5. Identität (Sicherung der Identität des Systems durch Bereitstellung von Werten und Normen).[934]

Durch Umsetzung und systematische Verknüpfung dieser Grundelemente in Managementsystemen können Selbstorganisation und Entwicklung im Realsystem gefördert werden. Die in Kapitel 5.1 thematisierte externe Verknüpfung sichert eine Aufnahme äußerer Impulse und wird damit den Besonderheiten eines Unternehmens bzw. einer Prozesslandschaft als künstliches System gerecht.

In einer näheren Betrachtung ergibt sich aus den Grundelementen eine Differenzierung von Managementaufgaben in drei Ebenen, wie sie das Konzept „Integriertes Management" der St. Galler Managementschule vorsieht:[935]

- „Operationale Elemente " und „Koordination" können zur operativen Managementebene zusammengefasst werden.
- „Kontrolle" und „Intelligenz" bilden die strategische Ebene.

[932] Der Begriff „integrativ" trifft in zweierlei Hinsicht auf das zu implementierende Managementsystem zu: Es dient der Realisierung eines Integrativen Prozessmanagements und soll selbst für dynamische Entwicklungen und Erweiterungen offen sein.
[933] Siehe Beer 1995a sowie Adam 2001 und Kapitel 4.2.
[934] Beer 1995a. Zur Erläuterung der Grundelemente siehe Masak 2010, S. 124-127. Crisan Tran 2006 lieferte empirische Hinweise auf die Modellgültigkeit.
[935] Vgl. Bleicher 2004, S. 83.

- Das Systemelement „Identität“ lässt sich als normative Einrahmung interpretieren.[936]

Eine Gliederung der Aufgabenbereiche des Integrativen Prozessmanagements ergibt das nachfolgend skizzierte Bild. Durch die angegebenen Zahlen werden die oben benannten fünf Systemkomponenten nach Beer gemäß ihrer Schwerpunkte eingeordnet.

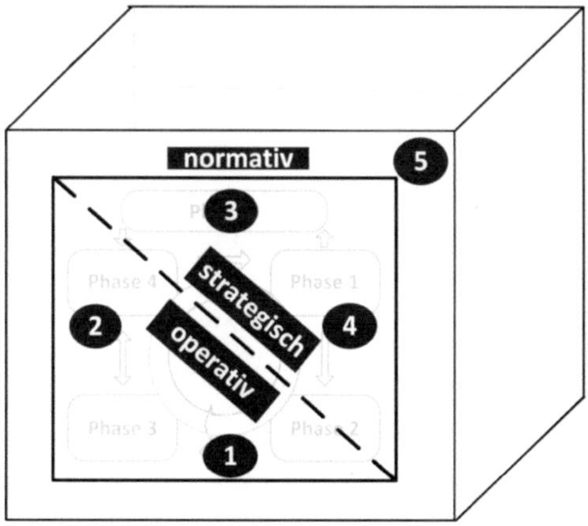

Abbildung 42: Struktur des Managementsystems für ein Integratives Prozessmanagement[937]

5.2.2 Organisatorische Bindung zwischen Managementsystem und Basisorganisation

In Bezug auf den Begriff „Managementsysteme“ kann eine Verwendung i. e. S. und eine Verwendung i. w. S. unterschieden werden. Sie werden in Abhängigkeit voneinander definiert:

- Ein *Managementsystem i. e. S.* bezeichnet *„das beobachtbare und beschreibbare System des Phänomens Managementsystem (i. w. S.).“*
- Ein *Managementsystem i. w. S.* schließt zusätzlich die *„erfahrbare“* Managementpraxis ein.[938]

Das Managementsystem i. e. S. kommt den bisherigen Definitionen nahe und repräsentiert das Verständnis der vorliegenden Arbeit. Ein Managementsystem dient demnach einer Beeinflussung des Systemverhaltens, schließt dieses jedoch nicht mit

---

936 Zur Forderung einer Berücksichtigung von normativem, strategischem und operativem Management siehe Schwaninger 1994, S. 52. Zur Differenzierung von strategischer und operativer Ebene siehe auch Löbel, Schröger & Closhen 2001, S. 37 sowie Kirsch 1991, S. 3-5.

937 Eigene Abbildung.

938 Reglin 1993, S. 130, siehe hierzu auch Kirsch 1992, S. 162-165.

ein. Managementsystem und Realsystem werden als getrennte Organisationsschichten interpretiert.[939] Die Wirkungen eines Managementsystems auf die Fähigkeiten und das Verhalten des Realsystems können unterschiedlicher Intensität und Ausprägung sein.[940] Eine Optimierung der Wirkung wird durch eine enge Kopplung der Systeme erreicht.[941] Sie drückt sich im regen Austausch von Inputs/Outputs aus. Beispiel sind Programme und Pläne, die das Managementsystem in das Realsystem eingibt.[942] Umgekehrt werden über Rückkopplungen u. a. Informationen zur Systemleistung bereitgestellt (vgl. Abbildung 43).

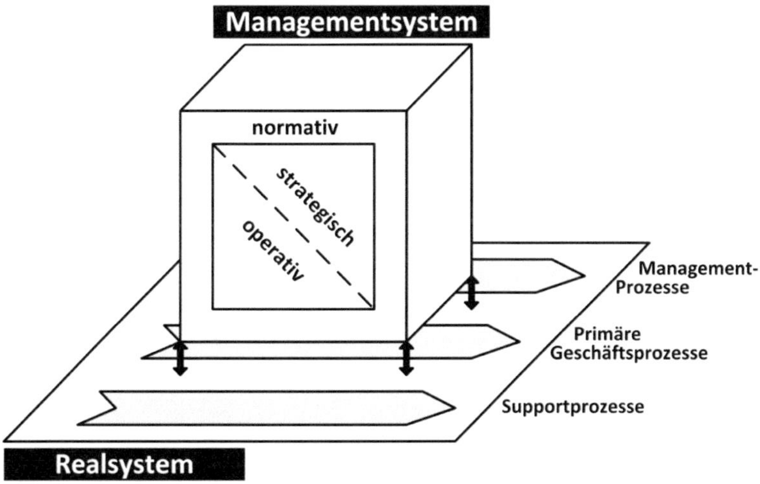

Abbildung 43: Beziehung von Managementsystem und Realsystem im Integrativen Prozessmanagement

Da die optimale Intensität der Verknüpfung im Zeitverlauf variieren kann, sind die Beziehungen zwischen Managementsystem und Basisorganisation zu explizieren und regelmäßig zu reflektieren.[943]

5.2.3 Bindung zwischen Integrativem Prozessmanagementsystem und anderen Managementsystemen der Organisation

Ein Ein Integratives Prozessmanagementsystem fokussiert in seiner Unterstützungsfunktion für die Unternehmensführung eine spezifische Facette derselben. Zur Ge-

[939] Vgl. Kirsch 1991, S. 46-50, sowie Kirsch & Maaßen, H. 1990, S. 3-5.
[940] Vgl. Kirsch 1990, S. 53 und 56.
[941] Vgl. Schwaninger 1994, S. 292.
[942] Vgl. Reglin 1993, S. 207.
[943] Vgl. Schwaninger 1994, S. 293. Reglin 1993, S. 242, weist in diesem Kontext auf die Notwendigkeit wiederholter Perspektivenwechsel zwischen Beobachter- und Teilnehmerperspektive hin.

samtabdeckung aller Managementaspekte sind mehrere solcher Systeme mit spezifischen Ausrichtungen zu kombinieren. Außer auf das Prozessmanagement können Managementsysteme mit spezifischem Themenfokus bspw. auf das strategische Management oder das Qualitätsmanagement ausgerichtet sein.[944]

Wie in Kapitel 5.2.1 dargelegt, ist es übergeordnetes Ziel von Managementsystemen, die Gesamtleistung der Organisation zu maximieren. Neben zielorientierter Gestaltung und entsprechendem Einsatz der Systeme ist hierzu auch deren Koordination erforderlich.[945] Vor dem Hintergrund hoher Komplexität mit eingeschränkten Möglichkeiten zur zentralen Handhabung empfiehlt sich eine strukturierte Kopplung. Häufig wird sogar eine *Integration* propagiert.[946] Diese bezeichnet „die Herstellung einer Einheit oder Eingliederung in ein größeres Ganzes“[947]. Im Kontext von Managementsystemen bedeutet dies, die auf unterschiedliche Probleme ausgerichteten Teilsysteme zu einem Gesamtsystem zusammenzufassen, das alle zentralen Aspekte im Führen einer Organisation beinhaltet.[948]

Integration ist bei Managementsystemen allerdings keine absolute Eigenschaft. Sie kann in unterschiedlicher Ausprägung auftreten. Die Varianten reichen von einer rein gedanklichen Zusammenfassung auf einer abstrakten Ebene bis zur vollständigen Zusammenführung, nach der keine Teilsysteme mehr erkennbar sind.

Für den konkreten Anwendungsfall ist innerhalb dieses Spektrums ein optimaler Integrationsgrad zu wählen und umzusetzen. Wichtiges Auswahlkriterium ist die zu erwartende Kosten-Nutzen-Relation.[949]

Für Managementsysteme zum strategischen Management nimmt Reglin eine Diskussion der Vor- und Nachteile unterschiedlicher Kopplungsformen vor. Ergebnis ist die Empfehlung einer *„losen Kopplung“*, bei der ein Nebeneinander von systemspezifischen und systemübergreifenden Strukturen vorliegt.[950] Es sollen produktive Konflikte und dialektische Widersprüche gefördert werden, sodass *„ein fruchtbares „Wechselspiel“ zwischen konterkarierenden Teilordnungen (i. w. S.)“*[951] entsteht. Die Entwicklung von Neuem wird anregt. Den Argumentationen Reglins kann in Grundzügen auch für den Anwendungsbereich Prozessmanagement gefolgt werden. Auch hier

944 Zu Managementsystemen für das strategische Management siehe Reglin 1993. Zu Qualitätsmanagementsystemen siehe DIN EN ISO 9000:2005 sowie Herrmann 1997.
945 Vgl. hierzu Reglin 1993, S. 222.
946 Zu Zielsetzung und Konstruktion integrierter Managementsysteme siehe Schwaninger 1994.
947 Gabler Wirtschaftslexikon-Online o. J.
948 Vgl. Neumann, A. 2002, S. 18.
949 Vgl. Reglin 1993, S. 201. Siehe hierzu auch Orton & Weick 1976; Ax & Börsig 1983, S. 368, sowie Hahn 1989, Sp. 772.
950 Vgl. Reglin 1993, S. 233, sowie Kirsch 1992, S. 175. Zum Konzept der losen Kopplung siehe Orton & Weick 1976 sowie Hirschhorn 1994.
951 Reglin 1993, S. 241.

erscheint damit eine Kopplung mit anderen Teilsystemen bei Aufrechterhaltung der Eigenständigkeit adäquat.

Zur Abstimmung der lose gekoppelten Teilsysteme ist eine Koordination auf einer übergeordneten Ebene erforderlich. Hierzu kann eine Metaordnung dienen.[952] In gewissem Maße übernimmt das Prozessmanagementsystem selbst deren Funktion:

- Über seinen Einfluss auf alle Managementprozesse (siehe Kapitel 5.1) trägt es zur Gestaltung anderer Managementsysteme bei.
- Themenspezifische Managementsysteme, wie das Qualitätsmanagement, sind oftmals prozessorientiert angelegt.[953]

Eine übergeordnete Verknüpfung der Teilsysteme in Bezug auf ihre Zukunftsfähigkeit wird über das von Schwaninger empfohlene *Unternehmensentwicklungssystem* erreicht. Es dient der übergeordneten strategischen Ausrichtung und trägt zu einer abgestimmten Weiterentwicklung bei.[954]

Zur Einbettung des Prozessmanagementsystems in das unternehmerische Gesamtmanagementsystem sei auf Abbildung 44 verwiesen.

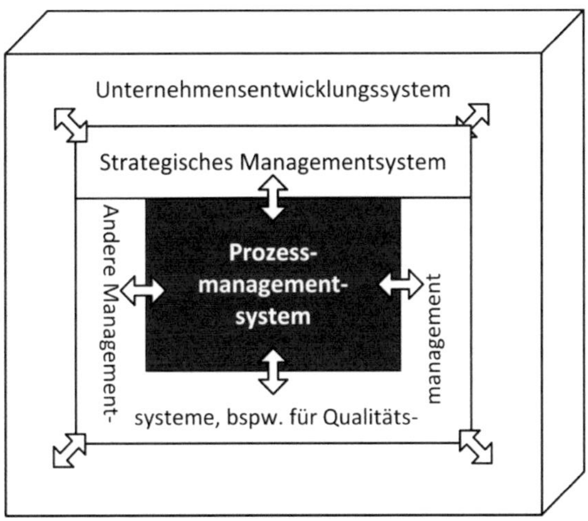

Abbildung 44: Einordnung des Integrativen Prozessmanagementsystems in das unternehmerische Gesamtmanagementsystem[955]

[952] Vgl. Reglin 1993, S. 241, sowie Schwaninger 1994, S. 280-281.
[953] Siehe hierzu DIN EN ISO 9000:2005.
[954] Vgl. Schwaninger 1994, S. 285.
[955] Eigene Abbildung.

5.2.4 Zusammenfassung der Anforderungen an ein Integratives Prozessmanagementsystem

Die Ausgestaltung entsprechender Managementsysteme ist eine Facette des Prozessmanagements, die in der bestehenden Literatur kaum thematisiert wird. Die Ausführungen der Teilkapitel 5.2.1 bis 5.2.3 greifen daher fast vollständig auf Veröffentlichungen zurück, die sich auf Managementsysteme allgemein oder solche mit anderer Themenfokussierung[956] beziehen. Zentrale Aussagen wurden auf den Betrachtungsgegenstand der vorliegenden Arbeit übertragen: auf ein *bewusst institutionalisiertes System, welches in formalisierter Weise der Unterstützung der Führung der organisationalen Prozesslandschaft dient.*[957]

Resultat sind die in Tabelle 18 vorgestellten Anforderungen, die zur Formalisierung des Integrativen Prozessmanagements beachtet werden sollten. Sie ergänzen den Anforderungskatalog aus Tabelle 16. Die Kennung (MS) steht hier für „Managementsystem".

Anforderung	Erfüllungsgrad in %					
	0	20	40	60	80	100
Aufbau und Verankerung des Managementsystems						
Strukturierung und Unterstützung der Aktivitäten in einem Prozessmanagementsystem (MS)	☐	☐	☐	☐	☐	☐
Sicherung eines integrativen Charakters, d. h. enge Verknüpfung der Komponenten und Sicherung von Offenheit und Flexibilität (MS)	☐	☐	☐	☐	☐	☐
Explizierung der Trennung von Managementsystem und Realsystem, d. h. Betrachtung des Managementsystems als eigene Organisationsebene (MS)	☐	☐	☐	☐	☐	☐
Enge Verknüpfung des Prozessmanagementsystems mit anderen Managementsystemen der Organisation (MS)	☐	☐	☐	☐	☐	☐
Aufrechterhaltung eines Mindestmaßes an Autonomie der Teilmanagementsysteme (MS)	☐	☐	☐	☐	☐	☐
Sicherung der abgestimmten Weiterentwicklung des Gesamtmanagementsystems durch Einbettung in ein Unternehmensentwicklungssystem (MS)	☐	☐	☐	☐	☐	☐

Tabelle 18: Ergänzungen zum Anforderungskatalog „Integratives Prozessmanagement" vor dem Hintergrund der Formalisierung über ein Managementsystem

[956] Beispielsweise auf Qualitätsmanagement.

[957] In Anlehnung an die Managementsystem-Definition von Kirsch & Maaßen 1990, S. 2.

5.3 Vorgehensmodell zur Gestaltung und Implementierung eines Integrativen Prozessmanagementsystems

In Kapitel 5.2 wurde gezeigt, wie ein Managementsystem für ein Integratives Prozessmanagement ausgestaltet und organisational verankert werden soll. Die folgenden Ausführungen widmen sich der Frage, wie die konzeptionellen Ansätze in die Unternehmensrealität zu überführen sind. Anhand eines Vorgehensmodells wird der Weg der praktischen Umsetzung skizziert.

In der Literatur findet sich eine ganze Reihe von Umsetzungskonzepten für Managementsysteme. Als Autoren seien an dieser Stelle beispielhaft Riemenschneider[958], Baumgartner et al.[959], Herrmann[960], Willann[961], Krohn[962] und Neumann[963] genannt. Auf die Umsetzung von Prozessmanagementlösungen gehen auch Striening und Gierhake ein.[964]

Grundsätzlich könnten diese und verschiedenste weitere Ansätze als Basis zur Entwicklung eines Umsetzungsmodells für den Anwendungsfall „Integratives Prozessmanagement" eingesetzt werden. Die Übertragbarkeit ist allerdings durch Besonderheiten des hier betrachteten Managementsystems für ein Integratives Prozessmanagement begrenzt. Sie gehen u. a. auf die in Kapitel 5.1 und 5.2 skizzierte organisationale Einordnung und den Bezug zu anderen Systemen zurück. Inwiefern bestehende Umsetzungskonzepte vor diesem Hintergrund anzupassen sind, ist nicht einfach zu beantworten. Denn: Viele der bestehenden Modelle sind nicht explizit aus einem theoretischen Rahmen abgeleitet. Die Entwicklung des im Folgenden beleuchteten Vorgehensmodells setzte daher einen Schritt früher an: an einer theoretisch begründeten und zunächst allgemein gehaltenen Vorgehensempfehlung.

Schwaninger gliedert das Vorgehen zur Umsetzung eines Managementsystems in drei Phasen auf, die er

1. „Diagnose"
2. „Gestaltung" und
3. „Implementierung" nennt.[965]

Seine Erläuterungen lassen sich – übertragen auf den Anwendungsfall der vorliegenden Arbeit – folgendermaßen konkretisieren:

[958] Siehe Riemenschneider 2001.
[959] Siehe Baumgartner et al. 2006.
[960] Siehe Herrmann 1997
[961] Vgl. Willann 2007.
[962] Vgl. Krohn 2000.
[963] Vgl. Neumann 2002.
[964] Vgl. Striening 1988, S. 274-279, sowie Gierhake 2001. Letzterer greift auf zahlreiche Vorarbeiten aus unterschiedlichen verwandten Themenbereichen zurück.
[965] Vgl. Schwaninger 1994, S. 307-311.

Zu 1) Kernelement der Diagnose bildet eine Analyse der Ist-Situation. Auf einer zunächst relativ abstrakten Ebene wird analysiert, inwiefern das bestehende System der Vision und Leitidee eines Integrativen Prozessmanagements genügt. Dabei finden auch unternehmensinterne und -externe Kontextfaktoren Berücksichtigung.

Zu 2) In der Phase der Gestaltung wird in einem mehrstufigen Vorgehen das unternehmensspezifische Managementsystem für ein Integratives Prozessmanagement konzipiert. Als Grundlagen können das in Kapitel 4.6 vorgestellte Modell, der korrespondierende Anforderungskatalog[966] sowie die Ergebnisse der Diagnose herangezogen werden.

Zu 3) Die Implementierung dient dazu, das konzipierte Managementsystem tatsächlich in die Unternehmensrealität zu überführen und eine dauerhafte Verankerung sicherzustellen. Ausgehend von einem Abgleich des vorhandenen mit dem konzipierten System werden Maßnahmen zur Umsetzung definiert, schrittweise konkretisiert und umgesetzt.

Hinweise zur detaillierteren Ausgestaltung der einzelnen Phasen leiten sich aus Schwaningers *Prinzipien zur Umsetzung von Managementsystemen* ab. Sie wurden insbesondere vor dem Hintergrund hoher Systemkomplexität formuliert und beziehen auch die Besonderheiten sozialer Systeme mit ein. In Tabelle 19 sind die Prinzipien zusammengefasst. Sie wurden für den Anwendungsfall „Integratives Prozessmanagement" konkretisiert und abgewandelt.

Prinzip 12) kann aus den Ausführungen in Kapitel 5.1 heraus dahin gehend erweitert werden, dass explizit externe Impulse in das Umsetzungsmodell einzubetten sind. Aus der Rollendefinition zum Unternehmensentwicklungssystem (siehe Kapitel 5.2.3) resultiert, dass die Umsetzung und Pflege eines neuen Managementsystems über das Metasystem mit anderen Entwicklungsaktivitäten abzustimmen ist.[967]

Ausgehend von den benannten Prinzipien und Anforderungen, kann das Modell für die praktische Umsetzung eines Integrativen Prozessmanagements konkretisiert werden. Ansätze zur Ausgestaltung liefern auch andere Umsetzungskonzepte für Managementsysteme sowie Erkenntnisse aus der Auseinandersetzung mit Komplexität in Kapitel 4.[968]

Einen Überblick über das entstandene Vorgehensmodell gibt Abbildung 45.

[966] Siehe Tabelle 15.

[967] Weitere Anforderungen leiten sich aus Vorarbeiten zu ganzheitlichen Veränderungskonzepten ab. Siehe hierzu bspw. Zink 2009.

[968] Impulse zum Umgang mit Komplexität ergeben sich zusätzlich aus den Ausführungen von Gomez & Probst 1997 zum ganzheitlichen Problemlösen sowie den Einführungsstrategien für ein durchgängiges Komplexitätsmanagement von Wildemann 2008a, S. 93-100.

Umsetzungsprinzipien für ein Integratives Prozessmanagementsystem
1) Ganzheitliches Konzipieren: Das Managementsystem basiert auf einem ganzheitlichen Rahmenkonzept und richtungweisenden Leitideen.
2) Mehrdimensionale Lösungsansätze: In der Entwicklung des Managementsystems werden unterschiedliche Dimensionen, wie Struktur, Aktivitäten und Verhalten synchron berücksichtigt.
3) Das notwendige Minimum, nicht das mögliche Maximum: Das Managementsystem reduziert sich auf die Vorgaben (bspw. struktureller Art), die für eine Zielerreichung erforderlich sind.
4) Berücksichtigung des Zeitbedarfs: Die Gestaltung und Implementierung eines Managementsystems wird als Aufgabe mit langfristigem strategischen Zeithorizont verstanden.
5) Verweben von Gestaltung und Implementierung: Gestaltung und Implementierung werden nicht sequenziell ausgeführt, sondern in aufeinander aufbauenden Modulen miteinander verknüpft.
6) Promotoren als Impulsgeber: Die Einführung/Weiterentwicklung des Managementsystems wird durch das höhere Management sichtbar unterstützt und durch eine bei den Betroffenen anerkannte Projektleitung geplant und koordiniert.
7) Einbezug von Betroffenen und Experten: Die betroffenen internen und externen Akteure werden frühzeitig involviert.
8) Nachhaltigkeit und kulturelle Verankerung: Die Einführung/Weiterentwicklung des Managementsystems wird durch langfristige Maßnahmen zur Kompetenzentwicklung und zur Verankerung in der Unternehmenskultur flankiert.
9) Anknüpfen an das Bestehende: Das Managementsystem knüpft am vorhandenen Bestand von Systemen und Instrumenten an und baut auf diese auf, insofern die Basis mit den zentralen Anforderungen an das Prozessmanagementsystem im Einklang ist.
10) Lern- und Entwicklungsprozesse ermöglichen: Das Vorgehen zur Gestaltung und Implementierung ist gekennzeichnet durch Feedbackschleifen und Möglichkeiten zur Korrektur oder zur Revision von Entscheidungen.
11) Anpassung an die Aufnahme- und Lernfähigkeit: Ausgestaltung und Vorgehen zur Umsetzung des Managementsystems werden der organisationsspezifischen Aufnahme- und Lernfähigkeit gerecht.
12) Berücksichtigung interner und externer Kontextfaktoren: Bei der fallspezifischen Konkretisierung und Anwendung des Vorgehensmodells finden situative Faktoren Berücksichtigung.

Tabelle 19: Umsetzungsprinzipien für ein Integratives Prozessmanagementsystem[969]

Durch die Überschneidungen der Phasen wird der nach Prinzip 5) geforderten engen Verknüpfung, insbesondere von Gestaltung und Implementierung, Rechnung getragen.[970] Die Ergänzung des sachlogischen Vorgehens um einen Bereich mit Fokus auf

[969] In Anlehnung an die Prinzipien von Schwaninger 1994, S. 300-302. Sie beziehen sich auf die Realisierung des Gesamtmanagementsystems einer Organisation, das aus mehreren Teilsystemen besteht, und wurden in Betrachtungsperspektive, Abgrenzung und Formulierung angepasst.

[970] Siehe hierzu auch Malik 2006, S. 437.

„Psycho-Logik“[971] leitet sich aus Arbeiten zur erfolgreichen Umsetzung von Veränderungsprozessen ab.[972] Die Inhalte der beiden Bereiche werden in Kapitel 5.3.1 und 5.3.2 vorgestellt.

Die mitunter erheblichen Unterschiede von Organisationen, bspw. hinsichtlich ihrer Kultur und Ausgangssituation, führen dazu, dass eine Vorgehensplanung auf einem detaillierten Niveau nur unternehmensspezifisch möglich ist.[973] Die nachfolgenden Ausführungen spannen einen Rahmen für eine Konkretisierung auf Basis der gegebenen Ausgangslage und der organisationalen Kontextbedingungen auf.

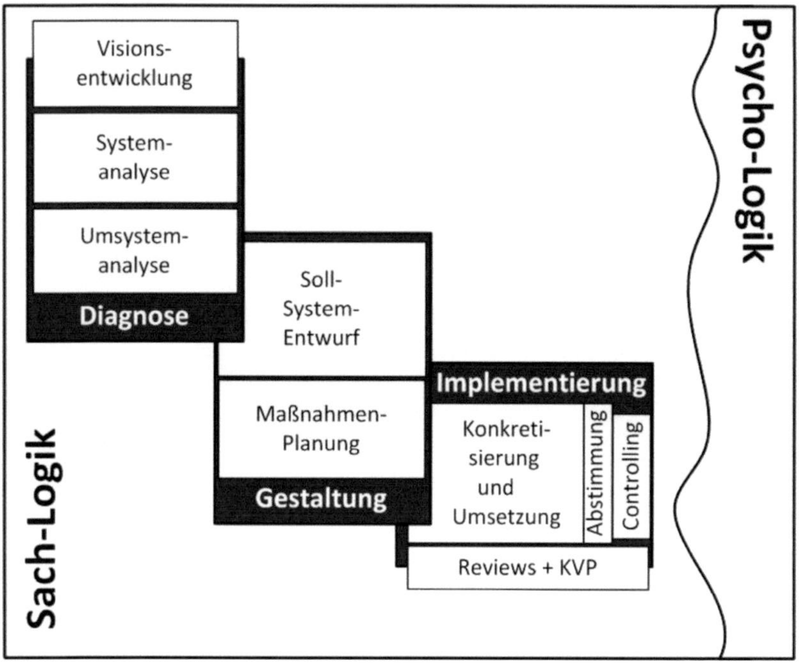

Abbildung 45: Vorgehensmodell zur Implementierung eines Managementsystems für ein Integratives Prozessmanagement[974]

[971] Unter dieser Überschrift werden Maßnahmen zusammengefasst, die in erster Linie die Akzeptanz der Veränderung durch die Betroffenen und deren Engagement in der Umsetzung beeinflussen.

[972] Siehe hierzu Thul, Longmuß & Zink 2009.

[973] Vgl. Malik 2006, S. 436.

[974] Eigene Abbildung.

5.3.1 Sachbezogene Aspekte in der Umsetzung

Visionsentwicklung

Die *Visionsentwicklung* dient dem Aufbau eines „geistigen Rahmens" für das zu gestaltende Prozessmanagementsystem.[975]

Es sollten drei Arten von Inputs einbezogen werden: konzeptionelle, externe und interne.

- *Konzeptionelle Inputs* für die Visionsbildung ergeben sich aus den Leitideen des Konzepts „Integratives Prozessmanagement" (Kapitel 4.6) sowie den Empfehlungen zur organisationalen Einbettung (Kapitel 5.1 und 5.2).[976]
- *Interne Inputs* leiten sich aus der übergeordneten Unternehmensvision, einer ersten groben Standortbestimmung[977] sowie den Motiven zur Einführung des Managementsystems ab[978].
- *Externe Inputs* ergeben sich u. a. aus anerkannten Normen[979] und den Werten der zentralen Stakeholder.[980]

Die durch die Vision definierte Rolle des Prozessmanagementsystems bildet den Ausgangspunkt für eine erste abstrakte Zielformulierung und -priorisierung. Es werden Umfang und Reichweite des zu gestaltenden Prozessmanagementsystems grob abgesteckt.[981] Dabei ist zu beachten, dass eine ganzheitliche Abdeckung der relevanten Systemebenen und -perspektiven erhalten bleibt (Prinzip 1).

Systemanalyse

„Die Erfahrung zeigt, dass Neuerungen umso leichter akzeptiert werden, je eher sie auf bereits Bekanntes abgestellt werden", konstatiert Malik und leitet dabei die Forderung ab, im Aufbau von Managementsystemen am vorhandenen Bestand anzuknüpfen.[982] Nicht zuletzt deshalb, weil, wie bereits erwähnt, das Prozessmanagementsystem in das – meist bestehende – Gesamtmanagementsystem der Organisation einzubetten und mit dem Realsystem zu koppeln ist.[983] Vor der Umsetzung eines Managementsystems ist daher zu analysieren, welche relevanten Komponenten in der Organisation bereits vorhanden sind. Eine Strukturierungshilfe für die Analyse bildet das in Kapitel 4.6 skizzierte Modell eines Integrativen Prozessmanagements. Zudem

---

975 Vgl. Herrmann 1997, S. 150, und Wacker 2002, S. 52.
976 Vgl. Kapitel 4.6.
977 Ein Schema zur Standortbestimmung zeigt Herrmann 1997, S. 150, und verweist dabei auf einen Workshop von Hans-Dieter Seghezzi.
978 Siehe hierzu Schwaninger 1994, S. 302, sowie Gierhake 2001, S. 95.
979 Bspw. DIN EN ISO 9000:2005.
980 Zur Bedeutung interner und externer Aspekte siehe Ansoff & MacDonnell 1990, S. 323.
981 Siehe hierzu Herrmann 1997, S. 150-151; Willann 2007, S. 33, sowie Löbel, Schröger & Closhen 2001, S. 109-110.
982 Malik 1981, S. 54. Siehe hierzu auch Schwaninger 1994, S. 302, und Herrmann 1997, S. 163.
983 Vgl. Kapitel 5.2.2 und 5.2.3.

kann der Anforderungskatalog aus Tabelle 15 zur Orientierung herangezogen werden.[984]

Umsystem-Analyse

Aus der externen Anbindung des Prozessmanagementsystems und des betrachteten Realsystems (siehe Kapitel 4.2.3 und 5.2.1) ergibt sich, dass in der Gestaltung und Implementierung auch Einflüsse aus dem Umsystem zu berücksichtigen sind. Das System muss auf die relevanten Rahmenbedingungen abgestimmt sein. Die Analyse des Umsystems sollte unter anderem den Status der übrigen Managementsysteme, deren organisationale Einbettung, die unternehmensinterne und -externe Verknüpfung des Prozesssystems sowie allgemeine Kontextinformationen zur Organisation und ihrer Einordnung berücksichtigen.[985]

Vor dem Hintergrund hoher Dynamik ist zudem zu erfassen, inwiefern sich Schwankungen im Unternehmen und seinem Umfeld auf das Prozessmanagementsystem auswirken.[986]

Soll-System-Entwurf

Im Im Entwurf des Soll-Systems wird zunächst – ausgehend von Vision, Ist-Situation und Rahmenbedingungen – das Zielsystem für das zu gestaltende Managementsystem konkretisiert.[987]

Im nächsten Schritt ist ein unternehmensspezifisches Konzept für das Integrative Prozessmanagement und dessen Formalisierung über ein Managementsystem aufzubauen. Hierzu sind die allgemeinen Empfehlungen aus den Kapiteln 4, 5.1 und 5.2 unternehmensspezifisch auszuarbeiten. Eine Konkretisierung des Anforderungskatalogs an ein Integratives Prozessmanagement führt zu einer unternehmensspezifischen Anforderungsübersicht. Dabei werden unter anderem ein Review der Einträge anhand der spezifischen Ziele und Rahmenbedingungen der Organisation und eine Gewichtung vorgenommen. Für Letztere kann im Anforderungskatalog (Tabelle 15) eine eigene Spalte vorgesehen werden, in der bspw. eine Einstufung der Bedeutung auf einer Skala von 0 (nicht relevant) bis 3 (hohe Bedeutung) vorgenommen wird (siehe Tabelle 20).

Mit Vision, Zielsystem, unternehmensspezifischem Modell und Anforderungskatalog stehen die Eckpunkte für die Ausgestaltung des Prozessmanagementsystems. In-

---

984 Weitere Hinweise ergeben sich aus Gierhake 2001, S. 116-125.
985 Vgl. Gierhake 2001, S. 97-99; Schwaninger 1994, S. 206, sowie Neumann 2002, S. 60.
986 Siehe hierzu Prinzip 12 aus Tabelle 19 sowie Ansoff & MacDonnell 1990, S. 23-24.
987 Siehe hierzu Willann 2007, S. 33. Das Zielsystem ist eng mit dem aus in Kapitel 2.3 vorgestellten Zielsystem für die Prozesslandschaft zu verknüpfen.

nerhalb des abgesteckten Bereichs sind vorausschauend[988] die einzelnen Komponenten des Soll-Systems zu konkretisieren und aufeinander abzustimmen. Ziel ist der Aufbau eines realistischen Soll-Profils.[989] Für die Ausarbeitung des Konzepts gilt das „Minimum-Prinzip“ (siehe Prinzip 3) in Tabelle 19): Es sollen nur so viele Regeln und Strukturen vorgegeben werden, wie für die erfolgreiche Realisierung eines Integrativen Prozessmanagements in der Organisation erforderlich sind.[990]

Anforderungskatalog	**Bedeutung**	**Erfüllungsgrad in %**					
	(0-3)	**0**	**20**	**40**	**60**	**80**	**100**
Prozessmanagement allgemein							
Verknüpfung der Teilkonzepte des Prozessmanagements zu einem integrierten Ansatz (K)		☐	☐	☐	☐	☐	☐
Sicherung einer Offenheit des Ansatzes für zukünftige Weiterentwicklungen (O)		☐	☐	☐	☐	☐	☐

Tabelle 20: Ausschnitt aus Anforderungskatalog für Integratives Prozessmanagement mit Zuordnung der Bedeutung[991]

Maßnahmenplanung

Die *Maßnahmenplanung* spaltet sich in drei Teilschritte auf:

1) Im ersten Schritt wird ein *systematischer Soll-Ist-Abgleich* vorgenommen. Der Sollzustand geht aus dem unternehmensspezifischen Konzeptentwurf, der Istzustand aus der durchgeführten Systemanalyse und ggf. weiterführenden Erhebungen hervor. Ergebnis des Abgleichs ist eine Übersicht über die Handlungsbedarfe zur Realisierung eines Integrativen Prozessmanagementsystems.[992] Die identifizierten Handlungsfelder werden priorisiert. Gemeinsam mit Informationen zu zeitlichen und sachlichen Abhängigkeiten dienen die Prioritäten als Basis für eine Festlegung der Reihenfolge in der Umsetzung.[993] Anhaltspunkte für die Priorisierung ergeben sich bei Anwendung eines Anforderungskatalogs aus einem Abgleich von Bedeutung und aktuellem Erfüllungsgrad der einzelnen Einträge.

988 Wie bei Schwaninger 1994, S. 309, explizit gefordert und aufgrund der langfristigen Ausrichtung der Systemgestaltung erforderlich ist.

989 Ein Schema zur Soll-Profil-Darstellung zeigt Schwaninger 1994, S. 310.

990 Vgl. Löbel, Schröger & Closhen 2001, S. 111.

991 Eigene Abbildung, auf Basis von Tabelle 15.

992 Vgl. Schwaninger 1994, S. 309-311; Willann 2007, S. 32, sowie Krohn 2000, S. 141.

993 Siehe hierzu Herrmann 1997, S. 160.

2) Im Anschluss werden die Handlungsfelder schrittweise *in Maßnahmen überführt.*[994] Eine Verknüpfung mit den gesetzten Zielen, bspw. in einer Matrix, bietet die Möglichkeit einer Priorisierung. Weitere Kriterien ergeben sich aus Wirtschaftlichkeitsprüfungen.[995]

3) Der dritte Schritt umfasst die *Umsetzungsplanung*. Die Maßnahmen werden anhand ihrer zeitlichen Einordnung und sachlichen Verknüpfung in Pakete zusammengefügt und in einem Projektplan strukturiert. Wichtige Planungsparameter sind Zielerreichung, Kosten und Zeit.[996] Bei der Gesamtplanung ist gemäß Prinzip 7 aus Tabelle 19 ein ausreichender zeitlicher Rahmen vorzusehen. Welche Zeiträume für die einzelnen Maßnahmen genau vorzusehen sind, hängt unter anderem von der Aufnahme- und Lernfähigkeit der Organisation, ihrer Komplexitätsbewältigungskompetenz und der Ausgangssituation ab.[997]

Die Konzeptionsphase wird abgeschlossen anhand einer *Freigabe der Grobplanung* durch eine befugte Entscheidungsinstanz.

Konkretisieren und Umsetzen der Komponenten des Prozessmanagementsystems

Nach Freigabe werden in der Implementierungsphase die Maßnahmen schrittweise konkretisiert und ausgeführt.[998] Vor dem Hintergrund der hohen Systemkomplexität empfiehlt sich eine *rollierende Planung*, bei der mit Fortschreiten des Projekts schrittweise die nachfolgenden Aktivitäten konkretisiert werden.[999] Durch das sukzessive Vorgehen können bei der Ausgestaltung kommender Umsetzungsschritte bereits Ergebnisse und Erfahrungen aus vorangehenden Schritten berücksichtigt werden. Die erfolgreiche Maßnahmenumsetzung führt nach und nach zum Aufbau sowie zur organisationalen Positionierung eines Integrativen Prozessmanagementsystems.

Übergeordnete Abstimmung der Maßnahmen

Für eine optimale Gesamtzielerreichung sind die Maßnahmen der einzelnen Module – basierend auf einer übergeordneten Betrachtung – aufeinander abzustimmen.[1000]

Hierzu werden bspw. die Ergebnisse der konkretisierenden Planungsschritte in einem Projektstrukturplan[1001] zusammengeführt. Interdependenzen, wie bspw. Ziel-/

[994] Vgl. Willann 2007, S. 34, und Herrmann 1997, S. 160-163.
[995] Zu Wirtschaftlichkeitsbetrachtungen in Projekten siehe Nausner 2006, S. 138-145, sowie Cronenbroeck 2004, S. 39.
[996] Vgl. Kuster et al. 2008, S. 116 und 124.
[997] Zum zeitlichen Bedarf komplexer Veränderungsmaßnahmen siehe Kapitel 3. Zur Anpassung an die Aufnahme- und Lernfähigkeit siehe Prinzip 4 in Tabelle 19 sowie Schwaninger 1994, S. 301. Zur Berücksichtigung der Komplexitätsbewältigungsfähigkeit siehe Kapitel 4.5.1.
[998] Vgl. Herrmann 1997, S. 166.
[999] Siehe hierzu das Schema der rollierenden Korridorplanung bei Pfetzing & Rohde 2009, S. 171.
[1000] Vgl. Bleicher 2002, S. 22, sowie Zink 2009, S.1.
[1001] Siehe hierzu Kuster et al. 2008, S. 110.

Ressourcenkonflikte und Synergiepotenziale, können hier expliziert werden. Die gewonnenen Informationen erleichtern die Komplexitätsbewältigung bei der *Koordination* der Aktivitäten im Gesamtprojekt.

Controlling von Umsetzung und Ergebnissen

Der positive Effekt einer Kopplung von Gestaltung und Umsetzung kommt nur dann voll zum Tragen, wenn stets aktuelle Informationen zu den bisherigen Ergebnissen und Erfahrungen bereitstehen.[1002] Diese Funktion sowie die Planung lenkender Eingriffe übernimmt ein auf den spezifischen Anwendungsbereich ausgerichtetes Controllingsystem.[1003] Es erfasst sowohl den inhaltlichen Fortschritt des Projekts als auch solche Informationen zur Einhaltung zeitlicher oder budgetärer Vorgaben.[1004]

Reviews und kontinuierliche Verbesserung

In Kapitel 5.2.1 wurde dargelegt, dass das hier thematisierte Prozessmanagementsystem integrativ angelegt sein soll. Damit soll der hohen Dynamik des Umsystems Rechnung getragen werden: *„Im Lauf der Zeit können sich Bedingungen und Anforderungen an Managementsysteme verändern.“*[1005] Damit das Prozessmanagementsystem auch mittel- und langfristig seine Zwecke erfüllt, ist es (wie das Prozesssystem selbst) regelmäßigen Reviews und einer kontinuierlichen Verbesserung zu unterziehen.

Reviews können in Form interner und externer Audits durchgeführt werden.[1006] Ihre Ergebnisse werden systematisch in Maßnahmen zur Verbesserung überführt, *„selbst wenn das mit einem Eingestehen einer Fehlentscheidung oder Fehlbeurteilung verbunden ist“*[1007]. Eine geeignete Basis für die Bewertung bildet der unternehmensspezifisch konkretisierte Anforderungskatalog. Zusätzliche – dezentral ausgeführte – Detail-Reviews zu den einzelnen Komponenten im Managementsystem können auf den Dokumentationen der Gestaltungs- und der Umsetzungsphase aufbauen.[1008]

Der kontinuierliche Verbesserungsprozess für das Prozessmanagementsystem ist über das Unternehmensentwicklungssystem eng mit dem für andere Managementsysteme verknüpft.[1009]

[1002] Vgl. Herrmann 1997, S. 168, unter Verweis auf einen Workshop von Hans-Dieter Seghezzi.

[1003] Zur Forderung eines Projektcontrollings siehe Prinzip 4 aus Tabelle 19; Willann 2007, S. 35, sowie Krohn 2000, S. 143.

[1004] Siehe hierzu Koreimann 2005 sowie Fiedler 2010a.

[1005] Schwaninger 1994, S. 303.

[1006] Vgl. Löbel, Schröger & Closhen 2001, S. 113. Zu Managementsystemaudits siehe auch DIN EN ISO 9000:2005.

[1007] Malik 1981, S. 55.

[1008] Beispiele für Kriterien eines Managementsystem-Reviews benennen Löbel, Schröger & Closhen 2001, S. 143. Zur Notwendigkeit einer teilweisen Dezentralisierung siehe Malik 2006, S. 429.

[1009] Siehe Kapitel 5.2.3. Zur Ausführung siehe Witt & Witt 2008.

5.3.2 Personenbezogene Aspekte in der Umsetzung

Das zunächst auf sachlogische Schritte fokussierte Vorgehen zur Umsetzung eines Integrativen Prozessmanagements ist durch Maßnahmen mit Fokus auf dem Umgang mit Menschen zu flankieren[1010] (vgl. Abbildung 45). Ziel ist es, geeignete Rahmenbedingungen dafür zu schaffen, dass das formale Prozessmanagementsystem akzeptiert wird und im sozialen Teilsystem der Organisation seine Wirkung entfalten kann. Wichtige Maßnahmen, die sich direkt auf den angestrebten Veränderungsprozess beziehen, sind:

- die Definition von Rollen für die Umsetzung sowie
- die Entwicklung und Umsetzung eines Informations- und Kommunikationskonzepts.

Personenbezogene Aspekte, die innerhalb des Integrativen Prozessmanagements von Bedeutung sind, wurden in Kapitel 4.5 thematisiert. Sie werden hier nicht erneut aufgegriffen, sind jedoch auch in der Umsetzung des entsprechenden Managementsystems zu berücksichtigen.

Definition von Rollen in der Implementierung

Voraussetzung für ein abgestimmtes und zielorientiertes Handeln der vielen in der Veränderung eines komplexen Systems erforderlichen Akteure ist eine klare Definition von Verantwortungsbereichen. Gezielte Maßnahmen zur Schaffung von Akzeptanz setzen eine Identifikation der zentralen Adressaten voraus. Insgesamt sind in der Umsetzung eines Integrativen Prozessmanagementsystems die Rollen

- Machtpromotoren,
- Projektleiter,
- weitere Projektbeteiligte und
- Betroffene

zu differenzieren. Sie werden im Folgenden kurz eingeordnet:[1011]

„Projekte zur Gestaltung und Implementierung von Managementsystemen sollten von Machtpromotoren im oberen Management sichtbar unterstützt werden.“[1012] Ist die grundsätzliche Vision des zukünftigen Prozessmanagements durch die Initiatoren des Wandels formuliert, so sind die obersten Entscheidungsträger zu involvieren. Ihre Zustimmung ist notwendig, damit für den Aufbau des Managementsystems ausreichende Ressourcen zur Verfügung stehen.[1013] Zudem ist ihr Commitment in frühen

[1010] Siehe hierzu Thul, Longmuß & Zink 2009, S. 160-163.

[1011] Siehe ähnlich Gierhake 2001, S. 100. Für umfangreiche Ausführungen zu Rollen und Kompetenzen in betrieblichen Veränderungsprozessen siehe Zink et al. 2009, S. 187-210.

[1012] Schwaninger 1994, S. 302.

[1013] Vgl. Gonschorrek 2006, S. 213-214; Kuster et al. 2008, S. 90, sowie Saam & Kriz 2010.

Phasen Voraussetzung für eine spätere breite Nutzung des aufzubauenden Managementsystems. Es kann seine Potenziale nur voll entfalten, wenn auch das obere Management die vorgesehenen Mechanismen nutzt. Zum anderen signalisiert die Zustimmung einflussreicher Personen eine hohe Bedeutung für die Organisation und stärkt die Akzeptanz bei den Mitarbeitern.

Eine besondere Stellung erhält ein Umsetzungsprojekt, wenn ein Vertreter des Topmanagements als Auftraggeber fungiert. Dieser Machtpromotor formuliert dann offiziell die Projektziele und die Anforderungen an die Projektergebnisse und erteilt einen verbindlichen Projektauftrag.[1014]

Für die Planung und Steuerung des Projekts wird ein *Projektleiter* benannt.[1015] Er sollte Fachpromotor sein[1016] und über umfangreiche Kenntnisse zu Prozessmanagement sowie Managementsystemen verfügen. Darüber hinaus sind gute Kenntnisse des Unternehmens, soziale Kompetenzen und eine hohe persönliche und fachliche Anerkennung im Unternehmen von Bedeutung für die Akzeptanz als Führungskraft.[1017]

Die Umsetzung des Integrativen Prozessmanagements ist ein Unterfangen mit erheblicher Zeitdauer. Aus diesem Grund – und weil ein langsamer Übergang von der Implementierung zur Ausführung im „Tagesgeschäft“ anzustreben ist – kommt als Projektleiter in erster Linie der aktuelle bzw. spätere Prozesskoordinator in Betracht.[1018] Abhängig vom Umfang der Aufgaben, anderen Belastungen und erforderlicher Spezialkompetenzen wird er durch weitere Akteure in einem Kernteam unterstützt.[1019]

Die Einführung eines Integrativen Prozessmanagementsystems betrifft das gesamte Unternehmen. Aufgrund der hohen Komplexität ist sie teilweise dezentral auszuführen.[1020] Die *Beteiligung zahlreicher Mitarbeiter* geht zwar mit einem hohen Abstimmungsaufwand einher, erhöht allerdings sowohl die Fähigkeit zum Umgang mit der hohen Systemkomplexität als auch die Akzeptanz der Veränderung.[1021] Dies gilt in besonderem Maße für das mittlere Management einer Organisation. Als „Brücke“ zwischen oberem Management und ausführender Ebene nimmt das mittlere Mana-

1014 Vgl. Kuster et al. 2008, S. 90.
1015 Vgl. Schwaninger 1994, S. 302. Aufgabenbeschreibungen geben Zielasek 1999, S. 74-77, sowie Kuster et al. 2008, S. 46, 62, 91 und 184.
1016 Vgl. Schwaninger 1994, S. 302.
1017 Siehe hierzu die Ausführungen zur Rolle von Führungskräften in Veränderungen bei Cap Gemini Consulting, S. 43-45.
1018 Zur Benennung des Systembeauftragten zu Beginn der Umsetzung siehe Löbel, Schröger & Closhen 2001, S. 111
1019 Vgl. Kuster et al. 2008, S. 91; im Kontext der Umsetzung von Managementsystemen Reitz 2008, S. 266, sowie Krohn 2000, S. 142.
1020 Siehe oben und Kapitel 4.2.
1021 Siehe hierzu Zink 2007, S. 9-10.

gement eine zentrale Rolle in der Sicherung der Wirkung von Veränderungsmaßnahmen ein. Durch Information, Kommunikation und Einbezug in konzeptionelle Arbeiten und Entscheidungsprozesse sollte bei dieser Akteursgruppe möglichst eine positive Grundeinstellung geschaffen werden.[1022] Eine zusätzliche Beteiligung von Mitarbeitern unterer Hierarchieebenen steigert deren Akzeptanz und die Chance auf praxisnahe Lösungen.[1023]

Ein idealer Beteiligungsgrad kann nicht allgemein benannt werden. Er hängt unter anderem von folgenden Einflussfaktoren ab[1024]:

- spezifischen Rahmenbedingungen im Unternehmen, bspw. der Unternehmenskultur[1025],
- den Erfahrungen, Qualifikationen und Interessen der relevanten Akteure[1026] sowie
- situativen Faktoren, zu denen die konkreten Handlungsfelder und Maßnahmen gehören[1027].

Die in die Umsetzung eines Prozessmanagementsystems involvierten Mitarbeiter gehören im Allgemeinen verschiedenen organisatorischen Einheiten an. Um die Kooperation der Aufgabenträger im Projekt zu erleichtern, ist eine Projektorganisation aufzubauen. Mögliche Formen ähneln den Varianten der prozessorientierten Organisationsgestaltung: reine *Projektorganisation, Einfluss-Projektorganisation* und *Matrix-Projektorganisation.*[1028] Unterschiede zur Prozessorganisation bestehen darin, dass die Projektorganisation temporär angelegt ist. Welche der Formen die vorteilhafteste ist, hängt unter anderem von der aktuellen Unternehmensstruktur ab. Die möglichen Varianten sind im Einzelfall unter Berücksichtigung der gegebenen Rahmenbedingungen abzuwägen.[1029] Für verschiedene Stadien des Projekts können ggf. unterschiedliche Organisationsformen empfehlenswert sein.

Vor allem in größeren Projekten, die auf starke Veränderungen abzielen, werden häufig *externe Methoden- und Prozessberater* zur Unterstützung herangezogen. Sie begleiten ein Projekt, bringen praktische Erfahrungen und/oder wissenschaftliche Expertise ein, leisten methodische und konzeptionelle Unterstützung und übernehmen oftmals Moderations- und Coachingaufgaben.[1030]

[1022] Vgl. Gierhake 2001, S. 101-102.
[1023] Vgl. Bleicher 2002, S. 23, und Zink 2007, S. 9-12. Letzterer beschreibt ausführlich Bedeutung und Ansätze zur partizipativen Gestaltung von Veränderungsprozessen.
[1024] Vgl. Staehle, Conrad & Sydow 1999, S. 536.
[1025] Siehe auch Holtbrügge 2010, S. 232.
[1026] Siehe auch Zink 2007, S. 75, sowie Krallmann, Schönherr & Trier 2007, S. 141.
[1027] Siehe auch Holtbrügge 2010, S. 222, und Zink 2007, S. 164-182.
[1028] Vgl. Fischer & Scheibeler 2003, S. 242, sowie Zielasek 1999, S. 16.
[1029] Zu den Vor- und Nachteilen siehe Zielasek 1999, S. 24, sowie Fiedler 2010b, S. 43-46.
[1030] Vgl. Janes, Prammer & Schulte-Derne 2001, S. 31-38.

Für die Beteiligung Externer an Umsetzungsprojekten spricht deren Neutralität. Sie kann unter geeigneten Rahmenbedingungen positiv auf die Akzeptanz der Veränderungen einwirken. Zudem werden externe Impulse eingebracht, wie sie in Kapitel 5.1 und 5.2.4 gefordert worden sind.[1031]

Ein Nachteil externer Beteiligter liegt darin, dass ihre Kenntnisse der spezifischen Situation und Rahmenbedingungen in der Organisation begrenzt sind.[1032]

Ein ähnliches Bild zeichneten auch die Befragten in der Fallstudie bei NG LITEF GmbH auf die Frage hin, inwiefern sie bei der Realisierung eines optimalen Prozessmanagements einen Bedarf an externer Unterstützung sehen: Die Mehrheit der Befragten sah eine externe Unterstützung als sinnvoll und in einigen Punkten notwendig an. Eine lernende Organisation aufzubauen, setzt aus ihrer Perspektive voraus, dass Inputs von außen und damit neutrale Sichtweisen eingebracht werden. Gleichzeitig wurde mehrfach betont, dass eine externe Begleitung nur eine Ergänzung zum intensiven Engagement interner Akteure sein kann.[1033] Von den ersten Planungsschritten bis zur vollständigen Umsetzung von Neuerungen im Prozessmanagement sollten die internen Vertreter Schritt für Schritt größere Anteile der Managementaufgaben übernehmen, bis schließlich die gesamte Verantwortung in ihrer Hand liegt.[1034]

Sollen sich Mitarbeiter an Entscheidungen beteiligen und abgestimmt handeln, so setzt dies umfassende Informations- und Kommunikationsmaßnahmen voraus. Nur wer über die relevanten Informationen verfügt, kann sich fundiert und zielführend in Entscheidungsprozesse einbringen. Zudem dient ein Informations- und Kommunikationskonzept als Basis zur Schaffung hoher Akzeptanz bei allen, die von den Veränderungen betroffen sind.[1035]

Information und Kommunikation

Hauptziel des umsetzungsbegleitenden Informations- und Kommunikationskonzepts ist es, dass jeder Mitarbeiter über ihn betreffende Entscheidungen und zu erwartende Entwicklungen Kenntnis erhält. Bei unmittelbaren Konsequenzen für die eigene Person oder Arbeitstätigkeit sind neben unpersönlichen Formen der Informationsvermittlung auch *direkte Ansprachen* zu empfehlen, denn: *„Menschen lernen und verändern*

[1031] Vgl. Janes, Prammer & Schulte-Derne 2001, S. 29 und 204-205. In Kombination mit einem starken Top-down-Vorgehen kann es nach Schmelzer & Sesselmann 2010, S. 160, jedoch auch zu Widerständen kommen.

[1032] Hier manifestiert sich der Vorteil interner Berater, die über umfassende Kenntnisse zum Unternehmen und seiner Kultur verfügen. Vgl. Schmelzer & Sesselmann 2010, S. 160.

[1033] Zwar können externe Vertreter wichtige Impulse in Bezug auf Vorgehen und Methodik einbringen, der Wille zur Veränderung von innen heraus sowie die Berücksichtigung interner Perspektiven seien jedoch dringende Voraussetzungen für den Erfolg.

[1034] Siehe Kapitel 3.2.2.3.

[1035] Vgl. Schwaninger 1994, S. 293, sowie Meise 2001, S. 114 und 196-197. Zur Bedeutung der Schaffung von Akzeptanz siehe Cap Gemini Consulting, S. 20.

ihr Verhalten praktisch nur durch direkte Kommunikation.“[1036] Mitteilungen über Intranet, Mitarbeiterzeitschriften, Rundmails oder ähnliche Informationswege sollten durch Besprechungen, Workshops, Foren und andere interaktive Kommunikationsformen[1037] ergänzt werden.[1038]

Kuster et. al. schlagen zur Strukturierung des Informations- und Kommunikationskonzepts eine Matrix vor.[1039] Eine systematische Einordnung von Maßnahmen hinsichtlich Zielgruppen, Zielsetzungen und Zeitpunkten soll sicherstellen, dass über den gesamten Projektverlauf hinweg die richtigen projektbezogenen Informationen zur richtigen Zeit am richtigen Ort verfügbar sind. Dies ist Voraussetzung, damit sie handlungsleitend wirken können.[1040]

Weiterführende Informationen zu Informations- und Kommunikationsmaßnahmen sowie zusätzliche Erfolgsfaktoren in der Umsetzung von Veränderungsvorhaben können der umfangreichen Literatur zum Change Management entnommen werden.[1041]

[1036] Doppler & Lauterburg 2008, S. 356.
[1037] Zur Kommunikation in Veränderungsprozessen siehe Pfannenberg, J. 2009.
[1038] Vgl. Cap Gemini Consulting, S. 20 u. 43.
[1039] Vgl. Kuster et al. 2008, S. 175. Siehe hierzu auch Schröder 2009 sowie Kramp 2009.
[1040] Vgl. Pfannenberg 2009, S. 12-22.
[1041] Siehe hierzu u. a. Doppler & Lauterburg 2008; Stolzenberg & Heberle 2009 sowie Glazinski 2007.

6 Schlussbemerkungen

Im Mittelpunkt der vorliegenden Arbeit stand das Ziel, das Konzept „Prozessmanagement“ so weiterzuentwickeln, dass es aktuellen und zukünftigen Herausforderungen noch besser gerecht werden kann. Anhand eines Referenzmodells war zu zeigen, wie die Potenziale des Ansatzes zur systematischen Sicherung von Effektivität und Effizienz optimal ausgeschöpft werden können. Die Entwicklung eines Anforderungskatalogs zielt darauf ab, die Inhalte zu konkretisieren. Weiterführende konzeptionelle Überlegungen dienten zur Identifikation erster Lösungsansätze.

Mit ihrer anwendungsorientierten Ausrichtung zielte die Arbeit auf eine Bereitstellung von Ergebnissen mit wissenschaftlicher Fundierung und zugleich hoher Praxisrelevanz ab. Daher waren empirische und theoretische Teile eng zu verknüpfen.

Bereits an verschiedenen früheren Stellen wurden zentrale Zwischenergebnisse vorgestellt (bspw. Kapitel 4.6). In Kapitel 6.1 werden sie nochmals auf einem hohen Abstraktionsniveau zusammengefasst. Kapitel 6.2 widmet sich den Grenzen der Studie sowie der Frage, an welchen Punkten weitere Forschungsvorhaben ansetzen können.

6.1 Zusammenfassung der zentralen Ergebnisse

Aus den Zielsetzungen der Arbeit ergab sich eine Reihe spezifischer Forschungsfragen, die in verschiedenen Phasen des Forschungsprozesses bearbeitet worden sind. Sie haben jeweils differenzierte und insgesamt inhaltlich eng verknüpfte Erkenntnisse hervorgebracht:

- Eine literaturbasierte Aufarbeitung des State of the Art führte zu einem *Beschreibungsmodell für ein „Integriertes Prozessmanagement“.* Zur Konkretisierung der Inhalte wurde ein entsprechender Anforderungskatalog bereitgestellt.
- Die anschließende Einzelfallstudie skizzierte ein Bild des Prozessmanagements in einem Beispielunternehmen – der Northrop Grumman LITEF GmbH. Sie lieferte *Hinweise auf zentrale Problembereiche* und *drei Entwicklungsperspektiven*:
  1. „Umgang mit Komplexität“, 2. „Umgang mit Dynamik“ und 3. „Ausbau des personenbezogenen Prozessmanagements“.
- In einer theoretisch-konzeptionellen Ausarbeitung wurden in erster Linie *Anforderungen sowie Lösungsansätze* rund um den Themenbereich des *„Managements komplexer Prozesssysteme“* erarbeitet. Einen Überblick über die zentralen Gestaltungsfelder gibt das *Modell eines „Integrativen Prozessmanagements“.*

- Als Basis für eine *organisationale Verankerung* wurden Hinweise zur prozessualen Einbettung eines Integrativen Prozessmanagements sowie zur Gestaltung und Einordnung eines entsprechenden Prozessmanagementsystems vorgestellt.
- Die Frage, wie ein geeignetes Managementsystem umgesetzt werden kann, wurde anhand eines *Vorgehensmodells* beantwortet. Eine Orientierung für die Identifikation zentraler Handlungsfelder in der Umsetzung bietet der Anforderungskatalog in einer ausgebauten Fassung.

6.2 Weiterer Forschungsbedarf

Die in Kapitel 1.3.1 formulierten Zielsetzungen konnten im Rahmen der vorliegenden Arbeit erfüllt werden. An dieser Stelle sollen jedoch auch die Grenzen der Ausarbeitung nicht unausgesprochen bleiben. Sie lassen sich nach Vorgehen, Ergebnissen und deren Anwendungsbereichen differenzieren.

Vorgehen

Ein kritischer Punkt in Bezug auf das Vorgehen bildet seine eingeschränkte empirische Absicherung. Innerhalb des Forschungsprozesses wurden theoretisch-konzeptionelle Anteile mit einer Einzelfallstudie verknüpft. Die Defizite von Fallstudien hinsichtlich der Generierung allgemeingültiger Erkenntnisse führen dazu, dass die unternehmensübergreifende Bedeutung der identifizierten Entwicklungsperspektiven zunächst nicht gesichert ist. Diesem Problem wurde in der Arbeit durch eine nachgelagerte Sekundäranalyse früherer – zumeist großzahliger – Studien begegnet. Sie hatten jedoch ursprünglich andere inhaltliche Schwerpunkte und wiesen eine unterschiedlich starke wissenschaftliche Fundierung auf. Des Weiteren war die Verfügbarkeit von Daten beschränkt. Es musste auf Dokumentationen zurückgegriffen werden, die zum Teil durch Interpretationen vor dem Hintergrund anderer Fragestellungen geprägt waren.

Insgesamt kann auf Basis der Argumentationen von einer unternehmensübergreifenden Relevanz der drei identifizierten Entwicklungsperspektiven ausgegangen werden. Wie groß tatsächlich die Bedeutung in anderen Unternehmen ist, bleibt allerdings unbeantwortet.

Um die Einschränkungen hinsichtlich der empirischen Basis aufzuheben, wird eine *Durchführung weiterer Studien* empfohlen. Entsprechende Ansatzpunkte wurden bereits in Kapitel 3.2.3 skizziert: zum einen kann die Einzelfallstudie zu einer Multiple-Case-Study ausgebaut werden. Die identifizierten Entwicklungsperspektiven lassen sich damit auf einer breiteren Basis profilieren und ergänzen. Zum anderen bieten quantitativ ausgerichtete Studien Chancen, die formulierten Hypothesen einer Prüfung zu unterziehen.

Ein weiterer kritischer Punkt betrifft die inhaltliche Bearbeitung der Entwicklungsperspektive „Umgang mit Komplexität“. Hier konnten im Rahmen der vorliegenden Arbeit lediglich Teile der relevanten Literatur einbezogen werden. Die Ausführungen konzentrierten sich auf solche Ansätze, deren Bedeutung im Kontext „Prozessmanagement“ aus den zentralen Problemstellungen heraus leicht ersichtlich oder bereits in Vorarbeiten angesprochen war. Aus dem breiten Forschungsfeld Komplexitätsmanagement sind jedoch zahlreiche weitere Konzepte hervorgegangen, durch deren Übertragung der Umgang mit Komplexität im Prozesssystem erleichtert werden kann. Sie zu identifizieren und systematisch zur Weiterentwicklung des Modells für ein Integratives Prozessmanagement zu nutzen, kann Gegenstand weiterer Forschungsarbeiten sein.

Vergleichbares gilt für den Themenbereich des ganzheitlichen Managements als Ausgangspunkt einer Weiterentwicklung. Hier wurden die Bausteine des ganzheitlichen Denkens genutzt, um einen Rahmen für ein abgestimmtes Vorgehen in der Führung komplexer Prozesssysteme aufzuspannen. Die wissenschaftliche Auseinandersetzung mit einer Integration verschiedener Facetten des Managements hat gleichwohl auch weitere Konzepte hervorgebracht, die ebenfalls das Prozessmanagement unterstützen können, bislang allerdings nur in ersten Ansätzen betrachtet sind. Beispiele sind die umfangreichen Arbeiten der St. Galler Managementschule zum Integrierten Management.[1042] Bei der Nutzung dieser und vergleichbarer Ansätze ist zu beachten, dass sie auf spezifischen Grundphilosophien und normativen Setzungen beruhen. Vor einer Übertragung müssen deren Bedeutung und Stimmigkeit für das Prozessmanagement beleuchtet und geklärt werden, welche Konsequenzen auf der übergeordneten Managementebene der Gesamtorganisation entstehen.

Eine zusätzliche *Ausweitung der theoretisch-konzeptionellen Basis* der Arbeit kann durch Einbezug weiterer Ausführungen aus angrenzenden Forschungsgebieten erreicht werden. So stellt bspw. die Literatur zum Change Management weiterführende Hinweise zur optimalen Ausgestaltung des Vorgehensmodells für die Umsetzung eines Integrativen Prozessmanagementsystems bereit.[1043]

Ergebnisse

Die Ergebnisse der vorliegenden Arbeit konzentrieren sich auf eine Entwicklungsperspektive: den Umgang mit Komplexität im Prozesssystem. Wie Prozessmanagement im Hinblick auf einen *optimierten Umgang mit hoher Dynamik* ausgestaltet werden kann und *welche personenbezogenen Aspekte* den Erfolg ausmachen, wurde noch

[1042] Zu Entwicklungsschritten und zentralen Werken zum Integrierten Management siehe Bleicher 2005.

[1043] Siehe bspw. Doppler & Lauterburg 2008; Stolzenberg & Heberle 2009 sowie Glazinski 2007.

nicht ausführlich diskutiert. Diese Facetten des Managements von Abläufen können in weiteren Schritten bearbeitet werden.

Die vorliegenden Ergebnisse basieren auf einem bezugsrahmenorientierten Vorgehen – es wurden Ideen aus anderen Kontexten für das Prozessmanagement entlehnt und in entsprechende Anforderungen bzw. konzeptionelle Hinweise überführt. Die Eignung für diesen Anwendungsbereich wurde argumentativ hergeleitet, bislang indes nicht praktisch überprüft. Hier besteht Bedarf an weiterführenden Untersuchungen. Ein erster Schritt könnte eine *Befragung von Experten aus Wissenschaft und Praxis* zu ihrer Einschätzung hinsichtlich des praktischen Nutzens und potenzieller Probleme sein. Zusätzlich werden an dieser Stelle „*Praxistests*" des erarbeiteten Modells und des Anforderungskatalogs empfohlen. Eine Evaluation der Wirkungen auf Effizienz und Effektivität des Prozesssystems erlaubt erste Abschätzungen der Kosten-Nutzen-Relation.

Ein Hindernis der praktischen Erprobung und anknüpfenden Nutzenbewertung liegt im hohen Abstraktionsgrad der Ausführungen. Oftmals werden lediglich Aussagen dazu gemacht, welche Grundkonzepte in das Prozessmanagement integriert werden sollten. Wie dies konkret möglich ist, dazu fehlen noch Anleitungen. Ein Beispiel ist die Modellierung der Prozesslandschaft vor dem Hintergrund hoher Komplexität. Zwar wurden in der Arbeit Anforderungen und Ansätze zu deren Erfüllung benannt, eine konkrete Entwicklung und Vorstellung einer geeigneten Modellierungsmethodik stehen jedoch aus. Diese sowie *die Konkretisierung anderer Anforderungen und Empfehlungen* können Gegenstand weiterführender Forschungsarbeiten sein. *Praktische Beispiele* erhöhen die Anschaulichkeit und Verständlichkeit.

Anwendungsbereich

Betrachtungsgegenstand der vorliegenden Arbeit war das Prozessmanagement in Unternehmen, mithin einem speziellen Typ von Organisationen.

Die Vielseitigkeit der möglichen Unternehmensarten und -situationen wirft die Fragestellung auf, inwiefern Lösungen zur erfolgreichen Konzeption und Umsetzung eines Prozessmanagements allgemein und unabhängig von unternehmensspezifischen Aspekten formuliert werden können. Auf einer abstrakten Ebene, wie sie in den Empfehlungen der vorliegenden Arbeit gewählt worden ist, ist dies sicherlich der Fall. Auf einer detaillierteren Gestaltungsebene ist allerdings der Anwendungskontext zu berücksichtigen. Konzeptionelle Ausarbeitungen müssen mit einer Betrachtung der zugrunde liegenden Annahmen einhergehen.

Aus einem laufenden Projekt unter Beteiligung der Autorin ergaben sich erste Hinweise darauf, dass das Konzept „Integriertes Prozessmanagement" – zumindest in Ansätzen – auch auf Anwendungsbereiche außerhalb von Unternehmen übertragbar ist: Die Evaluation des BMBF-Foresight-Prozesses widmet sich der Frage, wie ein komplexes Prozesssystem zur Identifikation wichtiger Zukunftsthemen in seiner Effektivität und Effizienz optimiert werden kann.[1044] Zahlreiche Erkenntnisse der vorliegenden Arbeit finden in einer Auseinandersetzung mit diesem politisch geprägten System Bestätigung. Eine dezidierte Prüfung der *Übertragbarkeit* auf dieses und *andere Anwendungsfelder* sowie eine entsprechende konzeptionelle Anpassung des „Integrativen Prozessmanagements" können Gegenstand zukünftiger Forschungsaktivitäten sein.

[1044] Siehe hierzu Kramp & Zink 2010.

Anhang

Anhang 1: Anforderungskatalog - Integriertes Prozessmanagement

Anforderungskatalog	Erfüllungsgrad in %					
	0	20	40	60	80	100
Strategisches Management						
Kombination von Innen- und Außenbetrachtung bei der Herleitung strategischer Zielsetzungen	☐	☐	☐	☐	☐	☐
Ableitung von Zielen für das Prozessmanagement aus den strategischen Zielen der Organisation	☐	☐	☐	☐	☐	☐
Prozessmanagement allgemein						
Integration der Teilkonzepte des Prozessmanagements	☐	☐	☐	☐	☐	☐
Umsetzung einer prozessorientierten Aufbauorganisation						
Verankerung der Prozesse in der Aufbauorganisation	☐	☐	☐	☐	☐	☐
Auswahl des angemessenen Grades der Prozessorientierung (u. a. vor dem Hintergrund der Ist-Situation)	☐	☐	☐	☐	☐	☐
Förderung des Prozessdenkens	☐	☐	☐	☐	☐	☐
Definition von Rollen						
Zuordnung von Mitarbeitern zu Prozessen	☐	☐	☐	☐	☐	☐
Ernennung von Prozesseignern	☐	☐	☐	☐	☐	☐
Ernennung eines Prozesskoordinators	☐	☐	☐	☐	☐	☐
Definition von Aufgaben, Rechten und Pflichten der Akteure in Rollenbeschreibungen	☐	☐	☐	☐	☐	☐
Abgrenzung der Verantwortungsbereiche von Prozessrollen und weiteren Rollen in der Organisation	☐	☐	☐	☐	☐	☐
Prozesslebenszyklus						
Phase 0: Ableitung des übergeordneten Zielsystems aus der Prozesslandschaft						
Definition von Zielen für die Prozesslandschaft	☐	☐	☐	☐	☐	☐
Ableitung der Gesamtziele der Prozesslandschaft aus den strategischen Zielen des Unternehmens	☐	☐	☐	☐	☐	☐
Identifikation von Zielbeziehungen	☐	☐	☐	☐	☐	☐

Nutzung des Zielsystems als Orientierungsrahmen für alle Aktivitäten im Prozesslebenszyklus	☐	☐	☐	☐	☐	☐
Phase 1: Aufnahme und Integration eines Prozesses in das Prozessmanagementsystem						
Einbezug der oberen Ebenen des prozessbezogenen Zielsystems	☐	☐	☐	☐	☐	☐
Kombination allgemeiner und unternehmensspezifischer Ansätze	☐	☐	☐	☐	☐	☐
Sicherung einer Balance von Außen- und Innenperspektive	☐	☐	☐	☐	☐	☐
Mehrstufige Bewertung der Prozesswürdigkeit auf Basis definierter Kriterien	☐	☐	☐	☐	☐	☐
Entwicklung und Dokumentation einer „Prozessvision"	☐	☐	☐	☐	☐	☐
Phase 2: Prozessdefinition						
2.I Prozessausgrenzung						
Dekomposition der Prozessziele über die Ebenen der Prozesslandschaft	☐	☐	☐	☐	☐	☐
Integration der Ziele in das prozessbezogene Zielsystem	☐	☐	☐	☐	☐	☐
Identifikation von Zielbeziehungen	☐	☐	☐	☐	☐	☐
Mehrdimensionale Charakterisierung der Prozesse	☐	☐	☐	☐	☐	☐
Priorisierung der Prozesse anhand der Kritikalität	☐	☐	☐	☐	☐	☐
2.II Analyse der Ist-Prozesse						
Definition von Zielen für die Ist-Analyse und Einordnung in den Prozesslebenszyklus	☐	☐	☐	☐	☐	☐
Definition von Fokus und Detaillierungsgrad der Ist-Analyse	☐	☐	☐	☐	☐	☐
Durchführung der Ist-Analyse gemäß ihrer spezifischen Zielsetzung	☐	☐	☐	☐	☐	☐
Identifikation von inter- und intraprozessualen Schnittstellen	☐	☐	☐	☐	☐	☐
2.III Konzeption und Modellierung der Soll-Prozesse						
Klärung von Zielen und Rahmenbedingungen der Soll-Prozess-Modellierung	☐	☐	☐	☐	☐	☐
Zusammenstellen von Basisdaten (bspw. Prozessvision und Rahmenbedingungen)	☐	☐	☐	☐	☐	☐

Modellierung durchgängiger Geschäftsprozesse mit angemessener Schnittstellenzahl	☐	☐	☐	☐	☐	☐
Explizieren von inter- und intraprozessualen Schnittstellen	☐	☐	☐	☐	☐	☐
Sicherung ausreichender Flexibilität, Robustheit und Ausfallsicherheit	☐	☐	☐	☐	☐	☐
Prüfung von Konsistenz und Umsetzbarkeit	☐	☐	☐	☐	☐	☐
Freigabe durch übergeordnete Entscheidungsinstanz	☐	☐	☐	☐	☐	☐
2.IV Planung der Soll-Prozess-Umsetzung						
Entwicklung eines Maßnahmenplans für den Process-Rollout	☐	☐	☐	☐	☐	☐
Implementierung der definierten Prozesse mit Unterstützung eines (Multi-) Projektcontrollings	☐	☐	☐	☐	☐	☐
Phase 3: Prozesse betreiben und steuern						
Konkretisierung der Prozessziele anhand von Kennzahlen	☐	☐	☐	☐	☐	☐
Umsetzung der Prozesse gemäß Vorgaben	☐	☐	☐	☐	☐	☐
Regelmäßige Messung der Leistung der Einzelprozesse	☐	☐	☐	☐	☐	☐
Bewertung der Prozessleistung durch Soll-Ist-Abgleich	☐	☐	☐	☐	☐	☐
Systematische Analyse von Ursache-Wirkungszusammenhängen bei Leistungsdefiziten	☐	☐	☐	☐	☐	☐
Umsetzung einer systematischen Einzelprozesssteuerung	☐	☐	☐	☐	☐	☐
Initiierung und Ausführung von einzelprozessbezogenen Optimierungsmaßnahmen bei dauerhaften Abweichungen vom Soll	☐	☐	☐	☐	☐	☐
Reporting an übergeordnete Ebene	☐	☐	☐	☐	☐	☐
Phase 4: Prozesse überwachen						
Priorisierung von Prozessen anhand von Werttreibern, Erfolgsfaktoren und Kernkompetenzen	☐	☐	☐	☐	☐	☐
Definition von Kennzahlen für die Prozesslandschaft	☐	☐	☐	☐	☐	☐
Kennzahlenbasierte Überwachung der Leistung der Prozesslandschaft	☐	☐	☐	☐	☐	☐

Überwachung des Zusammenspiels der Prozesse (Synergien und Konflikte in der Prozesslandschaft)	☐	☐	☐	☐	☐	☐
Systematische Analyse von Ursache-Wirkungszusammenhängen bei Leistungsdefiziten	☐	☐	☐	☐	☐	☐
Umsetzung einer übergeordneten Steuerung der Prozesslandschaft	☐	☐	☐	☐	☐	☐
Initiierung und Ausführung von Optimierungsmaßnahmen für die Prozesslandschaft	☐	☐	☐	☐	☐	☐
Initiierung der Aufnahme neuer Prozesse in die Prozesslandschaft	☐	☐	☐	☐	☐	☐
Optional: Durchführung von Prozessaudits und -assessments	☐	☐	☐	☐	☐	☐
Prozessveränderung						
Systematische Kombination von revolutionären und evolutionären Ansätzen	☐	☐	☐	☐	☐	☐
Methodische Unterstützung						
Unternehmens- und anwendungsspezifische Konkretisierung der methodischen Anforderungen	☐	☐	☐	☐	☐	☐
Definition eines Methodensets zur Unterstützung von						
• Entwicklung des Ziel- und Kennzahlensystems	☐	☐	☐	☐	☐	☐
• Strukturierung der Prozesslandschaft	☐	☐	☐	☐	☐	☐
• Soll-Prozess-Modellierung	☐	☐	☐	☐	☐	☐
• Prozesssimulation	☐	☐	☐	☐	☐	☐
• Inhaltlicher Prozessausführung	☐	☐	☐	☐	☐	☐
• Leistungsmessung	☐	☐	☐	☐	☐	☐
• Ebenenübergreifender Leistungsüberwachung	☐	☐	☐	☐	☐	☐
• Sicherung einer Balance zwischen Strukturierung und Kreativität in der Prozessveränderung	☐	☐	☐	☐	☐	☐
Unternehmens- und anwendungsspezifische Entwicklung bzw. Anpassung von Methoden	☐	☐	☐	☐	☐	☐
Schaffung organisationaler Voraussetzungen für die Methodenanwendung (bspw. Schulung, Datenlage)	☐	☐	☐	☐	☐	☐
Regelmäßiges Review und Weiterentwicklung der Methodensets	☐	☐	☐	☐	☐	☐

IKT-Unterstützung						
Unternehmens- und anwendungsspezifische Konkretisierung der IKT-Anforderungen	☐	☐	☐	☐	☐	☐
Definition eines Softwaresets zur Unterstützung von						
• Prozessmodellierung	☐	☐	☐	☐	☐	☐
• prozessinterner und prozessexterner Kommunikation	☐	☐	☐	☐	☐	☐
Optional: Einsatz umfangreicher BPMS-Systeme	☐	☐	☐	☐	☐	☐
Unternehmens- und anwendungsspezifische Entwicklung bzw. Anpassung von Systemen	☐	☐	☐	☐	☐	☐
Schaffung geeigneter organisationaler Voraussetzungen für die IKT-Umsetzung (bspw. Hardware, Schulung)	☐	☐	☐	☐	☐	☐
Regelmäßiges Review und Weiterentwicklung der Systeme	☐	☐	☐	☐	☐	☐

Beispielhafte Bewertungssystematik

0%:	nicht vorhanden
20%:	in Teilen konzipiert
40%:	konzipiert
60%:	dokumentiert oder kommuniziert
80%:	dokumentiert und kommuniziert
100%:	gelebt

Anhang 2: Gesprächsleitfaden zur mündlichen Befragung

Gesprächsleitfaden
- persönliches Interview zum Thema „Prozessmanagement“ -

Name des Interviewten: ______________________

Name des Interviewers: Fr. Melanie Kramp
Institut für Technologie und Arbeit e.V.

Ort des Interviews: ______________________

Datum und Zeitraum des Interviews: ______________________

<u>I Einführung und Vorabinformationen</u>

- Thema der Befragung:
  - Prozessmanagement
  - Begriffsverständnis
  - Darüber hinaus soll im Interview auch die Verankerung des Prozessmanagements im Unternehmen, u. a. die Definition von Verantwortlichkeiten, beleuchtet werden.

- Vorstellung der Interviewerin

- Zielsetzung der Fallstudie
  - Gewinnung von Informationen über den Stand des Prozessmanagements im Unternehmen
  - Identifikation von Ansatzpunkten zur Optimierung und Weiterentwicklung des Prozessmanagements

- Einordnung des Interviews: Insgesamt finden sechs Interviews mit Mitarbeitern aus unterschiedlichen Prozessen und Hierarchiestufen statt

- Auswertung und Handhabung der Ergebnisse
  - Im Anschluss an die Interviews werden die Ergebnisse aufbereitet und ausgewertet.
  - Die Auswertungen werden zur Prüfung der Korrektheit und Freigabe an die Interviewten zurückgespiegelt.
  - Im Anschluss werden die Ergebnisse der einzelnen Interviews zusammengeführt.
  - Die Endfassung der Gesamtauswertung wird zur Information und Freigabe der Geschäftsleitung vorgelegt und fließt schließlich in die Dissertation ein.

- In die Abstimmung mit der Geschäftsführung und die Arbeit fließen nur die von den Teilnehmern freigegebenen Auswertungen ein. Es wird keine namentliche Zuordnung der Aussagen zu den einzelnen Interviewten vorgenommen. Alle über die freigegebene Auswertung hinausgehenden Aussagen aus den Interviews werden streng vertraulich gehandhabt.

- Informationen zum Ablauf des Interviews
  - Dauer ca. 1 ½ Stunden
  - Vorstellung der Fragenblöcke

- Einstieg in das Interview
  - „Sind Sie mit einer Aufzeichnung des Gespräches einverstanden?“
  - „Bestehen ihrerseits noch Fragen zum Interview?“
  - „Bitte sagen Sie mir, wenn Sie eine Frage nicht richtig verstanden haben oder irgendwelche Unklarheiten bestehen.“

Bei Zustimmung des Interviewten: „Tonbandgerät einschalten“

II Inhaltliche Befragung

1. Allgemeine Fragen zum Unternehmen

„Zunächst möchte ich Ihnen ein paar allgemeine Fragen zu Ihrem Unternehmen stellen. Sie dienen vor allem zur besseren Einordnung der weiteren Aussagen im weiteren Gesprächsverlauf.“

1.1. „Welche sind aus Ihrer Sicht die strategisch wichtigen Ziele Ihres Unternehmens?“

1.2. „Was muss getan werden, um diese Ziele zu erreichen?“

1.3. „Welche Voraussetzungen müssen für eine Zielerreichung gegeben sein?“

1.4. „Worin liegen Ihrer Meinung nach die größten Hindernisse bei der Verwirklichung der Ziele?“

2. Einordnung des Befragten in das Prozesssystem des Unternehmens

„Dieser Fragenblock dient der Klärung Ihrer Einordnung in das Prozesssystem des Unternehmens.“

2.1. „Bitte beschreiben Sie kurz Ihre Position und Ihr Aufgabengebiet im Unternehmen.“

2.2. „Wenn Sie die Prozesslandkarte Ihres Unternehmens betrachten: Welchen Prozessen sind Ihre Aufgaben zugeordnet? Bitte markieren Sie in blau den Prozess, in dem der größte Teil Ihrer Aufgaben liegt und in grün die weiteren Prozesse, an denen Sie beteiligt sind.“

2.3. „Welche Rolle übernehmen Sie innerhalb dieser Prozesse?“

3. Informationsstand zur/und Beurteilung der Prozessdokumentation

„Der folgende Fragenteil betrifft Ihren Informationsstand bezüglich der Prozesse in Ihrem Unternehmen. Darüber hinaus werden Sie um Ihre Einschätzung zu Qualität, Stärken und Schwächen der Prozessdokumentation gebeten."

3.1. „Welche Dokumente zur Prozesslandschaft, welche zu einzelnen Prozessen Ihres Unternehmens sind Ihnen bekannt?"

3.2. „Wie beurteilen Sie die Ihnen bekannte Prozessdokumentation? Bitte bewerten Sie Verständlichkeit und Nutzen auf einer Skala von 0 bis 100% und begründen Sie kurz Ihre Bewertung."

3.3. „Worin sehen Sie Stärken, worin Schwächen der Prozessdokumentation?"

3.4. „Wie könnte die Prozessdokumentation aus Ihrer Sicht verbessert werden?"

4. Informationsstand zu den/und Beurteilung der im Unternehmen gelebten Prozesse(n)

„Gegenstand dieses Fragenteils ist ein Abgleich der dokumentierten und der gelebten Prozesse im Unternehmen sowie eine Einschätzung zu Qualität, Stärken und Schwächen der gelebten Prozesse."

4.1. „Inwiefern bildet die Prozessdokumentation die tatsächlichen Abläufe im Unternehmen ab? Bitte bewerten Sie auf einer Skala von 0 bis 100%."

4.2. „Welche Diskrepanzen sehen Sie zwischen dokumentierter und gelebter Prozesslandschaft?"

4.3. „Worauf sind die Unterschiede zwischen der dokumentierten und der gelebten Prozesslandschaft Ihrer Meinung nach zurückzuführen?"

4.4. „Wie beurteilen Sie auf einer Skala von 0 bis 100% den Ihnen bekannten Teil der gelebten Prozesse/Prozesslandschaft Ihres Unternehmens?" (0% extrem schlecht bis 100% optimal)

4.5. „Worin sehen Sie Stärken, worin Schwächen im Ihnen bekannten Teil der gelebten Prozesse/Prozesslandschaft?"

4.6. „Wie könnten die gelebten Prozesse/Prozesslandschaft aus Ihrer Sicht verbessert werden?"

4.7. „Inwiefern sind die Ziele der einzelnen Prozesse, an denen Sie mitwirken, für Sie transparent? Bitte bewerten Sie auf einer Skala von 0 bis 100%."

4.8. „Wie sind die Ihnen bekannten Prozessziele mit den strategisch wichtigen Zielen des Unternehmens verknüpft?"

5. Informationsstand zum/und Beurteilung des Prozessmanagements

„Der fünfte Fragenteil betrifft den Stellenwert, die Zielsetzung und den Grad der Zielerreichung des Prozessmanagements in Ihrem Unternehmen. Darüber hinaus wird die Transparenz des Prozessmanagements beleuchtet und um Ihre Einschätzung zu dessen Qualität, Stärken und Schwächen gebeten."

5.1. „Welchen Stellenwert nimmt das Thema Prozessmanagement in Ihrem Unternehmen ein?"

5.2. „Worin liegt der Stellenwert des Prozessmanagements in Ihrem Unternehmen begründet?"

5.3. „Welche Ziele werden aus Ihrer Sicht mit dem Prozessmanagement in Ihrem Unternehmen verfolgt?"

5.4. „Auf welche Art und Weise sind die Ziele des Prozessmanagements mit den strategisch wichtigen Zielen des Unternehmens verknüpft?"

5.5. „Inwiefern sind die im Unternehmen durchgeführten Prozessmanagementaktivitäten (Gestaltung, Planung, Steuerung, Kontrolle und Koordination der Prozesse in der Prozesslandschaft) für Sie transparent? Bitte bewerten Sie auf einer Skala von 0 bis 100%."

5.6. „Wodurch wird das Prozessmanagement für Sie transparent bzw. wodurch wird es intransparent?"

5.7. „Inwiefern sind Ihnen die Verantwortlichen der für Sie relevanten Prozesse bekannt?"

5.8. „Auf welche Art und Weise sind Sie selbst am Prozessmanagement beteiligt? Bitte markieren Sie die Teilaufgaben im Prozessmanagement an denen Sie beteiligt sind."

5.9. „Sind die Transparenz des Prozessmanagements und Ihre Beteiligung aus Ihrer Sicht ausreichend?"

5.10. Wenn 5.9. „nein", dann: „Wie könnten Transparenz des Prozessmanagements und Ihre Beteiligung am Prozessmanagement aus Ihrer Sicht verbessert werden?"

5.11. „Inwiefern werden durch das Prozessmanagement in Ihrem Unternehmen die von Ihnen benannten Ziele erreicht? Bitte bewerten Sie den Zielerreichungsgrad auf einer Skala von 0 bis 100%."

5.12. „Worauf sind Zielerreichung bzw. Zielverfehlung Ihrer Meinung nach zurückzuführen? Worin sehen Sie Stärken, worin Schwächen des Prozessmanagements in Ihrem Unternehmen?"

5.13. „Inwiefern ist Ihr Prozessmanagementsystem dazu in der Lage, sich und die Prozesslandschaft an Veränderungen im Umfeld anzupassen?"

5.14. „Welche Ansätze zur dynamischen Anpassung bzw. Optimierung der Prozesslandschaft gibt es in Ihrem Unternehmen?"

5.15. „Welche Ziele werden mit den Ansätzen zur dynamischen Anpassung bzw. Optimierung der Prozesslandschaft verfolgt?"

5.16. „Inwiefern werden die Ziele einer dynamischen Anpassung bzw. Optimierung erreicht?"

5.17. „Welche früheren oder aktuellen Bemühungen zur tiefgehenden Umgestaltung der Prozesslandschaft und/oder des Prozessmanagements in Ihrem Unternehmen sind Ihnen bekannt?"

5.18. „Welche kurz-, mittel- und langfristigen Ziele wurden mit diesen Bemühungen verfolgt?"

5.19. „An welchen Stellen in der Prozesslandschaft bzw. an welchen Aufgaben des Prozessmanagements setzten die Bemühungen an?"

5.20. „Inwiefern wurden die von Ihnen benannten Ziele erreicht? Bitte bewerten Sie den Zielerreichungsgrad auf einer Skala von 0 bis 100%."

5.21. „Worauf sind Zielerreichung bzw. Zielverfehlung Ihrer Meinung nach zurückzuführen? Worin sehen Sie Stärken, Schwächen und Hindernisse?"

5.22. „Wie könnte die Wirksamkeit derartiger Bemühungen zukünftig gesteigert werden?"

5.23. „Welche Maßnahmen können jetzt noch ergriffen werden, um den gesetzten Zielen näher zu kommen?"

6. Entwicklungspotentiale des Prozessmanagements

„Ziel der nächsten Fragen ist es, Optimierungs- und Entwicklungspotentiale des Prozessmanagements im Unternehmen zu identifizieren."

6.1. „Welche Bedarfe zur Optimierung und Weiterentwicklung des Prozessmanagements gibt es Ihrer Meinung nach in Ihrem Unternehmen?"

6.2. „Welche konkreten Ansatzpunkte für Optimierungen und Weiterentwicklungen des Prozessmanagements sehen Sie?"

7. Unterstützungsbedarfe

„Zum Abschluss sollen Bedarfe des Gesamtunternehmens im Allgemeinen und des Interviewten im Speziellen nach Unterstützung bei der Bewältigung von Prozessmanagementaufgaben identifiziert werden."

7.1. „Welche Optimierungen und Weiterentwicklungen der Prozesse und des Prozessmanagements kann das Unternehmen aus Ihrer Sicht selbstständig realisieren?"

7.2. „Welche Unterstützungsbedarfe sehen Sie für das Unternehmen?"

7.3. „Welche Unterstützungsbedarfe sehen Sie in Bezug auf Ihre eigene Rolle im Prozessmanagement?"

8. Ausstieg

„Wir sind nun am Ende der Befragung angelangt: Habe ich Ihrer Meinung nach etwas Wichtiges vergessen?“

III Gesprächsabschluss

Abschalten des Tonbandgerätes

- Hinweise zu den nächsten Schritten:
    - Rückspiegelung der Ergebnisse mit der Bitte um kurze Rückmeldung bezüglich der inhaltlich korrekten Widergabe der Aussagen

„Vielen Dank für Ihre Unterstützung“

Anhang 3: Kategoriensystem für die Auswertung der Interviews

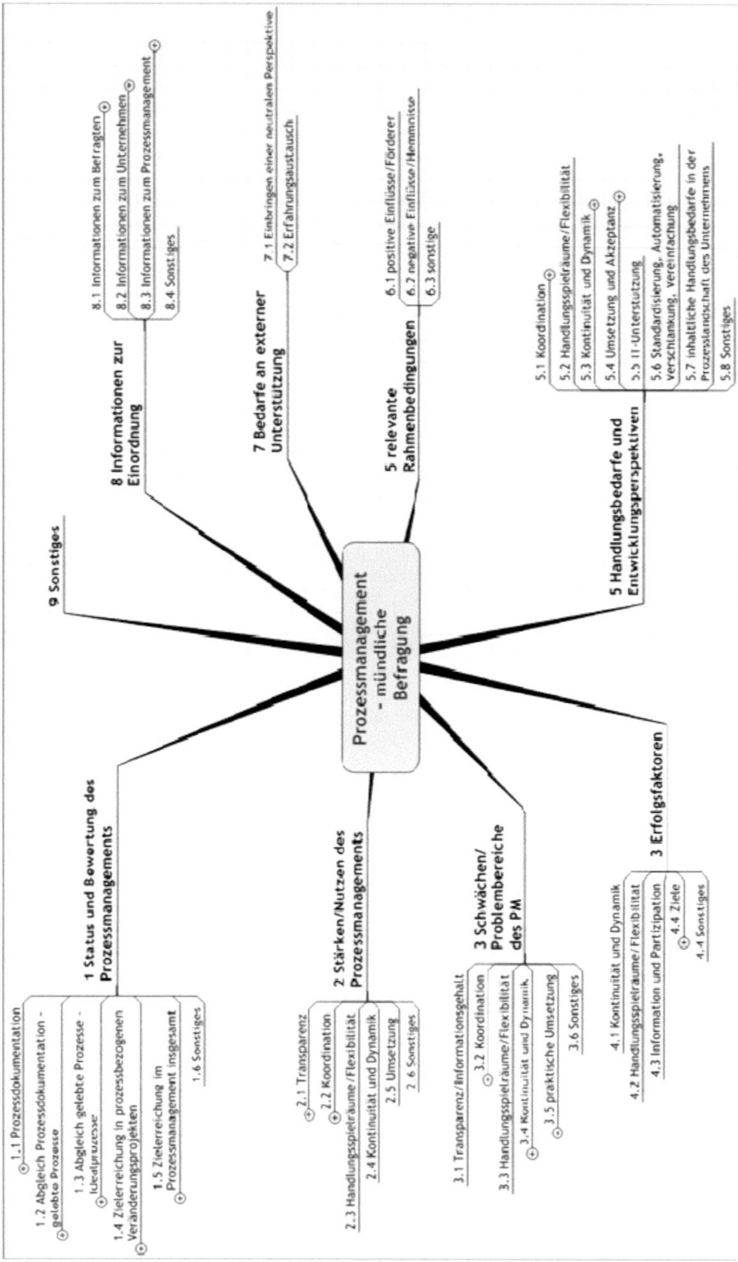

Anhang 4: Konsequenzen für das Prozessmanagement aus den Bausteinen des ganzheitlichen Denkens

Bausteine des ganzheitlichen Denkens	Anforderungen an ein ganzheitliches Prozessmanagement	Beispielhafte Maßnahmen zur Erfüllung der Anforderungen im Prozessmanagement
1. Das Ganze und seine Teile	Aufbau eines Ordnungsrahmens für das Handeln der Akteure in Prozessen und im Prozessmanagement	• Abgrenzung und Modellierung des Prozesssystems unter Berücksichtigung der Leitfragen und Hinweise von Probst[1045] • Eingrenzung der Prozessdokumentationen auf die Festlegung eines groben Rahmens für ein eigenständiges und eigenverantwortliches Handeln und Interagieren • Schaffung von Strukturen für die Selbstorganisation der Akteure im sozialen System, darunter Feedbackmechanismen zur Zielerreichung und Prozessleistung • Ausarbeitung, Kommunikation und Anwendung eines prozessorientierten Ziel- und Anreizsystems, welches Individualziele und Prozessziele in Einklang bringt
	Verknüpfte Betrachtung unterschiedlicher Systemausschnitte und -ebenen	• Hierarchischer Aufbau von Prozessmodellen • Definition und Anwendung von Kriterien zur Auswahl von Betrachtungsbereichen und -ebenen • Enge Kopplung von Mikro- und Makroprozessmanagement • Auswahl bzw. Qualifizierung von Akteuren vor dem Hintergrund der oben benannten Anforderungen an den Betrachter eines Systems
2. Vernetztheit	Explizierung von Wirkbeziehungen unterschiedlicher Art	• Systematische Analyse von Informationsbedarfen in den einzelnen Phasen des Prozesslebenszyklus • Aufbau mehrdimensionaler Prozessmodelle unter Berücksichtigung der identifizierten Bedarfe - Strukturierte Erfassung von Wirkbeziehungen, bspw. hinsichtlich Art, Richtung und Intensität

[1045] Siehe Probst 1987, S. 29 und 32.

2. Vernetztheit	Explizierung von Wirkbeziehungen unterschiedlicher Art	- Differenzierung von Betrachtungsebenen - Wahrung der Übersichtlichkeit durch Möglichkeiten zur kriteriengeleiteten Fokussierung
	Berücksichtigung der Dynamik im Zusammenspiel der Prozesse	• Kombinierter Einsatz statischer Prozessmodelle und Simulationen, insbesondere bei der Entscheidung über Prozessveränderungen und Prozesssteuerung
	Aufbau abstimmungsförderlicher Strukturen	• Bildung überlappender Prozessteams, die neben der Prozessausführung auch Teile von Prozessmanagementaufgaben, insbesondere im Bereich der Koordination, übernehmen • Einbindung des Prozesskoordinators in Aufgaben des Mikroprozessmanagements und Einbindung der Prozessverantwortlichen in Aufgaben des Makroprozessmanagements
3. Das System und seine Umwelt	Explizierung der unternehmensexternen Verknüpfungen des Prozesssystems	• Identifikation der relevanten Umsysteme und Stakeholder und Analyse ihrer Einflüsse auf bzw. Anforderungen an das Prozesssystem • Berücksichtigung der unternehmensexternen Wirkbeziehungen in allen Phasen des Prozesslebenszyklus • Fokussierung auf spezifische Wirkungsarten und Ebenen abhängig vom Einsatzzweck (analog zum internen Teil des Prozessmodells in Baustein 2: Vernetzung)
	Kontinuierliche Überwachung externer Einflussfaktoren auf das Prozesssystem	• Aufbau eines Frühwarnsystems zur Identifikation äußerer Veränderungen mit Relevanz für das Prozesssystem, bspw. innerhalb des Monitorings der Prozesslandschaft • Systematische Nutzung von Informationen zu Veränderungen im Umfeld als Basis für Prozessoptimierung bzw. –neugestaltung

4. Ordnung	Sicherung einer Balance von formalen Regeln und Handlungsspielräumen für die Akteure	• Vorgabe von Prozessabläufen und weiteren Strukturen auf einem Abstraktionsniveau, das Freiräume für die eigenständige Ausgestaltung und Bildung von Routinen bietet • Sicherung von Zieltransparenz und Schaffung von Anreizen als Basis für eine optimale Ausrichtung informeller Ordnungen
5. Lenkung	Aufbau eines mehrdimensionalen Lenkungssystems für die Prozesslandschaft.	• Integration von Regelkreisen in die Prozesslandschaft bei gleichzeitiger Sicherung einer externen Anbindung • Ergänzung der Regelkreise durch proaktive Steuerung • Verknüpfung der Lenkungsmechanismen interagierender Prozesse der Prozesslandschaft • Verknüpfung der Lenkungsmechanismen der Einzelprozesse mit denen der gesamten Prozesslandschaft • Verknüpfung der prozessbezogenen Lenkungsmechanismen mit denen anderer Teilsysteme der Organisation
6. Entwicklung	Förderung des organisationalen Lernens durch Förderung individuellen Lernens	• Systematische Identifikation relevanter Lerninhalte unter Einbezug des prozessorientierten Zielsystems, aktuelle Zielerreichung, angestrebte Veränderungen und Rollen der Lernenden • Individuelle Kompetenzentwicklung mit dem Ziel, explizites und implizites Wissen zu vermitteln
	Förderung von Interaktionen zwischen den Akteuren	• Heterogene Zusammensetzung von Prozessteams • Förderung enger Zusammenarbeit der Mitglieder in Prozessteams • Förderung von überbetrieblichem Austausch und Kooperation
	Reflexive Offenheit des Prozesssystems	• Explizieren externer Schnittstellen und gezielte Nutzung zur Identifikation von Anforderungen, relevanten Entwicklungen und Trends

6. Entwicklung	Reflexive Offenheit des Prozesssystems	• Gezieltes Einbringen externer Impulse durch Prozess-Benchmarkings (und externe Auditierung von Managementsystemen)
7. Komplexität	Entwicklung und Umsetzung eines integrierten Konzepts für den Umgang mit Komplexität im Prozesssystem	Siehe Kapitel 4.3

Anhang 5: Vorgehen zum Aufbau eines prozessbezogenen Komplexitätsmanagements

Schritt 0: Komplexitätsvermeidung bzw. Komplexitätsreduzierung

- *Kritische Prüfung von Möglichkeiten zur Vermeidung bzw. Reduzierung von Komplexität im Prozesssystem*
- *Umsetzung von Maßnahmen zur Komplexitätsvermeidung bzw. –reduzierung*

Schritt 1: Transformation des komplexen in ein kompliziertes Prozesssystem

- Anforderungen an die Konzepte:
    - Transparenz von Vernetzung im Prozesssystem
    - Balance aus hohem Informationsgehalt und Übersichtlichkeit
    - Bewältigung von Unsicherheiten in Bezug auf das Systemverhalten
    - Berücksichtigung der Besonderheiten von Systemen mit sozialem und technischem Teilsystem

Schritt 2: Entwicklung von Konzepten zum Management des komplizierten Systems

- Konzepte zum Management direkter Wirkbeziehungen
- Konzepte zum Management indirekter Wirkbeziehungen
- Anforderungen an die Konzepte:
    - Anwendbarkeit auf den Betrachtungsgegenstand „Prozesssystem"
    - Eignung zum Umgang mit einer großen Zahl vielseitig verknüpfter Systemelemente
    - handlungsleitende Ausrichtung und Bereitstellung konkreter Empfehlungen für das Management

Schritt 3: Kritische Reflexion und Erweiterung vor dem Hintergrund des realen (komplexen) Prozesssystems

- Berücksichtigung der zusätzlichen Charakteristika eines komplexen gegenüber eines komplizierten Systems
    - Nicht-Erfassbarkeit/Unsicherheit
    - Kombination von technischem und sozialem Teilsystem
- Berücksichtigung der (u. a.) durch das Management induzierten Systemdynamik

Schritt 4: Integration zu einem umfassenden Konzept für das Management eines komplexen Prozesssystems

- Verknüpfung der Konzepte und Methoden aus den Schritten 1-3 zu einem integrierten Gesamtkonzept für ein prozessbezogenes Komplexitätsmanagement
- Durchführung von Konsistenz- und Plausibilitätsprüfungen

Schritt 5: Evaluation und Weiterentwicklung

- Erprobung des prozessbezogenen Komplexitätsmanagements
- Begleitende Evaluation
- Evaluation der Wirkungen
- Konzeptionelle Weiterentwicklung

Anhang 6: Konsequenzen aus den Bausteinen des ganzheitlichen Denkens für das personenbezogene Prozessmanagement

Bausteine des ganzheitlichen Denkens	Konsequenzen für das personenbezogene Prozessmanagement
1. Das Ganze und seine Teile	• Schaffung von Freiräumen für Selbstorganisation (4) • Schaffung von Zieltransparenz (1) • Aufbau eines Anreizsystems zur Kopplung von Individualzielen und Prozesszielen (1) • Aufbau von Feedbackmechanismen (4) • Berücksichtigung folgender Anforderungen bei der Personalauswahl und -entwicklung (3): Die zentralen Akteure (insbesondere Prozesskoordinator und die Prozessverantwortlichen) müssen - innerhalb eines gegebenen Rahmens zu kooperativem und verantwortlichem Handeln bereit und in der Lage sein. - in der Lage sein, aufgabenspezifisch geeignete Ebenen und Ausschnitte des Prozessmodells auswählen. - sich stets bewusst sein, dass der gewählte Ausschnitt nur Teile der Realität aus einer bestimmten Perspektive abbildet. - gedanklich zwischen verschiedenen Abstraktionsniveaus springen, d. h. in übergeordneten Zusammenhängen denken können.
2. Vernetztheit	• Verknüpfung der Verantwortungsbereiche von Prozessverantwortlichen und Prozesskoordinator (4) • Balance zwischen eindeutiger Prioritätensetzung und Überlappung von Teams (1, 4) • Berücksichtigung folgender Anforderungen bei der Personalauswahl und -entwicklung (3): Die zentralen Akteure (insbesondere Prozesskoordinator und die Prozessverantwortlichen) müssen - unterschiedliche Arten von Wirkbeziehungen im Prozesssystem und deren Relevanz für spezifische Managemententscheidungen kennen. - in der Lage sein, Methoden zur Modellierung und Simulation von Wirkbeziehungen anzuwenden. - den besonderen Anforderungen des Managements überlappender Arbeitsgruppen, bspw. in Bezug auf die Vorgabe von Prioritäten gerecht werden.

3. Das System und seine Umwelt	• Initiierung des Aufbaus einer breiten Stakeholderorientierung in der Unternehmenskultur (2) • Berücksichtigung folgender Anforderungen bei der Personalauswahl und -entwicklung (3): Die zentralen Akteure (insbesondere Prozesskoordinator und die Prozessverantwortlichen) müssen - in der Lage sein, zu erkennen, welche Rahmenbedingungen und externen Wirkbeziehungen die Leistung des Prozesssystems beeinflussen. - Grundmechanismen der Kulturentwicklung kennen und nutzen können.
4. Ordnung	• Schaffung von Freiräumen für Selbstorganisation (4) • Beobachtung und gezielte Beeinflussung der Bildung informeller Ordnungen, bspw. durch Teamzusammensetzungen etc. (4) • Schaffung von Zieltransparenz (1) • Aufbau eines Anreizsystems (1) • Berücksichtigung folgender Anforderungen bei der Personalauswahl und -entwicklung (3): Die zentralen Akteure (insbesondere Prozesskoordinator und die Prozessverantwortlichen) müssen - zu kooperativem und verantwortlichem Handeln bereit und in der Lage sein. - Grundmechanismen der Entstehung informeller Ordnungen kennen und nutzen können.
5. Lenkung	• Aufbau von Feedbackschleifen (4) • Berücksichtigung folgender Anforderungen bei der Personalauswahl und -entwicklung (3): Die zentralen Akteure (insbesondere Prozesskoordinator und die Prozessverantwortlichen) müssen - in der Lage sein, Feedback kritisch zu reflektieren und Ursache-Wirkungs-Zusammenhänge zu erkennen. - fähig sein, adäquate Systemeingriffe abzuleiten und konsequent und kooperativ durchzusetzen.
6. Entwicklung	• Förderung und gezielte Ausgestaltung von Teamarbeit (4) • Aufbau einer Unternehmenskultur, die kritische Reflexion und Eingestehen von Fehlern fördert (2) • Aufbau eines Kompetenzentwicklungskonzeptes, das die Berücksichtigung individueller und organisationaler Kompetenzen und Kompetenzbedarfe vereint (3) • Schaffung von Freiräumen für kreatives Denken und konzeptionelles Arbeiten (4)

6. Entwicklung	• Berücksichtigung folgender Anforderungen bei der Personalauswahl und -entwicklung (3): Die zentralen Akteure (insbesondere Prozesskoordinator und die Prozessverantwortlichen) müssen - in der Lage sein, Feedback kritisch zu reflektieren und Ursache-Wirkungs-Zusammenhänge zu erkennen. - fähig sein, Entwicklungsbedarfe und -chancen zu erkennen und eine Entwicklung zu initiieren.
7. Komplexität	Siehe Anhang 9.

Legende

(1) Zuordnung zu Rubrik „Schaffung von Zieltransparenz und Anreizen“
(2) Zuordnung zu Rubrik „Entwicklung einer adäquaten Unternehmenskultur“
(3) Zuordnung zu Rubrik „Personalauswahl und -entwicklung“
(4) Zuordnung zu Rubrik „Schaffung von Voraussetzungen für eigenverantwortliches Handeln“

Anhang 7: Konsequenzen aus dem prozessbezogenen Komplexitätsmanagement für das personenbezogene Prozessmanagement

Schritt	Konsequenzen für das personenbezogene Prozessmanagement
0: Komplexitätsvermeidung /-reduzierung	• Berücksichtigung folgender Anforderungen bei der Personalauswahl und -entwicklung (3): Die zentralen Akteure (insbesondere Prozesskoordinator und die Prozessverantwortlichen) müssen - Lösungsansätze zur Begrenzung von Komplexität kennen und anwenden können, darunter bspw. Standardisierung, Segmentierung und Modularisierung.
1. Transformation des komplexen in ein kompliziertes System	• Berücksichtigung folgender Anforderungen bei der Personalauswahl und -entwicklung (3): Die zentralen Akteure (insbesondere Prozesskoordinator und die Prozessverantwortlichen) müssen - geeignete Methoden der Prozessmodellierung kennen und beherrschen. - über ausreichende Abstraktionsfähigkeiten verfügen.
2. (Entwicklung von Konzepten zum) Management des komplizierten Systems	• Sicherung einer Balance aus formalen Vorgaben über Programme und Pläne und Schaffung von Freiräumen zur Selbstorganisation (4) • Entwicklung einer Kultur, die eine Ausrichtung aller Akteure an den übergeordneten Normen, Werten und Zielen des Unternehmens fördert (2) • Förderung der Interaktion der Akteure im Prozesssystem (4) • Klärung von Rollen (4) • Berücksichtigung folgender Anforderungen bei der Personalauswahl und -entwicklung (3): Die zentralen Akteure (insbesondere Prozesskoordinator und die Prozessverantwortlichen) müssen - über Anwendungskompetenzen im Schnittstellen- und Synergiemanagement verfügen. - in der Lage sein, sich auf kritische Wirkbeziehungen zu konzentrieren und Details auszublenden. - zur zielgerichteten Ausarbeitung von Programmen und Plänen fähig sein. - Grundmechanismen der Kulturentwicklung kennen und nutzen können.

3. Kritische Reflektion und Erweiterung vor dem Hintergrund des realen (komplexen) Prozesssystems	• Bereitstellung von Feedback als Voraussetzung für die Umsetzung von Regelkreisen (iteratives Vorgehen) (4) • Berücksichtigung folgender Anforderungen bei der Personalauswahl und -entwicklung (3): Die zentralen Akteure (insbesondere Prozesskoordinator und die Prozessverantwortlichen) müssen - über Kompetenzen im Management von Risiken verfügen. - in der Lage sein, konstruktives Feedback zu geben.
4. Integration in ein umfassendes Konzept für das Management eines komplexen Prozesssystems	• Berücksichtigung folgender Anforderungen bei der Personalauswahl und -entwicklung (3): Die zentralen Akteure (insbesondere Prozesskoordinator und die Prozessverantwortlichen) müssen - in der Lage sein, die verschiedensten Ansätze des prozessbezogenen Komplexitätsmanagement untereinander und mit den übrigen Aktivitäten des Prozessmanagements in ein abgestimmtes Managementhandeln zu überführen.
5. Evaluation und Weiterentwicklung	• Aufbau einer Unternehmenskultur, die kritische Reflexion und Eingestehen von Fehlern fördert (2) • Berücksichtigung folgender Anforderungen bei der Personalauswahl und -entwicklung (3): Die zentralen Akteure (insbesondere Prozesskoordinator und die Prozessverantwortlichen) müssen - in der Lage sein, Feedback kritisch zu reflektieren und Ursache-Wirkungs-Zusammenhänge zu erkennen. - fähig sein, Entwicklungsbedarfe und –chancen zu erkennen und eine Entwicklung zu initiieren.

Legende

(1) Zuordnung zu Rubrik „Schaffung von Zieltransparenz und Anreizen“
(2) Zuordnung zu Rubrik „Entwicklung einer adäquaten Unternehmenskultur“
(3) Zuordnung zu Rubrik „Personalauswahl und -entwicklung“
(4) Zuordnung zu Rubrik „Schaffung von Voraussetzungen für eigenverantwortliches Handeln“

Literaturverzeichnis

Abel, B. (1983): Grundlagen der Erklärung menschlichen Handelns. Zur Kontroverse zwischen Konstruktivisten und kritischen Rationalisten. Tübingen: Mohr.

Ackoff, R. (1981): Creating the Corporate Future. New York: Wiley.

Adam, D. (1997): Planung und Entscheidung. Modelle - Ziele - Methoden. Wiesbaden: Gabler.

Adam, M. (2001): Lebensfähigkeit sozialer Systeme. Stafford Beer's Viable System Model im Vergleich. St. Gallen: Universität.

Adler, A.; Sedlaczek, R. (2005): Multi-Projektmanagement, Portfolioplanung und Portfoliocontrolling. *In: Schott, E.; Campana, C. (Hg.): Strategisches Projektmanagement.* Dordrecht: Springer, S. 113-132.

Ahlers, F. (2010): Handbuch Multiprojektmanagement und -controlling. Projekte erfolgreich strukturieren und steuern. Berlin: Schmidt.

Ahlrichs, F.; Knuppertz, T. (2006): Controlling von Geschäftsprozessen. Prozessorientierte Unternehmenssteuerung umsetzen. Stuttgart: Schäffer-Poeschel.

Akao, Y. (1991): Hoshin Kanri. Policy Deployment for Successful TQM. Cambridge: Productivity.

Akao, Y. (1992): QFD - Quality Function Deployment. Wie die Japaner Kundenwünsche in Qualität umsetzen. Landsberg/Lech: Moderne Industrie.

Akroyd, R. I.; Edwards, J. S. (1998): Strategic Process Re-engineering in Legal Service Management. In: *Knowledge and Process Management*, Jg. 5, H. 1, S. 20-28.

Albers, S.; Hildebrandt, L. (2006): Methodische Probleme bei der Erfolgsfaktorenforschung. Messfehler, formative versus reflektive Indikatoren und die Wahl des Strukturgleichungs-Modell. In: *Zeitschrift für betriebswirtschaftliche Forschung (ZfbF)*, Jg. 58, H. 2, S. 2-33.

Albert, H. (1987): Kritik der reinen Erkenntnislehre. Tübingen: Mohr.

Albert, H. (1991): Traktat über kritische Vernunft. Tübingen: Mohr.

Alderfer, C. P. (1972): Existence, Relatedness & Growth. Human Needs in Organizational Settings. New York: Free Press.

Allweyer, T. (2007): Geschäftsprozessmanagement. Strategie, Entwurf, Implementierung, Controlling. Herdecke: W3L.

Alt, R.; Österle, H. (2004): Real-time Business. Lösungen, Bausteine und Potenziale des Business Networking. Berlin: Springer.

Ambrose, M. L.; Kulik, C. T. (1999): Old Friends New Faces. Motivation Research in the 1990's. In: *Journal of Management*, Jg. 25, H. 3.

Anand, B. N.; Khanna, T. (2000): Do Firms Learn to Create Value? The Case of Alliances. In: *Strategic Management Journal*, Jg. 21, Special Issue, S. 295-315.

Anderson, P. (1983): Decision Making by Objection and the Cuban Missile Crisis. In: *Administrative Science Quarterly*, Jg. 28, H. 2, S. 201-222.

Ansoff, H. I. (1965): Corporate Strategy. An Analytic Approach to Business Policy for Growth and Expansion. New York: McGraw-Hill.

Ansoff, H. I.; MacDonnell, E. J. (1990): Implanting Strategic Management. New York: Prentice Hall.

Arndt, H. (2006): Integrierte Informationsarchitektur. Die erfolgreiche Konzeption professioneller Websites. Heidelberg: Springer.

Arndt, H. (2008): Supply Chain Management. Optimierung logistischer Prozesse. Wiesbaden: Gabler.

Ashby, W. R. (1974): Einführung in die Kybernetik. Frankfurt/M.: Suhrkamp.

Atteslander, P. (2010): Methoden der empirischen Sozialforschung. Berlin: de Gruyter.

Ax, A.; Börsig, C. (1983): Praxis der integrierten Unternehmensplanung. Planungsphilosophie und Planungssystem des Unternehmens Mannesmann. In: *Kirsch, W.; Roventa, P. (Hg.): Bausteine eines strategischen Managements. Dialoge zwischen Wissenschaft und Praxis.* Berlin: de Gruyter, S. 355-398.

Bach, N.; Kramer, S. (2006): Prozessmanagement in kleinen und mittleren Unternehmen. Vorstellung der Ergebnisse der Befragung von Mitgliedsfirmen der IHK Gießen-Friedberg. Präsentation. Justus-Liebig-Universität Gießen. Online verfügbar unter http://www.giessen-friedberg.ihk.de/Geschaeftsbereiche/ Starthilfe/Anlagen/ bach_kramer.pdf, zuletzt geprüft am 30.11.2010.

Bandte, H. (2007): Komplexität in Organisationen. Organisationstheoretische Betrachtungen und agentenbasierte Simulation. Wiesbaden: Deutscher Universitäts-Verlag.

Barnard, C. I. (1956): The Functions of the Executive. Cambridge: Harvard University Press.

Barnard, C. I. (1970): Die Führung großer Organisationen. Essen: Girardet.

Bartsch, U. (2002): Prozessorientierte Unternehmensführung für Versicherungsunternehmen. St. Gallen: Universität.

Bateson, G. (2002): Mind and Nature. A Necessary Unity. Cresskill, NJ: Hampton Press.

Baumgarth, C. (2003): Wirkungen des Co-Brandings. Erkenntnisse durch Mastertechnikpluralismus. Wiesbaden: Deutscher Universitäts-Verlag.

Baumgartner, R. J.; Biedermann, H.; Klügl, F.; Schneeberger, T.; Strohmeier, G.; Zielowski, C. (2006): Generic Management. Unternehmensführung in einem komplexen und dynamischen Umfeld. Wiesbaden: Deutscher Universitäts-Verlag.

Bea, F. X.; Schnaitmann, H. (1995): Begriff und Struktur betriebswirtschaftlicher Prozesse. In: *Wirtschaftswissenschaftliches Studium (WiSt),* Jg. 24, H. 6, S. 278-282.

Bea, F. X.; Friedl, B.; Schweitzer, M. (2006): Leistungsprozess. In: *Bea, F. X.; Friedl, B.; Schweitzer, M. (Hg.): Allgemeine Betriebswirtschaftslehre. Leistungsprozesse.* Stuttgart: Lucius & Lucius, S. 1-8.

Bea, F. X.; Scheurer, S.; Hesselmann, S. (2008): Projektmanagement. Stuttgart: Lucius & Lucius.

Bea, F. X.; Helm, R.; Schweitzer, M. (2009): BWL-Lexikon. Stuttgart: Lucius & Lucius.

Beater, P. (2010): Grundkurs der Steuerungstechnik. Mit einer Einführung in Speicherprogrammierbare Steuerungen und DIN EN 61131-3. Norderstedt: Books on Demand.

Becker, J. (o. J.): Grundsätze ordnungsmäßiger Modellierung. In: Kurbel, K.; Becker, J.; Gronau, N.; Sinz, E.; Suhl, L. (Hg.): *Enzyklopädie der Wirtschaftsinformatik.* Online verfügbar unter http://www.enzyklopaedie-der-wirtschaftsinformatik.de/wi-enzyklopaedie/lexikon/is-management/System entwicklung/Hauptaktivitaten -der-Systementwicklung/ Problemanalyse-/Grund satze-ordnungsgemaser-Modellierung, zuletzt geprüft am 11.03.2011.

Becker, J.; Rosemann, R.; Schütte, R. (1995): Grundsätze ordnungsmäßiger Modellierung (GoM). In: *Wirtschaftsinformatik*, Jg. 37, H. 3.

Becker, J.; Algermissen, L.; Delfmann, P.; Niehaves, B. (2004): Prozessorientierte Reorganisation in öffentlichen Verwaltungen. Erfahrungen bei der Anwendung eines Referenzvorgehensmodells. In: *Becker, J. (Hg.): Referenzmodellierung. Grundlagen, Techniken und domänenbezogene Anwendung.* Heidelberg: Physica, S. 151-176.

Becker, J.; Kahn, D. (2008): Der Prozess im Fokus. In: *Becker, J.; Kugeler, M.; Rosemann, M. (Hg.): Prozessmanagement. Ein Leitfaden zur prozessorientierten Organisationsgestaltung.* Berlin: Springer, S. 3-16.

Becker, J.; Meise, V. (2008): Strategie und Ordnungsrahmen. In: *Becker, J.; Kugeler, M.; Rosemann, M. (Hg.): Prozessmanagement. Ein Leitfaden zur prozessorientierten Organisationsgestaltung.* Berlin: Springer, S. 105-154.

Becker, J.; Berning, W.; Kahn, D. (2008): Projektmanagement. In: *Becker, J.; Kugeler, M.; Rosemann, M. (Hg.): Prozessmanagement. Ein Leitfaden zur prozessorientierten Organisationsgestaltung.* Berlin: Springer, S. 17-44.

Becker, T. (2005): Prozesse in Produktion und Supply Chain optimieren. Berlin: Springer.

Beer, S. (1966): Decision and Control. The Meaning of Operational Research and Management Cybernetics. London [u. a.]: Wiley.

Beer, S. (1995a): Brain of the Firm. The Managerial Cybernetics of Organization. Companion Volume to "The Heart of Enterprise". Chichester: Wiley.

Beer, S. (1995b): The Heart of Enterprise. The Managerial Cybernetics of Organization. Chichester: Wiley.

Beer, S. (2004): Diagnosing the System for Organizations. Chichester: Wiley.

Beer, S.; Grubrich, I. (1967): Kybernetik und Management. Frankfurt/M.: Fischer.

Bellinger, B.; Vahl, G. (1992): Unternehmensbewertung in Theorie und Praxis. Wiesbaden: Gabler.

Bellmann, K. (1991): Prozeßorientierte Organisationsgestaltung im Büro. Einsatz moderner Informations- und Kommunikationstechnik erfordert Neuorientierung. In: *Zeitschrift Führung und Organisation (ZFO)*, Jg. 60, H. 2, S. 107-111.

Benett, S. (1999): Komplexitätsmanagement in der Investitionsgüterindustrie. St. Gallen: Universität.

Berg, C. (2006): Selbstgesteuertes Lernen im Team. Heidelberg: Springer.

Berlin-Brandenburgische Akademie der Wissenschaften (Hg.) (o. J.): Methode. In: digitales Wörterbuch der deutschen Sprache des 20. Jahrhunderts. Online verfügbar unter http://www.dwds.de/?kompakt=1&qu=Methode, zuletzt geprüft am 13.07.2010.

Best, E.; Weth, M. (2009): Geschäftsprozesse optimieren. Der Praxisleitfaden für erfolgreiche Reorganisation. Wiesbaden: Gabler.

Biberacher, J. (2003): Synergiemanagement und Synergiecontrolling. München: Vahlen.

Binder, B. R. (1997): Reengineering. Der radikale Umbau von Prozessen, um Kundenbedürfnisse besser zu befriedigen. In: *Weinhold-Stünzi, H. (Hg.): Marketingdynamik. Re-Launch, Re-Innovation, Re-Engineering, Re-Invention.* St. Gallen: Thexis, S. 54-63.

Bitz, M. (1994): Zielbeziehung. In: *Dichtl, E.; Issing, O. (Hg.): Vahlens großes Wirtschaftslexikon.* München: Beck, dtv.

Bleicher, K. (2002): Integriertes Management als Herausforderung. In: *Schwendt, S.; Funck, D. (Hg.): Integrierte Managementsysteme. Konzepte, Werkzeuge, Erfahrungen.* Heidelberg: Physica, S. 1-23.

Bleicher, K. (1992): Leitbilder. Orientierungsrahmen für eine integrative Management-Philosophie. Stuttgart: Schäffer-Poeschel.

Bleicher, K. (2004): Das Konzept integriertes Management. Visionen - Missionen - Programme. Frankfurt/M.: Campus.

Bleicher, K. (2005): Management im Wandel. Meilensteine der Entwicklung eines Integrierten Managements. Künzelsau: Swiridoff.

Böckmann, W. (1987): Sinn-orientierte Führung als Kunst der Motivation. Landsberg/Lech: Moderne Industrie.

Bogaschewsky, R.; Pollberg, R. (2008): Prozessorientiertes Management. Berlin: Springer.

Bokranz, R.; Kasten, L. (1999): Organisations-Management in Dienstleistung und Verwaltung. Gestaltungsfelder, Instrumente und Konzepte. Wiesbaden: Gabler.

Borchardt, A.; Göthlich, S. E. (2009): Erkenntnisgewinnung durch Fallstudien. In: *Albers, S.; Klapper, D.; Konradt, U.; Walter, A.; Wolf, J. (Hg.): Methodik der empirischen Forschung.* Wiesbaden: Gabler, S. 33-48.

Borgelt, C. (2003): Neuro-Fuzzy-Systeme. Von den Grundlagen künstlicher Neuronaler Netze zur Kopplung mit Fuzzy-Systemen. Wiesbaden: Vieweg.

Bortz, J.; Döring, N. (2006): Forschungsmethoden und Evaluation für Human- und Sozialwissenschaftler. Berlin: Springer.

Boston Consulting Group (1993): Reengineering - die Management-Perspektive. Düsseldorf: Boston Consulting Group.

Braganza, A.; Price, J.; Bytheway, A.; Weiss, O. (1998): Business Process Redesign in Context. An Empirically Derived Management Framework. In: *Knowledge and Process Management,* Jg. 5, H. 2, S. 99-109.

Bräkling, E.; Oidtmann, K. (2006): Kundenorientiertes Prozessmanagement. So funktioniert ein erfolgreiches Unternehmen. Renningen: Expert.

Brandenberg, A. (2001): Anreizsysteme zur Unternehmenssteuerung. Gestaltungsoptionen, motivationstheoretische Herausforderungen und Lösungsansätze. Wiesbaden: Deutscher Universitäts-Verlag.

Braun, W.; Schreyögg, G. (1977): Betriebswirtschaftslehre als rationale und empirische Handlungswissenschaft. In: *Köhler, R. (Hg.): Empirische und handlungstheoretische Forschungskonzeptionen in der Betriebswirtschaftslehre*, Stuttgart: Pöschel, S. 189-208.

Braunschweig, C.; Kindermann, D. F.; Wehrlin, U. (2001): Grundlagen der Managementlehre. München: Oldenbourg.

Brecht, U. (2005): BWL für Führungskräfte. Was Entscheider im Unternehmen wissen müssen. Wiesbaden: Gabler.

Bremerman, H. J. (1962): Optimization Through Evolution and Recombination. In: *Yovits, M. C.; Jacobi, G. T.; Goldstein, G. D. (Hg.): Proceedings of the Second Conference on Self-Organizing Systems*. Washington: Spartan Books, S. 93-106.

Brockhoff, K.; Hauschildt, J. (1993): Schnittstellen-Management - Koordination ohne Hierarchie. In: *Zeitschrift Führung + Organisation (ZFO)*, Jg. 62, H. 2, S. 386-403.

Bruhn, M. (2002): Integrierte Kundenorientierung. Implementierung einer kundenorientierten Unternehmensführung. Wiesbaden: Gabler.

Budäus, D.; Buchholtz, K. (1997): Konzeptionelle Grundlage des Controlling in öffentlichen Verwaltungen. In: *Die Betriebswirtschaft*, Jg. 17, H. 3, S. 322-337.

Bünting, F. (2006): Prozessorientierte Managementsysteme. Prozesse richtig definieren, beschreiben und steuern. Frankfurt/M.: VDMA.

Büssow, T. (2003): Chaostheorie und Unternehmenssteuerung. Konstruktionen zur modellgestützten Entscheidungsvorbereitung. Wiesbaden: Deutscher Universitäts-Verlag.

Cap Gemini Consulting (2008): Change Management – Studie 2008. Online verfügbar unter http://www.de.capgemini.com/insights/publikationen/change_ managementstudie_ 2008/, zuletzt geprüft am 30.11.2010.

Cap Gemini Consulting (2010): Change Management Studie 2010. Online verfügbar unter http://www.at.capgemini.com/m/at/tl/Change_Management_Studie_ 2010.pdf , zuletzt geprüft am 25.03.11.

Carley, K. M.; Gasser, L. (1999): Computational and Organization Theory. In: *Weiß, G. (Hg.): Multiagent Systems. A Modern Approach to Distributed Artificial Intelligence*. Cambridge: The MIT Press, S. 299-331.

Carroll, S. J.; Tosi, H. L. (1973): Management by Objectives. Applications and Research. New York: Mc Millan.

Chang, L.-J.; Powell, P. (1998): Business Re-engineering in SMEs: Current Evidence. In: *Knowledge and Process Management,* Jg. 5, H. 4, S. 264-278.

Chisholm, D. (1989): Coordination Without Hierarchy. Informal Structures in Multiorganizational Systems. Berkeley: University of California.

Chmielewicz, K. (1994): Forschungskonzeptionen der Wirtschaftswissenschaft. Stuttgart: Schäffer-Poeschel.

Coleman, D. (1997): Groupware. Collaborative Strategies for Corporate LANs and Intranets. Upper Saddle River: Prentice Hall.

Coleman, J. S. (1979): Macht und Gesellschaftsstruktur. Tübingen: Mohr.

Conant, R. C.; Ashby, W. R. (1970): Every good regulator of a system must be a model of that system. In: *International Journal of Systems Science*, Jg. 1, H. 2, S. 89-97.

Corsten, H. (1996): Grundlagen und Elemente des Prozessmanagements. Schriften zum Produktionsmanagement. Nr. 4. Kaiserslautern: Technische Universität.

Corsten, H. (1997): Geschäftsprozessmanagement. In: *Corsten, H. (Hg.): Management von Geschäftsprozessen. Theoretische Ansätze, praktische Beispiele*. Stuttgart: Kohlhammer, S. 9-57.

Corsten, H. (2001): Einführung in das Supply-Chain-Management. München: Oldenbourg.

Corsten, H.; Gössinger, R. (2009): Produktionswirtschaft. Einführung in das industrielle Produktionsmanagement. München: Oldenbourg.

Crisan Tran, C.-I. (2006): Beers Viable System Model und die Lebensfähigkeit von Jungunternehmen: eine empirische Untersuchung. St. Gallen: Universität.

Cronenbroeck, W. (2004): Handbuch internationales Projektmanagement. Grundlagen, Organisation, Projektstandards. Berlin: Cornelsen.

Crosby, P. B. (1979): Quality is Free. The Art of Making Quality Certain. New York: McGraw-Hill.

Crosby, P. B. (1986): Qualität bringt Gewinn. Hamburg: McGraw-Hill.

Crouhy, M.; Galai, D.; Mark, R. (2006): The Essentials of Risk Management. New York: McGraw-Hill.

Currle, M.; Schwertner, K. (2005): Ausrichtung der Prozesse an der Unternehmensstrategie. In: *Horvath & Partners (Hg.): Prozessmanagement umsetzen. Durch nachhaltige Prozessperformance Umsatz steigern und Kosten senken.* Stuttgart: Schäffer-Poeschel, S. 29-46.

Curtis, B.; Kellner, M. I.; Over, J. (1992): Process Modelling. In: *Communications of the ACM*, Jg. 35, H. 9, S. 75-90.

CSC Index (Hg.) (1994): State of Reengineering Report. North America and Europe. Cambridge: CSC-Index.

Dammer, H. (2008): Multiprojektmanagement. Wiesbaden: Gabler.

Davenport, T. H. (1993): Process Innovation. Reengineering work through Information Technology. Boston: Harvard Business School.

Davenport, T. H. (1995): Business Process Reengineering: Where it's Been, Where it's Going. In: *Grover, V.; Kettinger, W. J. (Hg.): Business Process Change. Reengineering Concepts, Methods, and Technologies.* Harrisburg: Idea Group, S. 1-13.

Davenport, T. H.; Short, J. (1990): The New Industrial Engineering: Information Technology and Business Process Redesign. In: *Sloan Management Review*, Jg. 31, H. 4, S. 11-27.

Day, G. S.; Schoemaker, P. J. H. (2006): Peripheral Vision. Detecting the Weak Signals That Will Make or Break Your Company. Boston: Harvard Business School.

Deming, W. E. (2000): Out of the Crisis. Cambridge: The MIT Press.

Deser, F. (1997): Chaos und Ordnung im Unternehmen. Chaosforschung als ein Beitrag zum besseren Verständnis von Unternehmen als nichtlinearen dynamischen Systemen; Heidelberg: Physica.

Dettmer, H. W. (1997): Goldratt's Theory of Constraints. A Systems Approach to Continuous Improvement. Milwaukee: ASQC Quality.

DIN 19226:1994: Deutsches Institut für Normung (Hg.): DIN 19226:1994, Teil 4. Regelungstechnik und Steuerungstechnik. Begriffe für Regelungs- und Steuerungssysteme. Berlin: Beuth.

DIN EN ISO 9000:2005: Deutsches Institut für Normung (Hg.): DIN EN ISO 9000:2005. Qualitätsmanagementsysteme. Grundlagen und Begriffe. Berlin: Beuth.

Diekmann, A. (2007): Empirische Sozialforschung. Grundlagen, Methoden, Anwendungen. Reinbek: Rowohlt.

Donabedian, A. (1982): An Exploration of Structure, Process and Outcome as Approaches to Quality Assessment. In: *Selbmann, H.-K. (Hg.): Quality Assessment of Medical Care.* Gerlingen: Bleicher, S. 69-92.

Dooley, K. J.; Johnson, T. L.; Bush, D. H. (1995): TQM, Chaos and Complexity. In: *Human Systems Management*, Jg. 14, H. 4, S. 1-16.

Doppler, K.; Lauterburg, C. (2008): Change Management. Den Unternehmenswandel gestalten. Frankfurt/M.: Campus.

Dörner, D. (1981): Über die Schwierigkeiten menschlichen Umgangs mit Komplexität. In: *Psychologische Rundschau*. Jg. 32, H. 3, S. 163-179.

Dörner, D. (2008): Umgang mit Komplexität. In: *Gleich; A. von; Gößling-Reisemann, S. (Hg.): Industrial Ecology. Erfolgreiche Wege zu nachhaltigen industriellen Systemen.* Wiesbaden: Vieweg+Teubner/GWV, S. 284-302.

Drucker, P. F. (2001): Management. Tasks, Responsibilities, Practices. Oxford: Butterworth-Heinemann.

Drucker, P. F. (2007a): The Effective Executive. Oxford: Butterworth-Heinemann.

Drucker, P. F. (2007b): The Practice of Management. Oxford: Butterworth-Heinemann.

Drumm, H. J. (2008): Personalwirtschaft. Berlin: Springer.

Dul, J.; Hak, T. (2007): Case Study Methodology in Business Research. Oxford: Butterworth-Heinemann.

Earl, M. J. (1994): Viewpoint. New and Old of Business Process Redesign. In: *Journal of Strategic Information Systems*, Jg. 3, H. 1, S. 5-24.

Eckhoff, J. (2006): Synergiecontrolling im Rahmen von Mergers & Acquisitions. München: Utz.

Eisenhardt, K. M. (1989): Building Theories from Case Study Research. In: *Academy of Management Review*, Jg. 14, H. 4, S. 532-550.

Elgass, P.; Kremar, H. (1993): Computergestützte Geschäftsprozessplanung. In: *Information Management*, Jg. 8, H. 1, S. 42-48.

Emery, F. E.; Thorsrud, E. (2003): Form and Content in Industrial Democracy. Some Experiences from Norway and Other European Countries. London: Routledge.

Emrich, C. (2004): Prozessmanagement und Unternehmenserfolg. Erfolgsfaktoren zur strategischen Fitness von Unternehmen. Wiesbaden: Deutscher Universitäts-Verlag.

Epstein, J. M.; Axtell, R. (1996): Growing Artificial Societies. Social Science from the Bottom Up. Washington: Brookings.

Espejo, R. (1994): What is Systemic Thinking? In: *System Dynamics Review*, Jg. 9, H. 2, S. 199-212.

Fahrni, F.; Herrmann, F.; Seghezzi, H. D. (2007): Integriertes Qualitätsmanagement. Der St. Galler Ansatz. München: Hanser.

Fayol, H.; Détrie, J.-P.; Morin, P. (1999): Administration industrielle et générale. Paris: Dunod.

Felber, P.; Wintzer, P. (2003): Sichtbare Verbindungen schaffen - Wirtschaftliches Prozessmanagement durch Visualisierung von Nahtstellen. In: *QZ - Qualität und Zuverlässigkeit,* Jg. 48, H. 5.

Fessmann, K.-D. (1980): Organisatorische Effizienz in Unternehmungen und Unternehmungsteilbereichen. Düsseldorf: Mannhold.

Fiedler, R. (2010a): Controlling von Projekten. Mit konkreten Beispielen aus der Unternehmenspraxis. Alle Aspekte der Projektplanung, Projektsteuerung und Projektkontrolle. Wiesbaden: Vieweg + Teubner.

Fiedler, R. (2010b): Organisation kompakt. München: Oldenbourg.

Fink, C. A. (2003): Prozessorientierte Unternehmensplanung. Analyse, Konzeption und Praxisbeispiele. Wiesbaden: Deutscher Universitäts-Verlag.

Fischer, F.; Scheibeler, A. A. W. (2003): Handbuch Prozessmanagement. Effizienzsteigerung mit ISO 9001 + 9004. München: Hanser.

Fischermanns, G. (2006): Praxishandbuch Prozessmanagement. Gießen: Schmidt.

Fischermanns, G.; Liebelt, W. (1997): Grundlagen der Prozeßorganisation. Gießen: Schmidt.

Fisher, L. (2009): The Perfect Swarm. The Science of Complexity in Everyday Life. New York: Basic Books.

Flick, U. (2008): Triangulation. Eine Einführung. Wiesbaden: Verlag für Sozialwissenschaften/GWV.

Flick, U. (2010): Qualitative Sozialforschung. Eine Einführung. Reinbek: Rowohlt.

Foddy, W. (1994): Constructing Questions for Interviews and Questionnaires. Theory and Practice in Social Research. Cambridge: Cambridge University Press.

Foerster, H. von (1984): Observing Systems. Seaside: Intersystems.

Ford Motor Company: Case Study: Business Process Reengineering General Motors Company. Online verfügbar unter http://www.oppapers.com/essays/Case-Study-Business-Process-Reengineering-General/345000?topic, zuletzt geprüft am 06.04.2011.

Forrester, J. W. (1961): Industrial Dynamics. Waltham: Pegasus Communications.

Forrester, J. W. (1990): Principles of Systems. Portland: Productivity.

Franz, H. (1998): Zwischen Markt und Profession. Betriebswirte in Deutschland im Spannungsfeld von Bildungs- und Wirtschaftsbürgertum (1900 - 1945). Göttingen: Vandenhoeck & Ruprecht.

Freeman, R. E. (1984): Strategic Management. A Stakeholder Approach. Boston: Pitman.

Freimuth, J. (1986): Zwischen allen Stühlen? Das Management von Schnittstellen. In: *Zeitschrift Führung + Organisation (ZFO)*, Jg. 55, H. 4, S. 235-242.

Frese, E. (2005): Grundlagen der Organisation. Entscheidungsorientiertes Konzept der Organisationsgestaltung. Wiesbaden: Gabler.

Frese, M. (2008): A Theory of Control and Complexity. Implications for Software Design and Integration of Computer Systems onto the Work Place. Online verfügbar unter http://geb.uni-giessen.de/geb/volltexte/2008/6160/, zuletzt geprüft am 13.03.2011.

Friedag, H. R. (2004): My Balanced Scorecard. Das Praxishandbuch für Ihre individuelle Lösung. Freiburg: Haufe.

Friedrichs, J.; Lüdtke, H. (1977): Teilnehmende Beobachtung. Einführung in die sozialwissenschaftliche Feldforschung. Weinheim: Beltz.

Fuchs-Heinritz, W.; Lautmann, R.; Rammstedt, O.; Wienold, H. (2007): Lexikon zur Soziologie. Wiesbaden: Verlag für Sozialwissenschaften.

Fuhrmann, B. (1998): Prozeßmanagement in kleinen und mittleren Unternehmen. Ein Konzept zur integrativen Führung von Geschäftsprozessen. Wiesbaden: Deutscher Universitäts-Verlag.

Fülbier, R. U. (2004): Wissenschaftstheorie und Betriebswirtschaftslehre. In: *Wirtschaftswissenschaftliches Studium (WiSt)*, Jg. 33, H. 5, S. 266-271.

Gadatsch, A. (2002): Management von Geschäftsprozessen. Methoden und Werkzeuge für die IT-Praxis. Braunschweig: Vieweg.

Gadatsch, A. (2010): Grundkurs Geschäftsprozess-Management. Methoden und Werkzeuge für die IT-Praxis. Wiesbaden: Vieweg + Teubner.

Gadatsch, A.; Mayer, E. (2006): Masterkurs IT-Controlling. Grundlagen und Praxis - IT-Kosten und Leistungsrechnung - Deckungsbeitrags- und Prozesskostenrechnung - Target Costing. Wiesbaden: Vieweg/GWV.

Gage, N. L.; Berliner, D. C. (1996): Pädagogische Psychologie. Weinheim: Beltz.

Gaida, I. W. (2008): Think Limbic. Die Kunst der Prozessoptimierung. In: *Hirzel, M.; Gaida, I. W.; Kühn, F. (Hg.): Prozessmanagement in der Praxis. Wertschöpfungsketten planen, optimieren und erfolgreich steuern.* Wiesbaden: Gabler/GWV, S. 223-232.

Gaitanides, M. (1983): Prozeßorganisation. Entwicklung, Ansätze und Programme prozeßorientierter Organisationsgestaltung. München: Vahlen.

Gaitanides, M. (1995): Je mehr, desto besser? Zu Umfang und Intensität des Wandels bei Vorhaben des Business Reengineering. In: *Technologie & Management*, Jg. 44, H. 2, S. 69–76.

Gaitanides, M. (2007): Prozessorganisation. Entwicklung, Ansätze und Programme des Managements von Geschäftsprozessen. München: Vahlen.

Gaitanides, M. (2008): Zur Innovationskraft des Prozessmanagements. Verdrängt „Exploitation" „Exploration"? In: *Höck, M.; Voigt, K.-I. (Hg.): Operations Management in Theorie und Praxis. Aktuelle Entwicklungen des Industriellen Managements.* Wiesbaden: Gabler, S. 45-65.

Gaitanides, M.; Sjurts, I. (1995): Wettbewerbsvorteile durch Prozeßmanagement. Eine ressourcenorientierte Analyse. In: *Corsten, H.; Will, T. (Hg.): Unternehmungsführung im Wandel. Strategien zur Sicherung des Erfolgspotentials.* Stuttgart: Kohlhammer, S. 1-19.

Gaitanides, M.; Raster, M.; Rießelmann, D. (1994): Die Synthese von Prozeßmanagement und Kundenmanagement. In: *Gaitanides, M.; Scholz, R.; Vrohlings, A. (Hg.): Prozeßmanagement. Konzepte, Umsetzungen und Erfahrungen des Reengineering.* München: Hanser, S. 207-224.

Gaitanides, M.; Scholz, M.; Vrohlings, D. (1994a): Prozeßmanagement – Grundlagen und Zielsetzungen. In: *Gaitanides, M.; Scholz, R.; Vrohlings, A. (Hg.): Prozeßmanagement. Konzepte, Umsetzungen und Erfahrungen des Reengineering.* München: Hanser, S. 1-19.

Gaitanides, M.; Scholz, R.; Vrohlings, A. (Hg.) (1994b): Prozeßmanagement. Konzepte, Umsetzungen und Erfahrungen des Reengineering. München: Hanser.

Gandolfi, A. (2001): Von Menschen und Ameisen. Denken in komplexen Zusammenhängen. Zürich: Orell Füssli.

Gareis, R.; Stummer, M. (2007): Prozesse & Projekte. Wettbewerbsvorteile durch Prozessmanagement ; Methoden zum Makro- und Mikro-Prozessmanagement ; Zusammenhänge zwischen Prozessmanagement und Projekt- bzw. Projektportfoliomanagement ; Strukturen des prozess- und projektorientierten Unternehmens. Wien: Manz.

Gassmann, H. (2003): Theorie der Regelungstechnik. Eine Einführung. Frankfurt M.: Deutsch.

Gausemeier, J. (2007): Strategisches Produktionsmanagement. Zukunftsorientierte Unternehmensgestaltung - Strategien, Geschäftsprozesse und IT-Systeme für die Produktion von morgen. München: Hanser.

Geiger, W.; Kotte, W. (2005): Handbuch Qualität. Grundlagen und Elemente des Qualitätsmanagements ; Systeme - Perspektiven. Wiesbaden: Vieweg.

Geiser, U. (2008): Modellierung von Prozessen. In: *Hirzel, M.; Kühn, F. Gaida, I. W. (Hg.): Prozessmanagement in der Praxis. Wertschöpfungsketten planen, optimieren und erfolgreich steuern.* Wiesbaden: Gabler/GWV, S. 141-152.

Gell-Mann, M. (1995): What is Complexity? In: *Complexity*, Jg. 1, H. 1, S. 16-19.

George, S.; Weimerskirch, A. (1998): Total Quality Management. Strategies and Techniques Proven at Today's Most Successful Companies. New York: Wiley.

Gesellschaft für Prozessmanagement (2007): Befragung zum PzM Status in Österreich. Gesellschaft für Prozessmanagement. Online verfügbar unter http://www.prozesse.at/images/stories/downloads/pzmstatusinoesterreich.pdf, zuletzt geprüft am 30.11.2010.

Gibson, C. F.; Jackson, B. B.; Davenport, T. H. (1987): The Information Imperative. Managing the Impact of Information Technology on Businesses and People. Lexington: Lexington Books.

Gierhake, O. (2001): Integriertes Geschäftsprozessmanagement. Gestaltungsrahmen, Vorgehensmodelle, Integrationsansätze zum effizienten Einsatz von Prozessunterstützungstechnologien. Braunschweig: Vieweg.

Gildemeister, A. (2008): Synergiebewertung. Identifikation und Quantifizierung von Synergien im M&A-Kontext. Norderstedt: Books on Demand.

Glaser, B. G.; Strauss, A. L. (1967): Observations. The Discovery of Grounded Theory: Strategies for Qualitative Research. Chicago: Aldine.

Gläser, J.; Laudel, G. (2009): Experteninterviews und qualitative Inhaltsanalyse. Als Instrumente rekonstruierender Untersuchungen. Wiesbaden: Verlag für Sozialwissenschaften.

Glazinski, B. (2007): Innovatives Changemanagement. Strategie, Organisation und Verhalten erfolgreich integrieren. Weinheim: Wiley-VCH.

Gleiniger, A.; Vrachliotis, G. (2008): Komplexität. Entwurfsstrategien und Weltbild. Basel: Birkhäuser.

Goldratt, E. M. (2002): Die kritische Kette. Ein Roman über das neue Konzept im Projektmanagement. Fankfurt/M.: Campus.

Goldratt, E. M.; Cox, J. (2002): Das Ziel. Ein Roman über Prozessoptimierung. Frankfurt/M.: Campus.

Goldstein, B. (1999): Modellgestützte Geschäftsprozessgestaltung in der Produktentwicklung. München: Utz.

Gomez, P. (Hg.) (1993): Vernetztes Denken. Ganzheitliches Führen in der Praxis. Wiesbaden: Gabler.

Gomez, P.; Probst, G. J. B. (1993): Die Methodik des Vernetzten Denkens zur Lösung komplexer Probleme. In: *Gomez, P. (Hg.): Vernetztes Denken. Ganzheitliches Führen in der Praxis.* Wiesbaden: Gabler, S. 3-20.

Gomez, P.; Probst, G. J. B. (1997): Die Praxis des ganzheitlichen Problemlösens. Vernetzt denken, unternehmerisch handeln, persönlich überzeugen. Bern: Haupt.

Gomez, P.; Malik, F.; Oeller, K.-H. (1975): Systemmethodik. Grundlagen einer Methodik zur Erforschung und Gestaltung komplexer soziotechnischer Systeme. Gemeinschaftsdissertation. Bern: Haupt.

Gonschorrek, U. (2006): Ganzheitliches Management. Berlin: Berliner Wissenschafts-Verlag.

Grant, R. M. (2001): Contemporary Strategy Analysis. Concepts, Techniques, Applications. Malden: Blackwell.

Grochla, E. (1975): Betriebliche Planung und Informationssysteme. Entwicklung und aktuelle Aspekte. Reinbek: Rowohlt.

Grönke, K.; Höhner, M.-A.; Sima T. (2005): Management der Internal-Services-Prozesse. In: *Horvath & Partners (Hg.): Prozessmanagement umsetzen. Durch nachhaltige Prozessperformance Umsatz steigern und Kosten senken.* Stuttgart: Schäffer-Poeschel, S. 277-292.

Grosskopf, A. (2009): The Process. Business Process Modeling Using BPMN. Tampa: Meghan-Kiffer.

Grover, V.; Kettinger, W. J. (2000): Process Think. Winning Perspectives for Business Change in the Information Age. Hershey: Idea Group Publishing.

Grover, V.; Kettinger, W. J.; Teng, T. C. (2000): Business Process Change in the 21th Century. In: *Business & Economic Review*, Jg. 46, H. 2, S. 14-18.

Gryna, F. M.; Juran, J. M. (2001): Quality Planning and Analysis. From Product Development Through Use. Boston: McGraw-Hill.

Guberman, S. (2002): Reflections on Ludwig von Bertalanfy's General System Theory. Foundations, Development, Applications. In: *Proceedings – 5th European Systems Science Congress*, Online verfügbar unter http://www.afscet.asso.fr/ resSystemica/Crete02/Guberman.pdf, zuletzt geprüft am 04.04.2011.

Guha, S.; Grover, V.; Kettinger, W. J.; Teng, J. T. C. (1997): Business Process Change and Organizational Performance. Exploring an Antecedent Model. In: *Journal of Management Information Systems*, Jg. 14, H. 1, S. 119-154.

Gundlach, C.; Nähler, H. (2006): TRIZ – Theorie des erfinderischen Problemlösens. *In: Gundlach, C. (Hg.): Innovation mit TRIZ. Konzepte, Werkzeuge, Praxisanwendungen.* Düsseldorf: Symposion, S. 11-42.

Gunn, S. R.; Brown, M.; Bossley, K. M. (1997): Network Performance Assessment for Neurofuzzing Date Modelling. In: *Liu, X.; Cohen, P.; Bathold, M. (Hg.): Intelligent Data Analysis.* New York: Springer, S. 313-323.

Gutenberg, E. (1979): Grundlagen der Betriebswirtschaftslehre. Berlin: Springer.

Güttler, K. (2009): Formale Organisationsstrukturen in wachstumsorientierten kleinen und mittleren Unternehmen. Wiesbaden: Gabler/GWV.

Gzuk, R. (1975): Messung der Effizienz von Entscheidungen. Beitrag zu einer Methodologie der Erfolgsfeststellung betriebswirtschaftlicher Entscheidungen. Tübingen: Mohr.

Häder, M. (2006): Empirische Sozialforschung. Eine Einführung. Wiesbaden: VS/GWV.

Hagen, N.; Felder, M. (2006): Prozessstandardisierung. In: *Hagen, N.; Nyhuis, P.; Frühwald, C.; Felder, M. (Hg.): Prozessmanagement in der Wertschöpfungskette.* Bern: Haupt, S. 23-49.

Hahn, C. (1989): Integrierte Planung. In: *Szyperski, N. (Hg.): Handwörterbuch der Planung.* Stuttgart: Schäffer-Poeschel, S. 770-778.

Hahn, D. (1997): Unternehmungsziele im Wandel. In: *Hahn, D. (Hg.): Strategische Unternehmungsplanung - strategische Unternehmungsführung. Stand und Entwicklungstendenzen.* Heidelberg: Physica.

Hail, L.; Otto, M. (1994): Schlank werden durch ISO 9000? In: *SAQ-ASPQ Bulletin*, Jg. 24, H. 4, S. 8-15.

Hakes, C.; Wilkinson, J. (2007): The EFQM Excellence Model. For Assessing Organizational Performance: A Management Guide. Zaltbommel: Van Haren.

Hall, G.; Rosenthal, J.; Wade, J. (1993): How To Make Reengineering Really Work. In: *McKinsey Quarterly*, Jg. 71, H. 6, S. 119-131.

Hamel, G.; Breen, B. (2007): The Future of Management. Boston: Harvard Business School.

Hammer, M. (1990): Reengineering Work: Don't Automate, Obliterate. In: *Harvard Business Review*, Jg. 68, H. 4, S. 104-112.

Hammer, M. (1996): Beyond Reengineering. How the Process-centered Organization is Changing Our Work and Our Lives. New York: HarperBusiness.

Hammer, M.; Champy, J. (2006): Reengineering the Corporation. A Manifesto for Business Revolution. New York: Collins Business Essentials.

Hammer, M.; Stanton, S. A. (1999): How Process Enterprises Really Work. In: *Harvard Business Review*, Jg. 77, H. 6, S. 108-118.

Hammer, M.; Champy, J.; Künzel, P. (2003): Business Reengineering. Die Radikalkur für das Unternehmen. Frankfurt/M.: Campus.

Hansmann, H.; Neumann, S. (2008): Prozessorientierte Einführung von ERP-Systemen. In: *Becker, J.; Kugeler, M.; Rosemann, M. (Hg.): Prozessmanagement. Ein Leitfaden zur prozessorientierten Organisationsgestaltung.* Berlin: Springer, S. 329-372.

Hapeng, J.; Tylla, C.: Studie Business Process Management. Status Quo und Marktentwicklung im Bereich BPM. Online verfügbar unter http://www.trovarit.com/studien/bpm-studie.html, zuletzt geprüft am 06.04.2011.

Harmon, P.; Wolf, C. (2008): The State of Business Process Management. 2008. Online verfügbar unter http://www.bptrends.com/members_surveys/deliver.cfm?report_id=1003&target=BPTrends%202008%20Survey%20Report%202-11-08%20Final,%20V_2_.pdf&return=surveys_landing.cfm, zuletzt geprüft am 08.04.2011.

Hayek, F. A. von; Bosch, A. (2005): Die Verfassung der Freiheit. Tübingen: Mohr Siebeck.

Heinen, E. (1992): Einführung in die Betriebswirtschaftslehre. Wiesbaden: Gabler.

Helbig, R. (2003): Prozessorientierte Unternehmensführung. Eine Konzeption mit Konsequenzen für Unternehmen und Branchen dargestellt an Beispielen aus Dienstleistung und Handel. Heidelberg: Physica.

Helfrich, C. (2002): Praktisches Prozess-Management. Vom PPS-System zum Supply-chain-Management. München: Hanser.

Hennig, J. (2007): Kooperative Wertschöpfungsmodelle in der Asset Management und Wealth Management Industrie. Implikationen für die Wertschöpfung und für die Geschäftsmodelle von Banken. Bern: Haupt.

Hennig, K. W. (1934): Einführung in die betriebswirtschaftliche Organisationslehre. Berlin: Springer.

Herrmann, F. (1997): Organisationale Fähigkeiten zur Umsetzung eines Qualitätsmanagementsystems. Bamberg: Universität.

Heylighen, F. (1999): The Growth of Structural and Functional Complexity During Evolution. In: *Heylighen, F.; Bollen, J.; Riegler, A. (Hg.): The Evolution of Complexity.* The Violet Book of "Einstein Meets Magritte". Brüssel: VUB University Press/Kluwer, S. 17-44.

Heywood, S.; Spungin, J.; Turnbull, D. (2002): Cracking the Complexity Code. In: *The McKinsey Quarterly*, Jg. 30, H. 2, S. 87-95.

Hill, W.; Fehlbaum, R.; Ulrich, P. (1998): Organisationslehre 2. Berlin: Haupt.

Hinterhuber, H. H.; Handlbauer, G.; Matzler, K. (2003): Kundenzufriedenheit durch Kernkompetenzen. Eigene Potenziale erkennen, entwickeln, umsetzen. Wiesbaden: Gabler.

Hirschhorn, L. (1994): Leading and Planning in Loosely Coupled Systems. In: *CFAR*. Online verfügbar unter http://www.cfar.com/Documents/Lead_LCS.pdf, zuletzt geprüft am 23.03.2011.

Hirsch-Kreinsen, H. (2009): Wirtschafts- und Industriesoziologie. Grundlagen, Fragestellungen, Themenbereiche. Weinheim: Juventa.

Hirzel, M. (2006): Synergien in der Projektlandschaft nutzen. In: *Hirzel, M. (Hg.): Projektportfolio-Management. Strategisches und operatives Multi-Projektmanagement in der Praxis.* Wiesbaden: Gabler, S. 115-122.

Hirzel, M. (2008a): Erfolgsfaktor Prozessmanagement. In: *Hirzel, M.; Gaida, I. W.; Kühn, F. (Hg.): Prozessmanagement in der Praxis. Wertschöpfungsketten planen, optimieren und erfolgreich steuern.* Wiesbaden: Gabler/GWV, S. 11-22.

Hirzel, M. (2008b): Prozess-Konfiguration. In: *Hirzel, M.; Gaida, I. W.; Kühn, F. (Hg.): Prozessmanagement in der Praxis. Wertschöpfungsketten planen, optimieren und erfolgreich steuern.* Wiesbaden: Gabler/GWV, S. 25-34.

Hirzel, M. (2008c): Prozess-Steuerung. In: *Hirzel, M.; Gaida, I. W.; Kühn, F. (Hg.): Prozessmanagement in der Praxis. Wertschöpfungsketten planen, optimieren und erfolgreich steuern.* Wiesbaden: Gabler/GWV, S. 57-72.

Hirzel, M.; Leder, T. (1993): Synergiemanagement. Komplexität beherrschen, Verbundvorteile erzielen. Wiesbaden: Gabler.

Hitzler, P.; Krötzsch, M.; Rudolph, S.; Sure, Y. (2008): Semantic Web. Grundlagen. Berlin: Springer.

Hofmann, E. (2004): Strategisches Synergie- und Dyssynergiemanagement. Lohmar: Eul.

Hölscher, S.; Reiber, W.; Pape, K.; Loehnert-Baldemann, E. (2006): Die Kunst gemeinsam zu handeln. Berlin: Springer.

Holsti, O. R. (1969): Content Analysis for the Social Sciences and Humanities. Reading: Addison-Wesley.

Holtbrügge, D. (2010): Personalmanagement. Berlin: Springer.

Homans, G. C. (1958): Social Behavior as Exchange. In: *American Journal of Sociology*, Jg. 63, H. 6, S. 597-606.

Honegger, J.; Vettiger, H. (2003): Ganzheitliches Management in der Praxis. Zürich: Versus.

Hopf, C. (1993): Soziologie und qualitative Sozialforschung. In: *Hopf, C. (Hg.): Qualitative Sozialforschung.* Stuttgart: Klett-Cotta, S. 11-37.

Hub, H. (1994): Ganzheitliches Denken im Management. Komplexe Aufgaben PC-gestützt lösen. Wiesbaden: Gabler.

Hülsmann, M. (2003): Management im Orientierungsdilemma. Unternehmen zwischen Effizienz und Nachhaltigkeit. Wiesbaden: Deutscher Universitäts-Verlag.

Hüsselmann, C. (2003): Fuzzy-Geschäftsprozessmanagement. Lohmar: Eul.

Hussy, W.; Schreier, M.; Echterhoff, G. (2009): Forschungsmethoden in Psychologie und Sozialwissenschaften. Berlin: Springer.

Hutchins, D. C. (2008): Hoshin Kanri. The Strategic Approach to Continuous Improvement. Aldershot: Gower.

Hüttenrauch, M.; Baum, M. (2008): Effiziente Vielfalt. Die dritte Revolution der Automobilindustrie. Berlin: Springer.

IDS Scheer AG; Pierre Audoin Consultants (PAC) GmbH (Hg.) (2007): Business Process Report 2007. Geschäftsprozessmanagement in Deutschland, Österreich und der Schweiz. Saarbrücken und München: IDS Scheer und PAC.

Imai, M.; Nitsch, F. (2000): Kaizen. Der Schlüssel zum Erfolg der Japaner im Wettbewerb. Berlin: Ullstein.

Innovative Verwaltung (2009): Kein Struktur- und Kulturwandel ohne Beschäftigte. Flankierende Maßnahmen für das Personal beim Prozessmanagement. In: *Zukunftsreport MODERNER STAAT 2009. Prozessmanagement im Jahr 2020.* Special Issue, S. 9-10.

International Business Machines Corporation (IBM) (Hg.) (1984): Business Systems Planning. Informations Systems Planning Guide. Armonk: IBM.

Islam, K. A. (2006): Developing and Measuring Training the Six Sigma Way. A Business Approach to Training and Development. San Francisco: Pfeiffer.

Jaanineh, G.; Maijohann, M. (1996): Fuzzy-Logik und Fuzzy-Control. Würzburg: Vogel.

Janes, A.; Prammer, K.; Schulte-Derne, M. (2001): Transformations-Management. Organisationen von Innen verändern. Wien: Springer.

Jochem, R.; Mertins, K.; Knothe, T. (2010): Vorwort: Prozessmanagement als Basisaufgabe für den Unternehmenserfolg. In: *Jochem, R.; Mertins, K.; Knothe, T. (Hg.): Prozessmanagement. Strategien, Methoden, Umsetzung.* Düsseldorf: Symposion, S. 13-32.

Jochum, E. (2002): Hoshin Kanri. Management by Policy (MbP) – Grundlagen eines effizienten Zielemanagement-Systems. In: *Bungard, W. (Hg.): Zielvereinbarungen erfolgreich umsetzen. Konzepte, Ideen und Praxisbeispiele auf Gruppen- und Organisationsebene.* Wiesbaden: Gabler, S. 67-90.

Johannsen, F. (2007): Transformation von Prozessmodellen. Bewertung XML-basierter Ansätze. Bremen: CT Salzwasser.

Johansson, H. J. (1993): Business Process Reengineering. Breakpoint Strategies for Market Dominance. Chichester: Wiley.

John, A.; Lunau, S.; Meran, R.; Roenpage, O.; Staudter, C. (2006): Six Sigma+Lean Toolset. Verbesserungsprojekte erfolgreich durchführen. Berlin: Springer.

Jung, H. (2007): Controlling. München: Oldenbourg.

Kahlke, E. (2004): Handbuch Personalauswahl. Heidelberg: Economica.

Kaluza, B.; Blecker, T. (2005): Flexibilität. State of the Art und Entwicklungstrends. In: *Kaluza, B. (Hg.): Erfolgsfaktor Flexibilität. Strategien und Konzepte für wandlungsfähige Unternehmen.* Berlin: Schmidt.

Kamiske, G. F.; Brauer, J.-P. (2008): Qualitätsmanagement von A bis Z. Erläuterungen moderner Begriffe des Qualitätsmanagements. München: Hanser.

Kamlah, W.; Lorenzen, P. (1996): Logische Propädeutik. Vorschule des vernünftigen Redens. Stuttgart: Metzler.

Kane, E. J. (o. J.): IBM's Total Quality Improvement System. Unpublished Manuscript. New York.

Kano, N.; Seraku, N.; Takahashi, F.; Tsuji, S. (1984): Attractive Quality and Must-be Quality. In: *Hinshitsu (Quality, The Journal of the Japanese Society for Quality Control),* Jg. 14, H. 2, S. 39-48.

Kaplan, R. S.; Murdock, L. (1991): Core Process Redesign. In: *McKinsey Quarterly,* Jg. 28, H. 2, S. 27-43.

Kaplan, R. S.; Norton, D. P. (2001): Die strategiefokussierte Organisation. Führen mit der Balanced Scorecard. Stuttgart: Schäffer-Poeschel.

Kaplan, R. S.; Norton, D. P. (1996): The Balanced Scorecard. Translating Strategy Into Action. Boston: Harvard Business School.

Kappelhoff, P. (2002): Komplexitätstheorie: Neues Paradigma für die Managementforschung. In: *Schreyögg, G.; Conrad, P. (Hg.): Theorien des Managements.* Wiesbaden: Gabler, S. 49-101.

Kashyap, V.; Bussler, C.; Moran, M. (2008): The Semantic Web. Semantics for Data and Services on the Web. Berlin: Springer.

Katzenbach, J. R.; Smith, D. K. (1995): Teams. Der Schlüssel zur Hochleistungsorganisation. Wien: Überreuter.

Kelle, U. (2007): Die Integration qualitativer und quantitativer Methoden in der empirischen Sozialforschung. Theoretische Grundlagen und methodologische Konzepte. Wiesbaden: VS.

Keller, G.; Nüttgens, M; Scheer, A.-W. (1992): Semantische Prozeßmodellierung auf der Grundlage „Ereignisgesteuerter Prozessketten (EPK)“. Saarbrücken: Institut für Wirtschaftsinformatik.

Kersten, W.; Koeppen, B.; Meyer, C. Kern, E.-M. (2005): Reduktion der Prozesskomplexität durch Modularisierung. In: *Industrie-Management*, Jg. 21, H. 4, S. 11-14.

Kerth, K.; Asum, H.; Nührich, K. (2007): Die besten Strategietools in der Praxis. Welche Werkzeuge brauche ich wann? - Wie wende ich sie an? - Wo liegen die Grenzen? München: Hanser.

Keßler, H.; Winkelhofer, G. A. (2004): Projektmanagement : Leitfaden zur Steuerung und Führung von Projekten. Berlin: Springer.

Kettinger, W. J.; Grover, V. (1995): Toward a Theory of Business Process Change Management. In: *Journal of Management Information Systems*, Jg. 12, H. 1, S. 9-30.

Kettinger, W. J.; Guha, S.; Teng, J. T. (1995): The Process Reengineering Life Cycle Methodology: A Case Study. In: *Grover, V.; Kettinger, W. J. (Hg.): Business Process Change. Reengineering Concepts, Methods, and Technologies*. Harrisburg, PA: Idea Group Pub., S. 210-244.

Kieser, A. (1996): Moden und Mythen des Organisierens. In: *Die Betriebswirtschaft*, Jg. 56, H. 1, S. 21-39.

Kieser, A.; Walgenbach, P. (2007): Organisation. Stuttgart: Schäffer-Poeschel.

Kirchhof, R.; Specht, D. (2003): Ganzheitliches Komplexitätsmanagement. Grundlagen und Methodik des Umgangs mit Komplexität im Unternehmen. Wiesbaden: Deutscher Universitäts-Verlag.

Kirsch, W. (1969): Die Unternehmungsziele aus organisationstheoretischer Sicht. In: *Zeitschrift für betriebswirtschaftliche Forschung (ZfbF)*, Jg. 21, H. 10-11, S. 665-675.

Kirsch, W. (1988): Die Handhabung von Entscheidungsproblemen. Einführung in die Theorie der Entscheidungsprozesse. Herrsching: Kirsch.

Kirsch, W. (1990): Planung. Kapitel einer Einführung. In: Kirsch, W.; Maaßen, H. (Hg.): Managementsysteme. Planung u. Kontrolle. Herrsching: Kirsch, S. 23-125.

Kirsch, W. (1991): Unternehmenspolitik und strategische Unternehmensführung. München: Kirsch.

Kirsch, W. (1992): Kommunikatives Handeln, Autopoiese, Rationalität. Kritische Aneignungen im Hinblick auf eine evolutionäre Organisationstheorie. Herrsching: Kirsch.

Kirsch, W.; Maaßen, H. (1990): Einleitung. Managementsysteme. In: *Kirsch, W.; Maaßen, H. (Hg.): Managementsysteme. Planung u. Kontrolle.* Herrsching: Kirsch, S. 1-20.

Klein, H. J. (1989): An Integrated Control Theory Model of Work Motivation. In: *Academy of Management Review*, Jg. 14, H. 2, S. 150-172.

Kluge, F.; Seebold, E. (2002): Etymologisches Wörterbuch der deutschen Sprache. Berlin: de Gruyter.

Knuppertz, T.; Schnägelberger, S. (2008): Status Quo Prozessmanagement 2007/2008. Ergebniszusammenfassung. Online verfügbar unter http://www.ifs.tuwien.ac.at/gpm-studie/2007/Status_Quo_Prozessmanage ment_2007.pdf, zuletzt geprüft am 25.11.2010.

Knuppertz, T.; Schnägelberger, S.; Clauberg, K. (2010): Status Quo Prozessmanagement 2009/2010. Online verfügbar unter http://www.bpm-expo.com/bpmexpo/opencms/fachinfo/Trend_und_studien/BPMO_Status_ Quo_Prozess management_2009-2010.pdf/, zuletzt geprüft am 25.11.2010.

Kohlbacher, M. (2008): Process Orientation of Manufacturing Companies. Grobe Zusammenfassung des Konferenzbeitrages an der GBDI International Conference im Oktober 2008 in Las Vegas, USA. Online verfügbar unter www.de.processorientation.com, zuletzt geprüft am 23.03.2011.

Kohli, R.; Hoadley, E. D. (1997): Business Process Re-engineering. Concepts and Tools Effectiveness: A Survey of Practioners. In: *Knowledge and Process Management*, Jg. 4, H. 4, S. 278-285.

Koontz, H.; Weihrich, H. (2007): Essentials of Management. An International Perspective. New Delhi: Tata McGraw-Hill.

Koreimann, D. S. (2005): Projekt-Controlling. Methoden zur Sicherung des Projekterfolgs. Weinheim: Wiley-VCH.

Körmeier, K. (1995): Prozessorientierte Unternehmensgestaltung. In: *Wirtschaftwissenschaftliches Studium (WiSt)*, Jg. 24, H. 5, S. 259-261.

Kornmeier, M. (2007): Wissenschaftstheorie und wissenschaftliches Arbeiten. Eine Einführung für Wirtschaftswissenschaftler. Heidelberg: Physica.

Kortzfleisch; G. von (1970): Heuristische dynamische Verfahren für geschäftspolitische Entscheidungen bei unsicheren Erwartungen und veränderlichen Zielsetzungen. In: *Hax, H. (Hg.): Entscheidung bei unsicheren Erwartungen. Beitrag zur Theorie der Unternehmensführung.* Köln: Westdeutscher Verlag, S. 203-217.

Kosiol, E. (1962): Organisation der Unternehmung. Wiesbaden: Gabler.

Köster, O. (1998): Komplexitätsmanagement in der Industrie. Kundennähe und Effizienz in der Leistungserstellung. Wiesbaden: Deutscher Universitäts-Verlag.

Krackhardt, D.; Hanson, J. R. (1993): Informal Networks. The Company Behind the Chart. In: *Harvard Business Review*, Jg. 71, H. 4, S. 104-111.

Kräkel, M. (2007): Organisation und Management. Tübingen: Mohr.

Krallmann, H.; Schönherr, M.; Trier, M. (2007): Systemanalyse im Unternehmen. Prozessorientierte Methoden der Wirtschaftsinformatik. München: Oldenbourg.

Kramer, F.; Kramer, M. S. (1997): Bausteine der Unternehmensführung. Kundenzufriedenheit und Unternehmenserfolg. Berlin: Springer.

Kramp, M. (2009): Information und Kommunikation im Rahmen eines Veränderungsvorhabens. Methodenbeschreibung auf CD. In: *Zink, K. J.; Kötter, W. L. J.; Thul, M. (Hg.): Veränderungsprozesse erfolgreich gestalten.* Berlin: Springer.

Kramp, M.; Zink, K. J. (2010): Evaluation nach Maß. Die Evaluation des BMBF-Foresight-Prozesses. In: *Hauss, K.; Ulrich, S.; Hornbostel, S. (Hg.): Foresight. Between Science and Fiction. iFQ-Working Paper No. 7.* Bonn: IFQ, S. 145-152.

Kressler, H. W. (2001): Leistungsbeurteilung und Anreizsysteme. Motivation, Vergütung, Incentives. Frankfurt/M.: Ueberreuter.

Krohn, R. (2000): Ein Managementsystem für die Ursachenfindung von Schäden an Kraftfahrzeugen in der Phase der Produktbetreuung. Heimsheim: Jost-Jetter.

Kromrey, H. (1986): Empirische Sozialforschung. Modelle u. Methoden d. Datenerhebung u. Datenauswertung. Opladen: Leske und Budrich.

Kromrey, H. (2006): Empirische Sozialforschung. Modelle und Methoden der standardisierten Datenerhebung und Datenauswertung. Stuttgart: Lucius & Lucius.

Kuckartz, U. (2008): Qualitative Evaluation. Der Einstieg in die Praxis. Wiesbaden: Verlag für Sozialwissenschaften.

Kugeler, M.; Vieting, M. (2008): Gestaltung einer prozessorientiert(er)en Aufbauorganisation. In: *Becker, J.; Kugeler, M.; Rosemann, M. (Hg.): Prozessmanagement. Ein Leitfaden zur prozessorientierten Organisationsgestaltung.* Berlin: Springer, S. 221-267.

Kühl, S. (2009): Experiment. In: *Kühl, S.; Strodtholz, P.; Taffertshofer, A. (Hg.): Handbuch Methoden der Organisationsforschung. Quantitative und qualitative Methoden.* Wiesbaden: VS, S. 534-557.

Kühl, S.; Strodtholz, P.; Taffertshofer, A. (2005): Quantitative Methoden der Organisationsforschung. Ein Überblick. In: *Kühl, S. (Hg.): Quantitative Methoden der Organisationsforschung. Ein Handbuch.* Wiesbaden: Verlag für Sozialwissenschaften, S. 15-29.

Kunesch, H. (1993): Grundlagen des Prozeßmanagements. Wien: Ueberreuter.

Kuster, J.; Huber, E.; Lippmann, R.; Schmid, A.; Schneider, E.; Witschi, U.; Wüst, R. (2008): Handbuch Projektmanagement. Berlin: Springer.

Lamnek, S. (2005): Qualitative Sozialforschung. Lehrbuch. Weinheim: Beltz.

Lange, C. (2004): Neuronale Netze in der wirtschaftswissenschaftlichen Prognose und Modellgenerierung. Eine theoretische und empirische Betrachtung mit Programmier-Beispielen. Heidelberg: Physica.

Lanninger, V.; Stockheim, T.; Wendt, O. (2007): Prozessverantwortung und Dokumentation als Determinanten der Effizienz und Qualität der Transportplanung. Ein Modell auf Basis einer empirischen Untersuchung unter 1000 deutschen Unternehmen. In: *Oberweis, A.; Weinhardt, C.; Gimpel, H.; Koschmider, A.; Pankratius, V.; Schnitzler, B. (Hg.):* eOrganisation: Service-, Prozess-, Market-Engineering. Karlsruhe: Universität-Verlag, S. 219-234.

Laske, S.; Meister-Scheytt, C.; Küpers, W. (2006): Organisation und Führung. Münster: Waxmann.

Lazega, E. (1992): The Micropolitics of Knowledge. Communication and Indirect Control in Workgroups. New York: de Gruyter.

Lechler, P. (1994): Kommunikative Validierung. In: *Huber, G. L. u. M. H. (Hg.): Verbale Daten. Eine Einführung in die Grundlagen und Methoden der Erhebung und Auswertung.* Weinheim: Beltz, S. 243-258.

Lefrancois, G. R.; Leppmann, P. K. (2003): Psychologie des Lernens. Berlin: Springer.

Lehmann, F. R. (2008): Integrierte Prozessmodellierung mit ARIS. Heidelberg: dpunkt.

Lewin, R. (1996): Die Komplexitätstheorie. Wissenschaft nach der Chaosforschung. München: Droemer Knaur.

Li, P. (2007): Prozessoptimierung unter Unsicherheiten. München: Oldenbourg.

Likert, R. (1972): Neue Ansätze der Unternehmungsführung. Bern: Haupt.

Lindemann, U.; Reichwald, R.; Zäh, M. F. (2006): Individualisierte Produkte-Komplexität beherrschen in Entwicklung und Produktion. Berlin: Springer.

Lingenfelder, M. (1990): Die Marketingorientierung von Vertriebsleitern als strategischer Erfolgsfaktor. Eine theoretische Analyse und empirische Bestandsaufnahme in der Markenartikelindustrie. Berlin: Duncker & Humblot.

Löbel, J.; Schröger, H.-A.; Closhen, H. (2001): Nachhaltige Managementsysteme. Sustainable Development durch ganzheitliche Führungs- und Organisationssysteme ; Vorgehensmodell und Prüflisten. Berlin: Schmidt.

Lorenzen, P.; Schwemmer, O. (1973): Konstruktive Logik, Ethik und Wissenschaftstheorie. Mannheim: Bibliographisches Institut.

Lücke, W. (2003): Qualität und Quantität in Symbiose. Zur Theorie der Qualität in der Produktions- und Kostentheorie. Wiesbaden: Deutscher Universitäts-Verlag.

Luhmann, N. (1987): Soziale Systeme. Grundriss einer allgemeinen Theorie. Frankfurt/M.: Suhrkamp.

Luhmann, N. (1999): Funktionen und Folgen formaler Organisation. Berlin: Duncker & Humblot.

Luhmann, N. (2006): Organisation und Entscheidung. Wiesbaden: VS.

Luhmann, N.; Baecker, D. (2002): Einführung in die Systemtheorie. Heidelberg: Auer.

Lunau, S. (2007): Design for Six Sigma + Lean Toolset. Innovationen erfolgreich realisieren. Berlin: Springer.

Macharzina, K.; Fisch, J. H. (2004): Globalisierung. In: *Schreyögg, A.; Werder, A. von (Hg.): Handwörterbuch Unternehmensführung und Organisation (HWO).* Stuttgart: Schäffer-Poeschel, Sp. 360-369.

Macharzina, K.; Wolf, J. (2010): Unternehmensführung. Das internationale Managementwissen; Konzepte - Methoden - Praxis. Wiesbaden: Gabler.

Mainzer, K. (2008): Komplexität. Paderborn: UTB.

Malik, F. (1981): Management-Systeme. Bern: Schweizerische Volksbank.

Malik, F. (2006): Strategie des Managements komplexer Systeme. Ein Beitrag zur Management-Kybernetik evolutionärer Systeme. Bern: Haupt.

Malone, T. W.; Crowston, K.; Herman, G. A. (2003): Tools for Organizing Business Knowledge. The MIT Process Handbook. Cambridge: MIT Press.

Malorny, C. (1999): TQM umsetzen. Weltklasse neu definieren, Leistungsoffensive einleiten, Business Excellence erreichen. Stuttgart: Schäffer-Poeschel.

Margherita, A.; Klein, M.; Elia, G. (2007): Process Redesign with the MIT Process Handbook. In: *Knowledge and Process Management*, Jg. 4, H. 1, S. 46-57.

Masak, D. (2010): Der Architekturreview. Vorgehensweise, Konzepte und Praktiken. Berlin: Springer.

Masing, Walter; Pfeifer, Tilo; Schmitt, Robert (2007): Handbuch Qualitätsmanagement. München: Hanser.

Maslow, A. H.; Kruntorad, P. (2005): Motivation und Persönlichkeit. Reinbek: Rowohlt.

Maturana, H. R.; Varela, F. J.; Ludewig, K. (2009): Der Baum der Erkenntnis. Die biologischen Wurzeln menschlichen Erkennens. Frankfurt/M.: Fischer.

Mayer, R. (2005): Prozessmanagement. Erfolg durch Steigerung der Prozessperformance. In: *Horvath & Partners (Hg.): Prozessmanagement umsetzen. Durch nachhaltige Prozessperformance Umsatz steigern und Kosten senken.* Stuttgart: Schäffer-Poeschel, S. 1-6.

Mayer, R. J.; Menzel, C. P.; Painter, M. K.; deWitte, P. S.; Blinn, T.; Perakath, B. (2009): Information Integration for Concurrent Engineering (IICE). IDEF3 Process Description Capture. Method Report. Online verfügbar unter http://www.idef.com/pdf/Idef3_fn.pdf, zuletzt geprüft am 07.04.2011.

Mayer, R.; Brenner, M. (2005): Das Horváth & Partners-Konzept zur Umsetzung des Prozessmanagements. In: *Horváth & Partners (Hg.): Prozessmanagement umsetzen. Durch nachhaltige Prozessperformance Umsatz steigern und Kosten senken.* Stuttgart: Schäffer-Poeschel.

Mayer, R.; Fischer, A. (2005): Prozessverantwortung wirkungsvoll umsetzen. In: *Horváth & Partners (Hg.): Prozessmanagement umsetzen. Durch nachhaltige Prozessperformance Umsatz steigern und Kosten senken.* Stuttgart: Schäffer-Poeschel, S. 207-223.

Mayring, P. (2002): Einführung in die qualitative Sozialforschung. Eine Anleitung zu qualitativem Denken. Weinheim: Beltz.

McClelland, D. C.; Atkinson, J. W.; Clark, R. A.; Lowell, E. L. (1953): The Achievement Motive. Princeton: Appleton-Century-Crofts.

Meise, V. (2001): Ordnungsrahmen zur prozessorientierten Organisationsgestaltung. Modelle für das Management komplexer Reorganisationsprojekte. Hamburg: Kovač.

Melzer-Ridinger, R. (2007): Supply-chain-Management. Prozess- und unternehmensübergreifendes Management von Qualität, Kosten und Liefertreue. München: Oldenbourg.

Mertens, P. (1996): Process Focus Considered Harmful? In: *Wirtschaftsinformatik*, Jg. 38, H. 4, S. 446-447.

Mertens, P. (1997): Die Kehrseite der Prozeßorientierung. In: *Controlling*, Jg. 9, H. 2, S. 110-111.

Mesch, D. J.; Farh, J.;Podsakoff, P. M. (1994): Effects of Feedback Sign on Group Goal Setting, Strategies, and Performance. In: *Group and Organization Management*, Jg. 19, H. 3, S. 309-333.

Meyenberg, F. (1913): Einführung in die Organisation von Maschinenfabriken, unter besonderer Berücksichtigung der Selbstkostenberechnung. Organisation und Selbstkostenberechnung von Maschinenfabriken. Berlin: Springer.

Meyer, C. M. (2007): Integration des Komplexitätsmanagements in den strategischen Führungsprozess der Logistik. Bern: Haupt.

Meyer, U. B.; Creux, S. E.; Weber Marin, A. K. (2005): Grafische Methoden der Prozessanalyse. Für Design und Optimierung von Produktionssystemen. München: Hanser.

Miles, M. B.; Huberman, A. M. (1994): Qualitative Data Analysis. An Expanded Sourcebook. Thousand Oaks, Calif.: Sage.

Miller, J. G. (1978): Living Systems. New York: McGraw-Hill.

Milling, P. (1991): Strategische Planungs- und Kontrollsysteme zur Unterstützung betrieblicher Lernprozesse. In: *Milling, P. (Hg.): Systemmanagement und Managementsysteme.* Berlin: Duncker & Humblot, S. 11-13.

Mintzberg, H. (1979): The Structuring of Organizations. Englewood Cliffs: Prentice-Hall.

Mintzberg, H. (1991): Mintzberg über Management. Führung und Organisation, Mythos und Realität. Wiesbaden: Gabler.

Mintzberg, H. (2000): The Rise and Fall of Strategic Planning. London: Financial Times/Prentice Hall.

Mittelstrass, J. (2008): Der Konstruktivismus in der Philosophie im Ausgang von Wilhelm Kamlah und Paul Lorenzen. Paderborn: Mentis.

Moldaschl, M. (2006): Innovationsfähigkeit, Zukunftsfähigkeit, Dynamic Capabilities: moderne Fähigkeitsmystik und eine Alternative. In: *Schreyögg, G.; Conrad, P. (Hg.): Management von Kompetenz.* Wiesbaden: Gabler, S. 1-36.

Mooshake, R. (1933): Organisatorische und technische Umstellung einer Fertigung mit Hilfe neuzeitlicher betriebswissenschaftlicher Verfahren; dargestellt an dem Beispiel einer Faßfabrik. Braunschweig: Technische Universität.

Nausner, P. (2006): Projektmanagement. Stuttgart: UTB.

Netzer, D.; Hilgert, M. (2008): Reduktion von Komplexität durch Modularisierung von Geschäftsprozessen. In: BIT – Banking and Information Technology, Jg. 9, H. 3, S. 42-54.

Neumann, A. (2002): Integrierte Managementsysteme. Eschborn: RKW.

Neumann, R. (2000): Die Organisation als Ordnung des Wissens. Wissensmanagement im Spannungsfeld von Anspruch und Realisierbarkeit. Wiesbaden: Deutscher Universitäts-Verlag.

Neumann, S.; Probst, C.; Wernersmann, C. (2008): Kontinuierliches Prozessmanagement. In: *Becker, J.; Kugeler, M.; Rosemann, M. (Hg.): Prozessmanagement. Ein Leitfaden zur prozessorientierten Organisationsgestaltung.* Berlin: Springer, S. 299-325.

Nicolai, A.; Kieser, A. (2002): Trotz eklatanter Erfolglosigkeit. Die Erfolgsfaktorenforschung weiter auf Erfolgskurs. In: *Die Betriebswirtschaft*, Jg. 62, H. 6, S. 579-596.

Niemöckl, M.; Pillasch, J.; Probst, C. (2008): Das Integrierte Managementsystem bei der T-Systems International/T-Systems Computer Service Management GmbH.
In: *Becker, J.; Kugeler, M.; Rosemann, M. (Hg.): Prozessmanagement. Ein Leitfaden zur prozessorientierten Organisationsgestaltung.* Berlin: Springer, S. 523-541.

Nippa, M. (1996): Bestandsaufnahme des Reengineering-Konzeptes. Leitgedanken für das Management. In: *Nippa, M.; Picot, A. (Hg.): Prozeßmanagement und Reengineering. Die Praxis im deutschsprachigen Raum.* Frankfurt/M.: Campus, S. 61-77.

Norberg, J.; Cumming, G. S. (2008): Complexity Theory for a Sustainable Future. New York: Columbia University.

Nordsieck, F. (1934): Grundlagen der Organisationslehre. Stuttgart: Poeschel.

Nordsieck, F. (1955): Rationalisierung der Betriebsorganisation. Stuttgart: Poeschel.

Nyhuis, P.; Hagen, N.; Felder, M.; Frühwald, C. (2006): Prozessmanagement im Überblick. In: *Hagen, N.; Nyhuis, P.; Frühwald, C.; Felder, M. (Hg.): Prozessmanagement in der Wertschöpfungskette.* Bern: Haupt, S. 7-22.

Nyiri, A. (2007): Corporate Performance Management. Ein ganzheitlicher Ansatz zur Gestaltung der Unternehmenssteuerung. Wien: Facultas-WUV.

Gabler Wirtschaftslexikon-Online (o. J.): Integration. Online verfügbar unter http://wirtschaftslexikon.gabler.de/Archiv/1464/integration-v8.html, zuletzt geprüft am 30.03.2011.

Oakland, J. S. (2003): Statistical Process Control. Oxford: Butterworth-Heinemann.

Odiorne, G. S. (1970): Management by Objectives. A System of Managerial Leadership. New York: Pitman.

Ogata, K. (2004): System Dynamics. Upper Saddle River, NJ: Pearson/Prentice Hall.

Orton, J. D.; Weick, K. E. (1976): Educational Organisations As Loosely Coupled Systems. In: *Administrative Science Quarterly*, Jg. 21, H. 1, S. 1-19.

Österle, H. (1995): Business Engineering. Prozess- und Systementwicklung. Band 1: Entwurfstechniken. Berlin: Springer.

Osterloh, M.; Frost, J. (2006): Prozessmanagement als Kernkompetenz. Wie Sie Business Reengineering strategisch nutzen können. Wiesbaden: Gabler.

Palm, W. J. (2010): System Dynamics New York: McGraw-Hill.

Palmer, N. (2007): A Survey of Business Process Initiatives. Online verfügbar unter http://www.bptrends.com/members_surveys/deliver.cfm?report_id=1001&target= FI-NAL%20PDF%201-23-07.pdf&return=surveys_landing.cfm, zuletzt geprüft am 30.11.2010.

Paper, G. A. (1998): Business Process Reengineering and Improvement: A Comparison of US and Japanese Firms. In: *Knowledge and Process Management*, Jg. 5, H. 3, S. 185-191.

Paton, R.; McCalman, J. (2008): Change Management. A Guide to Effective Implementation. Los Angeles, London: Sage.

Pautzke, G. (1989): Die Evolution der organisatorischen Wissensbasis. Bausteine zu einer Theorie des organisatorischen Lernens. Herrsching: Kirsch.

Peters, S.; Brühl, R.; Stelling, J. N. (2010): Betriebswirtschaftslehre. Einführung. München: Oldenbourg.

Peters, T. J.; Waterman, R. H. (1982): In Search of Excellence. Lessons from America's Best-Run Companies. New York: Harper & Row.

Pfannenberg, J. (Hg.) (2009): Veränderungskommunikation. So unterstützen Sie den Change-Prozess wirkungsvoll ; Themen, Prozesse, Umsetzung. Frankfurt, M.: Frankfurter Allgemeine Buch.

Pfetzing, K.; Rohde, A. (2009): Ganzheitliches Projektmanagement. Giessen: Schmidt.

Pfitzinger, E. (2003): Geschäftsprozess-Management. Steuerung und Optimierung von Geschäftsprozessen. Berlin: Beuth.

Picot, A.; Franck, E. (1996): Prozeßorganisation. In: *Nippa, M.; Picot, A. (Hg.): Prozeßmanagement und Reengineering. Die Praxis im deutschsprachigen Raum.* Frankfurt/M.: Campus, S. 13-38.

Piller, F. T. (2006): Mass Customization. Ein wettbewerbsstrategisches Konzept im Informationszeitalter. Wiesbaden: Gabler.

Pinfield, L. (1990): A Field Evaluation of Perspectives on Organizational Decision Making. In: *Administrative Science Quarterly*, Jg. 68, H. 3, S. 79-91.

Polanyi, M. (1985): Implizites Wissen. Frankfurt/M.: Suhrkamp.

Popper, K. R. (2007): Logik der Forschung. Berlin: Akademie-Verlag

Porstmann, R. (1986): Wissenschaftstheoretische Grundfragen in den Wirtschaftswissenschaften. Kritischer und systematischer Vergleich von Wissenschaftsprogrammen und ihren Realisierungen. Berlin: Duncker & Humblot.

Porter, M. E. (1999): Wettbewerbsvorteile. Spitzenleistungen erreichen und behaupten. Frankfurt/M.: Campus.

Prange, C. (2002): Organisationales Lernen und Wissensmanagement. Fallbeispiele aus der Unternehmenspraxis. Wiesbaden: Gabler.

Pritchard, J.-P.; Armistead, C. (1999): Business Process Management. Lessons from European Business. In: *Business Process Management Journal*, Jg. 5, H. 1, S. 10-32.

Probst, G. J. (1987): Selbst-Organisation. Ordnungsprozesse in sozialen Systemen aus ganzheitlicher Sicht. Berlin: Parey.

Probst, G. J. (1992): Selbstorganisation. In: *Frese, E. (Hg.): Enzyklopädie der Betriebswirtschaftslehre.* Stuttgart: Poeschel, S. 2255-2269.

Probst, G. J.; Büchel, B. (1998): Organisationales Lernen. Wiesbaden: Gabler.

Probst, G. J.; Gomez, P. (1989): Vernetztes Denken. Unternehmen ganzheitlich führen. Wiesbaden: Gabler.

Puhl, H. (1999): Komplexitätsmanagement. Ein Konzept zur ganzheitlichen Erfassung, Planung und Regelung der Komplexität in Unternehmensprozessen. Kaiserslautern: Universität.

Punch, K. F. (2010): Introduction to Social Research. Quantitative and Qualitative Approaches. London: SAGE.

Ramco Systems Ltd (2010): Soft Select. Business Process Management Report 2010. Online verfügbar unter http://www.leanmagazin.de/lean-praxis/lean-it/150-business-process-management-report-2010.html, zuletzt geprüft am 25.11.2010.

Rank, O. N. (2003): Formale und informelle Organisationsstrukturen. Eine Netzwerkanalyse des strategischen Planungs- und Entscheidungsprozesses multinationaler Unternehmen. Wiesbaden: Gabler.

Rathnow, P. J. (1993): Integriertes Variantenmanagement. Bestimmung, Realisierung und Sicherung der optimalen Produktvielfalt. Göttingen: Vandenhoeck & Ruprecht.

Reglin, B. (1993): Managementsysteme. Eine organisationstheoretische Fundierung. Herrsching: Kirsch.

Reinhart, G.; Lindemann, U. (1996): Qualitätsmanagement. Ein Kurs für Studium und Praxis. Berlin: Springer.

Reiß, M. (1993): In Prozessen denken. In: *Gablers Magazin*, Jg. 7, H. 6-7, S. 49-54.

Reither, F. (1997): Komplexitätsmanagement. Denken und Handeln in komplexen Situationen. München: Gerling.

Reitz, A. (2008): Lean TPM. In 12 Schritten zum schlanken Managementsystem. Effektive Prozesse für alle Unternehmensbereiche; gesteigerte Wettbewerbsfähigkeit durch KVP; Erfolge messen mit der Lean-TPM-Scorecard. München: moderne industrie.

Renner, A. (2005): Potenzialermittlung durch Benchmarking. In: Horvath & Partners (Hg.): Prozessmanagement umsetzen. Durch nachhaltige Prozessperformance Umsatz steigern und Kosten senken. Stuttgart: Schäffer-Poeschel, S. 69-86.

Riemenschneider, F. (2001): Implementierung integrierter Managementsysteme. Erfolgsfaktoren für die Unternehmenspraxis. Wiesbaden: Deutscher Universitäts-Verlag.

Riesenhuber, F. (2007): Großzahlige empirische Forschung. In: *Albers, S. (Hg.): Methodik der empirischen Forschung.* Wiesbaden: Gabler, S. 1-16.

Rinderle-Ma, S.; Ly, L. T.; Dadam, P. (2008): Aktuelles Schlagwort: Business Process Compliance. In: *EMISA Forum*, Jg. 28, S. 24-29.

Robinsons, D. G. (1994): Advice to Present and Future Reengineers: Be More Selective, Blan Better, Shoot Higher. In: *CSC Index (Hg.): State of Reengineering report: North America and Europe.* Cambridge: CSC Index, S. 53-56.

Rodermann, M. (1999): Strategisches Synergiemanagement. Wiesbaden: Deutscher Universitäts-Verlag.

Rohm, C. (1998): Prozeßmanagement als Fokus im Unternehmungswandel. Ein ganzheitlicher Ansatz zur strategieorientierten Identifikation, Analyse und Gestaltung von Unternehmungsprozessen. Gießen: Ferber'sche Universitäts-Buchhandlung.

Romeike, F.; Hager, P. (2009): Erfolgsfaktor Risiko-Management 2.0. Methoden, Beispiele, Checklisten : Praxishandbuch für Industrie und Handel. Wiesbaden: Gabler.

Ropella, W. (1989): Synergie als strategisches Ziel der Unternehmung. Berlin: de Gruyter.

Rosemann, M.; Schwegmann, A.; Delfmann, P. (2008): Vorbereitung der Prozessmodellierung. In: *Becker, J.; Kugeler, M.; Rosemann, M. (Hg.): Prozessmanagement. Ein Leitfaden zur prozessorientierten Organisationsgestaltung.* Berlin: Springer, S. 45-103.

Rosenkranz, F. (2006): Geschäftsprozesse. Modell- und computergestützte Planung. Berlin: Springer.

Roters, M. (1989): Komplexität und Dynamik als Einflussgrössen der Effizienz von Organisationen. Eine empirische Untersuchung. Frankfurt/M.: Lang.

Rudolph, U. (2000): Was ist eine interessante psychologische Theorie? Zur Sozialpsychologie psychologischer Forschung. In: *F. Försterling, J.; Stiensmeier-Pelster, J.; Silny, L.-M. (Hg.): Kognitive und emotionale Aspekte der Motivation.* Göttingen: Hogrefe, S. 239-258.

Rüegg-Stürm, J. (2003): Das neue St. Galler Management-Modell. Grundkategorien einer integrierten Managementlehre. Der HSG-Ansatz. Bern: Haupt.

Saam, N. J.; Kriz, W. C. (2010): Partizipation in Grossgruppen. Soziologische Perspektiven. Wien: Lit.

Saliger, E. (2003): Betriebswirtschaftliche Entscheidungstheorie. Einführung in die Logik individueller und kollektiver Entscheidungen. München: Oldenbourg.

Sanford, C. (1992): A Self-Organizing Leadership View of Paradigms. *In: Renesch, J. (Hg.): New Traditions in Business. Spirit and Leadership in the 21th Century.* San Francisco: Berrett-Koehler, S. 193-207.

Schantin, D. (2004): Makromodellierung von Geschäftsprozessen. Kundenorientierte Prozessgestaltung durch Segmentierung und Kaskadierung. Wiesbaden: Deutscher Universitäts-Verlag.

Scheer, A.-W. (2001): ARIS - Modellierungsmethoden, Metamodelle, Anwendungen. Berlin: Springer.

Schein, E. H. (2010): Organizational Culture and Leadership. San Francisco: Jossey-Bass.

Scherm, E.; Pietsch, G. (2008): Organisation. Theorie, Gestaltung, Wandel ; mit Aufgaben und Fallstudien. München, Wien: Oldenbourg.

Schmalenbach, E. (1912): Die Privatwirtschaftslehre als Kunstlehre. In: *Zeitschrift für betriebswirtschaftliche Forschung (ZfbF)*, Jg.1, H. 6, S. 304-316.

Schmelzer, H. J.; Sesselmann, W. (2010): Geschäftsprozessmanagement in der Praxis. Kunden zufrieden stellen - Produktivität steigern - Wert erhöhen. München: Hanser.

Schmid, K. (2009): Prozess-Optimierung im Output-Management. Prozessmodellierung, Prozessqualität nach ISO/SPICE, ITIL, Organisation, Technologien, Lösungen, Strategien. Norderstedt: Books on Demand.

Schmidt, G. (1997): Prozeßmanagement. Modelle und Methoden. Berlin: Springer.

Schneider, G.; Geiger, I. K. Scheuring, J. (2008): Prozess- und Qualitätsmanagement. Grundlagen der Prozessgestaltung und Qualitätsbesserung mit zahlreichen Beispielen, Repetitionsfragen und Antworten. Zürich: Compendio.

Schnell, R.; Hill, P. B.; Esser, E. (2008): Methoden der empirischen Sozialforschung. München: Oldenbourg.

Schober, H. (2002): Prozessorganisation. Theoretische Grundlagen und Gestaltungsoptionen. Wiesbaden: Deutscher Universitäts-Verlag.

Schoeller, N. (2009): Internationales Komplexitätsmanagement am Beispiel der Automobilindustrie. Aachen: Universität.

Scholz, R. (1995): Geschäftsprozessoptimierung. Crossfunktionale Rationalisierung oder strukturelle Reorganisation. Bergisch Gladbach: Eul.

Scholz, R.; Vrohlings, A. (1994a): Prozess-Redesign und kontinuierliche Prozessverbesserung. In: *Gaitanides, M.; Scholz, R.; Vrohlings, A. (Hg.): Prozeßmanagement. Konzepte, Umsetzungen und Erfahrungen des Reengineering.* München: Hanser, S. 99-122.

Scholz, R.; Vrohlings, A. (1994b): Prozess-Leistungs-Transparenz. In: *Gaitanides, M.; Scholz, R.; Vrohlings, A. (Hg.): Prozeßmanagement. Konzepte, Umsetzungen und Erfahrungen des Reengineering.* München: Hanser, S. 57-98.

Scholz, R.; Vrohlings, A. (1994c): Realisierung von Prozessmanagement. In: *Gaitanides, M.; Scholz, R.; Vrohlings, A. (Hg.): Prozeßmanagement. Konzepte, Umsetzungen und Erfahrungen des Reengineering.* München: Hanser, S. 21-36.

Scholz, R.; Vrohlings, A. (1994d): Prozeß-Struktur-Transparenz. In: *Gaitanides, M.; Scholz, R.; Vrohlings, A. (Hg.): Prozeßmanagement. Konzepte, Umsetzungen und Erfahrungen des Reengineering.* München: Hanser, S. 37-56.

Schramm, W. (1936): Die betrieblichen Funktionen und ihre Organisation. Betriebs- und verkehrswirtschaftliche Forschungen 1. Berlin: de Gruyter.

Schreyögg, G. (2002): Organisation. Grundlagen moderner Organisationsgestaltung. Wiesbaden: Gabler.

Schröder, D. (2009): Erstellung eines Kommunikationskonzepts. Methodenbeschreibung auf CD. In: *Zink, K. J.; Kötter, W. L. J.; Thul, M. (Hg.): Veränderungsprozesse erfolgreich gestalten.* Berlin: Springer.

Schüerhoff, V. (2006): Vom individuellen zum organisationalen Lernen. Eine konstruktivistische Analyse. Wiesbaden: Deutscher Universitäts-Verlag.

Schuh, G.; Friedli, T.; Kurr, M. A. (2007): Prozessorientierte Reorganisation. Reengineering-Projekte professionell gestalten und umsetzen. München: Hanser.

Schulte-Zurhausen, M. (2010): Organisation. München: Vahlen.

Schütte, R. (1997): Die neuen Grundsätze ordnungsmäßiger Modellierung. Paper zum Forschungsforum 1997. Online verfügbar unter http://www.econbiz.de/archiv/e/ue/produktion/ordnungsmaessige_modellierung.pdf, zuletzt geprüft am 11.03.2011.

Schwab, J. (2006): Geschäftsprozessmanagement mit Visio, ViFlow und MS Project. München: Hanser.

Schwaninger, M. (1994): Managementsysteme. Frankfurt/M.: Campus.

Schwaninger, M.; Pérez Ríos, J.; Ambroz, K. (2004): System Dynamics and Cybernetic. A Necessary Synergy. International System Dynamics Conference. Online verfügbar unter http://www.alexandria.unisg.ch/publications/30333, zuletzt geprüft am 12.03.2011.

Schwaninger, M.; Adam, M. (2004): Lebensfähigkeit sozialer Systeme. Ein Theorievergleich. In: *Fischer, T. (Hg.): Kybernetik und Wissensgesellschaft. Wissenschaftliche Jahrestagung der Gesellschaft für Wirtschafts- und Sozialkybernetik vom 26. und 27. September 2002 in Stuttgart.* Berlin: Duncker & Humblot, S. 453-468.

Schwarz, R. (2002): Controlling-Systeme. Eine Einführung in Grundlagen, Komponenten und Methoden des Controlling. Wiesbaden: Gabler.

Schwegmann, A.; Laske, M. L. (2008): Istmodellierung und Istanalyse. *In: Becker, J.; Kugeler, M.; Rosemann, M. (Hg.): Prozessmanagement. Ein Leitfaden zur prozessorientierten Organisationsgestaltung.* Berlin: Springer, S. 155-184.

Schweitzer, M. (1964): Probleme der Ablauforganisation in Unternehmungen. Berlin: Duncker & Humblot.

Schweitzer, M. (2004): Gegenstand und Methoden der Betriebswirtschaftslehre. In: *Bea, F. X.; Friedl, B.; Schweitzer, M. (Hg.): Allgemeine Betriebswirtschaftslehre. Band 1: Grundfragen.* Stuttgart: Fischer, S. 23-82.

Schweizer, H. (1979): Sprache und Systemtheorie. Zur modelltheoretischen Anwendung der kybernetischen Systemtheorie in der Linguistik. Tübingen: Narr.

Seidlmeier, H. (2002): Prozessmodellierung mit ARIS. Eine beispielorientierte Einführung für Studium und Praxis. Wiesbaden: Vieweg.

Seiffert, H. (1992): Einführung in die Wissenschaftstheorie. Handlungstheorie, Modallogik, Ethik, Systemtheorie Bd 3. München: Beck.

Senge, P. M. (1996): Das Fieldbook zur Fünften Disziplin. Stuttgart: Klett-Cotta.

Senge, P. M. (2006): Die fünfte Disziplin. Stuttgart: Klett-Cotta.

Servatius, H.-G. (1991): Vom strategischen Management zur evolutionären Führung. Auf dem Wege zu einem ganzheitlichen Denken und Handeln. Stuttgart: Poeschel.

Shaw, D. R.; Holland, C. P.; Kawalek, P. E. (2007): Elements of a Business Process Management System: Theory and Practice. In: *Business Process Management Journal*, Jg. 13, H. 1, S. 91-107.

Siebertz, K.; van Bebber, D. T.; Hochkirchen, T. (2010): Statistische Versuchsplanung. Design of Experiments (DOE). Berlin: Springer.

Silber, A. (2007): Schnittstellenmanagement im CRM-Prozess des Industriegütervertriebs. Modellbasierte Analyse und Gestaltung der Verbesserungspotentiale. Wiesbaden: Deutscher Universitäts-Verlag.

Skulschus, M.; Wiederstein, M. (2008): Grundlagen empirische Sozialforschung. Befragung und Fragebogen im Unternehmen. Essen: Comelio.

Smith, A. (1778): The Wealth of Nations. London: Methuen.

Smith, H.; Fingar, P. (2007): Business Process Management. The Third Wave. Tampa: Meghan-Kiffer.

Smith, R. F. (2007): Business Process Management and the Balanced Scorecard. Using Processes as Strategic Drivers. Hoboken, Wiley.

Sommerlatte, T.; Wedekind, E. (1991): Leistungsprozesse und Organisationsstruktur. In: *Management der Hochleistungsorganisation.* Wiesbaden: Gabler, S. 23-41.

Speck, M.; Schnetgöke, N. (2008): Sollmodellierung und Prozessoptimierung. In: *Becker, J.; Kugeler, M.; Rosemann, M. (Hg.): Prozessmanagement. Ein Leitfaden zur prozessorientierten Organisationsgestaltung.* Berlin: Springer, S. 185-220.

Staehle, W. H.; Conrad, P.; Sydow, J. (1999): Management. Eine verhaltenswissenschaftliche Perspektive. München: Vahlen.

Steinle, C. (2005): Ganzheitliches Management. Eine mehrdimensionale Sichtweise integrierter Unternehmensführung. Wiesbaden: Gabler.

Steinmann, H.; Schreyögg, G.; Koch, J.; (2005): Management. Grundlagen der Unternehmensführung ; Konzepte, Funktionen, Fallstudien. Wiesbaden: Gabler.

Stockmann, R. (2006): Evaluation und Qualitätsentwicklung. Eine Grundlage für wirkungsorientiertes Qualitätsmanagement. Münster, New York, München, Berlin: Waxmann.

Stockmann, R. (2010): Evaluation. Eine Einführung. Opladen: Budrich.

Stolzenberg, K.; Heberle, K. (2009): Change Management. Veränderungsprozesse erfolgreich gestalten - Mitarbeiter mobilisieren. Berlin: Springer.

Striening, H.-D. (1988): Prozeß-Management. Versuch eines integrierten Konzeptes situationsadäquater Gestaltung von Verwaltungsprozessen. Frankfurt/M.: Lang.

Stüttgen, M. (2003): Strategien der Komplexitätsbewältigung in Unternehmen. Ein transdisziplinärer Bezugsrahmen. Bern: Haupt.

Supply-Chain Council (Hg.): Supply-Chain Operations Reference-model. SCOR Overview. Online verfügbar unter http://www.supply-chain.org/resources/scor, zuletzt geprüft am 07.04.2011.

Tapscott, D. (1997): Die digitale Revolution. Verheißungen einer vernetzten Welt - die Folgen für Wirtschaft, Management und Gesellschaft. Wiesbaden: Gabler.

Taylor, F. W. (1911): The Principles of Scientific Management. New York: Harper.

TCW (Hg.): Variantenmanagement und Komplexitätsmanagement. Online verfügbar unter http://www.tcw.de/static_pages/view/205, zuletzt geprüft am 25.03.2011.

Techt, U. (2007): Goldratt und die Theory of Constraints. Der Quantensprung im Management: Gardners Books.

Teng, S. H.; Ho, S. Y. (1996): Failure Mode and Effects Analysis. An Integrated Approach for Product Design and Process Control. In: *International Journal of Quality & Reliability Management*, Jg. 13, H. 5, S. 8-26.

Terry, G. R.; Franklin, S. G. (1982): Principles of Management. Homewood: Irwin.

Teubner, R. A. (1999): Organisations- und Informationssystemgestaltung. Theoretische Grundlagen und integrierte Methoden. Wiesbaden: Deutscher Universitäts-Verlag.

Teufel, S. (1995): Computerunterstützung für die Gruppenarbeit. Bonn: Addison-Wesley.

Theile, K. (1996): Ganzheitliches Management. Ein Konzept für Klein- und Mittelunternehmen. Bern: Haupt.

Thom, N.; Wenger, A. P.; Zaugg, R. J. (Hg.) (2007): Fälle zu Organisation und Personal. Didaktik - Fallstudien - Lösungen - Theoriebausteine. Bern: Haupt.

Thomas, O. (2009): Fuzzy Process Engineering. Integration von Unschärfe bei der modellbasierten Gestaltung prozessorientierter Informationssysteme. Wiesbaden: Gabler.

Thul, M.; Longmuß, J.; Zink, K. J. (2009): Das PaGIMo-Metamodell. In: *Zink, K. J.; Kötter, W. L. J.; Thul, M. (Hg.): Veränderungsprozesse erfolgreich gestalten.* Berlin: Springer, S. 160-163.

Tinnilä, M. (1995): Strategic Perspective to Business Process Redesign. In: *Business Process Re-engineering & Management Journal*, Jg. 1, H. 1, S. 44-59.

Töpfer, A. (2007): Six Sigma. Konzeption und Erfolgsbeispiele für praktizierte Null-Fehler-Qualität. Berlin: Springer.

Treichler, C.; Schmidt, S. L. (1996): Transformationsfunktion von Kernprozessen. In: *Zeitschrift für Führung und Organisation (ZFO)*, Jg. 65, H. 6, S. 136-141.

Triantis, J. E. (1999): Creating Successful Acquisition and Joint Venture Projects. Westport: Quorum.

Tropman, J. E. (2001): The Compensation Solution. How to Develop an Employee-driven Rewards System. San Francisco: Jossey-Bass.

Ulrich, H. (1949): Betriebswirtschaftliche Organisationslehre. Eine Einführung. Bern: Haupt.

Ulrich, H.; Probst, G. (2001): Die Unternehmung als produktives soziales System. Grundlagen der allgemeinen Unternehmungslehre. Bern: Haupt.

Ulrich, H.; Probst, G. (1988): Anleitung zum ganzheitlichen Denken und Handeln. Ein Brevier für Führungskräfte. Bern: Haupt.

Ulrich, H.; Krieg, W. (1974): St. Galler Management-Modell. Bern: Haupt.

Ulrich, H.; Probst, G.; Siegwart, H.; Ackoff, R. L. (1985): Integriertes Management. Bausteine des systemorientierten Managements. Bern: Haupt.

Ulrich, P.; Fluri, E. (1995): Management. Eine konzentrierte Einführung. Bern: Haupt.

Urban, G. (1991): Prozeßorganisatorische Grundlagen einer CIM-Fabrik. Stuttgart: Universität.

Vahs, D. (2009): Organisation. Ein Lehr- und Managementbuch. Stuttgart: Schäffer-Poeschel.

Vakola, M.; & Rezgui, Y. (2000): The Role of Evaluation in Business Process Re-engineering: Two Case Studies in the Construction Industry. In: *Knowledge and Process Management*, Jg. 7, H. 4, S. 207-216.

van Bertalanffy, L. (1950): The Theory of Open Systems in Physics and Biology. In: *Science*, Jg. 111, S. 23-29.

van Bertalanffy, L. (1976): General System Theory. Foundations, Development, Applications. New York: Braziller.

Vanberg, V. (1982): Markt und Organisation. Individualistische Sozialtheorie und das Problem korporativen Handelns. Tübingen: Mohr.

Varela, F. J.; Maturana, H. R.; Uribe, R. (1974): Autopoiesis. The Organization of Living Systems, Its Characterization and a Model. In: *Biosystems*, Jg. 5, H. 4, S. 187-196.

Vester, F. (1997): Neuland des Denkens. Vom technokratischen zum kybernetischen Zeitalter. München: Deutscher Taschenbuchverlag.

Vester, F. (2003): Die Kunst vernetzt zu denken. Ideen und Werkzeuge für einen neuen Umgang mit Komplexität. Ein Bericht an den Club of Rome. München: Deutscher Taschenbuchverlag.

Wacker, G. (2002): Transformation von Organisationen durch lernorientierte Organisationssupervision als prozessbegleitender Beratungsform. Münster: Lit.

Wagner, K. W. (2006): PQM - Prozessorientiertes Qualitätsmanagement. Leitfaden zur Umsetzung der ISO 9001:2000. München: Hanser.

Wagner, K. W.; Patzak, G. (2007): Performance Excellence. Der Praxisleitfaden zum effektiven Prozessmanagement. München: Hanser.

Wald, A. (2000): Die Netzwerkanalyse zur Untersuchung von Organisationsstrukturen. In: Wirtschaftswissenschaftliches Studium (WiSt), Jg. 29, H. 12, S. 703-706.

Wald, A. (2003): Netzwerkstrukturen und -effekte in Organisationen. Eine Netzwerkanalyse in internationalen Unternehmen. Wiesbaden: Gabler.

Weaver, W. (1948): Science and Complexity. In: *American Scientist*, Jg. 36, H. 4, S. 536-544.

Wegener, I. (2003): Komplexitätstheorie. Grenzen der Effizienz von Algorithmen. Berlin: Springer.

Weiner, B. (2009): Motivationspsychologie. Weinheim: Beltz.

Weinert, A. B. (2004): Organisations- und Personalpsychologie. Weinheim: Beltz.

Weitz, B. O. (2000): Fallstudienarbeit in der ökonomischen Bildung. Halle-Wittenberg: Martin-Luther-Universität.

Weitzel, T.; Wendt, O.; Beimborn, D.; König, W. (2006): Network Effects and Diffusion Theory. Extending Economic Analysis. In: *Jakobs, K. (Hg.): Advanced Topics in Information Technology Standards and Standardization Research.* Hershey: Idea, S. 282-303.

Welge, M. K.; Al-Laham, A. (2003): Strategisches Management. Grundlagen - Prozess - Implementierung. Wiesbaden: Gabler.

Wendt, O. (1999): Normative Methoden und Verfahren der Entscheidungsfindung; Kapitel 4. In: *König, W.; Rommelfanger, H.; Ohse, D. (Hg.): Taschenbuch der Wirtschaftsinformatik und Wirtschaftsmathematik;* Frankfurt/M.: Deutsch, S. 156-198.

Werth, D. (2007): Modellierung unternehmensübergreifender Geschäftsprozesse. Bremen: Salzwasser.

Wessely, P. (2010): Value Determination of Supply Chain Initiatives. A Quantification Approach Based on Fuzzy Logic and System Dynamics. Wiesbaden: Gabler.

Weuster, A. (2008): Personalauswahl. Anforderungsprofil, Bewerbersuche, Vorauswahl und Vorstellungsgespräch. Wiesbaden: Gabler.

Weyermann, M. R.; Schönitz, H. (1912): Grundlegung und Systematik einer wissenschaftlichen Privatwirtschaftslehre und ihre Pflege an Universitäten und Fach-Hochschulen. Karlsruhe: Braun.

Wiggert, M. (2000): Risikomanagement von Betreiber- und Konzessionsmodellen. Graz: Technische Universität.

Wild, J. (1966): Grundlagen und Probleme der betriebswirtschaftlichen Organisationslehre: Entwurf eines Wissenschaftsprogramms. Berlin: Duncker & Humblot.

Wild, J. (1967): Neuere Organisationsforschung in betriebswirtschaftlicher Sicht. Internationale Forschungsansätze und -ergebnisse zur formalen Problematik der Aufbauorganisation. Berlin: Duncker & Humblot.

Wilde, H. (2004): Plan- und Prozesskostenrechnung. München: Oldenbourg.

Wildemann, H. (1998): Prozess-Benchmarking. Leitfaden zur Erreichung von Quantensprüngen in Geschäftsprozessen. München: TCW.

Wildemann, H. (2008a): Komplexitätsmanagement. In Vertrieb, Beschaffung, Produkt und Produktion. München: TCW.

Wildemann, H. (2008b): Synergiemanagement. Leitfaden zur Identifikation und Realisierung von Synergiepotenzialen entlang der Wertschöpfungskette von Unternehmensnetzwerken. München: TCW

Wilhelm, R. (2007): Prozessorganisation. München: Oldenbourg.

Wilkens, U.; Keller, H.; Schmette, M. (2006): Wirkungsbeziehungen zwischen Ebenen individueller und kollektiver Kompetenz : Theoriezugänge und Modellbildung. In: *Schreyögg, G.; Conrad, P. (Hg.): Management von Kompetenz.* Wiesbaden: Gabler, S. 121-161.

Willann, T. (2007): Konzeptionelle Weiterentwicklung eines Prozessmanagementsystems. Bremen: Salzwasser.

Wille, E. (1970): Planung und Information: eine Untersuchung ihrer Wechselwirkungen unter besonderer Berücksichtigung eines mehrjährigen Plans für die öffentlichen Finanzen. Berlin: Duncker & Humblot.

Witt, F.-J. (Hg.) (1991): Aktivitätscontrolling und Prozeßkostenmanagement. Stuttgart: Poeschel.

Witt, J.; Witt, T. (2008): Der kontinuierliche Verbesserungsprozess (KVP). Konzept - System - Maßnahmen. Frankfurt/M.: Recht und Wirtschaft.

Witte, H. (2007): Allgemeine Betriebswirtschaftslehre. Lebensphasen des Unternehmens und betriebliche Funktion. München: Oldenbourg.

Wöginger, H. (2004): Das Synergy-Value-Konzept. Synergien bei Mergers & Acquisitions. Wiesbaden: Deutscher Universitäts-Verlag.

Wohland, G.; Wiemeyer, M. (2005): PMI- das Handbuch des Misslingens. Nachbereitung der FAST-Tagung 2005. Online verfügbar unter http://www.ratwech sel.de/Management_komplexer_Projekte_PMI_Handbuch_des_Misslingens.p df, zuletzt geprüft am 14.03.2011.

Wohlrab-Sahr, M.; Przyborski, A. (2008): Qualitative Sozialforschung. Ein Arbeitsbuch. München: Oldenbourg.

Wojda, F.; Buresch M. (1997): Gestaltungsansatz zur ganzheitlichen Unternehmensführung. In: *Seghezzi, H. D. (Hg.): Ganzheitliche Unternehmensführung. Gestaltung, Konzepte und Instrumente.* Stuttgart: Schäffer-Poeschel, S. 24-45.

Wolf, C.; Harmon, P. (2006): The State of Business Process Management. 2006. Online verfügbar unter http://www.bptrends.com/members_surveys/deliver.cfm ?report_id=1000&target=BPT%20Feb06%20Survey%20Report%206-30-06ph% 20FINAL.pdf&return=surveys_landing.cfm, zuletzt geprüft am 25.11.2010.

Wolf, C.; Harmon, P. (2010): The State of Business Process Management. 2010 Online verfügbar unter http://www.bptrends.com/members_surveys/deliver. cfm?rep ort_id=1004&target=2009%20BPTrends%20State%20of%20Market %20Rept%20-FINAL%20PDF%20CAP%202-1-10.pdf&return=surveys_land ing.cfm, zuletzt geprüft am 25.11.2010.

Wolke, T. (2008): Risikomanagement. München: Oldenbourg.

Wörn, H.; Brinkschulte, U. (2005): Echtzeitsysteme. Grundlagen, Funktionsweisen, Anwendungen. Berlin: Springer.

Yang, K.; El-Haik, B. S. (2009): Design for Six Sigma. A Roadmap for Product Development. New York: McGraw-Hill.

Yin, R. K. (2009): Case Study Research. Design and Methods. Los Angeles: Sage.

Yurdakul, Z. B. (2005): Mit Six Sigma zu Business Excellence. Strategien, Methoden, Praxisbeispiele. Erlangen: Publicis.

Zahn, E. (1991): Strategieunterstützungssysteme. In: *Milling, P. (Hg.): Systemmanagement und Managementsysteme.* Berlin: Duncker & Humblot, S. 43-79.

Zangl, H. (2009): Process Scorecard. Unternehmen ganzheitlich über Prozesse steuern. In: *Controller Magazin*, Jg. 34, H. 7.

Zdrowomyslaw, N. (2002): Betriebsvergleiche und Benchmarking für die Managementpraxis. Unternehmensanalyse, Unternehmenstransparenz und Motivation durch Kenn- und Vergleichsgrössen. München: Oldenbourg.

Zielasek, G. (1999): Projektmanagement als Führungskonzept. Erfolgreich durch Aktivierung aller Unternehmensebenen. Berlin: Springer.

Zink, K. J.; Brandstätt, T. (1996): Gestaltung von Geschäftsprozessen im Rahmen umfassender Qualitätsmanagement-Konzepte. In: *WISU- Das Wirtschaftsstudium*, Jg. 25, H. 8-9, S. 743-749.

Zink, K. J. (1994): Total Quality Management. In: *Zink, K. J. (Hg.): Qualität als Managementaufgabe. Total Quality Management.* Landsberg/Lech: Moderne Industrie, S. 9-52.

Zink, K. J. (1995): TQM als integratives Managementkonzept. Das europäische Qualitätsmodell und seine Umsetzung. München: Hanser.

Zink, K. J. (2004): TQM als integratives Managementkonzept. Das EFQM Excellence Modell und seine Umsetzung. Berücksichtigt Reviews des EFQM-Modells von 2000 und 2002. München: Hanser.

Zink, K. J. (2007): Mitarbeiterbeteiligung bei Verbesserungs- und Veränderungsprozessen. Basiswissen, Instrumente, Fallstudien. München: Hanser.

Zink, K. J. (2009): Das Projekt PaGIMo. Beteiligung und Integration als Voraussetzung erfolgreicher Veränderung. In: *Zink, K. J.; Kötter, W. L. J.; Thul, M. (Hg.): Veränderungsprozesse erfolgreich gestalten.* Berlin: Springer, S. 1-10.

Zink, Klaus J.; Kötter, Wolfgang Longmuß Jörg; Thul, Martin (Hg.) (2009): Veränderungsprozesse erfolgreich gestalten. Berlin: Springer.

Zollondz, H.-D. (2006): Grundlagen Qualitätsmanagement. Einführung in Geschichte, Begriffe, Systeme und Konzepte. München: Oldenbourg.

Züger, R.-M. (2007): Organisation - Management-Basiskompetenz. Theoretische Grundlagen und Methoden mit Beispielen, Repetitionsfragen und Antworten. Zürich: Compendio.

Zumbach, J.; Reimann, P.; Mayer, M. (2002): Wissenserwerb mit Geschäftsprozessmodellen. Eine empirische Studie zum Lernen mit grafischen Prozessvisualisierungen. In: *Zeitschrift für Berufs- und Wirtschaftspädagogik*, Jg. 98, H. 3, S. 421-432.

Zusätzlich referenzierte Websites (zuletzt geprüft am 08.04.2011):

http://www.amazon.de

http://www.itil.org

http://ccs.mit.edu/ph/.

http://www.vdma-verlag.com

http://www.microsoft.com

http://www.ibo.de/index.php?id=62

http://www.tensegrity-software.de

http://www.ids-scheer.de

http://www-01.ibm.com/software/integration/wbimodeler/advanced/features/

http://www.i-nexus.com/

http://www.planbase.com/hoshin.html

http://www.itil.org